전기 · 전자 · 컴퓨터 공학도를 위한

공업수학

공학박사 임헌찬 저

동일출판사

머 리 말

공학을 전공하려는 학생에게는 수학의 기초적인 지식이 필수적이지만, 다소 미흡하여 공학에 입문한 상당수의 학생들이 전공과목에 대해 흥미를 잃거나 좌절하는 경우가 많은 것이 현재의 실정이다.

따라서 본 교재는 수학의 기초지식이 부족한 학생들을 위하여 다른 교재를 참고하지 않고도 수학의 기초부터 응용뿐만 아니라 전공과목의 연계성까지 이해하기 쉽도록 체계적으로 구성하였다.

본 교재의 특징은 다음과 같이 설명할 수 있다.

(1) 전기 · 전자 · 정보통신 · 컴퓨터 제어 등의 공학을 지망하는 학생들에게 수학의 기초 개념과 원리를 쉽게 이해할 수 있도록 내용의 수준을 구성하였다.
(2) 각 단원마다 전공에서 필수적으로 이용되는 수학의 중요한 이론, 정리 및 공식을 요약하여 내용의 파악을 쉽게 할 수 있도록 하였다.
(3) 각 단원마다 전공과 관련성이 밀접한 예제 및 연습문제를 다루어 수학의 기초지식을 다질 수 있도록 하였다.
(4) 단원의 끝 부분에 실제적으로 사용되는 공학의 응용 부분을 첨가하여 수학적인 이론을 전공에 쉽게 접목하는 방법을 제시하였고, 전공 문제 해결 능력의 향상과 응용력을 한층 높일 수 있도록 하였다.
(5) 교육과정상 학기 및 시수에 따라 전공분야별로 필요한 부분만을 선택하여 강의를 진행해도 불편함이 없도록 내용을 구성하였다.

그리고 본 교재는 공학을 전공하려는 학생들의 입문서뿐만 아니라 이미 전공에 입문한 학생들의 참고서가 될 수 있도록 내용에 충실하려고 최선을 다 하였으나 부족한 부분이 적지 않을 것으로 생각되므로 추후 독자들의 충고와 격려로써 수정 보완해 나가려 하오니 아낌없는 의견과 지도편달을 바란다.

끝으로 본 교재의 출판에 있어서 적극적으로 교정에 참여해준 애독자 장재호님에게 감사드리고, 출판을 위해 많은 도움을 주신 동일출판사 임직원 여러분과 항상 옆에서 힘을 북돋아 준 가족에게 감사를 드리는 바이다.

저자 씀

차 례

1장 수학의 기초

1.1 실수의 분류 ······ 15

1.2 다항식의 정의와 연산 ······ 16

1.2.1 다항식의 정의 ······ 16

1.2.2 다항식의 연산과 인수분해 ······ 18

1.3 유리식과 부분 분수 분해 ······ 20

1.3.1 유리식의 정의와 연산 ······ 20

1.3.2 부분 분수의 전개 ······ 22

1.4 무리식의 정의와 연산 ······ 22

1.4.1 무리식의 정의와 성질 ······ 22

1.4.2 무리식의 연산 ······ 25

1.5 방정식의 해법 ······ 26

1.5.1 일차방정식의 해법 ······ 26

1.5.2 이차방정식의 해법 ······ 27

1.6 함수의 정의와 종류 ······ 29

1.6.1 함수의 정의 ······ 29

1.6.2 함수의 종류 ······ 30

1.7 함수의 이동과 그래프 ······ 32

1.7.1 함수의 이동 ······ 32

1.7.2 일차함수 그래프 ······ 32

1.7.3 이차함수 그래프 ······ 34

1.8 지수함수 ······ 36

1.8.1 정수의 지수 ······ 36

1.8.2 거듭제곱근 ······ 36

1.8.3 유리수의 지수 ······ 37

1.8.4 지수함수의 그래프 ······ 37

1.9 로그함수 ······ 39
1.9.1 로그의 정의와 성질 ······ 39
1.9.2 상용로그와 자연로그 ······ 41
1.9.3 로그함수 ······ 42
■ 심화학습(부분 분수 분해법) ······ 44
■ 연습문제 ······ 48

2장 삼각함수

2.1 삼각함수의 정의 ······ 51
2.1.1 호도법과 일반각 ······ 51
2.1.2 삼각비와 삼각함수의 정의 ······ 54
2.2 삼각함수의 기본 성질 ······ 57
2.2.1 삼각함수의 기본 공식 ······ 57
2.2.2 $90°n\pm\theta$ 의 삼각함수 ······ 59
2.3 삼각함수의 곡선과 성질 ······ 62
2.3.1 삼각함수의 곡선 ······ 62
2.3.2 삼각함수의 성질 ······ 64
2.4 삼각형의 삼각함수 법칙 ······ 67
2.4.1 사인 법칙과 코사인 법칙 ······ 67
2.4.2 삼각형의 면적 ······ 69
2.5 삼각함수의 정리 및 공식 ······ 70
2.5.1 덧셈 정리 ······ 70
2.5.2 배각 공식 ······ 71
2.5.3 반각 공식 ······ 72
2.5.4 곱을 합과 차, 합과 차를 곱으로 변환하는 공식 ······ 72
2.6 삼각함수의 합성 ······ 74
2.7 역삼각함수 ······ 76
■ 연습문제 ······ 78

3장 행렬과 행렬식

3.1 행렬 ········· 81

3.1.1 행렬의 정의 ········· 81

3.1.2 행렬의 상등 ········· 82

3.1.3 행렬의 종류(특수행렬) ········· 83

3.1.4 행렬의 연산 ········· 85

3.2 행렬식 ········· 88

3.2.1 행렬식의 정의 ········· 88

3.2.2 행렬식의 성질 ········· 89

3.2.3 행렬식의 전개 ········· 90

3.3 연립방정식의 해법 ········· 100

3.4 역행렬 ········· 101

3.4.1 역행렬의 정의 ········· 101

3.4.2 역행렬 구하는 방법 ········· 102

3.5 행렬과 행렬식의 응용 ········· 104

3.5.1 행렬의 응용 ········· 104

3.5.2 행렬식의 응용 ········· 106

■ 연습문제 ········· 109

4장 복소수

4.1 복소수 개념 ········· 113

4.1.1 복소수의 정의 ········· 113

4.1.2 복소수의 표시 ········· 114

4.2 복소수의 연산 ········· 115

4.2.1 복소수의 사칙연산 ········· 115

4.2.2 복소수의 상등 ········· 115

4.2.3 공액 복소수 ········· 116

4.3 복소수의 극형식 ········· 118

4.4 복소수의 표현 방식 120
4.4.1 복소수의 형식 120
4.4.2 복소수의 상호 변환 125
4.5 복소수의 연산 126
4.5.1 복소수의 합과 차 126
4.5.2 복소수의 곱셈과 나눗셈 127
4.6 회전 연산자 131
4.7 복소수의 n제곱과 n제곱근 133
4.7.1 복소수의 n제곱 133
4.7.2 복소수의 n제곱근 134
4.8 복소수의 미분과 적분 138
4.9 삼각함수와 쌍곡선함수 139
4.9.1 삼각함수 139
4.9.2 쌍곡선 함수 141
4.10 복소수의 응용 142
■ 연습문제 148

5장 벡터 해석

5.1 벡터 개념 151
5.1.1 스칼라와 벡터 151
5.1.2 벡터의 표시 151
5.1.3 벡터의 상등과 역벡터 152
5.2 벡터의 기하학적 연산 154
5.2.1 벡터의 합 154
5.2.2 벡터의 차 154
5.3 벡터의 성분 157
5.3.1 단위벡터와 기본벡터 157
5.3.2 벡터의 성분 표시 158

5.4 벡터의 연산 ······ 162
5.4.1 벡터의 실수배 ······ 162
5.4.2 벡터의 덧셈과 뺄셈 ······ 162
5.5 벡터의 곱 ······ 167
5.5.1 스칼라적 ······ 167
5.5.2 벡터적 ······ 170
5.6 면벡터 ······ 174
■ 연습문제 ······ 175

6장 미분법

6.1 함수의 극한과 연속성 ······ 177
6.1.1 극한의 정의 ······ 177
6.1.2 극한값의 계산 ······ 180
6.1.3 초월함수의 극한 ······ 183
6.1.4 함수의 연속성 ······ 187
■ 연습문제(6-A) ······ 189
6.2 변화율과 도함수 ······ 191
6.2.1 평균 변화율 ······ 191
6.2.2 순간 변화율(미분계수) ······ 191
6.2.3 도함수 ······ 192
6.3 미분법의 공식 ······ 196
6.3.1 대수함수의 미분법 ······ 196
6.3.2 초월함수의 미분법 ······ 203
6.4 고계 도함수 ······ 210
■ 연습문제(6-B) ······ 210
6.5 도함수의 성질 ······ 213
6.5.1 롤의 정리와 평균값의 정리 ······ 213
6.5.2 부정형의 극한 ······ 214

6.6 도함수의 응용 ········ 217
6.6.1 곡선의 접선과 법선 ········ 217
6.6.2 함수의 극값 ········ 217
6.6.3 함수의 최대와 최소 ········ 218
6.7 맥로린 급수와 테일러 급수 ········ 223
6.7.1 맥로린 급수 ········ 223
6.7.2 테일러 급수 ········ 225
6.8 편도함수 ········ 226
6.8.1 2변수 함수 ········ 226
6.8.2 편도함수 ········ 227
6.9 벡터의 미분 ········ 230
6.9.1 기울기(gradient) ········ 230
6.9.2 발산(divergence) ········ 231
6.9.3 회전(rotation, curl) ········ 233
■ 연습문제(6-C) ········ 235

7장 적분법

7.1 부정적분의 정의와 기본 공식 ········ 237
7.1.1 부정적분의 정의 ········ 237
7.1.2 부정적분의 기본 공식 ········ 240
7.1.3 초월함수의 부정적분 ········ 242
7.2 부정적분의 계산 ········ 244
7.2.1 치환 적분법 ········ 244
7.2.2 부분 적분법 ········ 249
7.2.3 부분 분수 분해법(유리함수) ········ 253
7.2.4 삼각함수의 적분 ········ 255
■ 연습문제(7-A) ········ 261
7.3 정적분의 정의 ········ 263
7.3.1 구분구적법 ········ 263

7.3.2 정적분의 정의와 기본 정리 ···· 265

7.4 정적분의 계산 ···· 267

7.4.1 정적분의 기본 공식 ···· 267

7.4.2 우함수와 기함수의 정적분 ···· 270

7.4.3 정적분의 치환 적분법 ···· 272

7.4.4 정적분의 부분 적분법 ···· 273

■ 연습문제(7-B) ···· 274

7.5 정적분의 응용 ···· 275

7.5.1 도형의 면적 ···· 275

7.5.2 회전체의 체적 ···· 279

7.6 중적분 ···· 282

7.6.1 중적분의 정의 ···· 282

7.6.2 2중적분 ···· 282

■ 연습문제(7-C) ···· 286

8장 미분방정식

8.1 미분방정식의 기본 개념 ···· 287

8.1.1 미분방정식의 정의 ···· 287

8.1.2 미분방정식의 해 ···· 288

8.2 1계 미분방정식 ···· 288

8.2.1 변수 분리형 ···· 288

8.2.2 동차형 ···· 290

8.2.3 완전 미분방정식 ···· 293

8.2.4 1계 선형 미분방정식 ···· 297

8.2.5 베르누이 미분방정식 ···· 300

8.3 상계수 2계 선형 미분방정식 ···· 302

8.3.1 상계수 제차 미분방정식 ···· 303

8.3.2 상계수 비제차 미분방정식 ···· 307

8.4 미분방정식의 응용 ······ 315

■ 연습문제 ······ 320

9장 라플라스 변환

9.1 라플라스 변환의 개요 ······ 323

9.2 라플라스 변환의 정의 ······ 324

9.3 라플라스 변환과 정리 ······ 325

9.3.1 기본 입력신호 함수 ······ 325

9.3.2 라플라스 변환의 정리 ······ 329

9.4 파형의 라플라스 변환 ······ 337

9.5 역 라플라스 변환 ······ 340

9.5.1 간단한 함수의 역 라플라스 변환 ······ 340

9.5.2 부분 분수 전개법에 의한 역 라플라스 변환 ······ 341

9.6 라플라스 변환의 응용 ······ 349

9.6.1 미분방정식의 해석 ······ 349

9.6.2 회로망의 해석 ······ 350

■ 연습문제 ······ 352

10장 푸리에 급수

10.1 푸리에 급수의 개요 ······ 355

10.1.1 주기함수의 정의 ······ 355

10.1.2 주기함수의 성질 ······ 357

10.2 푸리에 급수 전개 ······ 358

10.2.1 푸리에 급수의 전개 ······ 358

10.2.2 푸리에 계수 ······ 359

10.3 대칭성 주기함수의 푸리에 급수 ······ 370

10.4 푸리에 급수의 응용 ······ 381

10.4.1 비정현파의 실효값 381
10.4.2 비정현파의 전력 384
■ 연습문제 388

부록

부록1. 그리스 문자, 단위의 거듭제곱, 물리상수 393
부록2. 수학 공식 395
연습문제 해답 399
찾아보기 411

chapter 1

수학의 기초

1.1 실수의 분류

양수(자연수), 0 및 음수를 **정수**(integer number)라 하고, 정수 m, $n(m \neq 0)$에 대하여 $\frac{n}{m}$의 분수의 꼴로 나타낼 수 있는 수를 **유리수**(rational number)라고 한다.

또 $\sqrt{2}$, $\sqrt{3}$, π 등과 같이 순환하지 않는 무한소수로 분수로 나타낼 수 없는 수를 **무리수**(irrational number)라 하며, 유리수와 무리수를 통틀어 **실수**(real number)라고 한다. 위에서 정의한 수를 분류하면 다음과 같이 나타낼 수 있다.

- 실수
  - 유리수
    - 정수
      - 양의 정수$(1,\ 2,\ 3, \cdots)$
      - 영(0)
      - 음의 정수$(-1,\ -2,\ -3, \cdots)$
    - 정수가 아닌 유리수
      - 유한소수$(\pm \frac{1}{4},\ \pm 0.75, \cdots)$
      - 순환소수$(\pm 0.\dot{3},\ \pm 1.\dot{3}\dot{6}, \cdots)$
  - 무리수
    - 제곱근$(\pm\sqrt{2},\ \pm\sqrt{3}, \cdots)$
    - 비순환 무한소수$(\pi = 3.141592\cdots,\ \sin 10^\circ = 0.1736\cdots)$

그림 1.1 수의 체계와 분류

1.2 다항식의 정의와 연산

1.2.1 다항식의 정의

문자, 기호 또는 수로 이루어진 아래의 식들을 가지고, 단항식 및 다항식에 관한 여러 가지 용어와 정의에 관하여 알아본다.

$$\begin{cases} 3x^2y,\quad x^2,\quad 3x,\quad 4 & (1) \\ x^2y+2xy^2+3x^2+y+6 & (2) \end{cases} \tag{1.1}$$

(1) **단항식** : 수 또는 문자가 곱셈 기호 "×"만으로 이루어진 식

$$3x^2y\,(=3\times x\times x\times y),\quad x^2\,(=x\times x),\quad 3x\,(=3\times x),\quad 4$$

다음의 식과 같이 나눗셈의 기호 "÷"로 연결되어 있거나 문자가 근호 안에 있는 경우에는 단항식이 되지 않음

$$\frac{2y^2}{x}(=2\times y\times y\div x),\quad \frac{1}{x}(=1\div x),\quad 2\sqrt{x}\quad : \text{단항식 아님}$$

(2) **다항식(정식)** : 단항식 또는 몇 개의 단항식의 합으로 이루어진 식

$$3x^2y,\quad x^2,\quad 3x,\quad 4,\quad x^2y+2xy^2+3x^2+y+6$$

(3) **항** : 다항식에 포함된 각각의 단항식을 그 다항식의 항

$$x^2y+2xy^2+3x^2+y+6\ :\ x^2y,\quad 2xy^2,\quad 3x^2,\quad y,\quad 6$$

(4) **상수항** : 다항식에 포함된 항에서 특정 문자에 대해 그 문자를 포함하지 않은 항

$$x^2y+2xy^2+3x^2+y+6 : \begin{cases} x\text{에 대한 상수항} : y+6 \\ y\text{에 대한 상수항} : 3x^2+6 \\ x,\ y\text{에 대한 상수항} : 6 \end{cases}$$

(5) **계수** : 단항식 또는 다항식의 항에서 특정 문자에 대해 그 문자를 제외한 나머지 부분

① $3x^2$: x^2에 대한 계수 3 ② $3x$: x에 대한 계수 3

③ $x^2y+2xy^2+3x^2+y+6$: x, y에 대한 계수 1, 2, 3, 1

(6) **동류항** : 계수는 다르지만 문자와 문자의 차수(지수)가 같은 항(상수항은 문자가 없으므로 상수항끼리 동류항)

$x^2y+2x^2y+3x^2+6$: $x^2y,\ 2x^2y$

(7) **차수**

① 단항식의 차수 : 단항식에 포함되어 있는 문자(변수)의 곱의 수

$6x^3y^2$ (x는 3개, y는 2개) : $\begin{cases} x\text{에 관한 3차식} \\ y\text{에 관한 2차식} \\ x,\ y\text{에 관한 5차식} \end{cases}$

② 다항식의 차수 : 다항식에 포함된 단항식(또는 각 항)의 차수 중 가장 높은 항, 즉 최고차항의 차수

$x^4-3x^3y^2+y^3$: $\begin{cases} x\text{에 관한 4차식} \\ y\text{에 관한 3차식} \\ x,\ y\text{에 관한 5차식} \end{cases}$

(8) **동차식** : 다항식에서 각 항의 차수가 같은 다항식

$5x^3+2x^2y+3xy^2-2y^3$: $x,\ y$에 관하여 각 항의 차수가 3차인 동차식

(9) **내림차순, 오름차순**

내림차순 : 한 문자에 관하여 차수가 높은 항부터 배열하는 것 (ax^2+bx+c)

오름차순 : 한 문자에 관하여 차수가 낮은 항부터 배열하는 것 ($c+bx+ax^2$)

(10) **등식**

항등식 : 임의의 x에 관하여 항상 성립하는 등식 ($2x+x=3x$: 임의의 x에 항상 성립)

방정식 : 특수한 값에 대해서만 성립하는 등식 ($2x-6=0$: $x=3$에서만 성립)

1.2.2 다항식의 연산과 인수분해

다항식의 사칙연산은 교환법칙, 결합법칙, 분배법칙의 기본법칙이 성립한다.

☞ 연산의 기본법칙

A, B, C를 **다항식이라 할 때,**

(1) 교환법칙 : $A+B=B+A$, $A \cdot B=B \cdot A$
(2) 결합법칙 : $(A+B)+C=A+(B+C)$, $(A \cdot B) \cdot C=A \cdot (B \cdot C)$
(3) 분배법칙 : $A \cdot (B+C)=A \cdot B+A \cdot C$, $(A+B) \cdot C=A \cdot C+B \cdot C$

(단항식)×(다항식), (다항식)×(다항식)과 같은 곱의 꼴을 하나의 다항식으로 나타내는 것을 **식의 전개**라고 한다. 즉,

$$(x+1)(x+2)=x^2+3x+2 \tag{1.2}$$

가 된다. 이와 같은 다항식의 곱셈은 분배법칙을 반복 사용하여 식을 전개하고, 교환법칙, 결합법칙, 분배법칙을 써서 간단히 정리하는 것이다.

역으로 하나의 다항식을 두 개 이상의 다항식의 곱의 꼴로 나타내는 것을 **인수분해**라고 하며, 이 때 곱으로 표시된 각 식을 **인수**라고 한다.

이와 같이 **식의 전개와 인수분해**는 서로 **역의 관계**로 생각할 수 있다. 즉,

$$(x+1)(x+2) \underset{\text{인수분해}}{\overset{\text{식의 전개}}{\rightleftarrows}} x^2+3x+2$$

식의 전개와 인수분해는 다음의 공식을 기억해 두면 매우 빠르고 간편하게 계산할 수 있다.

☞ 다항식의 곱셈 및 인수분해의 기본공식

(1) $(a+b)^2=a^2+2ab+b^2$, $(a-b)^2=a^2-2ab+b^2$
(2) $(a+b)(a-b)=a^2-b^2$
(3) $(x+a)(x+b)=x^2+(a+b)x+ab$

(4) $(ax+b)(cx+d)=acx^2+(ad+bc)x+bd$

(5) $(x+a)(x+b)(x+c)=x^3+(a+b+c)x^2+(ab+bc+ca)x+abc$

(6) $(a+b+c)^2=a^2+b^2+c^2+2ab+2bc+2ca$

(7) $(a+b)^3=a^3+3a^2b+3ab^2+b^3$

$(a-b)^3=a^3-3a^2b+3ab^2-b^3$

(8) $(a+b)(a^2-ab+b^2)=a^3+b^3$

$(a-b)(a^2+ab+b^2)=a^3-b^3$

(9) $(a+b+c)(a^2+b^2+c^2-ab-ba-ca)=a^3+b^3+c^3-3abc$

예제 1.1 다음 식을 곱셈공식을 이용하여 전개하라.

(1) $(x+3y)^2$　　(2) $(x+2)(x-6)$

(3) $(2x-3)(3x-1)$　　(4) $(x+2)(x^2-2x+4)$

풀이

(1) $(x+3y)^2=x^2+2\cdot x\cdot 3y+(3y)^2=x^2+6xy+9y^2$

(2) $(x+2)(x-6)=x^2+(2-6)x+2\cdot(-6)=x^2-4x-12$

(3) $(2x-3)(3x-1)=(2\cdot 3)x^2+\{2\cdot(-1)+(-3)\cdot 3\}x+(-3)\cdot(-1)$

$=6x^2-11x+3$

(4) $(x+2)(x^2-2x+4)=x^3+2^3=x^3+8$

예제 1.2 다음 식을 인수분해하라.

(1) x^3-x^2-x+1　　(2) $(a-b)x+(b-a)y$

(3) $x^2+10x+25$　　(4) $x^2+xy-2y^2$

(5) $6x^2-xy-2y^2$

풀이

인수분해의 기본적인 유형을 분류하면

(1) **공통인수**로 묶어낸다. (2) **기본공식**을 적용한다.

(3) **인수정리**를 이용한다.

의 세 가지를 생각할 수 있으며, 먼저 **공통인수가 있는가를 확인한 후, 기본공식의 적용을 고려**한다. 또 인수정리는 3차 이상의 고차 다항식에서 적용하는 경우가 많다.

(1) $x^3 - x^2 - x + 1 = x^2(x-1) - (x-1) = (x-1)(x^2-1)$

$= (x-1)(x+1)(x-1) = (x-1)^2(x+1)$

(2) $(a-b)x + (b-a)y = (a-b)x - (a-b)y = (a-b)(x-y)$

(3) $x^2 + 10x + 25 = (x+5)^2$

(4) $x^2 + xy - 2y^2 = (x-y)(x+2y)$

(5) $6x^2 - xy - 2y^2 = (2x+y)(3x-2y)$

1.3 유리식과 부분 분수 전개

1.3.1 유리식의 정의와 연산

분모가 0이 아닌 경우에 분자와 분모가 정수로 된 분수의 꼴을 유리수인 것과 마찬가지로 다항식 A, B에 대하여 $B \neq 0$일 때, $\frac{A}{B}$와 같은 꼴의 식을 **유리식**이라 한다.

특히 B가 상수인 유리식은 **다항식**이 되고, B가 1차 이상의 문자로 구성된 다항식의 유리식은 **분수식**이라 한다. 여기서 A를 **분자**, B를 **분모**라고 한다.

따라서 다항식과 분수식을 통틀어서 **유리식**이라고 하고, A, B가 다항식일 때, 다음과 같이 정의한다.

유리식 $\left(\frac{A}{B}\right)$ $\begin{cases} \textbf{다항식} : B = \textbf{상수} \\ \textbf{분수식} : B \neq 0 \end{cases}$

분수식으로 되어 있는 유리식의 사칙연산은 다음과 같이 정리할 수 있다.

유리식의 사칙연산

(1) 덧셈과 뺄셈

분모가 같은 경우 : $\frac{A}{C}+\frac{B}{C}=\frac{A+B}{C}$, $\frac{A}{C}-\frac{B}{C}=\frac{A-B}{C}$

분모가 다른 경우 : $\frac{A}{C}\pm\frac{B}{D}=\frac{AD\pm BC}{CD}$ (분모의 최소공배수로 통분)

(2) 곱셈 : $\frac{A}{B}\times\frac{C}{D}=\frac{AC}{BD}$ (분자는 분자끼리, 분모는 분모끼리 곱함)

(3) 나눗셈 : $\frac{A}{B}\div\frac{C}{D}=\frac{A}{B}\times\frac{D}{C}=\frac{AD}{BC}$ (역수를 취하여 곱함)

분수식에서 **분자 또는 분모가 분수식으로 되어 있는 꼴의 식**을 **번분수식**이라 하며, 이 식은 다음과 같이 간단히 변형할 수 있다.

$$\frac{\frac{A}{B}}{C}=\frac{A}{BC}, \quad \frac{A}{\frac{B}{C}}=\frac{AC}{B}, \quad \frac{\frac{A}{B}}{\frac{C}{D}}=\frac{AD}{BC} \tag{1.3}$$

예제 1.3 다음의 분수식을 간단히 하라.

(1) $\frac{2x}{x+1}-\frac{x-1}{x}$

(2) $\frac{x^2+2x-3}{x-1}\times\frac{x-2}{x^2-3x+2}$

풀이

(1) $(\text{준 식})=\frac{2x^2-(x-1)(x+1)}{x(x+1)}=\frac{2x^2-(x^2-1)}{x(x+1)}=\frac{(x^2+1)}{x(x+1)}$

(2) $(\text{준 식})=\frac{(x-1)(x+3)}{x-1}\times\frac{x-2}{(x-1)(x-2)}=\frac{x+3}{x-1}$

1.3.2 부분 분수의 전개

다음과 같이 두 분수식의 덧셈은 분모의 최소공배수를 공통분모로 하는 분수로 통분하여 ①과 ②의 과정을 거쳐 **하나의 분수식(통분)**으로 나타낼 수 있다.

$$\frac{1}{x}+\frac{1}{x+1} \underset{④}{\overset{①}{\rightleftarrows}} \frac{(x+1)+x}{x(x+1)} \underset{③}{\overset{②}{\rightleftarrows}} \frac{2x+1}{x^2+x}$$

또 하나의 분수식은 역으로 ③과 ④의 과정을 거쳐 원래의 두 분수식의 합으로 표현할 수 있으며, 이 때 각각의 **두 분수식**을 **부분 분수**(partial fraction)라고 한다.

이와 같이 분수식의 분모가 인수의 곱셈 꼴로 되어 있는 하나의 분수식을 두 개 이상의 분수식의 합(또는 차)의 꼴로 변형하는 것을 **부분 분수로 전개**한다고 한다.

일반적인 형식인 두 인수의 곱셈 꼴의 분수식에 대한 부분 분수의 전개는 다음과 같은 공식을 적용하면 간단히 계산할 수 있다.(심화학습 참고)

$$\frac{\mathrm{C}}{\mathrm{AB}}=\frac{\mathrm{C}}{\mathrm{B}-\mathrm{A}}\left(\frac{1}{\mathrm{A}}-\frac{1}{\mathrm{B}}\right) \tag{1.4}$$

예제 1.4 다음의 분수식을 간단히 하라.

$$\frac{1}{x(x+2)}+\frac{1}{(x+2)(x+4)}+\frac{1}{(x+4)(x+6)}+\frac{1}{(x+6)(x+8)}$$

풀이

$$(\text{준 식})=\frac{1}{2}\left\{\left(\frac{1}{x}-\frac{1}{x+2}\right)+\left(\frac{1}{x+2}-\frac{1}{x+4}\right)+\left(\frac{1}{x+4}-\frac{1}{x+6}\right)+\left(\frac{1}{x+6}-\frac{1}{x+8}\right)\right\}$$

$$=\frac{1}{2}\left(\frac{1}{x}-\frac{1}{x+8}\right)=\frac{1}{2}\cdot\frac{x+8-x}{x(x+8)}=\frac{4}{x(x+8)}$$

1.4 무리식의 정의와 연산

1.4.1 무리식의 정의와 성질

(1) 무리식의 정의

분수로 나타낼 수 없는 순환하지 않는 무한소수, 즉 비순환 무한소수를 **무리수**라 하고, 근호 ($\sqrt{}$)[기호 : **루트** 또는 **제곱근**] 안에 문자를 포함한 식을 **무리식**이라 한다.

$$\begin{cases} \text{무리수:} \quad \sqrt{2}=1.414\cdots\cdots, \quad \sqrt{3}=1.732\cdots\cdots, \quad \pi=3.1415\cdots\cdots \\ \text{무리식:} \quad \sqrt{x}, \quad \sqrt{x+1}, \quad \sqrt{x}-1\cdots\cdots \end{cases}$$

(2) 무리식의 성질

어떤 수 x를 제곱하여 a가 될 때, x를 a의 **제곱근**이라고 한다.

$x^2=a$일 때, x는 a의 제곱근

(1) 양수의 제곱근은 절대값이 같은 양수와 음수 2개가 있고, 양수인 것은 **양의 제곱근**, 음수인 것은 **음의 제곱근**이라고 한다.

25의 제곱근 : 5, -5

(5, -5는 25의 제곱근이라 하고, 5는 양의 제곱근, -5는 음의 제곱근이다.)

(2) 음수의 제곱근은 존재하지 않는다. 제곱하여 음수가 되는 수는 없기 때문이다.

(3) 0의 제곱근은 0뿐이다.

제곱근은 근호($\sqrt{}$)를 사용하여 나타내고, 이 기호를 **루트** 또는 **제곱근**이라고 한다.
제곱하여 a가 되는 수 x, 즉 방정식 $x^2=a$의 해인 x를 **a의 제곱근**이라 한다.

$$x=\pm\sqrt{a} \qquad \text{즉,} \quad a\text{의 제곱근} : \pm\sqrt{a}$$

이 때 a의 제곱근 중 **양의 제곱근**을 $\sqrt{a}$, **음의 제곱근**을 $-\sqrt{a}$로 나타낸다.

$$(\sqrt{a})^2=a, \quad (-\sqrt{a})^2=a \qquad \therefore \quad (\pm\sqrt{a})^2=a$$

3의 제곱근은 $\pm\sqrt{3}$이고, 4의 제곱근은 $\pm\sqrt{4}=\pm\sqrt{2^2}=\pm 2$이다. 따라서 근호 안의 수가 자연수의 제곱이면 근호로 나타내지 않고, 제곱이 되지 않는 경우에만 근호를 사용한다.

근호 $\sqrt{}$는 지수로 바꾸면 1/2 **제곱**과 같다. 즉,

$$\sqrt{a}=a^{\frac{1}{2}}$$

이 관계로부터 지수법칙을 적용하면 다음과 같은 제곱근의 성질을 얻을 수 있다.

☞ 제곱근의 성질

$a>0$	모든 수 a
① $(\sqrt{a})^2=a$, $(-\sqrt{a})^2=a$ ② $\sqrt{a^2}=a$, $\sqrt{(-a)^2}=a$	$\sqrt{a^2}=\lvert a\rvert=\begin{cases} a & (a\geq 0) \\ -a & (a<0) \end{cases}$

예 (1) $(\sqrt{5})^2=5$, $(-\sqrt{5})^2=5$

(2) $\sqrt{5^2}=5$, $\sqrt{(-5)^2}=5$

무리식에 어떤 실수를 대입한 값이 실수가 되려면 다음의 조건과 같이 근호 안의 식의 값이 0 또는 양수가 되도록 문자의 범위를 제한해야 한다.

무리식의 실수 조건 : (근호 안의 식의 값) ≥ 0

즉, 무리식 $x+\sqrt{x-2}$ 에서 실수가 되려면 근호 안의 식 $x-2\geq 0$ 으로부터 $x\geq 2$ 의 범위이어야 한다.

예제 1.5 다음 식을 간단히 하라.

(1) $\sqrt{2^2}$ (2) $\sqrt{(-3)^2}$

(3) $\sqrt[3]{2^3}$ (4) $\sqrt[3]{(-3)^3}$

(5) $\sqrt{(2-\sqrt{5})^2}$ (6) $\sqrt{(a-1)^2}\ (a<1)$

풀이

(1) 2 (2) 3 (3) 2 (4) -3

(5) $2-\sqrt{5}<0$ 이므로 $\sqrt{(2-\sqrt{5})^2}=\lvert 2-\sqrt{5}\rvert=-(2-\sqrt{5})=-2+\sqrt{5}$

(6) $\sqrt{(a-1)^2}=\lvert a-1\rvert$, 여기서 $a<1$ 이므로 $a-1<0$

$\therefore\ \sqrt{(a-1)^2}=\lvert a-1\rvert=-(a-1)=1-a$

1.4.2 무리식의 연산

제곱근의 계산은

(1) $\sqrt{12}=\sqrt{2^2\times 3}=\sqrt{2^2}\sqrt{3}=2\sqrt{3}$ (2) $\sqrt{2}\sqrt{3}=\sqrt{2\times 3}=\sqrt{6}$

(3) $\sqrt{\dfrac{6}{9}}=\dfrac{\sqrt{6}}{\sqrt{9}}=\dfrac{\sqrt{6}}{3}$ (4) $\dfrac{\sqrt{25}}{\sqrt{5}}=\sqrt{\dfrac{25}{5}}=\sqrt{5}$

가 되는 것을 이미 알고 있다. 이 계산으로부터 제곱근에 대한 다음의 계산 법칙이 성립한다.

☞ 제곱근의 계산 법칙

(1) $a>0,\ b>0$**일 때,**

① $\sqrt{a}\sqrt{b}=\sqrt{ab}$ ② $\sqrt{a^2b}=a\sqrt{b}$

③ $\dfrac{\sqrt{a}}{\sqrt{b}}=\sqrt{\dfrac{a}{b}}$ ④ $\dfrac{\sqrt{a}}{\sqrt{b^2}}=\dfrac{\sqrt{a}}{b}$

(2) $a<0,\ b<0$**일 때,** $\sqrt{a}\sqrt{b}=-\sqrt{ab}$

(3) $a>0,\ b<0$**일 때,** $\dfrac{\sqrt{a}}{\sqrt{b}}=-\sqrt{\dfrac{a}{b}}$

예제 1.6 다음 식을 간단히 하라.

(1) $\sqrt{8}+\sqrt{12}-\sqrt{18}+\sqrt{27}$ (2) $(3-2\sqrt{3})^2$

(3) $(\sqrt{5}+\sqrt{2})^2-(\sqrt{5}-\sqrt{2})^2$ (4) $\sqrt{\dfrac{5}{6}}\left(\sqrt{\dfrac{27}{10}}-\sqrt{\dfrac{8}{15}}\right)$

풀이

(1) (준 식) $=2\sqrt{2}+2\sqrt{3}-3\sqrt{2}+3\sqrt{3}=-\sqrt{2}+5\sqrt{3}$

(2) (준 식) $=3^2-2\cdot 3\cdot 2\sqrt{3}+(2\sqrt{3})^2=9-12\sqrt{3}+12=21-12\sqrt{3}$

(3) (준 식) $=\{(\sqrt{5}+\sqrt{2})+(\sqrt{5}-\sqrt{2})\}\{(\sqrt{5}+\sqrt{2})-(\sqrt{5}-\sqrt{2})\}$

$$= 2\sqrt{5} \cdot 2\sqrt{2} = 4\sqrt{10}$$

(4) (준 식) $= \sqrt{\dfrac{5}{6} \cdot \dfrac{27}{10}} - \sqrt{\dfrac{5}{6} \cdot \dfrac{8}{15}} = \sqrt{\dfrac{9}{4}} - \sqrt{\dfrac{4}{9}} = \dfrac{3}{2} - \dfrac{2}{3} = \dfrac{5}{6}$

1.5 방정식의 해법

방정식은 특정한 문자의 값에 대해서만 성립하는 등식으로 다음의 두 방정식의 꼴에서 x를 **미지수** 또는 **변수**라 하고, 이 방정식을 만족시키는 x의 값을 방정식의 **해** 또는 **근**이라고 한다.

$$\begin{cases} ax = b & \text{(1원 1차 방정식)} \quad (1) \\ ax^2 + bx + c = 0 & \text{(1원 2차 방정식)} \quad (2) \end{cases} \tag{1.5}$$

식 (1.5) (1)의 방정식은 미지수가 하나이고, 하나인 미지수 x의 차수가 1차이므로 **1원 1차 방정식**, 식 (1.5) (2)는 미지수가 하나이고, 미지수 x의 차수가 2차이므로 **1원 2차 방정식**이라 한다.

즉, **원**은 미지수의 종류, **차**는 미지수의 최고차항을 의미하며, 일반적으로 원을 생략하여 간단히 **일차 방정식** 또는 **이차 방정식**이라고 한다.

1.5.1 일차방정식의 해법

등식의 성질을 이용한 일차방정식 $ax = b$의 해의 처리는 다음과 같다.

☞ **일차방정식의 해**

일차방정식 $ax = b$의 해

(1) $a = 0,\ b \neq 0$일 때, $0 \cdot x = b$, $x = \dfrac{b}{0}$이므로 **불능**(해가 없다.)

(2) $a = 0,\ b = 0$ 일 때, $0 \cdot x = 0$, $x = \dfrac{0}{0}$이므로 **부정**(해가 무수히 많다.)

(3) $a \neq 0$ 일 때, $x = \dfrac{b}{a}$ (한 개의 해)

1.5.2 이차방정식의 해법

이차방정식 $ax^2+bx+c=0\ (a\neq 0)$의 근(또는 해)을 구하는 방법은

(1) 인수분해에 의한 방법　(2) 근의 공식에 의한 방법

이 있다. 먼저 이차방정식이 인수분해에 의한 방법을 적용하고, 인수분해가 되지 않을 경우에 근의 공식에 대입하여 근을 구한다.

(1) 인수분해에 의한 해법

x에 관한 이차방정식이 $(ax-b)(cx-d)=0$의 꼴로 인수분해될 때, 이 방정식의 두 근은 다음과 같다.

$$x=\frac{b}{a} \quad \text{또는} \quad x=\frac{d}{c} \tag{1.6}$$

(2) 근의 공식에 의한 해법

이차방정식 $ax^2+bx+c=0$에서 완전제곱식에 의한 근의 공식을 유도해 본다.

$$ax^2+bx+c=0 \tag{1.7}$$

식 (1.7)의 방정식에서 양변을 a로 나누고 좌변을 완전제곱식으로 고쳐 쓰면

$$x^2+\frac{b}{a}x+\frac{c}{a}=0,\quad x^2+\frac{b}{a}x=-\frac{c}{a},\quad x^2+\frac{b}{a}x+\left(\frac{b}{2a}\right)^2=\left(\frac{b}{2a}\right)^2-\frac{c}{a}$$

$$\left(x+\frac{b}{2a}\right)^2=\left(\frac{b}{2a}\right)^2-\frac{c}{a},\quad \left(x+\frac{b}{2a}\right)^2=\frac{b^2-4ac}{4a^2}$$

$$x+\frac{b}{2a}=\pm\sqrt{\frac{b^2-4ac}{4a^2}} \qquad \therefore\ x=\frac{-b\pm\sqrt{b^2-4ac}}{2a} \tag{1.8}$$

의 근의 공식이 구해진다. 이상을 정리하면 다음과 같다.

☞ 이차방정식의 근의 공식

(1) $ax^2+bx+c=0\ (a\neq 0)$ **의 근** : $x=\dfrac{-b\pm\sqrt{b^2-4ac}}{2a}$

(2) $ax^2+2b'x+c=0\ (a\neq 0)$ **의 근** : $x=\dfrac{-b'\pm\sqrt{b'^2-ac}}{a}$

(3) 판별식

일반적으로 a, b, c 가 실수일 때, 이차방정식 $ax^2+bx+c=0$ 의 근은

$$x=\frac{-b\pm\sqrt{b^2-4ac}}{2a} \tag{1.9}$$

이다. 그런데 주어진 이차방정식의 근은 식 (1.9)의 근호 안의 b^2-4ac 의 부호에 의하여 다음과 같이 근의 종류를 판별할 수 있다.

서로 다른 두 실근, 서로 같은 두 실근(중근), 서로 다른 두 허근

이런 의미에서 b^2-4ac 를 **판별식**(discriminant)이라 하고, 기호 D 로 나타낸다. 따라서 판별식은 $D=b^2-4ac$ 가 된다.

특히 이차방정식 $ax^2+2b'x+c=0$ 과 같이 일차항의 계수가 2 의 배수(짝수)일 경우, 근을 판별할 때에는 $D=b^2-4ac$ 대신에 $\frac{D}{4}=b'^2-ac$ 를 이용하면 편리하다.

☞ 이차방정식의 판별식에 의한 근의 판별

a, b, c **가 실수일 때, 이차방정식** $ax^2+bx+c=0$ **에서 판별식** $D=b^2-4ac$ **이면**

(1) $D>0$: **서로 다른 두 실근**

(2) $D=0$: **서로 같은 두 실근(중근)**

(3) $D<0$: **서로 다른 두 허근**

예제 1.7 다음 이차방정식에서 판별식에 의해 근의 종류를 판별하고, 근을 구하라. (단, (1)의 근은 인수분해, 나머지의 근은 근의 공식의 해법을 이용하라.)

(1) $3x^2-2x-5=0$

(2) $x^2+4x+4=0$

(3) $2x^2-5x+5=0$

풀이

(1) $D=b^2-4ac=(-2)^2-4\cdot3\cdot(-5)=64>0$: 서로 다른 두 실근

$3x^2-2x-5=(3x-5)(x+1)=0 \quad \therefore\ x=\frac{5}{3},\ x=-1$

(2) $D=b^2-4ac=4^2-4\cdot1\cdot4=0$: 서로 같은 두 실근(중근)

$$x=\frac{-4\pm\sqrt{4^2-4\cdot1\cdot4}}{2\cdot1}=\frac{-4}{2}=-2$$

(3) $D=b^2-4ac=(-5)^2-4\times2\times5=-15<0$: 서로 다른 두 허근

$$x=\frac{-(-5)\pm\sqrt{(-5)^2-4\times2\times5}}{2\times2}=\frac{5\pm\sqrt{25-40}}{4}=\frac{5\pm\sqrt{15}\,i}{4}$$

1.6 함수의 정의와 종류

1.6.1 함수의 정의

그림 1.2와 같이 두 집합 X, Y에서 X의 각 원소에 Y의 원소가 오직 하나씩 대응할 때, 이 대응을 **X에서 Y로의 함수**(function)라고 한다.

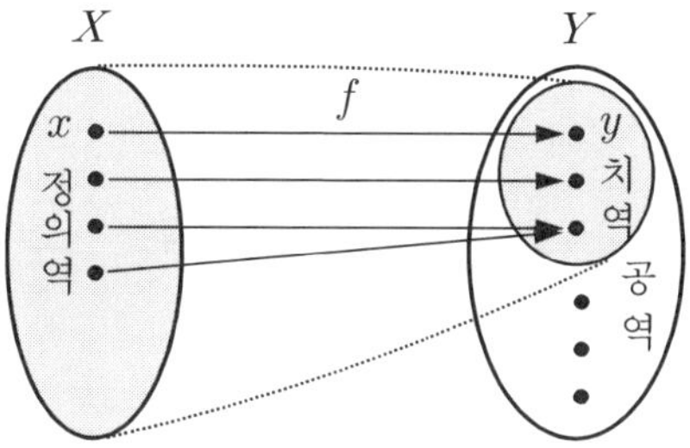

그림 1.2 함수의 정의

함수의 표시는 문자 f를 써서

$$f: X \longrightarrow Y \quad \text{또는} \quad X \xrightarrow{f} Y$$

로 나타낸다. 또 함수 f에 의해 X의 임의의 원소 x가 Y의 원소 y에 대응될 때,

$$f: x \longrightarrow y \quad \text{또는} \quad x \xrightarrow{f} y \quad \text{또는} \quad y=f(x)$$

등으로 나타낼 수 있고, **y를 x의 함수**라고 한다. 여기서 x를 **독립변수**, y를 **종속변수**라 한다. 집합 X를 함수 f의 **정의역**(domain), 집합 Y를 **공역**(codomain)이라 하고, 함수값 전체의 집합 $\{f(x) \mid x \in X\}$를 함수 f의 **치역**(range)이라 하며 $f(x)$로 나타낸다. 이때 치역 $f(x)$는 공역 Y의 부분집합이다.

1.6.2 함수의 종류

(1) 대수함수, 유리함수

함수 $y=f(x)$에서 $f(x)$가 x에 대한 다항식으로 표시되는 함수를 **다항함수**라 하고, 분모가 상수가 아닌 분수식의 다항식으로 표현되는 함수를 **분수함수**라 한다.

또 다항함수와 분수함수를 포함하는 유리식으로 표시되는 함수를 **유리함수**(rational function)라 한다.

유리식으로 표시되는 유리함수와 무리식으로 표시되는 무리함수를 통틀어 **대수함수**(algebraic function)라고 하며, 대수함수가 아닌 모든 함수를 **초월함수**(transcendental function)라 한다.

$$\begin{cases} \text{대수함수} \begin{cases} \text{유리함수} \begin{cases} \text{다항함수}\,(4x+3,\ x^2+x+2,\ \cdots) \\ \text{분수함수}\left(\dfrac{2}{x-1},\ \dfrac{1}{x^2+1},\ \cdots\right) \end{cases} \\ \text{무리함수}\,(\sqrt{2-x^2},\ \cdots) \end{cases} \\ \text{초월함수}\,(a^x,\ \log x,\ \sin x,\ \cosh x,\ \cdots) \end{cases}$$

그림 1.3 함수의 종류

(2) 양함수, 음함수

함수는 $y=f(x)$의 꼴뿐만 아니라 $f(x, y)=0$의 꼴로도 주어진다. 함수 $y=f(x)$의 꼴을 **양함수**(explicit function)라 하고, 함수 $f(x, y)=0$의 꼴을 **음함수**(implicit function)라고 한다.

(3) 우함수, 기함수

일반적으로 모든 x에 대하여

$$f(x)=f(-x) \tag{1.10}$$

의 조건을 만족하는 함수 $f(x)$를 **우함수**(even function)라 하고, x^2, x^4, $\cos x$ 등이 있다. 우함수는 **세로축**(y축)**에 관하여 대칭**, 즉 **좌우가 대칭인 파형**이다.

모든 x에 대하여

$$f(x)=-f(-x) \tag{1.11}$$

의 조건을 만족하는 함수 $f(x)$를 **기함수**(odd function)라 하고, x, x^3, $\sin x$ 등이 있다.

기함수의 그래프는 **원점에 관하여 대칭**, 즉 **원점을 중심으로** $180°$ **회전하였을 때 일치되는 파형**이다.

(4) 역함수

함수 $f : X \to Y$가 공역과 치역이 같은 **일대일 대응**이면 Y의 각 원소 y에 대하여 $f(x)=y$인 X의 원소 x는 단 하나 존재하므로 Y를 정의역, X를 공역으로 하는 Y에서 X로의 함수를 얻을 수 있다.

이 함수를 f의 **역함수**(inverse function)라 하고, 기호는

$$f^{-1}: \ Y \to X \tag{1.12}$$

로 나타낸다. 일반적으로 함수 $y=f(x)$의 역함수 $x=f^{-1}(y)$도 x와 y를 바꿔 써서 $y=f^{-1}(x)$로 나타낸다.

함수의 정의역은 역함수의 치역, 함수의 치역은 역함수의 정의역이 되고, 역함수 관계가 있는 두 함수의 그래프는 직선 $y=x$에 관하여 서로 대칭인 관계가 있다.

예제 1.8 다음 함수의 역함수를 구하라.

(1) $y=2x+3$　　　(2) $f(x)=\dfrac{1}{x-1}\ (x>1)$

풀이

(1) x에 관하여 풀면 $x=\dfrac{1}{2}(y-3)$이고, x와 y를 바꾸어 놓으면

$$y=\frac{1}{2}(x-3) \qquad \therefore \ f^{-1}(x)=\frac{1}{2}(x-3)$$

(2) $y=f(x)=\dfrac{1}{x-1}$로 놓고 x에 관하여 풀면 $x=\dfrac{y+1}{y}$이고, x와 y를 바꾸어 놓으면 $y=\dfrac{x+1}{x}$이 된다. 또 함수의 치역은 $y>0$이므로 역함수의 정의역은 $x>0$이다.

$$\therefore \ f^{-1}(x)=\frac{x+1}{x}\ (x>0)$$

1.7 함수의 이동과 그래프

1.7.1 함수의 이동

(1) 함수의 평행 이동

함수 $y=f(x)$의 그래프를 x축 방향으로 m, y축 방향으로 n만큼 평행 이동한 그래프의 변환식은 다음과 같이 x 대신에 $x-m$, y 대신에 $y-n$을 대입한 것과 같고, 다음과 같이 나타낼 수 있다.

$$y-n=f(x-m) \tag{1.13}$$

(2) 함수의 대칭 이동

함수 $y=f(x)$의 그래프를 x축, y축, 원점 및 $y=x$에 관하여 대칭이동 하였을 때, 그래프의 방정식은 각각 다음과 같이 나타낼 수 있다.

(1) x축에 관하여 대칭 이동한 그래프의 방정식 ; y 대신에 $-y$를 대입

$$-y=f(x) \tag{1.14}$$

(2) y축에 관하여 대칭 이동한 그래프의 방정식 ; x 대신에 $-x$를 대입

$$y=f(-x) \tag{1.15}$$

(3) 원점에 관하여 대칭 이동한 그래프의 방정식 ; $x \to -x$, $y \to -y$를 대입

$$-y=f(-x) \tag{1.16}$$

(4) $y=x$에 관하여 대칭 이동한 그래프의 방정식 ; $x \to y$, $y \to x$를 대입

$$x=f(y) \tag{1.17}$$

1.7.2 일차함수 그래프

(1) 일차함수 그래프의 성질

일차함수 $y=ax+b$의 그래프에서 a와 b의 성질을 알아본다.

$$y=ax+b \begin{cases} a : \text{기울기}\,(a=\tan\theta) \\ b : y\ \text{절편} \end{cases}$$

(1) a의 성질 : **기울기**

① $a>0$일 때, x의 값이 증가하면 오른쪽 위로 향하는 직선

② $a<0$일 때, x의 값이 증가하면 오른쪽 아래로 향하는 직선

③ $a=0$일 때, x축에 평행한 직선

(2) b의 성질 : y **절편**

① $b>0$이면 원점 위쪽에서 y축과 만나는 직선 (y 절편 : 양수)

② $b<0$이면 원점 아래쪽에서 y축과 만나는 직선 (y 절편 : 음수)

③ $b=0$이면 원점을 지나는 직선

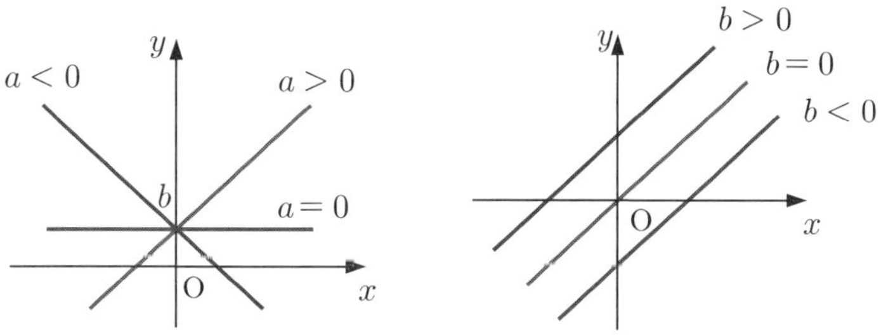

(a) a의 성질　　(b) b의 성질

그림 1.4 $y=ax+b$ **그래프의 성질**

TIP a, b**의 부호에 따른** $y=ax+b$**의 그래프 형태**

$a>0,\ b>0$	$a>0,\ b<0$	$a<0,\ b>0$	$a<0,\ b<0$
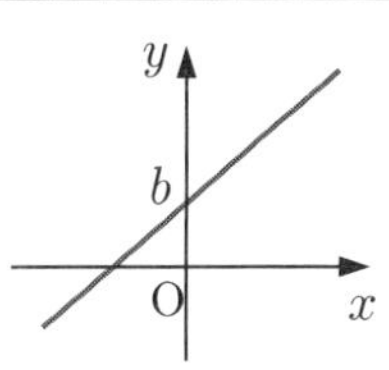	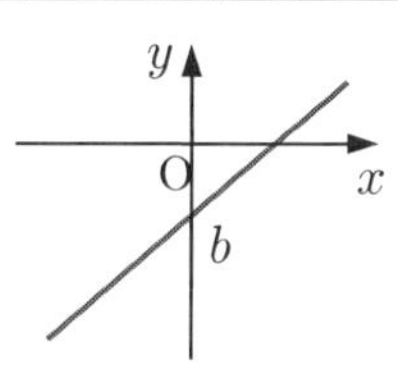	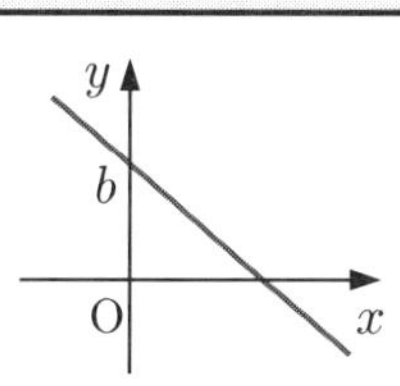	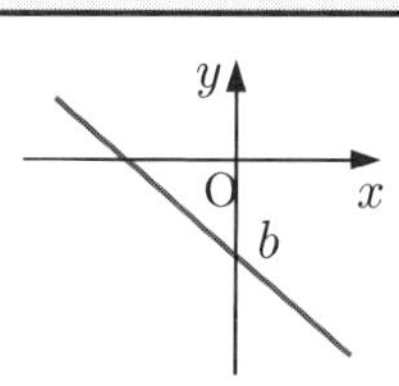

(2) 일차함수의 직선 방정식

기울기 a, 좌표 $(x_1,\ y_1)$, $(x_2,\ y_2)$ 또는 x 절편과 y 절편이 주어졌을 때, 직선 방정식을 정리하면 다음과 같다.

☞ 일차함수의 직선 방정식

(1) 기울기가 a이고 y 절편이 b인 직선

$$y = ax + b$$

(2) 기울기가 a이고 점 $(x_1,\ y_1)$을 지나는 직선

$$y - y_1 = a(x - x_1)$$

(3) 두 점 $(x_1,\ y_1)$, $(x_2,\ y_2)$를 지나는 직선

$$y - y_1 = \frac{y_2 - y_1}{x_2 - x_1}(x - x_1) \ (\text{단, } x_1 \neq x_2)$$

(4) x 절편이 a, y 절편이 b인 직선

$$\frac{x}{a} + \frac{y}{b} = 1 \ (\text{단, } ab \neq 0)$$

예제 1.9 다음 주어진 조건에서 일차함수의 직선 방정식을 구하라.

(1) 기울기가 -2이고, 점 $(1,\ 2)$를 지나는 직선

(2) 두 점 $(2,\ -1)$, $(6,\ 7)$를 지나는 직선

풀이

(1) $y - 2 = -2(x - 1) \quad \therefore \quad y = -2x + 4$

(2) $y - (-1) = \dfrac{7 - (-1)}{6 - 2}(x - 2)$, $y + 1 = 2(x - 2) \quad \therefore \quad y = 2x - 5$

1.7.3 이차함수 그래프

이차함수 $y = ax^2 + bx + c$의 완전제곱 꼴을 $y = a(x - m)^2 + n$이라 하면, **그림** 1.5와 같이 원점을 지나는 $y = ax^2$의 그래프를 x축 방향으로 m, y축 방향으로 n만큼 평행 이동한 그래프가 된다. 즉,

$$y = ax^2 + bx + c = a\left(x^2 + \frac{b}{a}x\right) + c = a\left(x + \frac{b}{2a}\right)^2 - \frac{b^2 - 4ac}{4a} \tag{1.18}$$

이다. 이차함수의 완전제곱 꼴 $y=a(x-m)^2+n$으로부터 평행이동 외에 다음과 같이 대칭축 $x=m$과 꼭지점 $(m,\ n)$도 구할 수 있다.

$$\text{대칭축 ; } x=-\frac{b}{2a}, \qquad \text{꼭지점 ; } \left(-\frac{b}{2a},\ -\frac{b^2-4ac}{4a}\right)$$

이차함수는 $a>0$이면 아래로 볼록, $a<0$이면 위로 볼록한 포물선이 된다.

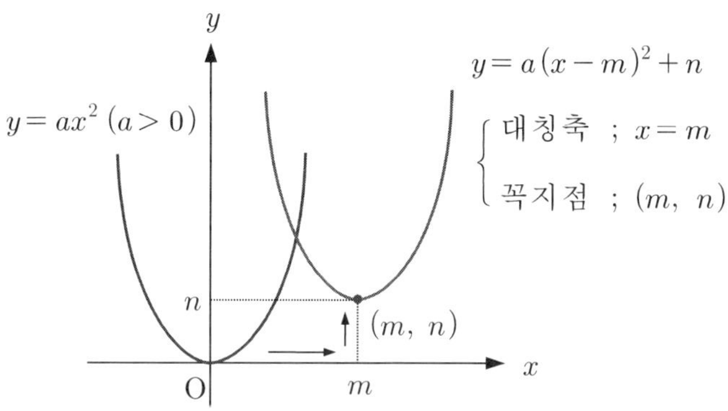

그림 1.5 이차함수 그래프

예제 1.10 다음 이차함수에서 대칭축과 꼭지점을 구하라.

(1) $y=x^2-3$ (2) $y=-x^2+2x+3$

(3) $y=\frac{1}{2}x^2-2x+2$ (4) $y=2x^2-4x$

풀이

(1) $y=x^2-3$, 대칭축 : $x=0$, 꼭지점 : $(0,\ -3)$

(2) $y=-x^2+2x+3=-(x-1)^2+4$

대칭축 : $x=1$, 꼭지점 : $(1,\ 4)$

(3) $y=\frac{1}{2}x^2-2x+2=\frac{1}{2}(x^2-4x+4)=\frac{1}{2}(x-2)^2$

대칭축 : $x=2$, 꼭지점 : $(2,\ 0)$

(4) $y=2x^2-4x=2(x^2-2x)=2(x-1)^2-2$

대칭축 : $x=1$, 꼭지점 : $(1,\ -2)$

1.8 지수함수

1.8.1 정수의 지수

실수 a를 두 번 곱한 $a^2=a\times a$를 **a의 제곱**이라 하고, n번 곱한 a^n을 a의 **n 제곱**이라 한다.

또 a^1, a^2, a^3, $\cdots$, a^n, $\cdots$ 을 통틀어 **a의 거듭제곱**이라 하고, a^n에서 a를 거듭제곱의 **밑**, n을 거듭제곱의 **지수**라고 한다. 간단한 **거듭제곱**인 지수법칙은 다음과 같이 정리할 수 있으며, 지수가 양의 지수, 0, 음의 지수인 정수에서도 성립한다.

여기서 0의 지수와 음의 지수에서 다음의 관계식을 약속하기로 한다.

$$(1)\ a^0=1 \qquad (2)\ a^{-n}=\frac{1}{a^n}\text{(단, } a\neq 0,\ n\text{은 양의 정수)} \tag{1.19}$$

☞ **정수의 지수법칙(거듭제곱의 계산 법칙)**

m, n이 정수일 때,

(1) $a^m\times a^n=a^{m+n}$ (2) $(a^m)^n=a^{mn}$

(3) $(ab)^m=a^m b^m$ (4) $\left(\dfrac{b}{a}\right)^m=\dfrac{b^m}{a^m}$

(5)
$$a^m\div a^n=\begin{cases} a^{m-n} & (m>n) \\ 1 & (m=n) \\ \dfrac{1}{a^{n-m}} & (m<n) \end{cases}$$
(단, (4), (5)에서 $a\neq 0$)

1.8.2 거듭제곱근

제곱하여 a, 세제곱하여 a 및 n제곱하여 a가 되는 수를 **a의 제곱근**, **a의 세제곱근**, **n 제곱근**이라 하며, 이들을 통틀어 **거듭제곱근**이라고 한다.

즉, a의 n제곱근은 방정식 $x^n=a$의 해를 만족하는 x의 값을 의미하므로 4의 제곱근은 $\pm 2\,(x^2=4)$, 8의 세제곱근은 2, $1\pm\sqrt{3}i\,(x^3=8)$가 된다.

거듭제곱근인 a**의** n **제곱근**과 n **제곱근** a $(\sqrt[n]{a})$**의 성질**을 정리하면 다음과 같다.

(1) n**이 홀수인 경우**

실수 a의 n제곱근 중 실수인 것은 오직 한 개뿐이며 이것을 $\sqrt[n]{a}$ 로 나타낸다.

(2) n**이 짝수인 경우**

$a>0$: a의 n제곱근 중 실수는 양, 음의 두 개가 있고,
양인 것을 $\sqrt[n]{a}$, 음인 것을 $-\sqrt[n]{a}$로 나타낸다.

$a<0$: a의 n제곱근 중에서 실수는 없다.

거듭제곱근에 관하여 다음과 같은 계산 법칙이 성립한다.

☞ 거듭제곱근의 계산 법칙

$a>0,\ b>0$이고, $m,\ n$이 양의 정수일 때,

(1) $\sqrt[n]{a}\sqrt[n]{b}=\sqrt[n]{ab}$　　(2) $\dfrac{\sqrt[n]{a}}{\sqrt[n]{b}}=\sqrt[n]{\dfrac{a}{b}}$

(3) $(\sqrt[n]{a})^m=\sqrt[n]{a^m}$　　(4) $\sqrt[m]{\sqrt[n]{a}}=\sqrt[mn]{a}$

1.8.3 유리수의 지수

거듭제곱근을 이용하여 지수가 유리수인 분수지수로 확장하여 보자.

$a>0$이고 분수지수 $\dfrac{m}{n}$(단, $m,\ n$은 양의 정수)일 때, 지수법칙 $(a^m)^n=a^{mn}$이 성립하려면

$$\left(a^{\frac{m}{n}}\right)^n=a^{\frac{m}{n}\times n}=a^m \tag{1.20}$$

이다. 따라서 분수지수의 거듭제곱 꼴인 유리지수는 다음과 같이 정의하면 위의 정수의 지수법칙이 성립한다.

☞ 유리수의 지수

$a>0$이고, $m,\ n$이 양의 정수일 때,

(1) $a^{\frac{1}{n}}=\sqrt[n]{a}$　　(2) $a^{\frac{m}{n}}=\sqrt[n]{a^m}$　　(3) $a^{-\frac{m}{n}}=\dfrac{1}{a^{\frac{m}{n}}}$

예제 1.11 다음의 각 식을 간단히 하라.

(1) $a^3 \times a^{-4} \div a^{-3}$ (2) $16^{\frac{1}{4}}$

(3) $\sqrt{a} \times \sqrt[4]{a}$ (4) $\sqrt{3^3} \times \sqrt[3]{9^4} \div \sqrt[6]{3}$

풀이

(1) $a^3 \times a^{-4} \div a^{-3} = a^{\{3-4-(-3)\}} = a^2$

(2) $16^{\frac{1}{4}} = (2^4)^{\frac{1}{4}} = 2$

(3) $\sqrt{a} \times \sqrt[4]{a} = a^{\frac{1}{2}} \times a^{\frac{1}{4}} = a^{\frac{1}{2}+\frac{1}{4}} = a^{\frac{3}{4}}$

(4) $\sqrt{3^3} \times \sqrt[3]{9^4} \div \sqrt[6]{3} = 3^{\frac{3}{2}} \times 3^{\frac{8}{3}} \div 3^{\frac{1}{6}} = 3^{\frac{3}{2}+\frac{8}{3}-\frac{1}{6}} = 3^4 = 81$

1.8.4 지수함수의 그래프

실수 x에 대하여 2^x, 3^x, … 등과 같은 a^x의 값이 정해지는 함수

$$y = a^x \ (a > 0,\ a \neq 1) \tag{1.21}$$

로 나타낼 때, y는 a를 **밑**(base)으로 하는 x의 **지수함수**(exponential function)라 한다.

일반적으로 **그림** 1.12와 같이 지수함수 $y = a^x$의 그래프는 $a > 1$인 경우와 $0 < a < 1$인 경우의 밑의 조건에 따라 증감 상태가 다르다는 것에 주의해야 한다.

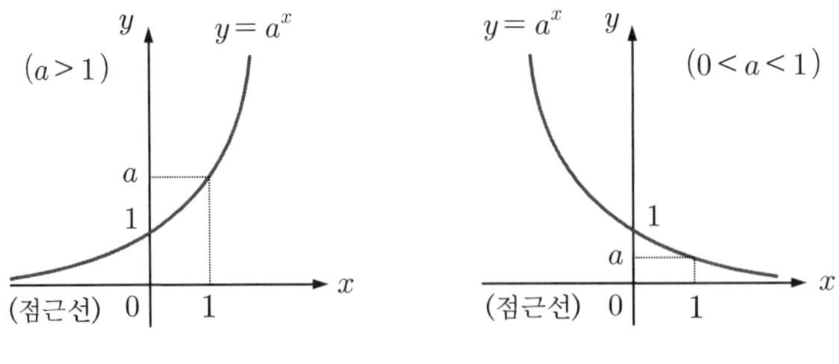

그림 1.6 지수함수($y = a^x$)의 그래프

또 지수함수의 **상등**과 **대소 관계**는 다음과 같은 것을 알 수 있다.

(1) $a^x = a^y$: $x = y$ (상등)

(2) $a > 1$인 경우, $x < y$: $a^x < a^y$ (대소 관계 일치)

$0 < a < 1$인 경우, $x < y$: $a^x > a^y$ (대소 관계 역전)

지수함수 $y = a^x$의 성질은 다음과 같다.

☞ 지수함수의 성질

지수함수 $y = a^x$ $(a > 0,\ a \neq 1)$**에서**

(1) **정의역은 실수 전체의 집합이다.**

(2) **치역은 양의 실수 전체의 집합이다.**

(3) $a > 1$ **이면** x **가 증가할 때** y **도 증가한다. (단조 증가)**

$0 < a < 1$ **이면** x **가 증가할 때** y **는 감소한다. (단조 감소)**

(4) **그래프는 점** $(0,\ 1)$**을 지나고** x **축**$(y = 0)$**이 점근선이다.**

1.9 로그함수

1.9.1 로그의 정의와 성질

그림 1.6과 같이 지수함수 $y = a^x$는 단조 증가 $(a > 1)$ 또는 단조 감소 $(0 < a < 1)$를 한다. 따라서 임의의 양수 b에 대하여 $a^x = b$ $(a > 0,\ a \neq 1)$를 만족시키는 실수 x는 오직 하나가 존재한다.

임의의 양수 b에 대한 x의 값은

$$x = \log_a b \tag{1.22}$$

의 기호로 나타낸다. 여기서 x는 a를 **밑**(base)으로 하는 b의 **로그**(**대수**, logarithm)라고 하며, a를 **밑**, b를 **진수**(anti-logarithm)라고 한다.

상기로부터 로그의 정의는 다음과 같이 요약할 수 있다.

☞ 로그의 정의

> $a>0,\ a\neq 1,\ b>0$일 때
>
> $a^x=b \iff x=\log_a b$

로그의 성질은 위의 로그의 정의와 지수법칙 $a^m\times a^n=a^{m+n}$, $a^m\div a^n=a^{m-n}$ 으로부터 다음과 같이 성립함을 알 수 있다.

☞ 로그의 기본 성질

> $a>0,\ a\neq 1$ 이고, $x>0,\ y>0$ 일 때
>
> (1) $\log_a a=1$, $\log_a 1=0$
>
> (2) $\log_a xy=\log_a x+\log_a y$
>
> (3) $\log_a \dfrac{x}{y}=\log_a x-\log_a y$ $\left(\log_a \dfrac{1}{y}=-\log_a y\right)$
>
> (4) $\log_a x^n=n\log_a x$ (n은 실수) $\left(\log_a \sqrt[n]{x}=\dfrac{1}{n}\log_a x\right)$
>
> (5) $\log_a b=\dfrac{1}{\log_b a}=\dfrac{\log_c b}{\log_c a}$

예제 1.12 다음 각 식의 값을 구하라.

(1) $\log_2 \dfrac{1}{32}$ (2) $\log_4 \sqrt{2}$

풀이

(1) $\log_2 \dfrac{1}{32}=x$ 라 놓으면 $2^x=\dfrac{1}{32}=\dfrac{1}{2^5}=2^{-5}$ $\therefore\ x=-5$

(2) $\log_4 \sqrt{2}=x$ 라 놓으면 $4^x=\sqrt{2}$, $2^{2x}=2^{\frac{1}{2}}$, $2x=\dfrac{1}{2}$ $\therefore\ x=\dfrac{1}{4}$

예제 1.13 다음의 각 식을 간단히 하라.

(1) $\log_2 \frac{4}{3} + 2\log_2 \sqrt{12}$

(2) $\log_3 \sqrt{12} + \log_3 \frac{3}{2} - \frac{3}{2}\log_3 \sqrt[3]{3}$

풀이

(1) $(\text{준 식}) = \log_2 \frac{4}{3} + \log_2 (\sqrt{12})^2 = \log_2 \left(\frac{4}{3} \times 12\right) = \log_2 16$

$= \log_2 2^4 = 4$

(2) $(\text{준 식}) = \log_3 \left\{ \sqrt{12} \times \frac{3}{2} \times \frac{1}{(\sqrt[3]{3})^{\frac{3}{2}}} \right\} = \log_3 \left\{ 2\sqrt{3} \times \frac{3}{2} \times \frac{1}{\sqrt{3}} \right\}$

$= \log_3 3 = 1$

1.9.2 상용로그와 자연로그

우리가 일상생활에서 대부분 십진법의 수를 사용하고 있기 때문에 로그를 계산할 때에 그 밑을 10으로 사용하면 편리하다.

밑을 10으로 사용하는 로그를 **상용로그**(common logarithm) 또는 **상용대수**라고 하며 보통은 밑 10을 생략하고 쓰지 않는 경우가 많다. 즉,

$$\log_{10} x = \log x \tag{1.23}$$

그러나 밑을 10으로 사용하는 상용로그 이외에 밑을 e로 사용하는 **자연로그**(natural logarithm) 또는 **자연대수**도 있으며, $\log_e$ 대신에 간단히 ln이라 써서 상용로그와 구분하기도 한다. 즉,

$$\log_e x = \ln x \tag{1.24}$$

이고, 미적분학의 계산에 편리하게 이용할 수 있다.

참고로 자연로그의 밑 e는 다음과 같은 극한값으로 정의한다.

$$e=\lim_{x\to 0}(1+x)^{\frac{1}{x}}=1+\frac{1}{1!}+\frac{1}{2!}+\frac{1}{3!}+\cdots\cdots+\frac{1}{n!}$$

$$=2.71828\cdots\cdots \quad \therefore\ e=2.71828$$

1.9.3 로그함수

양의 실수 x에 대하여 $\log_2 x$, $\log_3 x$, $\cdots$ 등과 같은 $\log_a x$의 값이 정해지는 함수가 다음과 같이

$$y=\log_a x\ \ (a>0,\ a\neq 1) \tag{1.25}$$

로 나타낼 때, y는 a를 **밑**(base)으로 하는 x의 **로그함수**(logarithm function)라고 한다.

지수함수 $y=a^x$를 x에 관하여 풀면 $x=\log_a y$이고, x와 y를 바꾸면 식 (1.25)가 되므로 지수함수 $y=a^x$와 로그함수 $y=\log_a x$는 서로 역함수의 관계가 있다.

그러므로 로그함수 $y=\log_a x$의 그래프는 역함수의 성질로부터 지수함수 $y=a^x$의 그래프와 $y=x$에 대하여 대칭인 관계이다.

그림 1.7은 $a>1$인 경우와 $0<a<1$인 경우의 로그함수의 그래프를 각각 나타낸 것이다.

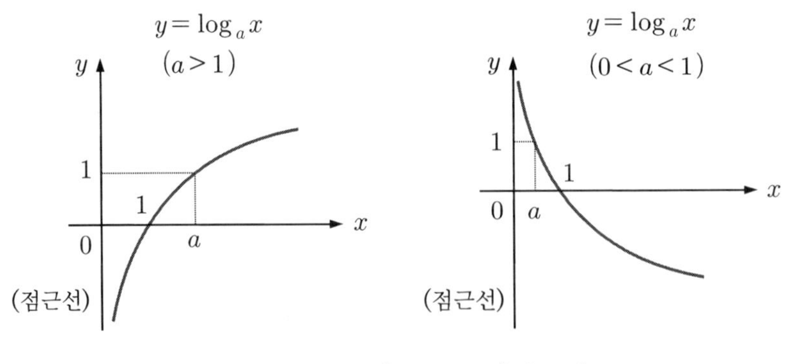

그림 1.7 로그함수($y=\log_a x$)**의 그래프**

로그함수 $y=\log_a x$의 성질은 다음과 같다.

☞ 로그함수의 성질

로그함수 $y=\log_a x$ $(a>0,\ a\neq 1)$**에서**

(1) **정의역은 양수 전체의 집합이다.**

(2) **치역은 실수 전체의 집합이다.**

(3) $a>1$ **이면** x **가 증가할 때** y **도 증가한다.(단조 증가)**

$0<a<1$ **이면** x **가 증가할 때** y **는 감소한다.(단조 감소)**

(4) **그래프는 점** $(1,\ 0)$**을 지나고** y **축** $(x=0)$**이 점근선이다.**

(5) **지수함수** $y=a^x$ **와 역함수의 관계이므로** $y=x$**에 관하여 대칭인 곡선이다.**

예제 1.14 **그림 1.8의** $y=\log_5 x$ **그래프에서 다음의 질문에 대하여 답을 구하라.**

(1) **주어진 그래프에서** A, B, C**의 값**

(2) $\log_5 x=2$ **를 만족하는** x **의 값**

(3) $\log_5 6$, $\log_5 8$ **의 대소를 비교하라.**

풀이

(1) $y=\log_5 x$의 그래프는 점 $(1,\ 0)$, $(5,\ 1)$, $\left(\frac{1}{5},\ -1\right)$을 지난다.

$\therefore\ \mathrm{A}=1,\ \ \mathrm{B}=5,\ \ \mathrm{C}=-1$

(2) $\log_5 x=2$로부터 $\quad\therefore\ x=5^2=25$

(3) 밑 $5>1$이고, $y=\log_5 x$는 단조 증가함수이므로 $6<8$의 관계로부터

$\therefore\ \log_5 6<\log_5 8$

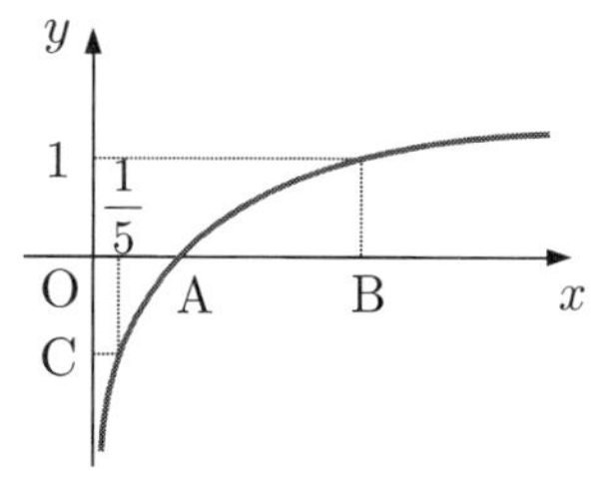

그림 1.8 $y=\log_5 x$**의 그래프**

심화학습 부분 분수 전개법

부분 분수 전개하는 과정 및 방법은 다음과 같이 정리할 수 있고, 주어진 예제를 통하여 이해하도록 한다.

(1) 분자와 분모의 최고차항의 차수를 비교한다.

분자의 차수(degree)가 분모의 차수보다 낮은 경우는 직접 부분 분수로 전개할 수 있다. 만약 분자의 차수가 같거나 높은 경우에는 분자를 분모로 나누어 분모의 차수보다 낮게 해주어야 한다.(예 : 분자 $2x+1 \rightarrow$ 1차, 분모 $x^2+x \rightarrow$ 2차)

(2) 다항식의 분모를 인수분해한다.(예 : 분모 $x^2+x \rightarrow x(x+1)$)

(3) 분모의 인수의 꼴에 따른 부분 분수 전개의 형식을 결정한다.(**표** 1.1 참고)

(4) 미정계수를 결정한다.(**항등식의 미정계수법** : 계수비교법, 수치대입법)

표 1.1 분모의 인수의 꼴에 따른 부분 분수 전개 형식

분모의 인수	분 수 식	부분 분수의 전개 형식
선형 인수 (1차식)	$\dfrac{f(x)}{(x-a)(x-b)(x-c)}$	$\dfrac{A}{x-a}+\dfrac{B}{x-b}+\dfrac{C}{x-c}$
거듭제곱인수 $(x-a)^n$	$\dfrac{f(x)}{(x-a)^3}$	$\dfrac{A}{(x-a)^3}+\dfrac{B}{(x-a)^2}+\dfrac{C}{x-a}$
2차식 인 수	$\dfrac{f(x)}{(ax^2+bx+c)(x-d)}$	$\dfrac{Ax+B}{ax^2+bx+c}+\dfrac{C}{x-d}$
일반적인 분 수 식	$\dfrac{f(x)}{(x^2+a)(x+b)^2(x+c)}$	$\dfrac{Ax+B}{(x^2+a)}+\dfrac{C}{(x+b)^2}+\dfrac{D}{x+b}+\dfrac{E}{x+c}$

(주) 분자 $f(x)$의 차수는 분모의 최고차항의 차수보다 낮은 경우이다.

예제 다음의 분수식을 부분 분수로 전개하라.

(1) $\dfrac{x-8}{x^2-x-2}$ (2) $\dfrac{x^2+x-5}{x^2-2x-3}$

(3) $\dfrac{x^3-x^2-5x}{x^2-3x+2}$ (4) $\dfrac{x+5}{(x+3)^2}$

해법

【1】 분모가 선형인수를 포함한 경우(분자차수 $<$ 분모차수)

(1) 분자는 1차, 분모는 2차이므로 분자의 차수가 작다. 따라서 분모를 인수분해하면 두 선형인수(1차 다항식)를 포함하고, 이때의 부분 분수 전개의 형식은

$$\frac{x-8}{x^2-x-2}=\frac{x-8}{(x+1)(x-2)}=\frac{A}{x+1}+\frac{B}{x-2}$$

의 항등식이다. 분수식에서 미정계수 A, B를 구하기 위하여 우변을 통분하면

$$\frac{x-8}{(x+1)(x-2)}=\frac{A(x-2)+B(x+1)}{(x+1)(x-2)}=\frac{(A+B)x+(-2A+B)}{(x+1)(x-2)}$$

이다. 양변은 항등식의 성질에 의해 등식이 성립하고, 미정계수법 중의 계수비교법에 의하여 A, B는 다음과 같이 얻어진다.

$x-8=(A+B)x+(-2A+B)$에서

$A+B=1,\ -2A+B=-8 \qquad \therefore\ A=3,\ B=-2$

$\therefore$ 부분 분수의 전개식 : $\dfrac{x-8}{x^2-x-2}=\dfrac{3}{x+1}-\dfrac{2}{x-2}$

【2】 분모가 선형인수를 포함한 경우(분자차수 $\geq$ 분모차수)

분자가 분모의 차수와 같거나 높으면, 분자가 분모의 차수보다 낮게 해야 한다.

(2) 분자와 분모의 차수는 같고 2차식이다. 분자가 분모의 차수보다 낮도록 분자 x^2+x-5를 분모 x^2-2x-3로 나누면 다음과 같다.

$$\begin{array}{r|l} & \quad 1 \\ \hline x^2-2x-3 & x^2+\ \ x-5 \\ & x^2-2x-3 \\ \cline{2-2} & \qquad 3x-2 \end{array}$$

$$\therefore\ \frac{x^2+x-5}{x^2-2x-3}=1+\frac{3x-2}{x^2-2x-3}$$

결과식의 우변 제 2 항의 분모를 인수분해하면 두 선형인수(1차식)를 포함하고, 부분 분수 전개의 형식은 다음과 같다. 즉 A, B를 구하기 위하여 우변을 통분하면

$$\frac{3x-2}{x^2-2x-3}=\frac{3x-2}{(x+1)(x-3)}=\frac{A}{x+1}+\frac{B}{x-3}$$

$$\frac{3x-2}{(x+1)(x-3)}=\frac{A(x-3)+B(x+1)}{(x+1)(x-3)}=\frac{(A+B)x+(-3A+B)}{(x+1)(x-3)}$$

가 된다. 미정계수법에 의해 A, B는 다음과 같이 얻어진다.

$3x-2=(A+B)x+(-3A+B)$에서

$A+B=3,\ -3A+B=-2 \qquad \therefore\ A=\dfrac{5}{4},\ B=\dfrac{7}{4}$

$$\therefore\ \frac{x^2+x-5}{x^2-2x-3}=1+\frac{5}{4(x+1)}+\frac{7}{4(x-3)}$$

(3) 분자는 분모의 차수보다 높다. 따라서 분자 x^3-x^2-5x를 분모 x^2-3x+2로 나누면 다음과 같다.

$$\begin{array}{r} x+2 \\ x^2-3x+2\,\big)\,\overline{x^3-\ x^2-5x} \\ x^3-3x^2+2x \\ \hline 2x^2-7x \\ 2x^2-6x+4 \\ \hline -x-4 \end{array}$$

$$\therefore\ \frac{x^3-x^2-5x}{x^2-3x+2}=x+2-\frac{x+4}{(x-1)(x-2)}$$

위와 마찬가지로 우변 제 3 항의 부분 분수 전개의 형식은

$$\frac{x+4}{(x-1)(x-2)}=\frac{A}{x-1}+\frac{B}{x-2}$$

$$\frac{x+4}{(x-1)(x-2)}=\frac{A(x-2)+B(x-1)}{(x-1)(x-2)}=\frac{(A+B)x-(2A+B)}{(x-1)(x-2)}$$

$x+4=(A+B)x-(2A+B)$에서 $A+B=1,\ 2A+B=-4$

$\therefore\ A=-5,\ B=6$

$$\therefore\ \frac{x^3-x^2-5x}{x^2-3x+2}\begin{cases} =x+2-\left(\dfrac{-5}{x-1}+\dfrac{6}{x-2}\right) \\ =x+2+\dfrac{5}{x-1}-\dfrac{6}{x-2} \end{cases}$$

【3】 분모가 거듭제곱식 인수 $(x-a)^n$을 포함한 경우

(4) 분모가 거듭제곱식의 인수를 포함한 경우의 부분 분수 전개의 형식은

$$\frac{x+5}{(x+3)^2}=\frac{A}{(x+3)^2}+\frac{B}{x+3}$$

가 된다. 부분 분수 전개식에서 미정계수 A, B를 구하기 위하여 우변을 통분하면

$$\frac{x+5}{(x+3)^2}=\frac{A+B(x+3)}{(x+3)^2},\quad x+5=Bx+(A+3B)$$

$$B=1,\ A+3B=5 \qquad \therefore\ A=2,\ B=1$$

$$\therefore\ \frac{x+5}{(x+3)^2}=\frac{2}{(x+3)}+\frac{1}{(x+3)^2}$$

【4】 분모가 2차식의 인수 ax^2+bx+c를 포함한 경우

분모가 인수분해가 되지 않는 2차식 ax^2+bx+c (a, b, c는 상수)의 인수를 포함한 경우의 부분 분수는 $\dfrac{Ax+B}{ax^2+bx+c}$의 형식이 된다.

따라서 다음의 분수식에 대한 부분 분수 전개의 형식은 다음과 같다.

$$\frac{f(x)}{(ax^2+bx+c)(x-d)}=\frac{Ax+B}{ax^2+bx+c}+\frac{C}{x-d}$$

【5】 분모가 2차식의 인수를 포함한 분수식에 대한 부분 분수 전개 방법

예 $\dfrac{-2x^3+6x^2+x+2}{x^2(x^2+1)}$

분모의 x^2은 $(x-0)^2$의 거듭제곱의 꼴, x^2-1은 2차식의 인수이므로 다음과 같이 부분 분수의 꼴로 나타낼 수 있다.

$$\frac{-2x^3+6x^2+x+2}{x^2(x^2+1)}=\frac{A}{x^2}+\frac{B}{x}+\frac{Cx+D}{x^2+1}$$

$$=\frac{A(x^2+1)+Bx(x^2+1)+(Cx+D)x^2}{x^2(x^2+1)}$$

$$-2x^3+6x^2+x+2=A(x^2+1)+Bx(x^2+1)+(Cx+D)x^2$$

$$=(B+C)x^3+(A+D)x^2+Bx+A$$

$$B+C=-2,\ A+D=6,\ A=2,\ B=1$$

$$\therefore\ A=2,\ B=1,\ C=-3,\ D=4$$

$$\therefore\ \frac{-2x^3+6x^2+x+2}{x^2(x^2+1)}=\frac{2}{x^2}+\frac{1}{x}+\frac{4-3x}{x^2+1}$$

연 / 습 / 문 / 제

1-1 다음의 주어진 식을 곱셈 공식을 써서 전개하라.

(1) $(2x^2+y)^2$ (2) $(x-2)(x^2+2x+4)$

(3) $(2x-3y)^3$ (4) $(x+2)(x+3)(x-6)$

1-2 다음 식을 인수분해하라.

(1) x^2+6x+9 (2) x^2+6x+9

(3) x^2-2x-8 (4) $3x^2+11x+6$

(5) $6x^2+x-2$ (6) x^3+8y^3

1-3 $x+y=2$, $x^3+y^3=14$ 일 때, x^2+y^2 의 값을 구하라.

힌트 $x^3+y^3=(x+y)^3-3xy(x+y)$, $x^2+y^2=(x+y)^2-2xy$

1-4 다음의 분수식을 간단히 하라.

(1) $\dfrac{x^2-x+1}{x-1}-\dfrac{x^2+x+1}{x+1}$

(2) $\dfrac{\dfrac{1}{x+y}-\dfrac{1}{x}}{\dfrac{1}{x}-\dfrac{1}{x-y}}$ (3) $\dfrac{1+\dfrac{2}{x}}{x-2-\dfrac{4}{x+1}}$

(4) $\dfrac{1}{1\cdot 3}+\dfrac{1}{3\cdot 5}+\dfrac{1}{5\cdot 7}+\dfrac{1}{7\cdot 9}+\dfrac{1}{9\cdot 11}$

1-5 다음의 이차방정식에서 판별식에 의해 근의 종류를 판별하고 근을 구하라.

(1) $x^2-5x+4=0$ (2) $x^2-6x+9=0$

(3) $3x^2-7x+2=0$ (4) $9x^2+4=0$

힌트 판별식 : $D=b^2-4ac$, 근의 공식 : $x=\frac{-b\pm\sqrt{b^2-4ac}}{2a}$

$D/4=b'^2-ac$, 근의 공식 : $x=\frac{-b'\pm\sqrt{b'^2-ac}}{a}$

1-6 다음 함수의 역함수를 구하라.

(1) $y=2x+1$　　(2) $y=x^2-1$

(3) $y=\sqrt{x+1}$　　(4) $y=x^3$

1-7 점 (1, 2)를 지나고, 기울기가 -5인 직선의 방정식을 구하라.

힌트 $y-y_1=m(x-x_1)$

1-8 두 점 (1, 2), (3, -1)를 지나는 직선의 방정식을 구하라.

힌트 $y-y_1=\frac{y_2-y_1}{x_2-x_1}(x-x_1)$

1-9 이차함수 $y=x^2-2x+3$에서 대칭축과 꼭지점의 좌표를 구하라.

힌트 완전제곱 꼴 : $y=(x-1)^2+2$

대칭축 : $x=-\frac{b}{2a}$,　꼭지점 : $\left(-\frac{b}{2a}, -\frac{b^2-4ac}{4a}\right)$

1-10 다음의 식을 간단히 하라.

(1) $2^0+2^{-2}-3\cdot 2^{-3}$　　(2) $8^{\frac{1}{2}}\times 8^{\frac{1}{3}}\div 8^{\frac{1}{6}}$

(3) $a^2\times(a^{-1})^3\div a^{-2}$　　(4) $(ab^{-1})^{-3}\div(a^{-1}b^2)^2$

1-11 다음 식의 값을 구하라.

(1) a^6a^{-3}　　(2) $(a^3)^{-2}$　　(3) $\frac{a^6}{a^{-2}}$

(4) ${}^3\sqrt{8}$　　(5) $\sqrt[3]{-27}$　　(6) $\sqrt[4]{16}$

(7) $27^{\frac{2}{3}}$　　(8) $4^{\frac{3}{2}}$　　(9) $\sqrt[4]{16^3}$

1-12 다음 식의 값을 구하라.

(1) $\log_2 32$ (2) $\log_{10} \frac{1}{1000}$ (3) $\log_{\frac{1}{2}} 8$

1-13 다음 식의 값을 구하라.

(1) $\log_6 12 + \log_6 3$ (2) $\log_3 18 - \log_3 2$

(3) $\log_9 \frac{9}{5} + 2\log_9 \sqrt{15}$ (4) $\log_9 27\sqrt{3}$

1-14 다음 식의 값을 구하라.

(1) $2^{\log_2 5}$ (2) $3^{\log_9 2}$

(3) $3^{2\log_3 4}$ (4) $4^{-\log_2 3}$

힌트 로그의 정의 : $a^{\log_a b} = b$를 이용

1-15 다음 함수의 역함수를 구하라.

(1) $y = 2^x$ (2) $y = 3\log_5 x$

1-16 다음의 분수식을 부분 분수로 전개하라.

(1) $\frac{8}{x^2 - 4}$ (2) $\frac{3x + 5}{x^2 + 2x - 3}$

(3) $\frac{6x^2 + 7x - 49}{(x-4)(x+1)(2x-3)}$ (4) $\frac{x^2 + 2}{(x+4)(x-2)}$

(5) $\frac{6x + 1}{(2x+1)^2}$ (6) $\frac{1}{x^2(x+2)}$

(7) $\frac{3 - x}{(x^2+3)(x+3)}$ (8) $\frac{12 - 2x - 5x^2}{(x^2+x+1)(3-x)}$

힌트 표 1.1에서 분모의 인수에 따른 부분 분수 전개의 형식(심화학습) 참고

chapter 2

삼각함수

2.1 삼각함수의 정의

2.1.1 호도법과 일반각

(1) 호도법

각의 크기는 실용적인 측면에서의 **60분법**과 이론적인 측면에서의 **호도법**이라는 단위를 사용한다. **60분법**은 직각을 90등분한 1등분을 $1°$(1도), $1°$의 1/60을 $1'$(1분), $1'$의 1/60을 $1''$(1초)라고 한다. **원호 길이 원호 면적**

그림 2.1과 같이 반지름 r인 원에서 반지름과 같은 길이의 원호에 대한 중심각 $\angle AOB$의 크기를 1호도(radian) 또는 1[rad]이라 표시하고, 이것을 단위로 하는 측정법을 **호도법**이라 한다. 여기서 원의 둘레는 $2\pi r$이고, 이것은 반지름 r의 2π배이므로 $360° = 2\pi$ [rad]이 된다.

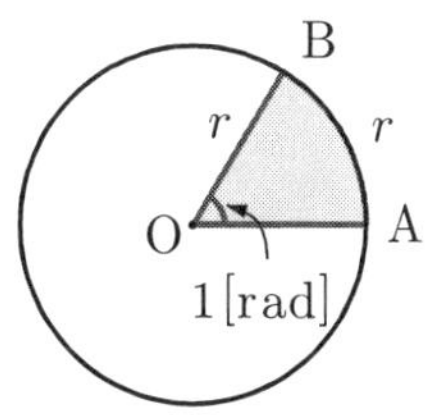

그림 2.1 호도법

따라서 60분법과 호도법의 관계는 다음과 같이 정리할 수 있고, 특수각에 대한 관계를 **표** 2.1에 나타내었다.

$$\pi\,[\mathrm{rad}] = 180° \;:\; \begin{cases} 1\,[\mathrm{rad}] = \dfrac{180°}{\pi} \fallingdotseq 57°\,17'\,45'' \\[2ex] 1° = \dfrac{\pi}{180}\,[\mathrm{rad}] \fallingdotseq 0.01745\,[\mathrm{rad}] \end{cases}$$

표 2.1 60분법과 호도법의 관계

60분법	0°	30°	45°	60°	90°	120°	135°	150°	180°	270°	360°
호도법	0	$\frac{\pi}{6}$	$\frac{\pi}{4}$	$\frac{\pi}{3}$	$\frac{\pi}{2}$	$\frac{2\pi}{3}$	$\frac{3\pi}{4}$	$\frac{5\pi}{6}$	π	$\frac{3\pi}{2}$	2π

(2) 부채꼴의 호의 길이와 면적

그림 2.2에서 부채꼴(원호)의 길이 l과 면적 S는 중심각의 크기 θ [rad]에 비례하는 것을 이용하면 각각 다음과 같이 구할 수 있다.

$$\frac{l}{2\pi r}=\frac{\theta}{2\pi} \qquad \therefore\ l=r\theta \tag{2.1}$$

$$\frac{S}{\pi r^2}=\frac{\theta}{2\pi} \qquad \therefore\ S=\frac{1}{2}r^2\theta=\frac{1}{2}rl \tag{2.2}$$

(3) 일반각의 표시

그림 2.3에서 OA를 $\angle$AOB의 **시초선**, OB를 $\angle$AOB의 **동경**이라 하고, 동경 OB가 원점을 중심으로 시초선 OA를 출발하여 회전한 양을 **각의 크기**라 한다.

이 때, 동경 OB가 시초선 OA로부터 반시계 방향으로 회전하는 각을 정(+)방향으로 정하여 **양의 각**, 시계 방향으로 회전하는 각을 **음의 각**이라고 한다.

동경 OB는 시초선 OA의 양의 방향과 이루는 최소의 각을 α라 할 때, 동경 OB의 위치는 같지만, 회전방향 및 회전횟수를 다르게 하여 표현할 수 있다. 즉,

$$\begin{cases} \text{60분법} : \theta\,[^\circ]=360^\circ\times n+\alpha^\circ \\ \text{호도법} : \theta\,[\text{rad}]=2\pi\times n+\alpha\,[\text{rad}]=2n\pi+\alpha\,[\text{rad}] \end{cases} \tag{2.3}$$

이고, 단, $n=0,\ \pm1,\ \pm2,\ \cdots$ 가 된다. 이 각 θ를 **일반각**이라 한다.

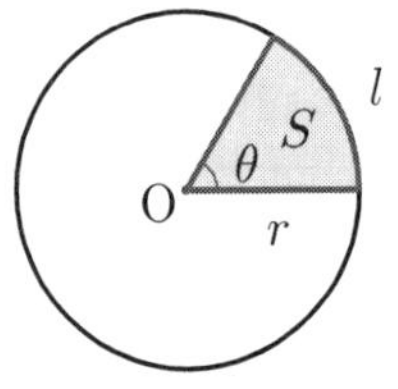

그림 2.2 부채꼴

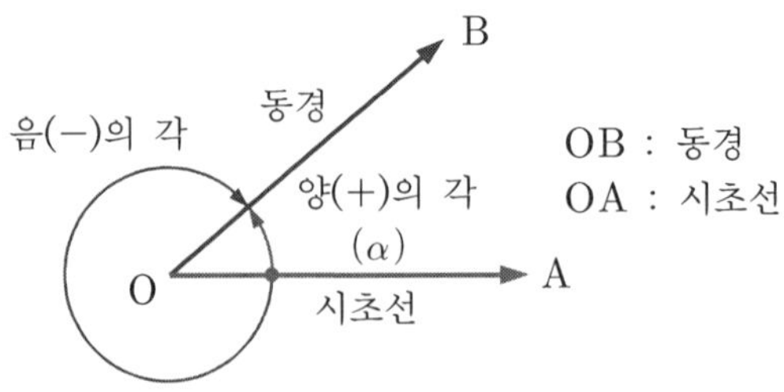

그림 2.3 양과 음의 각

예제 2.1 다음에서 60분법은 호도법으로, 호도법은 60분법으로 나타내라.

(1) $27°$ (2) $75°$ (3) $\frac{\pi}{12}$ [rad] (4) $\frac{5\pi}{4}$ [rad]

풀이

60분법과 호도법의 변환공식 : $\theta\,[\text{rad}] = \frac{\pi}{180}\alpha\,[°]$, $\alpha\,[°] = \frac{180}{\pi}\theta\,[\text{rad}]$

(1) $\frac{\pi}{180} \times 27° = \frac{3}{20}\pi\,[\text{rad}]$ (2) $\frac{\pi}{180} \times 75° = \frac{5}{12}\pi\,[\text{rad}]$

(3) $\frac{180}{\pi} \times \frac{\pi}{12} = 15°$ (4) $\frac{180}{\pi} \times \frac{5\pi}{4} = 225°$

예제 2.2 반지름 $4\,[\text{cm}]$, 중심각 $\frac{\pi}{4}$ 인 부채꼴의 호의 길이 l과 면적 S를 구하라.

풀이

(1) 호의 길이 : $l = r\theta = 4 \times \frac{\pi}{4} = \pi\,[\text{cm}]$

(2) 부채꼴의 면적 : $S = \frac{1}{2}rl = \frac{1}{2} \times 4 \times \pi = 2\pi\,[\text{cm}^2]$

예제 2.3 다음 각각의 동경이 나타내는 일반각을 구하라.

(1) $780°$ (2) $430°$ (3) $\frac{14\pi}{3}$ (4) -7π

풀이

(1) $780° = 360° \times 2 + 60°$ $\therefore\ 780° = 360°n + 60°$ (n은 정수)

(2) $430° = 360° \times 1 + 70°$ $\therefore\ 430° = 360°n + 70°$ (n은 정수)

(3) $\frac{14\pi}{3} = 2\pi \times 2 + \frac{2\pi}{3}$ $\therefore\ \frac{14\pi}{3} = 2n\pi + \frac{2\pi}{3}$ (n은 정수)

(4) $-7\pi = 2\pi \times (-4) + \pi \qquad \therefore \quad -7\pi = 2n\pi + \pi$ (n은 정수)

2.1.2 삼각비와 삼각함수의 정의

(1) 삼각비의 정의

그림 2.4와 같이 $\angle C = 90°$, $\angle A = \theta$인 직각삼각형에서 세 변의 길이 a, b, c 사이의 비는 삼각형의 크기에 관계없이 항상 일정하기 때문에 다음의 관계식으로 정의되며, 이 길이의 비의 값을 예각 θ에 대한 **삼각비** 또는 **삼각함수**라고 한다.

$$\sin\theta = \frac{a}{c}, \quad \cos\theta = \frac{b}{c}, \quad \tan\theta = \frac{a}{b}$$
$$\csc\theta = \frac{c}{a}, \quad \sec\theta = \frac{c}{b}, \quad \cot\theta = \frac{b}{a} \tag{2.4}$$

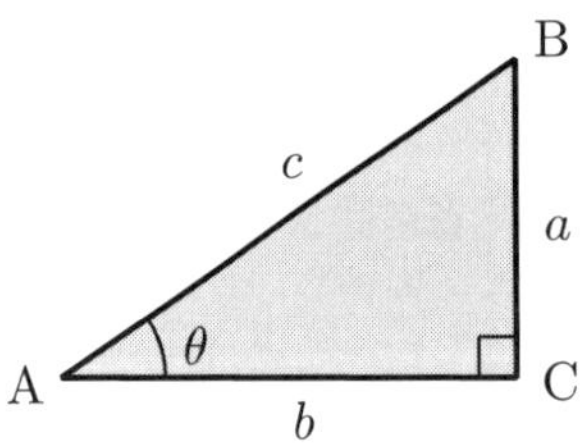

그림 2.4 삼각비

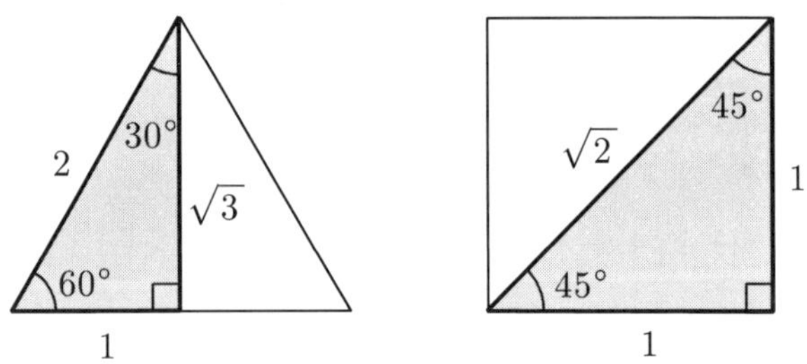

그림 2.5 특수각의 삼각비

그림 2.5와 같이 특수각에 대한 삼각비의 값은 정삼각형과 정사각형의 성질을 이용하면 쉽게 구할 수 있고, **표** 2.2의 값을 기억해 두면 편리하게 계산할 수 있다.

표 2.2 특수각에 대한 삼각비의 값

삼각비 \ θ	$0°$	$30°$	$45°$	$60°$	$90°$
$\sin\theta$	0	$\frac{1}{2}$	$\frac{1}{\sqrt{2}}$	$\frac{\sqrt{3}}{2}$	1
$\cos\theta$	1	$\frac{\sqrt{3}}{2}$	$\frac{1}{\sqrt{2}}$	$\frac{1}{2}$	0
$\tan\theta$	0	$\frac{1}{\sqrt{3}}$	1	$\sqrt{3}$	∞

(2) 삼각함수의 정의

그림 2.6과 같이 길이 r인 동경 OP가 x축 양의 방향과 이루는 각을 θ라 하고, 점 P의 좌표를 P$(x,\ y)$라 할 때, θ에 대응하는 값은 각각

$$\sin\theta=\frac{y}{r},\quad \cos\theta=\frac{x}{r},\quad \tan\theta=\frac{y}{x} \tag{2.5}$$

로 나타낼 수 있고, 각각 θ의 **사인함수**(sine function), **코사인함수**(cosine function), **탄젠트함수**(tangent function)라고 정의한다. 또 식 (2.5)의 역수 관계로 나타내면 각각

$$\csc\theta=\frac{1}{\sin\theta}=\frac{r}{y},\ \sec\theta=\frac{1}{\cos\theta}=\frac{r}{x},\ \cot\theta=\frac{1}{\tan\theta}=\frac{x}{y} \tag{2.6}$$

이다. 이들을 **코시컨트함수**(cosecant function), **시컨트함수**(secant function), **코탄젠트함수**(cotangent function)라고 정의한다.

식 (2.5)와 식 (2.6)의 모든 함수를 θ의 **삼각함수**(trigonometric function)라 한다.

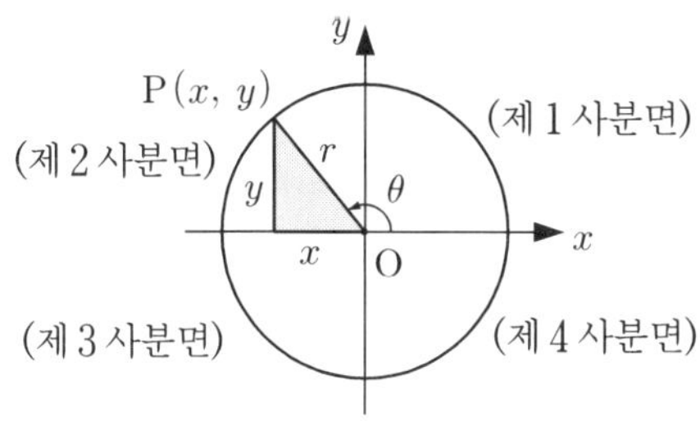

그림 2.6 삼각함수

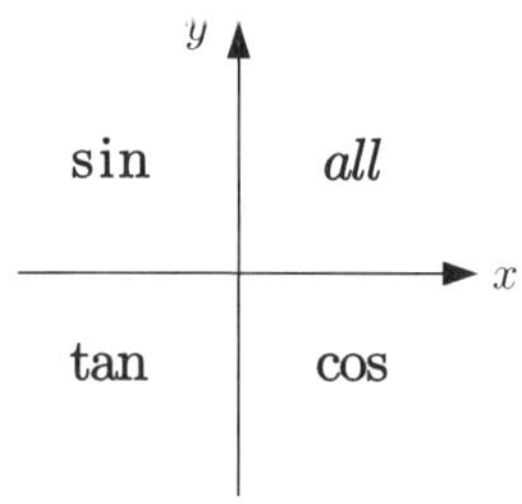

그림 2.7 양(+)의 삼각함수

그림 2.6에서 반지름 r은 동경 OP의 길이이므로 그 부호는 사분면에 관계없이 항상 양$(r>0)$이고, x, y는 동경의 좌표이므로 그 부호는 점 P의 위치가 어느 사분면에 존재하는가에 따라 결정된다. 각 사분면에서 삼각함수의 값의 부호는 **표** 2.3과 같다.

표 2.3 삼각함수의 값의 부호

사분면 / 함수	1 (all)	2 (sin)	3 (tan)	4 (cos)
$\sin\theta$	+	+	−	−
$\cos\theta$	+	−	−	+
$\tan\theta$	+	−	+	−

$\csc\theta$, $\sec\theta$, $\cot\theta$의 부호는 $\sin\theta$, $\cos\theta$, $\tan\theta$와 서로 역수 관계이므로 이들의 부호와 각각 서로 일치한다.

그림 2.7은 동경 위치에 따른 각 사분면에서 양(+)의 값을 갖는 삼각함수만을 나타낸 것으로 반드시 기억하기 바란다.

예제 2.4 점 P$(-4,\ 3)$을 동경으로 하는 각을 θ라 할 때, 다음에서 주어진 삼각함수의 값을 구하라.

(1) $\sin\theta$ (2) $\cos\theta$ (3) $\tan\theta$

풀이

$x=-4$, $y=3$ 이므로 $r=\sqrt{x^2+y^2}=\sqrt{(-4)^2+3^2}=5$

(1) $\sin\theta=\dfrac{y}{r}=\dfrac{3}{5}$ (2) $\cos\theta=\dfrac{x}{r}=\dfrac{-4}{5}=-\dfrac{4}{5}$

(3) $\tan\theta=\dfrac{y}{x}=\dfrac{3}{-4}=-\dfrac{3}{4}$

예제 2.5 다음의 주어진 삼각함수의 값을 구하라.

(1) $\sin 690°$ (2) $\cos(-120°)$ (3) $\tan(-585°)$

풀이

TIP **동경을 나타내는 방법**

(1) **양의 각** : 반시계 방향, **음의 각** : 시계 방향

(2) **절대값이** 360° **이상의 값** : 일반각의 표현식인 360° 의 정수배로 유도하여 절대값이 360° 미만의 값이 되도록 한 후, 삼각비를 적용한다.

(1) $\sin 690°=\sin(360°\times 1+330°)=\sin 330°$ → 제 4 사분면

$\therefore\ \sin 690°=-\dfrac{1}{2}$

(2) $\cos(-120°)=-\dfrac{1}{2}$ → 제 3 사분면

(3) $\tan(-585°) = \tan\{360° \times (-1) - 225°\} = \tan(-225°)$ → 제 2 사분면

$\therefore \ \tan(-585°) = -1$

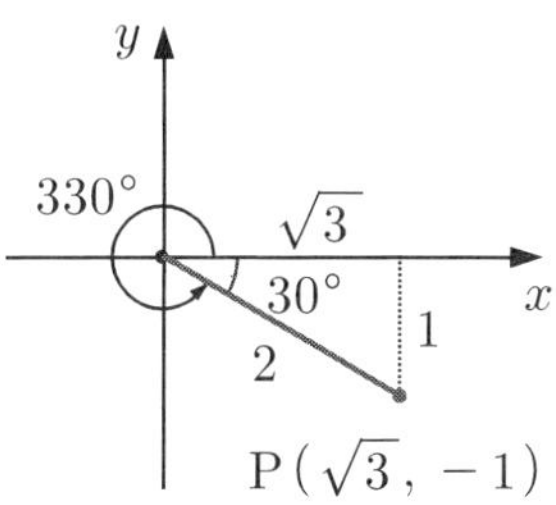

그림 2.8 예제 (1)

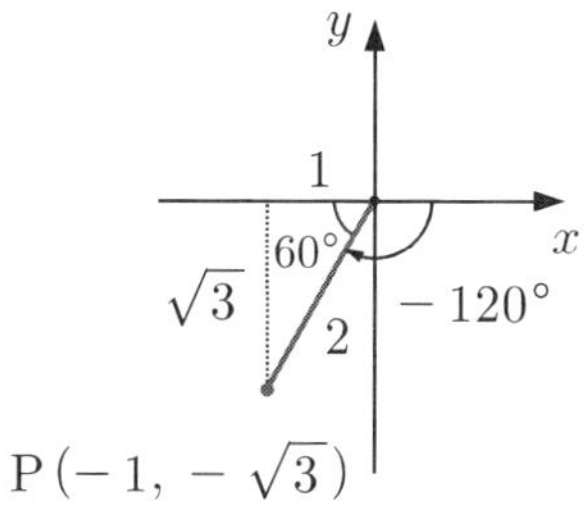

그림 2.8 예제 (2)

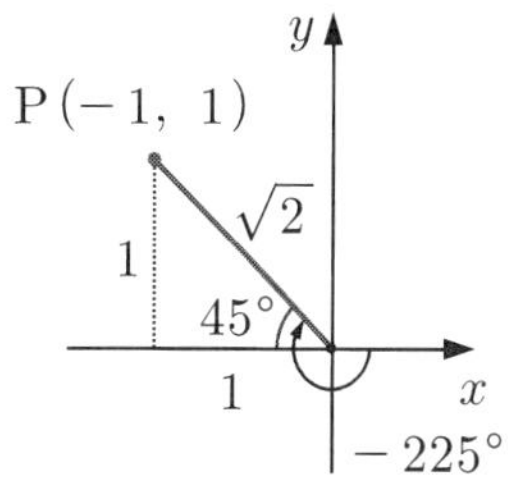

그림 2.8 예제 (3)

2.2 삼각함수의 기본 성질

2.2.1 삼각함수의 기본 공식

그림 2.9와 같이 반지름이 1인 단위원에서 동경의 좌표 $P(x, y)$라 하면

$$x = \cos\theta, \quad y = \sin\theta \qquad (2.7)$$

이 된다. 즉 $P(x, y) = P(\cos\theta, \sin\theta)$이므로

$$\therefore \ \tan\theta = \frac{y}{x} = \frac{\sin\theta}{\cos\theta} \qquad (2.8)$$

가 된다. 또 피타고라스 정리에 의하여

$$x^2 + y^2 = 1$$

$$\therefore \ \cos^2\theta + \sin^2\theta = 1 \qquad (2.9)$$

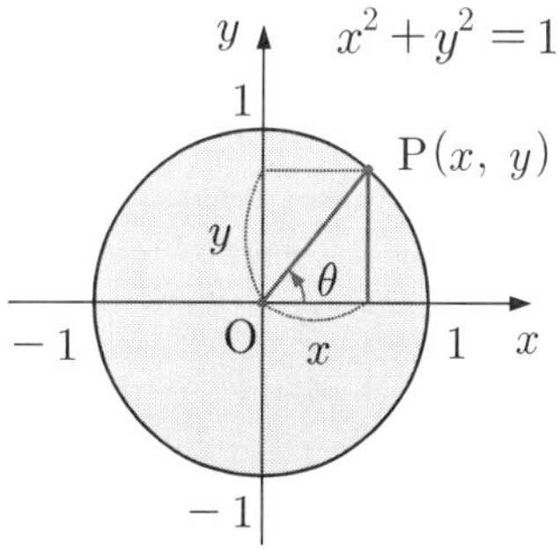

그림 2.9 단위원

이고, 항등식 식 (2.9)의 양변을 $\cos^2\theta$로 나누면

$$1 + \tan^2\theta = \frac{1}{\cos^2\theta} \qquad \therefore \ 1 + \tan^2\theta = \sec^2\theta \qquad (2.10)$$

가 된다. 또 같은 방법으로 식 (2.9)의 양변을 $\sin^2\theta$로 나누면 다음과 같이 된다.

$$1 + \cot^2\theta = \csc^2\theta \qquad (2.11)$$

이 결과의 식들과 식 (2.6)의 역수관계로부터 삼각함수의 관계를 나타내는 기본 공식을 정리하면 다음과 같다.

☞ 삼각함수의 기본 공식

(1) 역수 관계

$$\csc\theta = \frac{1}{\sin\theta}, \quad \sec\theta = \frac{1}{\cos\theta}, \quad \cot\theta = \frac{1}{\tan\theta}$$

(2) 상제 관계

$$\tan\theta = \frac{\sin\theta}{\cos\theta}, \quad \cot\theta = \frac{\cos\theta}{\sin\theta}$$

(3) 제곱 관계

$$\sin^2\theta + \cos^2\theta = 1, \qquad 1 + \tan^2\theta = \sec^2\theta$$

$$1 + \cot^2\theta = \csc^2\theta$$

예제 2.6 각 θ는 제 3 사분면의 각이고 $\cos\theta = -\frac{24}{25}$일 때, $\sin\theta$와 $\tan\theta$의 값을 구하라.

풀이

항등식 $\sin^2\theta + \cos^2\theta = 1$의 관계에서 $\sin^2\theta = 1 - \cos^2\theta$이므로

$$\sin\theta = \pm\sqrt{1 - \cos^2\theta} = \pm\sqrt{1 - \left(-\frac{24}{25}\right)^2} = \pm\frac{7}{25}$$

이다. 그러나 각 θ는 제 3 사분면의 각이므로 $\sin\theta \leqq 0$이 된다. 즉,

$$\therefore \ \sin\theta = -\frac{7}{25}$$

$$\therefore \ \tan\theta = \frac{\sin\theta}{\cos\theta} = \left(-\frac{7}{25}\right) \div \left(-\frac{24}{25}\right) = \left(\frac{7}{25}\right) \times \left(\frac{25}{24}\right) = \frac{7}{24}$$

2.2.2 $90°n \pm \theta$ 의 삼각함수

$90°n \pm \theta$의 삼각함수에 관한 공식은 모든 각 θ에 대하여 여러 가지 공식이 성립하는데, 일반각의 삼각함수의 정의와 단위원을 이용하여 유도할 수 있다.

각 θ의 동경의 위치는 일반각으로 표현한 $2n\pi+\theta$와 같다. 따라서 다음과 같이 **주기 공식**이 성립한다.

$$\begin{cases} \sin(2n\pi+\theta)=\sin\theta \\ \cos(2n\pi+\theta)=\cos\theta \\ \tan(2n\pi+\theta)=\tan\theta \ \rightarrow\ \tan(n\pi+\theta)=\tan\theta \end{cases} \tag{2.12}$$

삼각함수의 그래프에서 설명하겠지만, 사인함수와 코사인함수의 주기는 $2\pi(=360°)$이고, 탄젠트함수의 주기는 $\pi(=180°)$가 된다.

그림 2.10(a)와 같이 각 θ 와 $-\theta$ 를 동경으로 하는 좌표 P와 P′은 x축에 관하여 대칭이므로 x 좌표의 부호는 같고, y 좌표의 부호는 $-y$가 되므로 다음과 같이 **음각 공식**이 성립한다.

$$\sin(-\theta)=-y=-\sin\theta, \qquad \cos(-\theta)=x=\cos\theta$$

$$\tan(-\theta)=-\frac{y}{x}=-\tan\theta \tag{2.13}$$

그림 2.10(b)와 같이 각 θ와 $180°-\theta$를 동경으로 하는 좌표 P와 P′은 y축에 관하여 대칭이므로 x 좌표의 부호는 $-x$가 되고, y 좌표의 부호는 같으므로 다음과 같이 **보각**

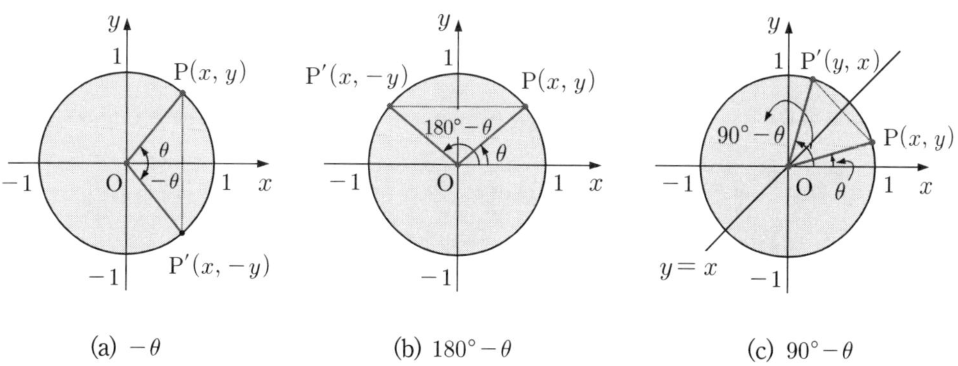

(a) $-\theta$ (b) $180°-\theta$ (c) $90°-\theta$

그림 2.10 $90°n \pm \theta$의 삼각함수

공식이 성립한다.

$$\sin(180° - \theta) = y = \sin\theta, \qquad \cos(180° - \theta) = -x = -\cos\theta$$

$$\tan(180° - \theta) = -\frac{y}{x} = -\tan\theta \tag{2.14}$$

그림 2.10(c)와 같이 각 θ와 $90° - \theta$를 동경으로 하는 좌표 P와 P′은 $y = x$에 관하여 대칭이므로 x, y 좌표는 P(x, y)에서 P′(y, x)로 바뀌게 된다.
따라서 다음과 같이 **여각 공식**이 성립한다.

$$\sin(90° - \theta) = x = \cos\theta, \qquad \cos(90° - \theta) = y = \sin\theta$$

$$\tan(90° - \theta) = \frac{x}{y} = \cot\theta \tag{2.15}$$

☞ **$90°n \pm \theta$ 의 삼각함수 공식**

(1) 주기 공식

$$\begin{cases} \sin(2n\pi + \theta) = \sin(360°n + \theta) = \sin\theta \\ \cos(2n\pi + \theta) = \cos(360°n + \theta) = \cos\theta \\ \tan(n\pi + \theta) = \tan(180°n + \theta) = \tan\theta \end{cases}$$

$(n = 0, \ \pm 1, \ \pm 2, \ \cdots\cdots)$

(2) 음각 공식	**(3) 보각 공식**	**(4) 여각 공식**
$\sin(-\theta) = -\sin\theta$	$\sin(180° - \theta) = \sin\theta$	$\sin(90° - \theta) = \cos\theta$
$\cos(-\theta) = \cos\theta$	$\cos(180° - \theta) = -\cos\theta$	$\cos(90° - \theta) = \sin\theta$
$\tan(-\theta) = -\tan\theta$	$\tan(180° - \theta) = -\tan\theta$	$\tan(90° - \theta) = \cot\theta$

상기의 삼각함수에 관한 공식에서 좌변의 각은 모두 $90°n \pm \theta$로 변형된다. 따라서 이들 **삼각함수 공식의 기억 요령**은 다음과 같이 설명할 수 있다.

(1) **n이 짝수인 경우** : sin → sin, cos → cos, tan → tan**로 그대로**
n이 홀수인 경우 : sin → cos, cos → sin, tan → cot**로 바뀐다.**

(2) 각 θ 는 임의의 각에서 성립하지만 편의상 예각으로 간주하고, $90°n \pm \theta$ 가 속하는 사분면을 구한 다음, 그 사분면에서 삼각함수의 부호가 양이면 (+), 음이면 (−)를 앞에 붙인다.

이 기억 요령 방법을 습득하기 위하여 $\sin(90° + \theta)$과 $\cos(180° - \theta)$를 통하여 이해하기로 한다.

【1】 $\sin(90° + \theta)$인 경우

① $90° + \theta = 90° \times 1 + \theta$이므로 n은 홀수이다. 따라서 sin → cos으로 바뀐다.

$$\therefore \quad \sin(90° + \theta) = (\text{부호?})\cos\theta \tag{2.16}$$

② 각 θ를 예각으로 간주하면 $90° + \theta$는 제 2사분면의 각이 되고, 제 2사분면에서는 **표** 2.3으로부터 sin의 부호는 (+)이다. 따라서 다음과 같이 결정된다.

$$\therefore \quad \sin(90° + \theta) = \cos\theta \tag{2.17}$$

【2】 $\cos(180° - \theta)$인 경우

① $180° - \theta = 90° \times 2 - \theta$이므로 n은 짝수이다. 따라서 cos → cos으로 바뀌지 않고 그대로 된다. 즉,

$$\therefore \quad \cos(180° - \theta) = (\text{부호?})\cos\theta \tag{2.18}$$

② 각 θ를 예각으로 간주하면 $180° - \theta$는 제 2사분면의 각이 되고, 제 2사분면에서는 **표** 2.3에서 cos의 부호는 (−)이다. 따라서 다음과 같이 결정된다.

$$\therefore \quad \cos(180° - \theta) = -\cos\theta \tag{2.19}$$

예제 2.7 다음을 45°보다 작은 양의 각의 삼각함수로 고쳐라.

(1) $\sin 120°$ (2) $\cos 150°$ (3) $\tan 220°$

풀이

(1) $\sin 120° = \sin(90° + 30°) = \cos 30°$

(2) $\cos 150° = \cos(180° - 30°) = -\cos 30°$

(3) $\tan 220° = \tan(180° + 40°) = \tan 40°$

예제 2.8 다음 삼각함수의 값을 구하라.

(1) $\sin 1020°$　　(2) $\cos(-240°)$　　(3) $\tan 585°$

풀이

(1) $\sin 1020° = \sin(90° \times 11 + 30°) = -\cos 30° = -\frac{\sqrt{3}}{2}$

(2) $\cos(-240°) = \cos\{90° \times (-3) + 30°\} = -\sin 30° = -\frac{1}{2}$

(3) $\tan 585° = \tan(90° \times 6 + 45°) = \tan 45° = 1$

2.3 삼각함수의 곡선과 성질

2.3.1 삼각함수의 곡선

(1) 사인 함수와 코사인 함수

앞 절의 **그림** 2.9의 반지름 1인 단위원에서 동경의 좌표가 P$(x,\ y)$라 할 때, 점 P의 x, y 좌표는 각각 다음의 관계가 성립한다는 것을 알았다.

$$x = \cos\theta, \quad y = \sin\theta \tag{2.20}$$

그러므로 삼각함수 $\cos\theta$와 $\sin\theta$의 값의 변화를 알려면 단위원에서 각 θ의 변화에 대한 x, y의 값을 조사하면 된다.

사인 함수 $y = \sin\theta$는 단위원에서 각 θ에 대한 y의 값, 즉 MP을 대응시키면 **그림** 2.11과 같이 $y = \sin\theta = \text{MP}$의 그래프가 얻어진다.

마찬가지로 코사인 함수 $y = \cos\theta$도 단위원에서 각 θ에 대한 x의 값, 즉 OM을 대응시키면 **그림** 2.12와 같이 $y = \cos\theta = \text{OM}$의 그래프가 얻어진다.

두 곡선에서 사인 함수 $y = \sin\theta$와 코사인 함수 $y = \cos\theta$는 최대값이 1, 최소값은

-1이므로 y의 범위는 $-1 \le y \le 1$이다. 또 주기는 $2\pi(=360^\circ)$가 된다.

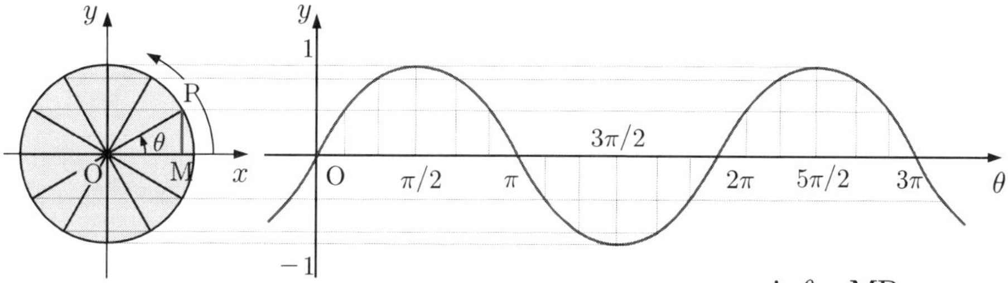

그림 2.11 $y=\sin\theta$ **의 그래프**

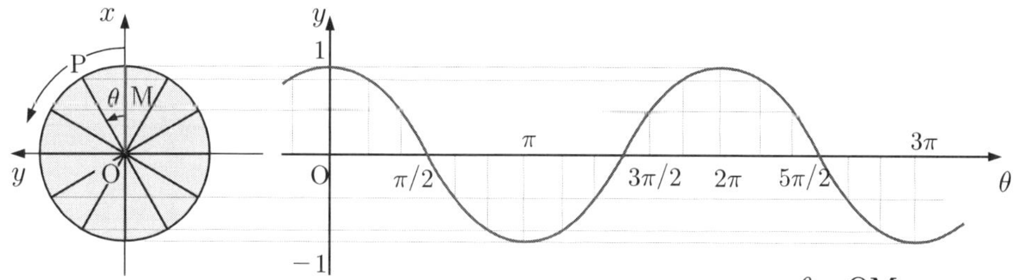

그림 2.12 $y=\cos\theta$ **의 그래프**

(2) 탄젠트 함수

그림 2.13과 같이 단위원과 각 θ를 나타내는 동경의 교점을 $P(x_1, y_1)$이라 할 때, $\tan\theta$는 식 (2.5)에 의해 다음과 같다.

$$\tan\theta = \frac{y_1}{x_1} = \frac{\sin\theta}{\cos\theta} \tag{2.21}$$

점 (1, 0)에서 단위원의 접선과 점 P를 연장한 동경의 교점을 $T(1, y)$라 하면 두 삼각형은 서로 닮음꼴 $\triangle OP'P \backsim \triangle OT'T$가 되므로 다음의 두 길이의 비는 서로 같게 되므로

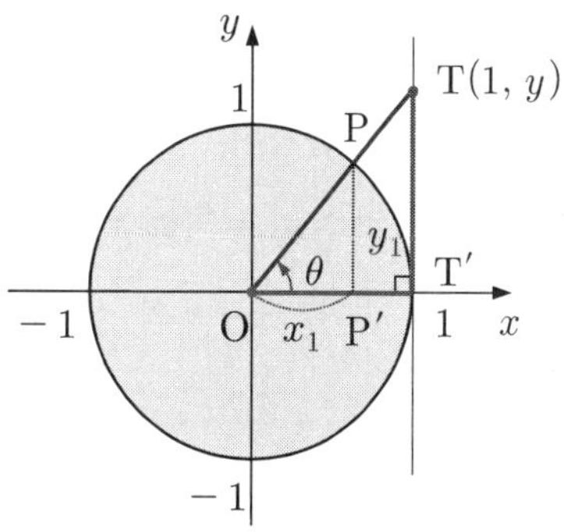

그림 2.13 탄젠트 함수

$$\frac{\overline{PP'}}{\overline{OP'}}=\frac{\overline{TT'}}{\overline{OT'}} \qquad \therefore \frac{y_1}{x_1}=\frac{y}{1} \tag{2.22}$$

의 관계식이 성립한다. 따라서 식 (2.21)에 의하여 탄젠트 함수는

$$y=\tan\theta \tag{2.23}$$

가 되고, 점 T의 y 좌표와 같다.

탄젠트 함수 $y=\tan\theta$는 각 θ에 대한 점 (1, 0)에서 단위원의 접선과의 교점에 해당하는 y의 값, 즉 $\mathrm{T'T}$를 대응시키면 **그림** 2.21과 같은 $y=\tan\theta=\mathrm{T'T}$의 그래프를 얻을 수 있다.

탄젠트 함수 $y=\tan\theta$의 곡선에서 y의 범위가 $-\infty \le y \le \infty$이므로 최대값(∞)과 최소값($-\infty$)이 존재하지 않는다. 또 주기는 $\pi\,(=180°)$가 된다.

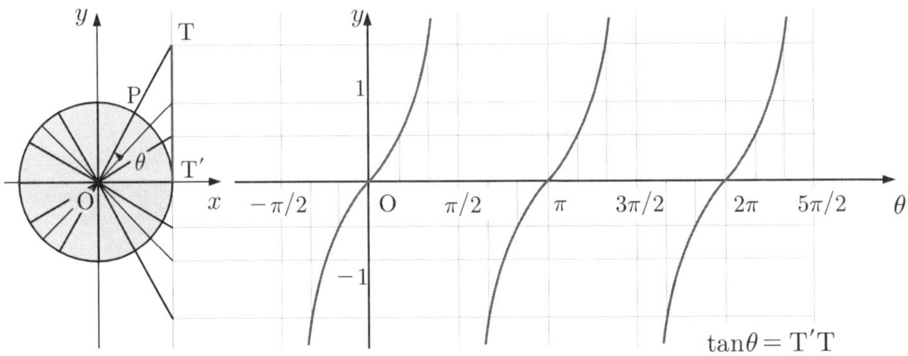

그림 2.14 $y=\tan\theta$ **의 그래프**

2.3.2 삼각함수의 성질

앞 절에서 삼각함수의 곡선으로부터 다음과 같은 성질을 알 수 있다.

【1】 삼각함수는 **주기함수**이다.

각 θ와 $2\pi+\theta$의 삼각함수의 값은 같으므로

$$\sin(2\pi+\theta)=\sin\theta, \quad \cos(2\pi+\theta)=\cos\theta, \quad \tan(2\pi+\theta)=\tan\theta \tag{2.24}$$

가 성립한다. 모든 실수 x에 대하여

$$f(x+p)=f(x) \quad (\text{단, } p\text{는 0이 아닌 상수}) \tag{2.25}$$

를 만족하는 함수 $f(x)$는 p를 **주기**로 하는 **주기함수**(periodic function)라 한다.

여기서 $np(n=\pm 1,\ \pm 2,\ \pm 3,\ \cdots)$도 주기가 되지만, 일반적으로 함수 $f(x)$의 **주기**(period)는 주기 중에서 최소의 양수를 의미한다. 따라서 삼각함수의 주기는 다음과 같다.

$$\begin{cases} y=\sin\theta,\ y=\cos\theta\ :\ \text{주기}\ 2\pi\,(=360^\circ) \\ y=\tan\theta\ :\ \text{주기}\ \pi\,(=180^\circ) \end{cases} \tag{2.26}$$

【2】 $y=\sin\theta$와 $y=\cos\theta$의 최대값은 1, 최소값은 -1이다. 그러나 $y=\tan\theta$의 최대값과 최소값은 없다. 즉, 모든 θ에 대하여 함수의 치역은 다음과 같다.

$$-1\le\sin\theta\le 1,\quad -1\le\cos\theta\le 1,\quad -\infty\le\tan\theta\le\infty \tag{2.27}$$

【3】 $y=\sin\theta$와 $y=\tan\theta$의 곡선은 원점에 대하여 대칭이므로 **기함수**(odd function)이고, $y=\cos\theta$는 y축에 대하여 대칭이므로 **우함수**(even function)이다.

즉, 기함수와 우함수의 성질에 의하여 음각의 공식이 성립한다.

$$\textbf{기함수}:\ f(-x)=-f(x)\qquad \begin{cases} \sin(-\theta)=-\sin\theta \\ \tan(-\theta)=-\tan\theta \end{cases} \tag{2.28}$$

$$\textbf{우함수}:\ f(-x)=f(x)\qquad \cos(-\theta)=\cos\theta \tag{2.29}$$

삼각함수의 꼴 $y=A\sin(\omega t-\theta)$는 삼각함수의 곡선과 성질로부터 다음과 같이 정리할 수 있다.

☞ **$y=A\sin(\omega t-\theta)$의 삼각함수 성질**

(1) **최대값** : $|A|$, **최소값** : $-|A|$

(2) **각주파수(각속도)** : $\omega=2\pi f$

(3) **주기** : $T=\dfrac{2\pi}{\omega}\left(=\dfrac{360^\circ}{\omega}\right)$

(4) **주파수** : $f=\dfrac{1}{T}=\dfrac{\omega}{2\pi}\left(=\dfrac{\omega}{360^\circ}\right)$

(5) **초기위상** θ : $y=\sin\omega t$의 그래프를 ωt 축 방향으로 θ만큼 평행 이동한 곡선

예제 2.9 다음 삼각함수의 최대값, 최소값, 주기를 구하고, $y=\sin\theta$의 그래프와의 관계를 설명하라.

(1) $y=2\sin\theta$ (2) $y=\sin(\theta-60°)$ (3) $y=\sin 2\theta$

풀이

(1) $y=2\sin\theta$: 최대값 2, 최소값 -2, 주기 $2\pi(=360°)$

$y=\sin\theta$ 의 그래프를 y축 방향으로 2배 확대한 것

(2) $y=\sin(\theta-60°)$: 최대값 1, 최소값 -1, 주기 $2\pi(=360°)$

$y=\sin\theta$ 의 그래프를 θ축 방향으로 60° 평행 이동한 것

(3) $y=\sin 2\theta$: 최대값 1, 최소값 -1, 주기 $\dfrac{2\pi}{2}=\pi\ (=180°)$

$y=\sin\theta$ 의 그래프를 θ축 방향으로 1/2배로 축소한 것

예제 2.10 다음 주어진 전압의 순시값으로부터 최대값, 최소값, 각주파수, 주기, 주파수를 구하라.

$$v=5\sin\left(120\pi t-\frac{\pi}{3}\right)\ [\mathrm{V}]$$

풀이

$y=A\sin(\omega t-\theta)$로부터

(1) 최대값 : 5 [V]

(2) 최소값 : -5 [V]

(3) 각주파수(각속도) : $\omega=120\pi$ [rad/s]

(4) 주 기 : $T=\dfrac{2\pi}{\omega}=\dfrac{2\pi}{120\pi}=\dfrac{1}{60}$ [s] = 16.7 [ms]

(5) 주파수 : $f=\dfrac{1}{T}=\dfrac{\omega}{2\pi}=60$ [Hz]

2.4 삼각형의 삼각함수 법칙

2.4.1 사인 법칙과 코사인 법칙

그림 2.15와 **그림** 2.16과 같이 △ABC에서 세 각 ∠A, ∠B, ∠C의 크기를 각각 A, B, C로 나타내고, 세 변 $\overline{BC}$, $\overline{CA}$, $\overline{AB}$의 길이를 a, b, c로 나타낼 때,

A, B, C, a, b, c

의 세 각과 세 변을 **삼각형의 6요소**라고 한다.

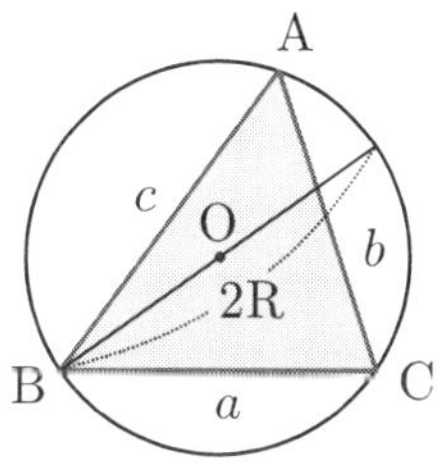

그림 2.15 사인 법칙

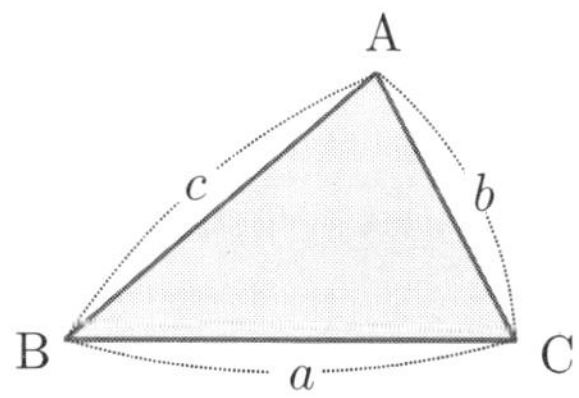

그림 2.16 코사인 법칙

그림 2.15에서 외접원의 반지름 R이라 할 때 세 각, 세 변과 외접원의 반지름 사이의 관계는 다음과 같은 **사인 법칙**이 성립한다. 또 삼각형의 6요소 사이에는 사인 법칙 이외에 **그림** 2.16에서 다음과 같은 **코사인 법칙**도 성립한다.

☞ 사인 법칙과 코사인 법칙

(1) 사인 법칙

$$\frac{a}{\sin A}=\frac{b}{\sin B}=\frac{c}{\sin C}=2R \tag{2.30}$$

(2) 코사인 제 1 법칙

$$\begin{cases} a=b\cos C+c\cos B \\ b=c\cos A+a\cos C \\ c=a\cos B+b\cos A \end{cases} \tag{2.31}$$

(3) 코사인 제 2 법칙

$$\begin{cases} a^2 = b^2 + c^2 - 2bc\cos A \\ b^2 = c^2 + a^2 - 2ca\cos B \\ c^2 = a^2 + b^2 - 2ab\cos C \end{cases} \quad (2.32)$$

예제 2.11 △ABC에서 A = 30°, $a = 3$, $c = 6$일 때, b와 B, C를 구하라.

풀이

사인 법칙 $\frac{a}{\sin A} = \frac{c}{\sin C}$에서 $\frac{3}{\sin 30°} = \frac{6}{\sin C}$이므로 C는

$$\sin C = 2\sin 30° = 1 \qquad \therefore\ C = 90°$$

가 된다. 또 A + B + C = 180°의 관계로부터 B는

$$B = 180° - (A + C) = 180° - (30° + 90°) = 60°$$

이고, 또 길이 b는 다음과 같이 얻어진다.

$$\frac{a}{\sin A} = \frac{b}{\sin B} \text{에서} \qquad \therefore\ b = \frac{a\sin B}{\sin A} = \frac{3\sin 60°}{\sin 30°} = 3\sqrt{3}$$

예제 2.12 △ABC에서 두 변의 길이가 각각 3[cm], 5[cm]이며, 그 사잇각이 60°인 삼각형의 나머지 변의 길이를 구하라.

풀이

코사인 제 2 법칙 $a^2 = b^2 + c^2 - 2bc\cos A$ 로부터 다음과 같이 구해진다.

$$a^2 = 3^2 + 5^2 - 2 \times 3 \times 5 \times \cos 60° = 19 \qquad \therefore\ a = \sqrt{19}\ [\text{cm}]$$

2.4.2 삼각형의 면적

그림 2.17과 같이 $\triangle$ABC에서 두 변의 길이 b, c와 그 사잇각 A를 알 때, C에서 수선 CH를 내리면 $\triangle$ABC의 면적 S는

$$S=\frac{1}{2}\cdot \text{AB}\cdot \text{CH}=\frac{1}{2}bc\sin\text{A} \qquad (2.33)$$

의 공식이 얻어진다.

또 삼각형의 세 변의 길이 a, b, c를 알 때, 삼각형의 면적 S를 구하는 공식(헤론의 공식)은 다음과 같다.

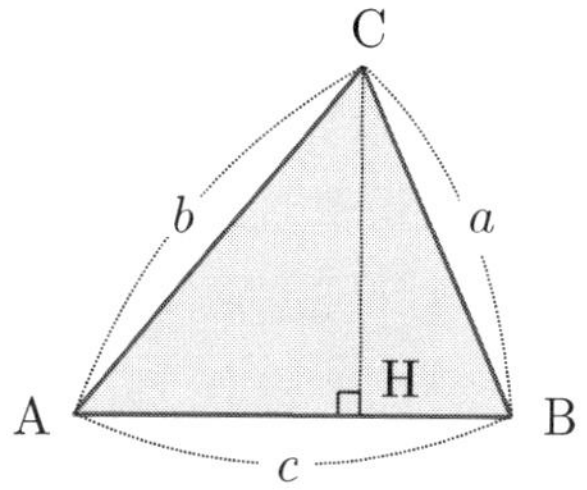

그림 2.17 삼각형 면적

$$S=\sqrt{s(s-a)(s-b)(s-c)} \quad (\text{단, } 2s=a+b+c) \qquad (2.34)$$

예제 2.13 다음의 주어진 조건에 의해 삼각형의 면적을 구하라.

(1) 두 변의 길이 각각 3[cm], 5[cm], 사잇각 60°

(2) 세 변의 길이가 각각 3[cm], 4[cm], 5[cm]

풀이

(1) 식 (2.33)에 의하여 삼각형의 면적 S는 다음과 같이 구한다.

$$S=\frac{1}{2}\times 3\times 5\times \sin 60°=\frac{15\sqrt{3}}{4}\ [\text{cm}^2]$$

(2) $2s=3+4+5$이므로 $s=6$이 된다. 따라서 식 (2.34)의 헤론의 공식에 의하여 삼각형의 면적 S는 다음과 같이 구한다.

$$\therefore\ S=\sqrt{6(6-3)(6-4)(6-5)}$$
$$=\sqrt{6\times 3\times 2\times 1}=6\ [\text{cm}^2]$$

2.5 삼각함수의 정리 및 공식

2.5.1 덧셈 정리

그림 2.18과 같이 단위원에서 x축의 양의 방향과 이루는 각을 α, β라 하면, 두 점의 좌표 A, B는

$$A(\cos\alpha,\ \sin\alpha)$$

$$B(\cos\beta,\ \sin\beta)$$

이므로 선분의 길이의 제곱 $\overline{AB}^2$은 평면 위의 두 점 사이의 거리 공식과 코사인 제2법칙의 공식으로부터 다음과 같이 나타낼 수 있다.

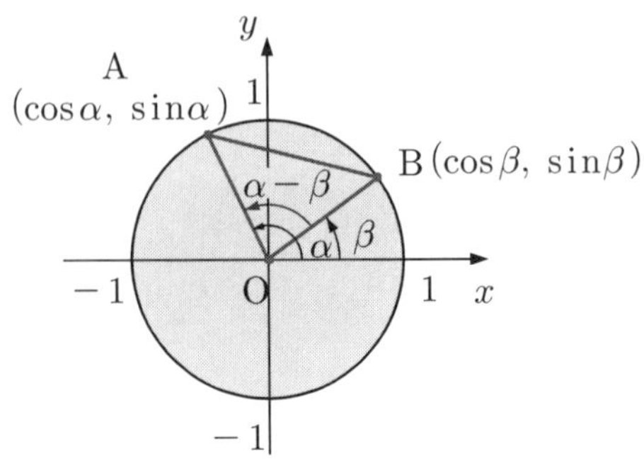

그림 2.18 삼각함수의 덧셈 정리

$$(\cos\beta-\cos\alpha)^2+(\sin\beta-\sin\alpha)^2 \tag{2.35}$$

$$=1^2+1^2-2\times1\times1\times\cos(\alpha-\beta)$$

즉, 우변을 정리하면

$$2-2(\cos\alpha\cos\beta+\sin\alpha\sin\beta)=2-2\cos(\alpha-\beta)$$

$$\therefore\quad \cos(\alpha-\beta)=\cos\alpha\cos\beta+\sin\alpha\sin\beta \tag{2.36}$$

의 공식이 유도된다. 또 식 (2.36)에서 β 대신에 $-\beta$를 대입하고 정리하면

$$\therefore\quad \cos(\alpha+\beta)=\cos\alpha\cos\beta-\sin\alpha\sin\beta \tag{2.37}$$

또 $\sin\theta=-\cos(90°+\theta)$에 의하여

$$\sin(\alpha+\beta)=-\cos(90°+\alpha+\beta)=-\cos\{(90°+\alpha)+\beta\}$$

$$=-\{\cos(90°+\alpha)\cos\beta-\sin(90°+\alpha)\sin\beta\}$$

$$\therefore\quad \sin(\alpha+\beta)=\sin\alpha\cos\beta+\cos\alpha\sin\beta \tag{2.38}$$

식 (2.38)에서 β 대신에 $-\beta$를 대입하고 정리하면

$$\therefore\quad \sin(\alpha-\beta)=\sin\alpha\cos\beta-\cos\alpha\sin\beta \tag{2.39}$$

가 성립한다. 또 $\tan(\alpha+\beta)$도 다음과 같이 유도할 수 있다.

$$\tan(\alpha+\beta)=\frac{\sin(\alpha+\beta)}{\cos(\alpha+\beta)}=\frac{\sin\alpha\cos\beta+\cos\alpha\sin\beta}{\cos\alpha\cos\beta-\sin\alpha\sin\beta}$$

이 식에서 분자, 분모를 $\cos\alpha\cos\beta$로 나누고 정리하면

$$\therefore\quad \tan(\alpha+\beta)=\frac{\tan\alpha+\tan\beta}{1-\tan\alpha\tan\beta} \tag{2.40}$$

가 된다. 또 $\tan(-\beta)=-\tan\beta$이므로 위의 식 (2.40)에 대입하고 정리하면

$$\therefore\quad \tan(\alpha-\beta)=\frac{\tan\alpha-\tan\beta}{1+\tan\alpha\tan\beta} \tag{2.41}$$

가 된다. 이상의 식으로부터 삼각함수의 덧셈 정리는 다음과 같다.

☞ 삼각함수의 덧셈 정리

(1) $\sin(\alpha\pm\beta)=\sin\alpha\cos\beta\pm\cos\alpha\sin\beta$ (단, 복호동순)

(2) $\cos(\alpha\pm\beta)=\cos\alpha\cos\beta\mp\sin\alpha\sin\beta$ (단, 복호동순)

(3) $\tan(\alpha\pm\beta)=\dfrac{\tan\alpha\pm\tan\beta}{1\mp\tan\alpha\tan\beta}$ (단, 복호동순)

2.5.2 배각 공식

삼각함수의 덧셈 정리 $\sin(\alpha+\beta)$, $\cos(\alpha+\beta)$ 및 $\tan(\alpha+\beta)$에서 β 대신에 α를 대입하면 다음과 같은 배각 공식을 얻는다.

☞ 삼각함수의 배각 공식

(1) $\sin 2\alpha=2\sin\alpha\cos\alpha$

(2) $\cos 2\alpha=\cos^2\alpha-\sin^2\alpha=2\cos^2\alpha-1=1-2\sin^2\alpha$

(3) $\tan 2\alpha=\dfrac{2\tan\alpha}{1-\tan^2\alpha}$

2.5.3 반각 공식

삼각함수의 배각 공식 (2)의 $\cos 2\alpha = 2\cos^2\alpha - 1 = 1 - 2\sin^2\alpha$에서 다음의 식을 얻을 수 있다.

$$\cos^2\alpha = \frac{1+\cos 2\alpha}{2}, \quad \sin^2\alpha = \frac{1-\cos 2\alpha}{2} \tag{2.42}$$

이 식에서 α 대신에 $\alpha/2$를 대입하면 다음과 같은 반각 공식을 얻는다.

☞ 삼각함수의 반각 공식

(1) $\sin^2\dfrac{\alpha}{2} = \dfrac{1-\cos\alpha}{2}$ (2) $\cos^2\dfrac{\alpha}{2} = \dfrac{1+\cos\alpha}{2}$ (3) $\tan^2\dfrac{\alpha}{2} = \dfrac{1-\cos\alpha}{1+\cos\alpha}$

2.5.4 곱을 합과 차, 합과 차를 곱으로 변환하는 공식

삼각함수의 곱을 합(또는 차)의 꼴로 변환하는 공식은 삼각함수의 덧셈 정리를 이용하여 구할 수 있다. 즉,

$$\text{삼각함수 덧셈 정리 : } \begin{cases} \sin(\alpha+\beta) = \sin\alpha\cos\beta + \cos\alpha\sin\beta & (1) \\ \sin(\alpha-\beta) = \sin\alpha\cos\beta - \cos\alpha\sin\beta & (2) \end{cases} \tag{2.43}$$

$$(1)+(2) : \sin(\alpha+\beta) + \sin(\alpha-\beta) = 2\sin\alpha\cos\beta \qquad (3)$$

$$\therefore \quad \sin\alpha\cos\beta = \frac{1}{2}\{\sin(\alpha+\beta) + \sin(\alpha-\beta)\} \tag{2.44}$$

$$(1)-(2) : \sin(\alpha+\beta) - \sin(\alpha-\beta) = 2\cos\alpha\sin\beta \qquad (4)$$

$$\therefore \quad \cos\alpha\sin\beta = \frac{1}{2}\{\sin(\alpha+\beta) - \sin(\alpha-\beta)\} \tag{2.45}$$

가 된다.

마찬가지로 $\cos\alpha\cos\beta$, $\sin\alpha\sin\beta$도 식 (2.36), 식 (2.37)로 구할 수 있다.

합(또는 차)을 곱의 꼴로 변환하는 공식은 $\alpha+\beta = A, \alpha-\beta = B$로 놓고, 이것을

α, β에 관하여 풀면

$$\alpha = \frac{A+B}{2}, \qquad \beta = \frac{A-B}{2}$$

이고, 이 값을 식 (3), (4)에 대입하면 각각 다음과 같이 얻어진다.

$$\sin A + \sin B = 2\sin\frac{A+B}{2}\cos\frac{A-B}{2} \tag{2.46}$$

$$\sin A - \sin B = 2\cos\frac{A+B}{2}\sin\frac{A-B}{2} \tag{2.47}$$

이와 같은 방법으로 나머지도 삼각함수의 곱을 합(또는 차)의 꼴로 변환하는 공식과 합(또는 차)을 곱의 꼴로 변환하는 공식을 구할 수 있다.

이들의 공식은 각각 다음과 같이 정리된다.

☞ 삼각함수의 곱을 합 또는 차의 꼴로 변환하는 공식

(1) $\sin\alpha\cos\beta = \frac{1}{2}\{\sin(\alpha+\beta)+\sin(\alpha-\beta)\}$

(2) $\cos\alpha\sin\beta = \frac{1}{2}\{\sin(\alpha+\beta)-\sin(\alpha-\beta)\}$

(3) $\cos\alpha\cos\beta = \frac{1}{2}\{\cos(\alpha+\beta)+\cos(\alpha-\beta)\}$

(4) $\sin\alpha\sin\beta = -\frac{1}{2}\{\cos(\alpha+\beta)-\cos(\alpha-\beta)\}$

☞ 삼각함수의 합 또는 차를 곱의 꼴로 변환하는 공식

(1) $\sin A + \sin B = 2\sin\frac{A+B}{2}\cos\frac{A-B}{2}$

(2) $\sin A - \sin B = 2\cos\frac{A+B}{2}\sin\frac{A-B}{2}$

(3) $\cos A + \cos B = 2\cos\frac{A+B}{2}\cos\frac{A-B}{2}$

(4) $\cos A - \cos B = -2\sin\frac{A+B}{2}\sin\frac{A-B}{2}$

2.6 삼각함수의 합성

삼각함수 $a\sin\theta+b\cos\theta$ 를 $r\sin(\theta+\alpha)$ 또는 $r\cos(\theta-\beta)$의 꼴로 변형하는 것을 **삼각함수의 합성**이라고 하며, 이 합성 방법에 대하여 알아본다.

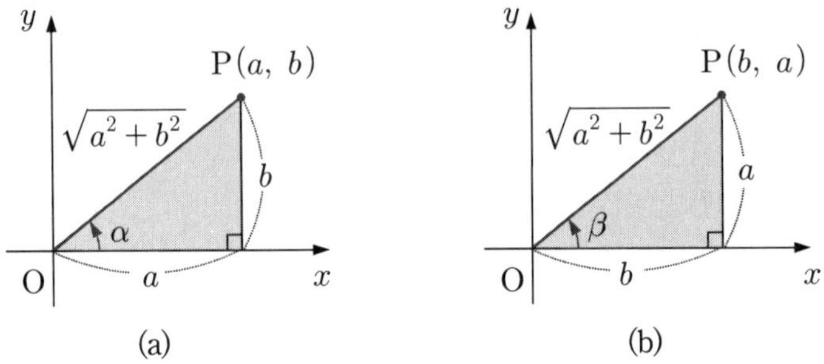

그림 2.19 삼각함수의 합성

그림 2.19(a)에서

$$\sin\alpha=\frac{b}{\sqrt{a^2+b^2}},\quad \cos\alpha=\frac{a}{\sqrt{a^2+b^2}} \tag{2.48}$$

이므로 $r\sin(\theta+\alpha)$의 꼴의 합성은 다음과 같이 구해진다.

$$a\sin\theta+b\cos\theta=\sqrt{a^2+b^2}\left(\sin\theta\cdot\frac{a}{\sqrt{a^2+b^2}}+\cos\theta\cdot\frac{b}{\sqrt{a^2+b^2}}\right)$$

$$=\sqrt{a^2+b^2}(\sin\theta\cos\alpha+\cos\theta\sin\alpha)$$

$$\therefore\quad a\sin\theta+b\cos\theta=\sqrt{a^2+b^2}\sin(\theta+\alpha) \tag{2.49}$$

또 **그림** 2.19(b)에서

$$\sin\beta=\frac{a}{\sqrt{a^2+b^2}},\quad \cos\beta=\frac{b}{\sqrt{a^2+b^2}} \tag{2.50}$$

이므로 $r\cos(\theta-\beta)$의 꼴의 합성은 다음과 같이 구해진다.

$$a\sin\theta+b\cos\theta=\sqrt{a^2+b^2}\left(\sin\theta\cdot\frac{a}{\sqrt{a^2+b^2}}+\cos\theta\cdot\frac{b}{\sqrt{a^2+b^2}}\right)$$

$$= \sqrt{a^2+b^2}\,(\sin\theta\sin\beta + \cos\theta\cos\beta)$$

$$\therefore\quad a\sin\theta + b\cos\theta = \sqrt{a^2+b^2}\cos(\theta-\beta) \tag{2.51}$$

이와 같이 삼각함수의 합성에 의한 식 (2.49), (2.51)에 의하여 $y = a\sin\theta + b\cos\theta$의 최대값, 최소값 및 주기는 각각 다음과 같이 나타낼 수 있다.

최대값 : $\sqrt{a^2+b^2}$ **최소값** : $-\sqrt{a^2+b^2}$ **주기** : $2\pi\ (=360°)$

삼각함수의 합성

$a\sin\theta + b\cos\theta$ **의 합성**

(1) $a\sin\theta + b\cos\theta = \sqrt{a^2+b^2}\sin(\theta+\alpha)$ 단, $\alpha = \tan^{-1}\dfrac{b}{a}$

(2) $a\sin\theta + b\cos\theta = \sqrt{a^2+b^2}\cos(\theta-\beta)$ 단, $\beta = \tan^{-1}\dfrac{a}{b}$

예제 2.14 $\sqrt{3}\sin\theta + \cos\theta$ 에 대하여 다음의 질문에 답하라.

(1) 사인 함수의 꼴로 합성 (2) 코사인 함수의 꼴로 합성

(3) 최대값, 최소값 및 주기를 구하라.

풀이

(1) $\sqrt{3}\sin\theta + \cos\theta = \sqrt{(\sqrt{3})^2+1^2}\sin(\theta+\alpha) = 2\sin(\theta+\alpha)$

$P(\sqrt{3},\ 1)$이므로 $\alpha = \tan^{-1}\dfrac{1}{\sqrt{3}} = 30° = \dfrac{\pi}{6}$

$\therefore\ \sqrt{3}\sin\theta + \cos\theta = 2\sin(\theta+30°) = 2\sin\left(\theta + \dfrac{\pi}{6}\right)$

(2) $\sqrt{3}\sin\theta + \cos\theta = \sqrt{(\sqrt{3})^2+1^2}\cos(\theta-\beta) = 2\cos(\theta-\beta)$

$P(1,\ \sqrt{3})$이므로 $\beta = \tan^{-1}\dfrac{\sqrt{3}}{1} = 60° = \dfrac{\pi}{3}$

$\therefore\ \sqrt{3}\sin\theta + \cos\theta = 2\cos(\theta-60°) = 2\cos\left(\theta - \dfrac{\pi}{3}\right)$

(3) 최대값 : 2, 최소값 : -2, 주기 : $360°\ (=2\pi)$

예제 2.15 회로 해석에서 자주 나오는 삼각함수 $R\sin\omega t + X\cos\omega t$ 를 다음의 질문에 답하라.

(1) 사인 함수의 꼴로 합성　　　(2) 코사인 함수의 꼴로 합성

(3) 최대값, 최소값 및 주기

풀이

(1) (준 식) $= \sqrt{R^2+X^2}\sin(\omega t+\theta)$이고, $P(R, X)$이므로 $\theta = \tan^{-1}\dfrac{X}{R}$

$$\therefore\ R\sin\omega t + X\cos\omega t = \sqrt{R^2+X^2}\sin\left(\omega t + \tan^{-1}\frac{X}{R}\right)$$

(2) (준 식) $= \sqrt{R^2+X^2}\cos(\omega t-\theta)$이고, $P(X, R)$이므로 $\theta = \tan^{-1}\dfrac{R}{X}$

$$\therefore\ R\sin\omega t + X\cos\omega t = \sqrt{R^2+X^2}\cos\left(\omega t - \tan^{-1}\frac{R}{X}\right)$$

(3) 최대값 : $\sqrt{R^2+X^2}$, 최소값 : $-\sqrt{R^2+X^2}$, 주기 : $\dfrac{2\pi}{\omega}$

2.7 역삼각함수

삼각함수의 역함수를 **역삼각함수**(inverse trigonometric function)라고 한다. 역삼각함수는 y에 대해 각 x는 무수히 많은 값을 가지므로 일대일 대응이 되도록 각 x의 범위를 제한하며, 다음과 같이 정의한다.

역삼각함수

(1) $y = \sin x \rightarrow x = \sin^{-1} y$ 또는 $x = \arcsin y$ **(역사인 함수)**

　　x **와** y **의 범위** : $-\dfrac{\pi}{2} \le x \le \dfrac{\pi}{2}$ $(-1 \le y \le 1)$

(2) $y = \cos\theta \rightarrow x = \cos^{-1} y$ 또는 $x = \arccos y$ **(역코사인 함수)**

　　x **와** y **의 범위** : $0 \le x \le \pi$ $(-1 \le y \le 1)$

(3) $y = \tan\theta \rightarrow x = \tan^{-1} y$ 또는 $x = \arctan y$ **(역탄젠트 함수)**

　　x **와** y **의 범위** : $-\dfrac{\pi}{2} \le x \le \dfrac{\pi}{2}$ $(-\infty \le y \le \infty)$

역삼각함수의 그래프는 **그림 2.20**과 같이 각각 역사인 함수, 역코사인 함수, 역탄젠트 함수를 나타낸다.

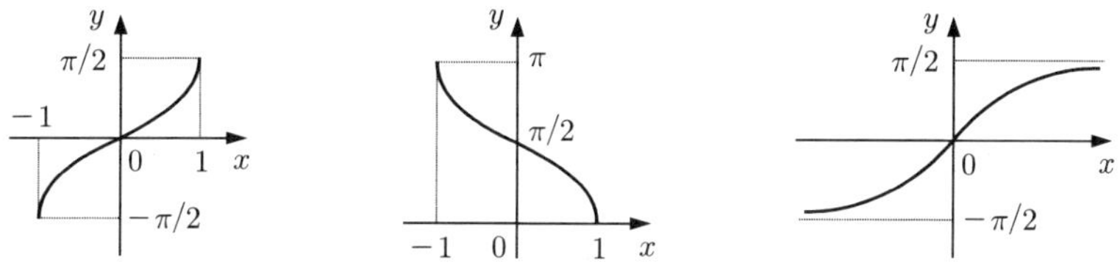

$-\frac{\pi}{2} \le y \le \frac{\pi}{2}$, $-1 \le x \le 1$ $0 \le y \le \pi$, $-1 \le x \le 1$ $-\frac{\pi}{2} \le y \le \frac{\pi}{2}$, $-\infty \le x \le \infty$

(a) $y=\sin^{-1}x$ (b) $y=\cos^{-1}x$ (c) $y=\tan^{-1}x$

그림 2.20 역삼각함수

예제 2.16 다음의 주어진 삼각함수에서 각 θ의 값을 구하라.

(1) $\sin\theta = \frac{1}{2}$ (2) $\cos\theta = -\frac{1}{2}$

(3) $\tan\theta = \frac{1}{\sqrt{3}}$ (4) $\sin\theta = -\frac{1}{2}$

풀이

(1) $\theta = \sin^{-1}\frac{1}{2} = 30° = \frac{\pi}{6}$ (2) $\theta = \cos^{-1}\left(-\frac{1}{2}\right) = 120° = \frac{2\pi}{3}$

(3) $\theta = \tan^{-1}\left(\frac{1}{\sqrt{3}}\right) = 30° = \frac{\pi}{6}$ (4) $\theta = \sin^{-1}\left(-\frac{1}{2}\right) = -30° = -\frac{\pi}{6}$

예제 2.17 다음의 역삼각함수의 값을 구하라.

(1) $y=\sin^{-1}(-1)$ (2) $y=\cos^{-1}(-1)$

(3) $y=\tan^{-1}(-1)$ (4) $y=\tan^{-1}(\sqrt{3})$

풀이

(1) $y=-\frac{\pi}{2}$ (2) $y=\pi$ (3) $y=-\frac{\pi}{4}$ (4) $y=\frac{\pi}{3}$

연 / 습 / 문 / 제

2-1 다음에서 60분법은 호도법으로, 호도법은 60분법으로 나타내라.

(1) $35°$ (2) $120°$ (3) $\frac{\pi}{3}$[rad] (4) $\frac{3\pi}{4}$[rad]

2-2 다음을 예각의 삼각함수로 나타내라.

(1) $\sin 240°$ (2) $\cos 420°$ (3) $\tan(-150°)$

(4) $\sin\left(-\frac{3}{4}\pi\right)$ (5) $\cos\left(-\frac{7}{3}\pi\right)$ (6) $\tan\left(\frac{7}{6}\pi\right)$

2-3 다음 삼각함수의 값을 구하라.

(1) $\sin 120°$ (2) $\cos 225°$ (3) $\tan(-60°)$

(4) $\sin\left(\frac{7}{6}\pi\right)$ (5) $\cos\left(\frac{4}{3}\pi\right)$ (6) $\tan\left(-\frac{2}{3}\pi\right)$

2-4 다음 식을 간단히 하라.

(1) $\cos(180° - \theta) + \cos(90° + \theta) + \sin(90° - \theta)$

(2) $\sin 160° + \sin 140° + \cos 130° + \cos 110°$

힌트 (1) (준 식) $= (-\cos\theta) + (-\sin\theta) + \cos\theta$

(2) (준 식) $= \sin(180° - 20°) + \sin(180° - 40°) + \cos(90° + 40°) + \cos(90° + 20°)$

$= \sin 20° + \sin 40° - \sin 40° - \sin 20°$

2-5 각 θ가 둔각이고, $\tan\theta = -\frac{1}{2}$일 때, $\cos\theta$, $\sin\theta$의 값을 구하라.

힌트 $1 + \tan^2\theta = \frac{1}{\cos^2\theta}$, $\tan\theta = \frac{\sin\theta}{\cos\theta}$

2-6 $\triangle$ABC에서 $a = 3$, B $= 75°$, C $= 60°$일 때, c 및 외접원의 반지름 R의 값을 구하라.

힌트 식 (2.30)의 사인 법칙 적용 : $\frac{a}{\sin A} = \frac{b}{\sin B} = \frac{c}{\sin C} = 2R$

2-7 $\triangle$ABC에서 두 변과 그 사이각이 다음과 같이 주어질 때, 나머지 한 변과 삼각형의 면적을 구하라.

(1) $b=4,\ c=5,\ \mathrm{A}=60°$

(2) $c=6,\ a=7,\ \mathrm{B}=135°$

힌트 식 (2.31)의 코사인 법칙 적용 : $a^2=b^2+c^2-2bc\cos\mathrm{A}$

식 (2.32)의 $\triangle$ABC 면적공식 : $S=\frac{1}{2}bc\sin\mathrm{A}$

2-8 다음 함수의 그래프를 그리고, 최대값, 최소값, 주기를 구하라.

$$y=2\sin\left(2x+\frac{\pi}{6}\right)$$

2-9 각 θ가 제2사분면에 있고, $\sin\theta=\frac{3}{5}$일 때, $\cos 2\theta$, $\sin 2\theta$ 및 $\tan\frac{\theta}{2}$의 값을 구하라.

힌트 $\cos 2\theta=1-2\sin^2\theta$, $\sin 2\theta=2\sin\theta\cos\theta$, $\tan^2\frac{\theta}{2}=\frac{1-\cos\theta}{1+\cos\theta}$

2-10 다음의 주어진 삼각함수의 곱을 합과 차로 변환하는 공식을 이용하여 다음의 값을 구하라.

(1) $\sin 75°\cos 15°$

(2) $\cos 45°\sin 75°$

(3) $\sin 105°\sin 45°$

(4) $\cos 45°\cos 75°$

힌트 (1) (준 식) $=\frac{1}{2}(\sin 90°+\sin 60°)$

(2) (준 식) $=\frac{1}{2}\{\sin 120°-\sin(-30°)\}$

(3) (준 식) $=-\frac{1}{2}(\cos 150°-\cos 60°)$

(4) (준 식) $=\frac{1}{2}\{\cos 120°+\cos(-30°)\}$

2-11 다음의 주어진 삼각함수를 각각 사인 함수와 코사인 함수로 합성하여 나타내고, 최대값과 최소값도 구하라.

(1) $y=\sin\theta+\cos\theta$

(2) $y=\sin x-\cos x$

(3) $y=\sin\omega t+\sqrt{3}\cos\omega t$

(4) $y=\sin\omega t-\sqrt{3}\cos\omega t$

힌트 (1) $\sqrt{1^2+1^2}=\sqrt{2}$, P(1, 1)이므로 $\alpha=\beta=\tan^{-1}\dfrac{1}{1}=45°=\dfrac{\pi}{4}$

$\therefore$ (준 식) $=\sqrt{2}\sin\left(\theta+\dfrac{\pi}{4}\right)$ $\therefore$ (준 식) $=\sqrt{2}\cos\left(\theta-\dfrac{\pi}{4}\right)$

최대값 : $\sqrt{2}$, 최소값 : $-\sqrt{2}$

(2) $\sqrt{1^2+(-1)^2}=\sqrt{2}$, P(1, −1)이므로 $\alpha=\tan^{-1}\left(\dfrac{-1}{1}\right)=-45°=-\dfrac{\pi}{4}$

$\therefore$ (준 식) $=\sqrt{2}\sin\left(\theta-\dfrac{\pi}{4}\right)$

P(−1, 1)이므로 $\beta=180°+\tan^{-1}\left(\dfrac{1}{-1}\right)=180°-45°=135°=\dfrac{3\pi}{4}$

$\therefore$ (준 식) $=\sqrt{2}\cos\left(\theta-\dfrac{3\pi}{4}\right)$, 최대값 : $\sqrt{2}$, 최소값 : $-\sqrt{2}$

(3) $\sqrt{1^2+(\sqrt{3})^2}=2$, P(1, $\sqrt{3}$)이므로 $\alpha=\tan^{-1}\sqrt{3}=60°=\dfrac{\pi}{3}$

$\therefore$ (준 식) $=2\sin\left(\omega t+\dfrac{\pi}{3}\right)$

P($\sqrt{3}$, 1)이므로 $\beta=\tan^{-1}\dfrac{1}{\sqrt{3}}=30°=\dfrac{\pi}{6}$

$\therefore$ (준 식) $=2\cos\left(\omega t-\dfrac{\pi}{6}\right)$, 최대값 : 2, 최소값 : −2

(4) $\sqrt{1^2+(-\sqrt{3})^2}=2$, P(1, $-\sqrt{3}$)이므로 $\alpha=\tan^{-1}(-\sqrt{3})=-60°=-\dfrac{\pi}{3}$

$\therefore$ (준 식) $=2\sin\left(\omega t-\dfrac{\pi}{3}\right)$

P($-\sqrt{3}$, 1)이므로 $\beta=180°+\tan^{-1}\left(-\dfrac{1}{\sqrt{3}}\right)=180°-30°=150°=\dfrac{5\pi}{6}$

$\therefore$ (준 식) $=2\cos\left(\omega t-\dfrac{5\pi}{6}\right)$, 최대값 : 2, 최소값 : −2

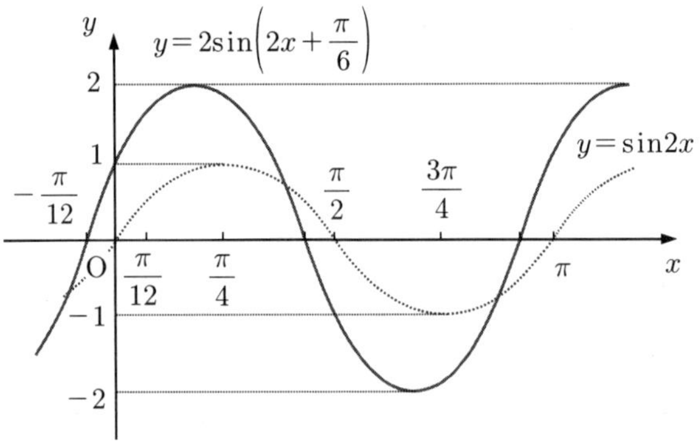

문제 2.8 그래프 해답

chapter 3

행렬과 행렬식

3.1 행렬

3.1.1 행렬의 정의

수나 수를 나타내는 문자를 소괄호 ( )나 대괄호 [ ]안에 직사각형의 형태로 배열한 것을 **행렬**(matrix)이라고 하고, 괄호 안에 있는 각각의 수 또는 문자를 이 행렬의 **원소**(element) 또는 **성분**(component)이라 한다.

행렬의 원소는 수량, 방정식의 계수, 경우의 수, 확률 등 여러 가지 수학적인 양을 나타내며, 다음은 여러 가지 행렬의 예를 나타낸 것이다.

$$\begin{pmatrix} 2 & 3 \\ 4 & 7 \end{pmatrix} \qquad \begin{pmatrix} 2 & 3 & 5 \\ 4 & 7 & 8 \end{pmatrix} \qquad \begin{pmatrix} a & b \\ c & d \\ e & f \end{pmatrix} \qquad \begin{pmatrix} a & b & c \\ d & e & f \\ g & h & i \end{pmatrix}$$

(a) (b) (c) (d)

〔행렬의 여러 가지 예〕

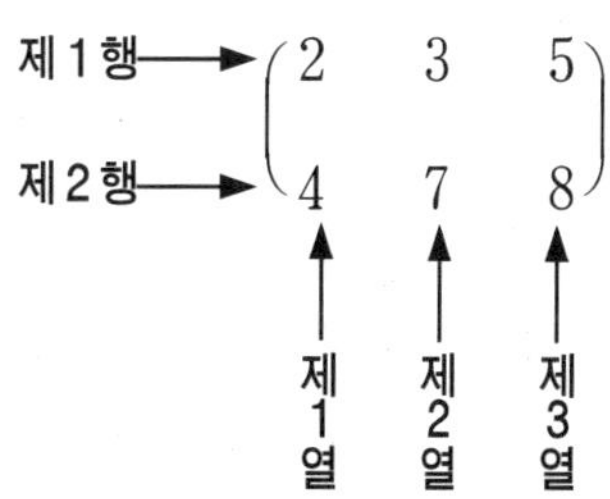

그림 3.1 행과 열(2×3 행렬)

그림 3.1에서 행렬의 가로 줄을 **행**(row)이라 하고, 위에서부터 차례로 제1행, 제2행, 제3행 … 이라 하며, 세로 줄을 **열**(column)이라 하고, 왼쪽에서부터 차례로 제1열, 제2열, 제3열 … 이라 한다.

행렬의 꼴은 행과 열의 수로 구분하며, m행과 n열로 된 행렬을 **m행 n열 행렬** 또는 **$m\times n$ 행렬**이라 한다. 따라서 **그림** 3.1은 2행 3열 행렬 또는 2×3 행렬이다.

특히 한 행만으로 구성된 행렬을 **행행렬** 또는 **행벡터**라 하고, 한 열로 구성된 행렬을 **열행렬** 또는 **열벡터**라고 한다.

행렬은 일반적으로 $\boldsymbol{A}, \boldsymbol{B}, \boldsymbol{C}, \cdots$ 등의 고딕체 문자로 표기한다.

예제 3.1 다음 각 행렬의 꼴을 설명하라.

(1) $\begin{pmatrix} 1 & 2 & 3 \end{pmatrix}$ (2) $\begin{pmatrix} 1 \\ 2 \end{pmatrix}$ (3) $\begin{pmatrix} 1 & 0 \\ 0 & 1 \end{pmatrix}$

(4) $\begin{pmatrix} a & b \\ c & d \\ e & f \end{pmatrix}$ (5) $\begin{pmatrix} 1 & 3 & 1 \\ 0 & 1 & 0 \end{pmatrix}$ (6) $\begin{pmatrix} 1 & 0 & 3 \\ 2 & -1 & 4 \\ 0 & -2 & -5 \end{pmatrix}$

풀이

(1) 1×3 행렬(행행렬) (2) 2×1 행렬(열행렬) (3) 2×2 행렬(2차 정사각행렬)

(4) 3×2 행렬 (5) 2×3 행렬 (6) 3×3 행렬(3차 정사각행렬)

3.1.2 행렬의 상등

두 행렬 $\boldsymbol{A}$, $\boldsymbol{B}$가 같은 꼴(동일한 $m\times n$행렬)이면서 동일한 행과 열에 대응하는 원소가 서로 같을 때, 두 행렬은 **상등**이다 또는 **같다**고 하며, $\boldsymbol{A}=\boldsymbol{B}$로 나타낸다.

즉, 두 행렬 $\boldsymbol{A}$, $\boldsymbol{B}$가 상등을 만족하는 조건은 다음과 같다.

(1) 두 행렬의 같은 꼴($m\times n$행렬)

(2) 대응원소의 일치($a_{ij}=b_{ij}$)

$$\boldsymbol{A}=\begin{pmatrix} a_{11} & a_{12} \\ a_{21} & a_{22} \end{pmatrix}, \quad \boldsymbol{B}=\begin{pmatrix} b_{11} & b_{12} \\ b_{21} & b_{22} \end{pmatrix}$$

$$\begin{pmatrix} a_{11} & a_{12} \\ a_{21} & a_{22} \end{pmatrix}=\begin{pmatrix} b_{11} & b_{12} \\ b_{21} & b_{22} \end{pmatrix} \iff \begin{cases} a_{11}=b_{11}, \ a_{12}=b_{12} \\ a_{21}=b_{21}, \ a_{22}=b_{22} \end{cases} \tag{3.1}$$

예제 3.2 다음을 만족시키는 a, b, c를 구하라.

$$\begin{pmatrix} a+b & -1 \\ -2 & b \end{pmatrix} = \begin{pmatrix} 3 & b-c \\ -b & 2 \end{pmatrix}$$

풀이

식 (3.1)의 행렬의 상등에 의하여 a, b, c는

$$a+b=3, \quad -1=b-c, \quad -2=-b, \quad b=2$$

즉,

$$\therefore \ a=1, \quad b=2, \quad c=3$$

3.1.3 행렬의 종류(특수행렬)

(1) 정사각행렬 (정방행렬)

행렬의 행과 열의 수가 같은 행렬을 **정사각행렬** 또는 **정방행렬**(square matrix)이라 하며, $n \times n$ 행렬을 $\boldsymbol{n}$**차 정사각행렬**이라 하고, 이 n을 행렬의 **차수**(order)라 한다.

정사각행렬의 왼쪽 위 첫 원소로부터 오른쪽 아래의 끝 원소까지 그은 대각선을 **주대각선(점선)**이라 하고, 이 주대각선 상에 있는 원소를 **주대각 원소**(principal diagonal element)라고 한다.

$$\begin{pmatrix} 2 & 3 \\ 4 & 7 \end{pmatrix}$$ 주대각 원소 : 2, 7 (**2차 정사각행렬**)

$$\begin{pmatrix} a & b & c \\ d & e & f \\ g & h & i \end{pmatrix}$$ 주대각 원소 : a, e, i (**3차 정사각행렬**)

(2) 대각행렬

주대각선상의 주대각 원소를 제외한 원소가 모두 0인 정사각행렬(정방행렬)을 **대각행렬**(diagonal matrix)이라 한다.

특히 주대각 원소는 1이고, 나머지 원소가 모두 0인 정사각행렬을 **단위행렬**(identity 또는 unit matrix)이라 하고, $\boldsymbol{I}$로 표기한다. 또 주대각 원소의 위 또는 아래 부분의 원소가 0인 정사각행렬을 **삼각행렬**(triangular matrix)이라 한다.

$$\begin{pmatrix} 3 & 0 \\ 0 & 4 \end{pmatrix} \quad \begin{pmatrix} 2 & 0 & 0 \\ 0 & 7 & 0 \\ 0 & 0 & 8 \end{pmatrix} \qquad \begin{pmatrix} 1 & 0 \\ 0 & 1 \end{pmatrix} \quad \begin{pmatrix} 1 & 0 & 0 \\ 0 & 1 & 0 \\ 0 & 0 & 1 \end{pmatrix} \qquad \begin{pmatrix} 2 & 0 & 0 \\ 5 & 7 & 0 \\ 1 & 6 & 8 \end{pmatrix} \quad \begin{pmatrix} 2 & 4 & 3 \\ 0 & 7 & 9 \\ 0 & 0 & 8 \end{pmatrix}$$

(대각행렬) **(단위행렬)** **(삼각행렬)**

(3) 영행렬

행렬의 모든 원소가 0인 행렬을 **영행렬**(null matrix)이라 한다.

$$\begin{pmatrix} 0 & 0 \\ 0 & 0 \end{pmatrix} \qquad \begin{pmatrix} 0 & 0 & 0 \\ 0 & 0 & 0 \\ 0 & 0 & 0 \end{pmatrix}$$

(영행렬)

(4) 전치행렬

행렬 $\boldsymbol{A}$에서 행과 열을 바꾼 행렬을 **전치행렬**(transpose matrix)이라 하며, $\boldsymbol{A}^T$로 표기한다.$(a_{ij} = b_{ji})$

$$\boldsymbol{A} = \begin{pmatrix} 1 & 2 & 3 \\ 4 & 5 & 6 \\ 7 & 8 & 9 \end{pmatrix} \qquad \boldsymbol{A}^T = \begin{pmatrix} 1 & 4 & 7 \\ 2 & 5 & 8 \\ 3 & 6 & 9 \end{pmatrix}$$

(5) 대칭행렬

정사각행렬에서 주대각선에 대하여 대칭적인 행렬로써 원래의 행렬 $\boldsymbol{A}$와 전치행렬 $\boldsymbol{A}^T$가 같은 행렬 $\boldsymbol{A} = \boldsymbol{A}^T$을 **대칭행렬**(symmetric matrix)이라 한다.$(a_{ij} = a_{ji})$

$$\begin{pmatrix} 1 & 3 \\ 3 & 2 \end{pmatrix} \qquad \begin{pmatrix} 1 & 4 & 6 \\ 4 & 2 & 5 \\ 6 & 5 & 3 \end{pmatrix}$$

예제 3.3 행렬 $A = \begin{pmatrix} 3 & 2 & 1 \\ 4 & 5 & 6 \end{pmatrix}$일 때 전치행렬 A^T을 구하라.

풀이

전치행렬 : 행렬의 행과 열을 바꾼 행렬

$$\boldsymbol{A}=\begin{pmatrix}3 & 2 & 1\\ 4 & 5 & 6\end{pmatrix}\text{의 전치행렬 : }\boldsymbol{A}^T=\begin{pmatrix}3 & 4\\ 2 & 5\\ 1 & 6\end{pmatrix}$$

3.1.4 행렬의 연산

(1) 행렬의 합과 차

두 행렬 $\boldsymbol{A}$, $\boldsymbol{B}$가 같은 꼴일 때의 합과 차는 두 행렬 $\boldsymbol{A}$와 $\boldsymbol{B}$의 대응원소의 합 또는 차를 원소로 하는 행렬을 의미하고, $\boldsymbol{A}\pm\boldsymbol{B}$로 나타낸다. 즉,

$$\boldsymbol{A}=\begin{pmatrix}a_{11} & a_{12}\\ a_{21} & a_{22}\end{pmatrix},\quad \boldsymbol{B}=\begin{pmatrix}b_{11} & b_{12}\\ b_{21} & b_{22}\end{pmatrix}$$

$$\boldsymbol{A}\pm\boldsymbol{B}=\begin{pmatrix}a_{11}\pm b_{11} & a_{12}\pm b_{12}\\ a_{21}\pm b_{21} & a_{22}\pm b_{22}\end{pmatrix}\ (\pm:\text{복호동순}) \tag{3.2}$$

이들로부터 행렬의 합은 교환법칙이 성립($\boldsymbol{A}+\boldsymbol{B}=\boldsymbol{B}+\boldsymbol{A}$)함을 알 수 있고, 특히 두 행렬 $\boldsymbol{A}$, $\boldsymbol{B}$가 같은 꼴의 $m\times n$ 행렬일 때 두 행렬의 합과 차가 정의되고 있음에 주의하기 바란다.

예제 3.4 다음의 주어진 두 행렬에서 $A+B$와 $A-B$의 행렬을 구하라.

$$A=\begin{pmatrix}4 & -1 & 2\\ 5 & 6 & 3\end{pmatrix},\qquad B=\begin{pmatrix}2 & -4 & 1\\ 3 & 2 & -2\end{pmatrix}$$

풀이

$$A+B=\begin{pmatrix}4+2 & -1+(-4) & 2+1\\ 5+3 & 6+2 & 3+(-2)\end{pmatrix}=\begin{pmatrix}6 & -5 & 3\\ 8 & 8 & 1\end{pmatrix}$$

$$A-B=\begin{pmatrix}4-2 & -1+4 & 2-1\\ 5-3 & 6-2 & 3+2\end{pmatrix}=\begin{pmatrix}2 & 3 & 1\\ 2 & 4 & 5\end{pmatrix}$$

(2) 행렬의 실수배

행렬 $\boldsymbol{A}$에 실수 k의 곱은 $\boldsymbol{A}$의 각 원소에 k를 곱한 행렬이 되며, $k\boldsymbol{A}$ 또는 $\boldsymbol{A}k$로 나타낸다. 즉,

$$\boldsymbol{A}=\begin{pmatrix} a_{11} & a_{12} \\ a_{21} & a_{22} \end{pmatrix} \quad \Rightarrow \quad k\boldsymbol{A}=\begin{pmatrix} ka_{11} & ka_{12} \\ ka_{21} & ka_{22} \end{pmatrix} \tag{3.3}$$

예제 3.5 행렬 $A=\begin{pmatrix} 2 & 3 \\ 4 & 5 \end{pmatrix}$일 때 $3A$의 행렬을 구하라.

풀이

$$3\boldsymbol{A}=3\begin{pmatrix} 2 & 3 \\ 4 & 5 \end{pmatrix}=\begin{pmatrix} 3\times2 & 3\times3 \\ 3\times4 & 3\times5 \end{pmatrix}=\begin{pmatrix} 6 & 9 \\ 12 & 15 \end{pmatrix}$$

(3) 행렬의 곱

두 행렬의 곱 $\boldsymbol{AB}$는 $\boldsymbol{A}$의 열과 $\boldsymbol{B}$의 행의 수가 같은 조건에서만 정의되며, 두 행렬 $\boldsymbol{A}$, $\boldsymbol{B}$가 각각 $m\times n$ 행렬, $n\times p$ 행렬일 때, 그 결과 $\boldsymbol{C}$는 $m\times p$ 행렬이 된다.

행렬의 곱은 행렬의 합과 차의 계산과 다르게 연산 규칙이 매우 복잡하다. 따라서 **그림** 3.2의 두 행렬의 곱의 계산 규칙을 알고 있으면 여러 가지 행렬의 꼴 $m\times n$ 행렬에서도 쉽게 적용할 수 있다.

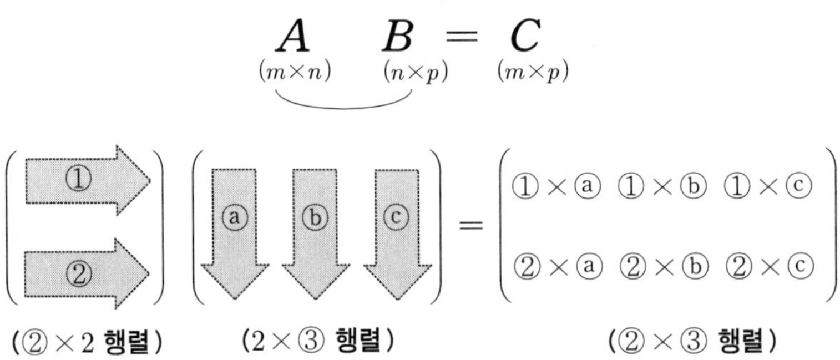

그림 3.2 두 행렬의 곱

다음에 두 행렬의 곱의 규칙을 여러 가지 행렬 꼴에 대하여 정리해 본다.

(1) $\boldsymbol{A}=\begin{pmatrix} a_1 & a_2 & a_3 \end{pmatrix}$, $\boldsymbol{B}=\begin{pmatrix} b_1 \\ b_2 \\ b_3 \end{pmatrix}$

$$\therefore \quad \boldsymbol{AB}=\left(a_1b_1+a_2b_2+a_3b_3 \right) \tag{3.4}$$

(2) $\boldsymbol{A}=\begin{pmatrix} a_{11} & a_{12} \\ a_{21} & a_{22} \end{pmatrix}$, $\boldsymbol{B}=\begin{pmatrix} b_1 \\ b_2 \end{pmatrix}$

$$\therefore \quad \boldsymbol{AB}=\begin{pmatrix} a_{11}b_1+a_{12}b_2 \\ a_{21}b_1+a_{22}b_2 \end{pmatrix} \tag{3.5}$$

(3) $\boldsymbol{A}=\begin{pmatrix} a_{11} & a_{12} \\ a_{21} & a_{22} \end{pmatrix}$, $\boldsymbol{B}=\begin{pmatrix} b_{11} & b_{12} \\ b_{21} & b_{22} \end{pmatrix}$

$$\therefore \quad \boldsymbol{AB}=\begin{pmatrix} a_{11}b_{11}+a_{12}b_{21} & a_{11}b_{12}+a_{12}b_{22} \\ a_{21}b_{11}+a_{22}b_{21} & a_{21}b_{12}+a_{22}b_{22} \end{pmatrix} \tag{3.6}$$

두 행렬의 곱은 순서가 바뀌면 다른 행렬이 되므로 교환법칙이 성립하지 않음에 주의해야 한다.($\boldsymbol{AB} \neq \boldsymbol{BA}$)

예제 3.6 다음의 행렬의 곱을 구하라.

(1) $(5 \quad 6 \quad 7)\begin{pmatrix} 2 \\ 3 \\ 4 \end{pmatrix}$ (2) $\begin{pmatrix} 2 \\ 3 \\ 4 \end{pmatrix}(5 \quad 6 \quad 7)$ (3) $\begin{pmatrix} 4 & 3 \\ 2 & 1 \end{pmatrix}\begin{pmatrix} 5 & 6 \\ 7 & 8 \end{pmatrix}$

풀이

(1) $(5 \quad 6 \quad 7)\begin{pmatrix} 2 \\ 3 \\ 4 \end{pmatrix}=(5\times2+6\times3+7\times4)=(56)$

(2) $\begin{pmatrix} 2 \\ 3 \\ 4 \end{pmatrix}(5 \quad 6 \quad 7)=\begin{pmatrix} 2\times5 & 2\times6 & 2\times7 \\ 3\times5 & 3\times6 & 3\times7 \\ 4\times5 & 4\times6 & 4\times7 \end{pmatrix}=\begin{pmatrix} 10 & 12 & 14 \\ 15 & 18 & 21 \\ 20 & 24 & 28 \end{pmatrix}$

(3) $\begin{pmatrix} 4 & 3 \\ 2 & 1 \end{pmatrix}\begin{pmatrix} 5 & 6 \\ 7 & 8 \end{pmatrix}=\begin{pmatrix} 4\times5+3\times7 & 4\times6+3\times8 \\ 2\times5+1\times7 & 2\times6+1\times8 \end{pmatrix}=\begin{pmatrix} 41 & 48 \\ 17 & 20 \end{pmatrix}$

(1)의 결과는 행렬이지만 일반적으로 상수라고 한다. 또 (1)과 (2)의 결과로부터 두 행렬의 곱은 교환법칙이 성립하지 않음을 확인할 수 있다.

3.2 행렬식

행렬식(determinant)은 회로망 이론, 제어공학, 통신공학 등의 일반적 증명이나 해석, 특히 연립 1차방정식의 해법에 매우 유용하게 사용되는 수단이다.

따라서 이 절에서 행렬식의 정의, 일반적 성질, 계산 방법과 공학계에 적용하는 응용 방법 등에 대하여 알아본다.

3.2.1 행렬식의 정의

행렬식은 반드시 행과 열의 수가 같은 정사각행렬에서 정의되고, $n \times n$ 행렬인 n차 정사각행렬을 **n차 행렬식**이라 한다. 행렬식(determinant)은 행렬(matrix)과 구분하기 위하여 원소의 집합 양쪽에 두 개의 수직선 "| |"의 기호로 표시한다.

$$\begin{vmatrix} a_{11} & a_{12} \\ a_{21} & a_{22} \end{vmatrix} \qquad \begin{vmatrix} a_{11} & a_{12} & a_{13} \\ a_{21} & a_{22} & a_{23} \\ a_{31} & a_{32} & a_{33} \end{vmatrix}$$

〔2차 행렬식〕 〔3차 행렬식〕

행렬식은 2차 행렬 $\boldsymbol{A}$일 때, 치환(permutation, 순열)을 이용하여 도출된 2차 행렬식의 정의는 다음과 같다.

2차 행렬 : $\boldsymbol{A} = \begin{pmatrix} a_{11} & a_{12} \\ a_{21} & a_{22} \end{pmatrix}$

행렬식의 정의 : $\det(\boldsymbol{A}) = |\boldsymbol{A}| = \begin{vmatrix} a_{11} & a_{12} \\ a_{21} & a_{22} \end{vmatrix} = a_{11}a_{22} - a_{12}a_{21}$ (3.7)

여기서 행렬식은 행렬 $\boldsymbol{A}$의 함수로 생각할 수 있으며, 행렬 $\boldsymbol{A}$의 행렬식은 일반적으로 $\det(\boldsymbol{A})$, $|\boldsymbol{A}|$ 등의 기호로 나타낸다.

3.2.2 행렬식의 성질

행렬식의 기본적 성질과 행렬식 간의 관계를 나타내는 행렬의 일반적 성질에 관하여 정리해 본다.

【행렬식의 성질】

【1】 행렬 $\boldsymbol{A}$와 전치행렬 $\boldsymbol{A}^T$의 행렬식의 값은 같다.

예 $\det(\boldsymbol{A}) = \begin{vmatrix} 1 & 2 \\ 3 & 4 \end{vmatrix} = -2, \quad \det(\boldsymbol{A}^T) = \begin{vmatrix} 1 & 3 \\ 2 & 4 \end{vmatrix} = -2$

$$\therefore \quad \det(\boldsymbol{A}) = \det(\boldsymbol{A}^T) \tag{3.8}$$

【2】 행렬 $\boldsymbol{A}$의 두 행(열)이 일치하거나 비례하면 행렬식의 값은 0이다.

예 $\det(\boldsymbol{A}) = \begin{vmatrix} 2 & 3 & 4 \\ 2 & 3 & 4 \\ 1 & 2 & 3 \end{vmatrix} = 0, \quad \det(\boldsymbol{A}) = \begin{vmatrix} 1 & 2 & 2 \\ 2 & 4 & 5 \\ 3 & 6 & 4 \end{vmatrix} = 2\begin{vmatrix} 1 & 1 & 2 \\ 2 & 2 & 5 \\ 3 & 3 & 4 \end{vmatrix} = 0$

【3】 행렬 $\boldsymbol{A}$의 한 행(열)의 모든 원소가 0이면 행렬식의 값은 0이다.

$$\det(\boldsymbol{A}) = \begin{vmatrix} 1 & 0 & 2 \\ 2 & 0 & 3 \\ 3 & 0 & 4 \end{vmatrix} = 0 \tag{3.9}$$

【4】 n차 행렬인 대각행렬 및 삼각행렬의 행렬식의 값은 주대각 원소의 곱과 같다.

예 $\det(\boldsymbol{A}) = \begin{vmatrix} 1 & 0 & 0 \\ 0 & 2 & 0 \\ 0 & 0 & 3 \end{vmatrix} = 6, \quad \det(\boldsymbol{A}) = \begin{vmatrix} 1 & 2 & 3 \\ 0 & 2 & 4 \\ 0 & 0 & 3 \end{vmatrix} = 6$

$$\therefore \quad \det(\boldsymbol{A}) = a_{11}a_{22}a_{33} \cdots\cdots a_{nn} \tag{3.10}$$

【5】 행렬식의 한 행(열)에 k배 한 것은 행렬식의 값에 k배 한 것과 같다.

$$\det(\boldsymbol{A}) = \begin{vmatrix} a_{11} & a_{12} \\ a_{21} & a_{22} \end{vmatrix}, \quad \det(\boldsymbol{B}) = \begin{vmatrix} ka_{11} & ka_{12} \\ a_{21} & a_{22} \end{vmatrix}$$

$$\det(\boldsymbol{B}) = ka_{11}a_{22} - ka_{12}a_{21} = k(a_{11}a_{22} - a_{12}a_{21}) = k\det(\boldsymbol{A}) \tag{3.11}$$

예

$$\det(\boldsymbol{A}) = \begin{vmatrix} 1 & 2 \\ 3 & 4 \end{vmatrix} = -2$$

$$\det(\boldsymbol{B}) = \begin{vmatrix} 1 \cdot 5 & 2 \cdot 5 \\ 3 & 4 \end{vmatrix} = \begin{vmatrix} 5 & 10 \\ 3 & 4 \end{vmatrix} = -10 \left(= 5\det(\boldsymbol{A}) = 5\begin{vmatrix} 1 & 2 \\ 3 & 4 \end{vmatrix} \right)$$

$$\therefore \quad \det(\boldsymbol{B}) = 5\det(\boldsymbol{A}) \tag{3.12}$$

【6】 행렬식의 두 행(열)을 서로 바꾸는 것은 행렬식의 값에 -1을 곱하는 것과 같다.

$$\det(\boldsymbol{A}) = \begin{vmatrix} a_{11} & a_{12} \\ a_{21} & a_{22} \end{vmatrix}, \quad \det(\boldsymbol{B}) = \begin{vmatrix} a_{21} & a_{22} \\ a_{11} & a_{12} \end{vmatrix}$$

$$\det(\boldsymbol{B}) = a_{21}a_{12} - a_{22}a_{11} = -(a_{11}a_{22} - a_{12}a_{21}) = -\det(\boldsymbol{A}) \tag{3.13}$$

예

$$\det(\boldsymbol{A}) = \begin{vmatrix} 3 & 0 & 2 \\ -2 & 3 & 0 \\ 1 & 2 & 3 \end{vmatrix} = 13, \quad \det(\boldsymbol{B}) = \begin{vmatrix} 1 & 2 & 3 \\ -2 & 3 & 0 \\ 3 & 0 & 2 \end{vmatrix} = -13$$

$$\therefore \quad \det(\boldsymbol{B}) = -\det(\boldsymbol{A}) \tag{3.14}$$

【7】 행렬식의 한 행(열)의 상수배(k)를 다른 행에 더해도 행렬식 값은 변하지 않는다.

$$\det(\boldsymbol{A}) = \begin{vmatrix} a_{11} & a_{12} \\ a_{21} & a_{22} \end{vmatrix}, \quad \det(\boldsymbol{B}) = \begin{vmatrix} a_{11} & a_{12} \\ a_{21} + ka_{11} & a_{22} + ka_{12} \end{vmatrix}$$

$$\begin{aligned} \det(\boldsymbol{B}) &= a_{11}(a_{22} + ka_{12}) - a_{12}(a_{21} + ka_{11}) \\ &= a_{11}a_{22} + ka_{11}a_{12} - a_{12}a_{21} - ka_{12}a_{11} = \det(\boldsymbol{A}) \end{aligned} \tag{3.15}$$

예

$$\det(\boldsymbol{A}) = \begin{vmatrix} 1 & 2 & 2 \\ 0 & 1 & 0 \\ -3 & 2 & 3 \end{vmatrix} = 9 \quad \Longrightarrow \quad \det(\boldsymbol{B}) = \begin{vmatrix} 1 & 2 & 2 \\ 0 & 1 & 0 \\ 0 & 8 & 9 \end{vmatrix} = 9$$

(제 1 행 × 3 + 제 3 행)
(0 8 9)

$$\therefore \quad \det(\boldsymbol{B}) = \det(\boldsymbol{A}) \tag{3.16}$$

3.2.3 행렬식의 전개

행렬식의 전개는 대각선 규칙에 의한 사러스 방법, 여인수 전개법(라플라스 전개법), 행렬식의 성질을 이용한 기본 행연산 등이 있고, 행렬식의 차수에 적용되는 계산 방법은 다음과 같다.

(1) 사러스 방법 : 2, 3차 행렬식 적용

(2) 여인수 전개법(라플라스 전개법) : 3차 이상 고차 행렬식 적용

(3) 기본 행연산 : 3차 이상 고차 행렬식 적용

물리계의 해석에서 2, 3차 행렬식은 **사러스 방법**, 4차 이상의 고차 행렬식은 **여인수 전개법**의 정형화된 방법을 이용하는 것이 일반적이다.

행렬식을 단순화시키는 방법의 기본 행연산법도 알아두면 위의 두 방법과 조화롭게 사용하여 간단히 풀 수 있다.

(1) 사러스의 방법

그림 3.3과 같이 2차 또는 3차 행렬식은 회전 방향으로 곱하여 시계 방향의 곱에는 (+), 반시계 방향의 곱에는 (−)를 붙여 계산하는 대각선 규칙에 의한 행렬식의 전개 방법을 **사러스**(Sarrus)의 **방법**이라 한다.

그림 3.3의 사러스의 방법에 의한 2차 및 3차 행렬식의 전개 결과는 다음과 같이 나타낼 수 있다.

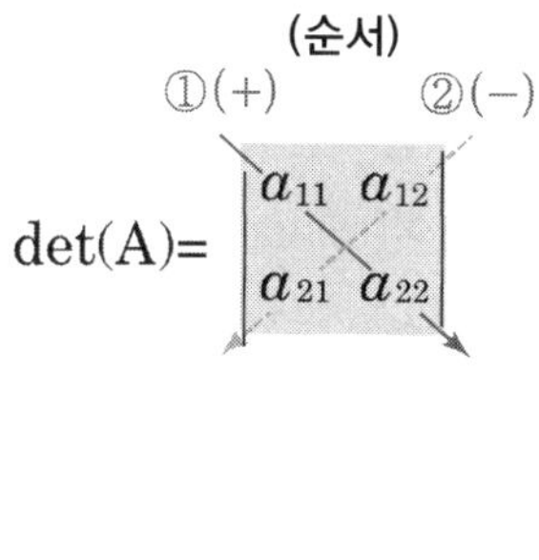

(a) 2차 행렬식

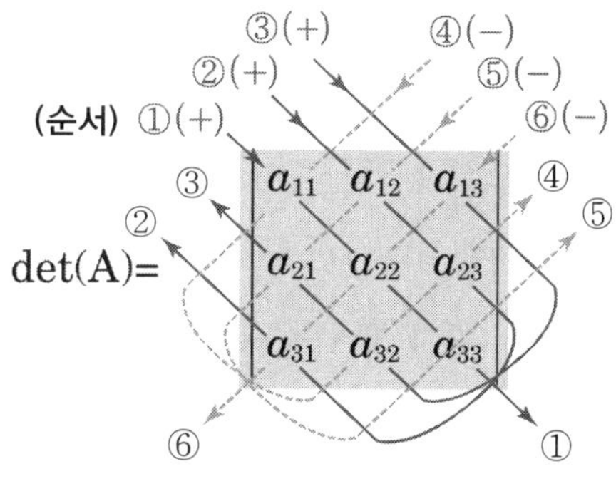

(b) 3차 행렬식

그림 3.3 행렬식의 전개법(사러스 방법)

$$\det(\boldsymbol{A}) = \begin{vmatrix} a_{11} & a_{12} \\ a_{21} & a_{22} \end{vmatrix} = a_{11}a_{22} - a_{12}a_{21} \tag{3.17}$$

$$\det(\boldsymbol{A}) = \begin{vmatrix} a_{11} & a_{12} & a_{13} \\ a_{21} & a_{22} & a_{23} \\ a_{31} & a_{32} & a_{33} \end{vmatrix} = a_{11}a_{22}a_{33} + a_{12}a_{23}a_{31} + a_{13}a_{32}a_{21} - a_{11}a_{32}a_{23} - a_{12}a_{21}a_{33} - a_{13}a_{22}a_{31} \tag{3.18}$$

예제 3.7 다음의 주어진 2차와 3차 행렬식을 사러스 방법에 의해 값을 구하라.

(1) $\det(\boldsymbol{A}) = \begin{vmatrix} 4 & 3 \\ 1 & 2 \end{vmatrix}$ (2) $\det(\boldsymbol{A}) = \begin{vmatrix} 3 & -2 & 1 \\ 5 & 6 & 2 \\ 1 & 0 & -3 \end{vmatrix}$

풀이

(1) $\det(\boldsymbol{A}) = \begin{vmatrix} 4 & 3 \\ 1 & 2 \end{vmatrix} = 4 \cdot 2 - 3 \cdot 1 = 5$

(2) $\det(\boldsymbol{A}) = \begin{vmatrix} 3 & -2 & 1 \\ 5 & 6 & 2 \\ 1 & 0 & -3 \end{vmatrix} = 3 \cdot 6 \cdot (-3) + (-2) \cdot 2 \cdot 1 + 1 \cdot 0 \cdot 5$
$\quad - 1 \cdot 6 \cdot 1 - (-2) \cdot 5 \cdot (-3) - 3 \cdot 0 \cdot 2$

$= -54 - 4 + 0 - 6 - 30 = -94$

(2) 여인수 전개법(라플라스 전개법)

사러스 방법에 의한 행렬식의 전개는 2, 3차 행렬식에서만 할 수 있고 4차 이상의 고차 행렬식에는 적용할 수 없다. 3차 이상의 n차 행렬식은 **여인수(여인자, cofactor)에 의한 전개법**으로 구하며, 이의 방법에 필요한 정의부터 알아본다.

행렬식에서 i번째 행과 j번째 열의 원소 a_{ij}의 **소행렬식**(minor determinant), M_{ij}는 i번째 행과 j번째 열의 원소 a_{ij}를 제외한 나머지의 원소로 이루어진 행렬식이다.

또 원소 a_{ij}의 **여인수** A_{ij}는 소행렬식 M_{ij}로부터 다음과 같이 정의한다.

$$A_{ij} = (-1)^{i+j} \cdot M_{ij} \tag{3.19}$$

즉, 여인수는 소행렬식에 부호 $(-1)^{i+j}$를 곱한 것으로써 해당하는 원소의 행과 열 번호의 합인 $(i+j)$가 짝수이면 (+), 홀수이면 (−)의 부호를 붙인다.

위의 정의로부터 다음의 식 (3.20)의 3차 행렬식에서 소행렬식 M_{ij}과 여인수 A_{ij}를 각각 구해본다.

$$\det(\boldsymbol{A}) = |\boldsymbol{A}| = \begin{vmatrix} a_{11} & a_{12} & a_{13} \\ a_{21} & a_{22} & a_{23} \\ a_{31} & a_{32} & a_{33} \end{vmatrix} \tag{3.20}$$

원소 a_{ij}의 소행렬식 $M_{ij}(M_{11},\ M_{12},\ M_{13},\ \cdots\cdots)$은 각각

$$\begin{cases} M_{11}=\begin{vmatrix} a_{22} & a_{23} \\ a_{32} & a_{33} \end{vmatrix}=a_{22}a_{33}-a_{23}a_{32} \\ M_{12}=\begin{vmatrix} a_{21} & a_{23} \\ a_{31} & a_{33} \end{vmatrix}=a_{21}a_{33}-a_{23}a_{31} \\ M_{13}=\begin{vmatrix} a_{21} & a_{22} \\ a_{31} & a_{32} \end{vmatrix}=a_{21}a_{32}-a_{22}a_{31},\ M_{21},\ M_{22}\cdots\cdots \end{cases} \tag{3.21}$$

이고, 여인수 $A_{ij}(A_{11},\ A_{12},\ A_{13},\cdots\cdots)$는 각각 다음과 같이 얻어진다.

$$\begin{cases} A_{11}=(-1)^{1+1}M_{11}=+(a_{22}a_{33}-a_{23}a_{32}) \\ A_{12}=(-1)^{1+2}M_{12}=-(a_{21}a_{33}-a_{23}a_{31}) \\ A_{13}=(-1)^{1+3}M_{13}=+(a_{21}a_{32}-a_{22}a_{31}),\ A_{21},\ A_{22},\ \cdots\cdots \end{cases} \tag{3.22}$$

여인수의 전개에 의한 행렬식의 해법은 **임의의 한 행(열)에서 각 원소** a_{ij}**와 그 여인수** A_{ij} **의 곱**으로 전개하여 구한다.

$$\det(\boldsymbol{A})=\begin{cases} a_{11}A_{11}+a_{12}A_{12}+\cdots\cdots+a_{1n}A_{1n} & \textbf{(제 1 행에 관한 전개)} \\ a_{11}A_{11}+a_{21}A_{21}+\cdots\cdots+a_{n1}A_{n1} & \textbf{(제 1 열에 관한 전개)} \end{cases} \tag{3.23}$$

여인수는 제 1 행(제 1 열)을 일반적으로 선택하지만, 행렬식의 기본 성질에 의해 0의 원소를 많이 포함한 한 행(열)을 선택하면 계산의 소요시간이 짧아지면서 간편해진다. 이와 같은 여인수의 전개법을 **라플라스 전개법**(Laplace method)이라고도 한다.

식 (3.20)의 3차 행렬식에서 식 (3.23)을 적용하여 여인수 전개에 의한 해를 구하면

$$\begin{aligned} \det(\boldsymbol{A}) &= a_{11}A_{11}+a_{12}A_{12}+a_{13}A_{13} \\ &= a_{11}(-1)^{1+1}M_{11}+a_{12}(-1)^{1+2}M_{12}+a_{13}(-1)^{1+3}M_{13} \\ &= a_{11}M_{11}-a_{12}M_{12}+a_{13}M_{13} \\ &= a_{11}\begin{vmatrix} a_{22} & a_{23} \\ a_{32} & a_{33} \end{vmatrix}-a_{12}\begin{vmatrix} a_{21} & a_{23} \\ a_{31} & a_{33} \end{vmatrix}+a_{13}\begin{vmatrix} a_{21} & a_{22} \\ a_{31} & a_{32} \end{vmatrix} \end{aligned} \tag{3.24}$$

$$\therefore \ \det(\boldsymbol{A}) = a_{11}(a_{22}a_{33} - a_{23}a_{32}) - a_{12}(a_{21}a_{33} - a_{23}a_{31}) + a_{13}(a_{21}a_{32} - a_{22}a_{31})$$

이 되고, 식 (3.18)의 사러스 방법으로 구한 값과 일치하고 있다.

예제 3.8 (1) 행렬 $\boldsymbol{A}$에서 제 1행과 제 3행에 관한 소행렬식 M_{ij} 와 여인수 A_{ij} 를 각각 구하라.

(2) $\det(\boldsymbol{A})$를 여인수 전개법(라플라스 전개법)에 의한 값도 구하라.

$$\boldsymbol{A} = \begin{pmatrix} 3 & -2 & 1 \\ 5 & 6 & 2 \\ 1 & 0 & -3 \end{pmatrix}$$

풀이

(1) 제 1, 3 행의 소행렬식 M_{ij}와 여인수 A_{ij}

원소 a_{ij}	소행렬식 M_{ij}	여인수 A_{ij}
a_{11}	$M_{11} = \begin{vmatrix} 6 & 2 \\ 0 & -3 \end{vmatrix} = (-18) - 0 = -18$	$A_{11} = (-1)^{1+1}M_{11} = -18$
a_{12}	$M_{12} = \begin{vmatrix} 5 & 2 \\ 1 & -3 \end{vmatrix} = (-15) - 2 = -17$	$A_{12} = (-1)^{1+2}M_{12} = 17$
a_{13}	$M_{13} = \begin{vmatrix} 5 & 6 \\ 1 & 0 \end{vmatrix} = 0 - 6 = -6$	$A_{13} = (-1)^{1+3}M_{13} = -6$
a_{31}	$M_{31} = \begin{vmatrix} -2 & 1 \\ 6 & 2 \end{vmatrix} = (-4) - 6 = -10$	$A_{31} = (-1)^{3+1}M_{31} = -10$
a_{32}	$M_{32} = \begin{vmatrix} 3 & 1 \\ 5 & 2 \end{vmatrix} = 6 - 5 = 1$	$A_{32} = (-1)^{3+2}M_{32} = -1$
a_{33}	$M_{33} = \begin{vmatrix} 3 & -2 \\ 5 & 6 \end{vmatrix} = 18 - (-10) = 28$	$A_{33} = (-1)^{3+3}M_{33} = 28$

(2) 제 1 행에 관한 전개

$$\det(\boldsymbol{A}) = a_{11}A_{11} + a_{12}A_{12} + a_{13}A_{13}$$

$$= 3 \cdot (-18) + (-2) \cdot 17 + 1 \cdot (-6) = -94$$

제 3 행에 관한 전개

$$\det(\boldsymbol{A}) = a_{31}A_{31} + a_{32}A_{32} + a_{33}A_{33}$$

$$= 1 \cdot (-10) + 0 \cdot (-1) + (-3) \cdot (28) = -94$$

임의의 한 행(또는 열)을 선택해도 결과는 같음을 확인할 수 있다. 따라서 0의 원소가 포함된 제 3 행을 선정하여 계산하는 것이 편리하다.

예제 3.9 다음의 3차 행렬식을 사라스의 방법과 여인수 전개법(라플라스 전개법)에 의한 값을 구하라.

$$\det(\boldsymbol{A}) = |\boldsymbol{A}| = \begin{vmatrix} 1 & 2 & 3 \\ -1 & 2 & 3 \\ -1 & -1 & 2 \end{vmatrix}$$

풀이

(1) 사라스의 방법

$$\det(\boldsymbol{A}) = 4 + (-6) + 3 - (-6) - (-4) - (-3) = 14$$

(2) 여인수의 전개에 의한 방법(제 1 열에 관한 전개)

$$\det(\boldsymbol{A}) = 1\begin{vmatrix} 2 & 3 \\ -1 & 2 \end{vmatrix} - (-1)\begin{vmatrix} 2 & 3 \\ -1 & 2 \end{vmatrix} + (-1)\begin{vmatrix} 2 & 3 \\ 2 & 3 \end{vmatrix}$$

$$= (4+3) + (4+3) - (6-6) = 14$$

두 방법에 의한 결과는 같고, 3차 행렬식의 값은 여인수에 의한 방법보다 사라스에 의한 방법으로 구하는 것이 편리하다.

예제 3.10 다음의 4차 행렬식의 값을 구하라.

$$\det(\boldsymbol{A}) = |\boldsymbol{A}| = \begin{vmatrix} -1 & 0 & 1 & 3 \\ 2 & 1 & -1 & 1 \\ 0 & 0 & 3 & 3 \\ 1 & 0 & 8 & 0 \end{vmatrix}$$

풀이

4차 행렬식이므로 라플라스 전개법으로 구한다. 또 제 2 열에 관한 전개가 제 1 행에 관한 전개보다 0 의 원소 수가 많기 때문에 편리하다. 즉, 제 2 열에 관하여 전개하면

$$\det(\boldsymbol{A}) = \begin{vmatrix} -1 & 0 & 1 & 3 \\ 2 & 1 & -1 & 1 \\ 0 & 0 & 3 & 3 \\ 1 & 0 & 8 & 0 \end{vmatrix} = 0 \cdot A_{12} + 1 \cdot A_{22} + 0 \cdot A_{32} + 0 \cdot A_{42}$$

$$= \begin{vmatrix} -1 & 1 & 3 \\ 0 & 3 & 3 \\ 1 & 8 & 0 \end{vmatrix} = (-1)(-1)^{1+1}\begin{vmatrix} 3 & 3 \\ 8 & 0 \end{vmatrix} + 1(-1)^{3+1}\begin{vmatrix} 1 & 3 \\ 3 & 3 \end{vmatrix}$$

$$= -(-24) + (-6) = 18$$

(3) 기본 행연산

기본 행연산(elementary row operation)은 제 3.2.2 절 행렬식의 성질을 이용하여 주어진 행렬식 자체를 단순화 또는 축소화 과정을 거쳐 최종적으로 삼각행렬 또는 한 행(열)이 한 원소를 제외한 나머지 원소들을 0으로 변형해서 간단히 구하는 방법이다.

이 기본 행연산을 위한 행렬식의 기본적 성질과 행렬식 간의 관계를 나타내는 일반적 성질에 관하여 정리해 본다.

제 3.2.2 절 행렬식의 성질을 이용하여 계산하는 기본 행연산의 이해를 돕기 위하여 다음에 주어진 행렬식에 대하여 풀이 과정을 하나씩 살펴보기로 한다.

다음의 주어진 행렬식에서 기본적인 착상은 행렬식의 성질들을 이용하여 삼각행렬의 행렬식으로 변형시키는 것이다.

예

$$\det(\boldsymbol{A}) = |\boldsymbol{A}| = \begin{vmatrix} 0 & 1 & 4 \\ 4 & -2 & 6 \\ 2 & 5 & 6 \end{vmatrix}$$

〔기본 행연산의 풀이과정〕

det(**A**)	기본 행연산	전개 순서	행렬식 성질
$\begin{vmatrix} 0 & 1 & 4 \\ 4 & -2 & 6 \\ 2 & 5 & 6 \end{vmatrix}$	$-\begin{vmatrix} 4 & -2 & 6 \\ 0 & 1 & 4 \\ 2 & 5 & 6 \end{vmatrix}$	① 제1, 2행 교환(−)	【6】
	$-2\begin{vmatrix} 2 & -1 & 3 \\ 0 & 1 & 4 \\ 2 & 5 & 6 \end{vmatrix}$	② 제1행에서 배수 2를 행렬식 밖으로 인출	【5】
	$-2\begin{vmatrix} 2 & -1 & 3 \\ 0 & 1 & 4 \\ 0 & 6 & 3 \end{vmatrix}$	③ 제1행×(−1)+제3행	【7】
	$-6\begin{vmatrix} 2 & -1 & 3 \\ 0 & 1 & 4 \\ 0 & 2 & 1 \end{vmatrix}$	④ 제3행에서 배수 3를 행렬식 밖으로 인출	【5】
	$-6\begin{vmatrix} 2 & -1 & 3 \\ 0 & 1 & 4 \\ 0 & 0 & -7 \end{vmatrix}$	⑤ 제2행×(−2)+제3행	【7】
		⑥ 삼각행렬 (주대각 원소의 곱)	【4】
$\therefore\ \det(\boldsymbol{A}) = (-6)\cdot\{2\cdot 1\cdot(-7)\} = 6\times 14 = 84$			

예제 3.11 다음의 3차 행렬식을 기본 행연산을 이용하여 구하라.

$$\det(\boldsymbol{A}) = |\boldsymbol{A}| = \begin{vmatrix} 1 & 2 & 3 \\ 2 & 4 & 1 \\ -3 & 6 & 4 \end{vmatrix}$$

풀이

$$\det(\boldsymbol{A}) = \begin{vmatrix} 1 & 2 & 3 \\ 2 & 4 & 1 \\ -3 & 6 & 4 \end{vmatrix} = 2\begin{vmatrix} 1 & 1 & 3 \\ 2 & 2 & 1 \\ -3 & 3 & 4 \end{vmatrix}$$ (제2열의 배수 2를 행렬식 밖으로)

(제1행×(−2)+제2행)

$$= 2\begin{vmatrix} 1 & 1 & 3 \\ 0 & 0 & -5 \\ -3 & 3 & 4 \end{vmatrix}$$

(제1행×3+제3행)

$$= 2\begin{vmatrix} 1 & 1 & 3 \\ 0 & 0 & -5 \\ 0 & 6 & 13 \end{vmatrix}$$

(제2, 3행 교환)

$$= -2\begin{vmatrix} 1 & 1 & 3 \\ 0 & 6 & 13 \\ 0 & 0 & -5 \end{vmatrix}$$ (삼각행렬 : 주대각 원소의 곱)

$\therefore\ \det(\boldsymbol{A}) = (-2)\cdot(-30) = 60$

예제 3.12 다음의 4차 행렬식을 기본 행연산을 이용하여 구하라.

$$\det(\boldsymbol{A}) = |\boldsymbol{A}| = \begin{vmatrix} 1 & 3 & 2 & -1 \\ 2 & -1 & 3 & 1 \\ -1 & 2 & 1 & 1 \\ -2 & -5 & 2 & 3 \end{vmatrix}$$

풀이

$$\det(\boldsymbol{A}) = \begin{vmatrix} 1 & 3 & 2 & -1 \\ 2 & -1 & 3 & 1 \\ -1 & 2 & 1 & 1 \\ -2 & -5 & 2 & 3 \end{vmatrix} = \begin{vmatrix} 1 & 3 & 2 & -1 \\ 0 & -7 & -1 & 3 \\ -1 & 2 & 1 & 1 \\ -2 & -5 & 2 & 3 \end{vmatrix} \quad \begin{array}{l} (\text{제1행}\times(-2)+\text{제2행}) \\ (\text{제1행}\times 1 + \text{제3행}) \\ (\text{제1행}\times 2 + \text{제4행}) \end{array}$$

$$= \begin{vmatrix} 1 & 3 & 2 & -1 \\ 0 & -7 & -1 & 3 \\ 0 & 5 & 3 & 0 \\ 0 & 1 & 6 & 1 \end{vmatrix} = 1 \begin{vmatrix} -7 & -1 & 3 \\ 5 & 3 & 0 \\ 1 & 6 & 1 \end{vmatrix} \quad \begin{array}{l} (\text{여인수 전개법}) \\ (\text{제3행}\times(-3)+\text{제1행}) \end{array}$$

$$= \begin{vmatrix} -10 & -19 & 0 \\ 5 & 3 & 0 \\ 1 & 6 & 1 \end{vmatrix} = \begin{vmatrix} -10 & -19 \\ 5 & 3 \end{vmatrix} \quad (\text{여인수 전개법})$$

$$\therefore \ \det(\boldsymbol{A}) = -30 - (-95) = 65$$

3.3 연립방정식의 해법

행렬의 이론은 원래 연립방정식의 해를 구하는 것으로부터 출발하였다. 1차 방정식에만 한정되는 행렬을 이용한 연립방정식의 해석은 가우스 소거법과 크라머의 공식이 있다. 그러나 이 절에서는 정형화되어 있고 회로망 해석에 자주 이용되는 크라머의 공식에 대하여 언급하기로 한다.

연립방정식의 해법을 하기 전에 먼저 연립방정식으로부터 행렬과 행렬식으로 변환하는 과정을 배우고 나서 하기로 한다.

방정식은 미지수의 수와 방정식의 차수가 각각 m, n일 때 m원 n차 방정식이라 한다. 두 개의 미지수 x_1, x_2를 갖는 2원 1차 연립방정식

$$\begin{cases} a_{11}x_1 + a_{12}x_2 = b_1 & (1) \\ a_{21}x_1 + a_{22}x_2 = b_2 & (2) \end{cases} \qquad (3.25)$$

일 때, 행렬의 상등과 곱의 정의로부터 다음과 같이 행렬로 나타낼 수 있다.

$$\begin{pmatrix} a_{11}x_1 + a_{12}x_2 \\ a_{21}x_1 + a_{22}x_2 \end{pmatrix} = \begin{pmatrix} b_1 \\ b_2 \end{pmatrix} \implies \begin{pmatrix} a_{11} & a_{12} \\ a_{21} & a_{22} \end{pmatrix}\begin{pmatrix} x_1 \\ x_2 \end{pmatrix} = \begin{pmatrix} b_1 \\ b_2 \end{pmatrix} \tag{3.26}$$

즉, 미지수가 2개를 갖는 2원 1차 연립방정식은 2차 행렬이 되고, 이것으로부터 미지수가 3개를 갖는 3원 1차 연립방정식은 3차 행렬이 됨을 알 수 있다.

식 (3.26)에서 계수행렬을 $\boldsymbol{A}$라 하고, $\boldsymbol{X}$와 $\boldsymbol{B}$를 각각

$$\boldsymbol{A} = \begin{pmatrix} a_{11} & a_{12} \\ a_{21} & a_{22} \end{pmatrix}, \ \boldsymbol{X} = \begin{pmatrix} x_1 \\ x_2 \end{pmatrix}, \ \boldsymbol{B} = \begin{pmatrix} b_1 \\ b_2 \end{pmatrix} \tag{3.27}$$

로 하면, 이 연립방정식은 $\boldsymbol{AX} = \boldsymbol{B}$의 행렬로 나타낼 수 있다.

또 식 (3.25)의 연립방정식의 해를 구한 다음에 행렬식으로 표현하면 다음과 같다.

$$\begin{cases} (a_{11}a_{22} - a_{12}a_{21})x_1 = b_1a_{22} - a_{12}b_2 \ : \ (1) \times a_{22} - (2) \times a_{12} \\ (a_{11}a_{22} - a_{12}a_{21})x_2 = a_{12}b_2 - b_1a_{21} \ : \ (2) \times a_{11} - (1) \times a_{21} \end{cases} \tag{3.28}$$

$$\therefore \quad x_1 = \frac{b_1a_{22} - a_{12}b_2}{a_{11}a_{22} - a_{12}a_{21}} = \frac{\begin{vmatrix} b_1 & a_{12} \\ b_2 & a_{22} \end{vmatrix}}{\begin{vmatrix} a_{11} & a_{12} \\ a_{21} & a_{22} \end{vmatrix}} = \frac{D_1}{D} \tag{3.29}$$

$$\therefore \quad x_2 = \frac{a_{12}b_2 - b_1a_{21}}{a_{11}a_{22} - a_{12}a_{21}} = \frac{\begin{vmatrix} a_{11} & b_1 \\ a_{21} & b_2 \end{vmatrix}}{\begin{vmatrix} a_{11} & a_{12} \\ a_{21} & a_{22} \end{vmatrix}} = \frac{D_2}{D} \tag{3.30}$$

여기서 연립방정식의 해를 만족하기 위한 조건은 $D \neq 0$이어야 하고, 행렬식 D, D_1과 D_2는 다음과 같이 정의된다.

D : 계수 행렬 $\boldsymbol{A}$의 행렬식 $[D = \det(\boldsymbol{A}) = |\boldsymbol{A}|]$

D_1 : 행렬 $\boldsymbol{A}$의 제 1 열을 열행렬 $\boldsymbol{B}$로 대치하여 만든 행렬의 행렬식

D_2 : 행렬 $\boldsymbol{A}$의 제 2 열을 열행렬 $\boldsymbol{B}$로 대치하여 만든 행렬의 행렬식

$$D = \begin{vmatrix} a_{11} & a_{12} \\ a_{21} & a_{22} \end{vmatrix}, \quad D_1 = \begin{vmatrix} b_1 & a_{12} \\ b_2 & a_{22} \end{vmatrix}, \quad D_2 = \begin{vmatrix} a_{11} & b_1 \\ a_{21} & b_2 \end{vmatrix} \tag{3.31}$$

이것을 **크라머의 공식**(Cramer's rule)이라 한다. 이 공식은 미지수가 3개 이상으로 확장된 1차 연립방정식의 경우에도 동일한 방법으로 적용된다.

☞ 크라머의 공식 (3원 1차 연립방정식)

(1) 3원 1차 연립방정식의 행렬식 표현

$$\begin{cases} a_{11}x_1 + a_{12}x_2 + a_{13}x_3 = b_1 \\ a_{21}x_1 + a_{22}x_2 + a_{23}x_3 = b_2 \\ a_{31}x_1 + a_{32}x_2 + a_{33}x_3 = b_3 \end{cases} \Rightarrow \begin{pmatrix} a_{11} & a_{12} & a_{13} \\ a_{21} & a_{22} & a_{23} \\ a_{31} & a_{32} & a_{33} \end{pmatrix}\begin{pmatrix} x_1 \\ x_2 \\ x_3 \end{pmatrix} = \begin{pmatrix} b_1 \\ b_2 \\ b_3 \end{pmatrix}$$

(2) 행렬식 D, D_1, D_2, D_3의 정의

$$D = \begin{vmatrix} a_{11} & a_{12} & a_{13} \\ a_{21} & a_{22} & a_{23} \\ a_{31} & a_{32} & a_{33} \end{vmatrix} \qquad \{\text{단, } D = \det(\boldsymbol{A}) = |\boldsymbol{A}| \neq 0\}$$

$$D_1 = \begin{vmatrix} b_1 & a_{12} & a_{13} \\ b_2 & a_{22} & a_{23} \\ b_3 & a_{32} & a_{33} \end{vmatrix}, \quad D_2 = \begin{vmatrix} a_{11} & b_1 & a_{13} \\ a_{21} & b_2 & a_{23} \\ a_{31} & b_3 & a_{33} \end{vmatrix}, \quad D_3 = \begin{vmatrix} a_{11} & a_{12} & b_1 \\ a_{21} & a_{22} & b_2 \\ a_{31} & a_{32} & b_3 \end{vmatrix}$$

(3) 미지수 x_1, x_2, x_3의 해

$$x_1 = \frac{D_1}{D}, \qquad x_2 = \frac{D_2}{D}, \qquad x_3 = \frac{D_3}{D}$$

예제 3.13 다음의 연립방정식을 크라머의 공식을 이용하여 구하라.

(1) $\begin{cases} 3x + y = 6 \\ 5x + 2y = 11 \end{cases}$

(2) $\begin{cases} x + y + z = 1 \\ x + 2y + 3z = 0 \\ x + 3y + 6z = 0 \end{cases}$

풀이

(1) $\begin{cases} 3x+y=6 \\ 5x+2y=11 \end{cases} \Rightarrow \begin{pmatrix} 3 & 1 \\ 5 & 2 \end{pmatrix}\begin{pmatrix} x \\ y \end{pmatrix}=\begin{pmatrix} 6 \\ 11 \end{pmatrix}$

$$\therefore \quad x=\frac{D_1}{D}=\frac{\begin{vmatrix} 6 & 1 \\ 11 & 2 \end{vmatrix}}{\begin{vmatrix} 3 & 1 \\ 5 & 2 \end{vmatrix}}=\frac{1}{1}=1, \quad y=\frac{D_2}{D}=\frac{\begin{vmatrix} 3 & 6 \\ 5 & 11 \end{vmatrix}}{\begin{vmatrix} 3 & 1 \\ 5 & 2 \end{vmatrix}}=\frac{3}{1}=3$$

(2) $\begin{cases} x+y+z=1 \\ x+2y+3z=0 \\ x+3y+6z=0 \end{cases} \Rightarrow \begin{pmatrix} 1 & 1 & 1 \\ 1 & 2 & 3 \\ 1 & 3 & 6 \end{pmatrix}\begin{pmatrix} x \\ y \\ z \end{pmatrix}=\begin{pmatrix} 1 \\ 0 \\ 0 \end{pmatrix}$

$$\therefore \quad x=\frac{D_1}{D}=\frac{\begin{vmatrix} 1 & 1 & 1 \\ 0 & 2 & 3 \\ 0 & 3 & 6 \end{vmatrix}}{\begin{vmatrix} 1 & 1 & 1 \\ 1 & 2 & 3 \\ 1 & 3 & 6 \end{vmatrix}}=\frac{3}{1}=3, \quad y=\frac{D_2}{D}=\frac{\begin{vmatrix} 1 & 1 & 1 \\ 1 & 0 & 3 \\ 1 & 0 & 6 \end{vmatrix}}{\begin{vmatrix} 1 & 1 & 1 \\ 1 & 2 & 3 \\ 1 & 3 & 6 \end{vmatrix}}=\frac{-3}{1}=-3$$

$$z=\frac{D_3}{D}=\frac{\begin{vmatrix} 1 & 1 & 1 \\ 1 & 2 & 0 \\ 1 & 3 & 0 \end{vmatrix}}{\begin{vmatrix} 1 & 1 & 1 \\ 1 & 2 & 3 \\ 1 & 3 & 6 \end{vmatrix}}=\frac{1}{1}=1$$

3.4 역행렬

3.4.1 역행렬의 정의

정사각행렬 $\boldsymbol{A}$에 대하여 단위행렬을 $\boldsymbol{I}$라 하면

$$\boldsymbol{AX}=\boldsymbol{XA}=\boldsymbol{I} \tag{3.32}$$

을 만족시키는 행렬 $\boldsymbol{X}$가 존재할 때, $\boldsymbol{X}$를 $\boldsymbol{A}$의 **역행렬**이라 하고, $\boldsymbol{A}^{-1}$로 표기한다. 이 때 $\boldsymbol{A}^{-1}$은 "**역행렬** A" 또는 "**인버스**(inverse) A"라고 읽는다. 즉,

$$\boldsymbol{AA}^{-1}=\boldsymbol{I} \tag{3.33}$$

3.4.2 역행렬 구하는 방법

행렬 $\boldsymbol{A}$의 역행렬을 $\boldsymbol{A}^{-1}$라 할 때, 역행렬은 다음의 식에 의하여 구한다.

$$\boldsymbol{A}^{-1} = \frac{1}{\det(\boldsymbol{A})}\,\mathrm{adj}\,(\boldsymbol{A}) \tag{3.34}$$

여기서 $\det(\boldsymbol{A}) = |\boldsymbol{A}|$는 행렬 $\boldsymbol{A}$의 행렬식이다. $\mathrm{adj}\,(\boldsymbol{A})$는 **수반행렬**(adjoint matrix)이라 한다.

수반행렬 $\mathrm{adj}\,(\boldsymbol{A})$는 행렬 $\boldsymbol{A}$의 전치행렬 $\boldsymbol{A}^T$로부터 구한 여인수를 원소로 하는 행렬이고, 이는 식 (3.19)로부터 구한

행렬 $\boldsymbol{A}$의 여인수 A_{ij} 집합의 행렬을 전치행렬로 바꾼 것과 마찬가지의 결과가 된다.

즉, 수반행렬은 다음과 같이 나타낼 수 있다.

$$\mathrm{adj}\,(\boldsymbol{A}) = \underbrace{\begin{pmatrix} A_{11} & A_{12} & A_{13} \\ A_{21} & A_{22} & A_{23} \\ A_{31} & A_{32} & A_{33} \end{pmatrix}^T}_{(a_{ij}\text{의 여인수})^T} = \underbrace{\begin{pmatrix} A_{11} & A_{21} & A_{31} \\ A_{12} & A_{22} & A_{32} \\ A_{13} & A_{23} & A_{33} \end{pmatrix}}_{(\text{수반행렬})} \tag{3.35}$$

예제 3.14 다음 2차 행렬의 역행렬을 구하라.

(1) $\boldsymbol{A} = \begin{pmatrix} a & b \\ c & d \end{pmatrix}$ (2) $\boldsymbol{A} = \begin{pmatrix} 2 & 3 \\ 1 & 4 \end{pmatrix}$

풀이

2차 행렬의 역행렬은 식 (3.34)와 식 (3.35)로부터 다음과 같다.

(1) $$\boldsymbol{A}^{-1} = \frac{1}{\det(\boldsymbol{A})}\begin{pmatrix} A_{11} & A_{21} \\ A_{12} & A_{22} \end{pmatrix} \left\{ \begin{aligned} &\det(\boldsymbol{A}) = ad - bc \neq 0 \\ &\mathrm{adj}\,(\boldsymbol{A}) = \begin{pmatrix} A_{11} & A_{21} \\ A_{12} & A_{22} \end{pmatrix} = \begin{pmatrix} d & -b \\ -c & a \end{pmatrix} \end{aligned} \right.$$

$$\therefore\ \boldsymbol{A}^{-1} = \frac{1}{ad-bc}\begin{pmatrix} d & -b \\ -c & a \end{pmatrix}$$

(2) $$\boldsymbol{A}^{-1} = \frac{1}{\det(\boldsymbol{A})}\begin{pmatrix} A_{11} & A_{21} \\ A_{12} & A_{22} \end{pmatrix} = \frac{1}{5}\begin{pmatrix} 4 & -3 \\ -1 & 2 \end{pmatrix} \qquad \therefore\ \boldsymbol{A}^{-1} = \begin{pmatrix} 0.8 & -0.6 \\ -0.2 & 0.4 \end{pmatrix}$$

예제 3.15 다음 3차 행렬의 역행렬을 구하라.

$$A=\begin{pmatrix}1&2&4\\4&1&1\\0&2&0\end{pmatrix}$$

풀이

3차 행렬의 역행렬은 식 (3.34)와 식 (3.35)로부터 다음과 같다.

$$A^{-1}=\frac{1}{\det(A)}\operatorname{adj}(A)=\frac{1}{\det(A)}\begin{pmatrix}A_{11}&A_{21}&A_{31}\\A_{12}&A_{22}&A_{32}\\A_{13}&A_{23}&A_{33}\end{pmatrix}$$

행렬 A의 행렬식 $\det(A)$와 수반행렬 $\operatorname{adj}(A)$를 구하여 위의 식에 대입한다.

$$\det(A)=\begin{vmatrix}1&2&4\\4&1&1\\0&2&0\end{vmatrix}=30$$

$$\operatorname{adj}(A)=\begin{pmatrix}\begin{vmatrix}1&1\\2&0\end{vmatrix}&-\begin{vmatrix}2&4\\2&0\end{vmatrix}&\begin{vmatrix}2&4\\1&1\end{vmatrix}\\-\begin{vmatrix}4&1\\0&0\end{vmatrix}&\begin{vmatrix}1&4\\0&0\end{vmatrix}&-\begin{vmatrix}1&4\\4&1\end{vmatrix}\\\begin{vmatrix}4&1\\0&2\end{vmatrix}&-\begin{vmatrix}1&2\\0&2\end{vmatrix}&\begin{vmatrix}1&2\\4&1\end{vmatrix}\end{pmatrix}=\begin{pmatrix}-2&8&-2\\0&0&15\\8&-2&-7\end{pmatrix}$$

$$\therefore\quad A^{-1}=\frac{1}{30}\begin{pmatrix}-2&8&-2\\0&0&15\\8&-2&-7\end{pmatrix}=\begin{pmatrix}-0.067&0.267&-0.067\\0&0&0.5\\0.267&-0.067&-0.233\end{pmatrix}$$

행렬 A와 역행렬 A^{-1}의 관계에서

$$AA^{-1}=\begin{pmatrix}1&2&4\\4&1&1\\0&2&0\end{pmatrix}\begin{pmatrix}-0.067&0.267&-0.067\\0&0&0.5\\0.267&-0.067&-0.233\end{pmatrix}$$

$$=\begin{pmatrix}1&0&0\\0&1&0\\0&0&1\end{pmatrix}=I\ (\text{단위행렬})$$

즉, 식 (3.33)과 같이 단위행렬 I가 된다.

3.5 행렬과 행렬식의 응용

3.5.1 행렬의 응용

회로망 해석 중에서 4단자망(입·출력단의 두 단자쌍)의 내부 회로 특성을 알기 위하여 입력단과 출력단의 전압, 전류의 상호 관계를 나타내는 임피던스, 어드미턴스 파라미터와 4단자 정수 등이 있다.

특히 신호 및 전력 전송과 같이 입·출력단의 전압, 전류의 관계를 동시에 나타내기 위해 입력단의 전압, 전류를 출력단의 전압, 전류로 표현하는 4단자 정수, 즉 전송파라미터가 있다. 이 4단자 정수와 행렬의 관계를 알아본다.

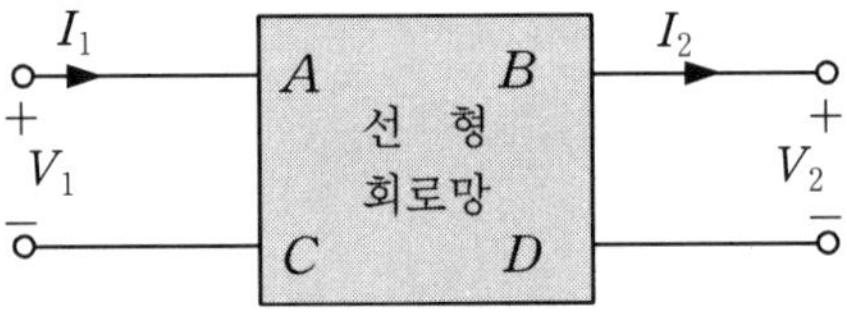

그림 3.4 4단자 정수

그림 3.4의 4단자 회로망에서 4개의 변수 중 출력단 V_2, I_2를 독립변수로 하고 입력단 V_1, I_1을 종속변수로 하여 전압, 전류 방정식을 나타내고, 이를 행렬로 표현하면

$$\begin{cases} V_1 = A V_2 + B I_2 \\ I_1 = C V_2 + D I_2 \end{cases} \qquad \begin{bmatrix} V_1 \\ I_1 \end{bmatrix} = \begin{bmatrix} A & B \\ C & D \end{bmatrix} \begin{bmatrix} V_2 \\ I_2 \end{bmatrix} \tag{3.36}$$

가 된다. 여기서 4단자 정수 A, B, C, D는 각각 다음과 같이

$$A = \left. \frac{V_1}{V_2} \right|_{I_2 = 0} \qquad B = \left. \frac{V_1}{I_2} \right|_{V_2 = 0}$$
$$C = \left. \frac{I_1}{V_2} \right|_{I_2 = 0} \qquad D = \left. \frac{I_1}{I_2} \right|_{V_2 = 0} \tag{3.37}$$

으로 정의한다. **그림** 3.5(a), (b)와 같이 두 종류의 간단한 4단자망인 직렬과 병렬의 단일 임피던스 회로에서 4단자 정수를 각각 구해본다.

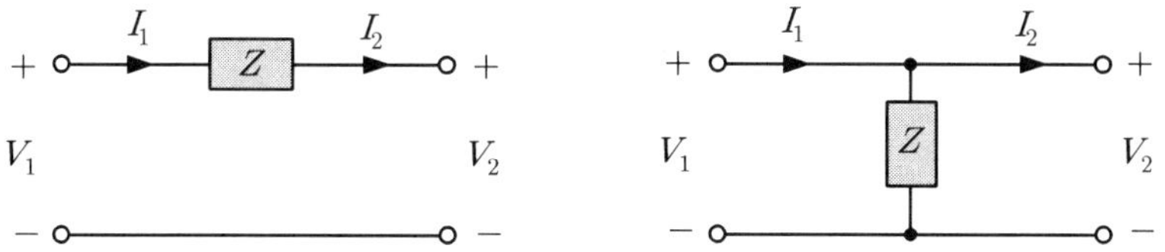

(a) 직렬회로 (b) 병렬회로

그림 3.5 단일 임피던스 회로의 4단자 정수

$$\text{(a) 직렬회로 : } \begin{cases} V_1 = V_2 + ZI_2 \\ I_1 = I_2 \end{cases} \qquad \begin{bmatrix} V_1 \\ I_1 \end{bmatrix} = \begin{bmatrix} 1 & Z \\ 0 & 1 \end{bmatrix} \begin{bmatrix} V_2 \\ I_2 \end{bmatrix} \tag{3.38}$$

$$\text{(b) 병렬회로 : } \begin{cases} V_1 = V_2 \\ I_1 = \dfrac{1}{Z} V_2 + I_2 \end{cases} \qquad \begin{bmatrix} V_1 \\ I_1 \end{bmatrix} = \begin{bmatrix} 1 & 0 \\ \dfrac{1}{Z} & 1 \end{bmatrix} \begin{bmatrix} V_2 \\ I_2 \end{bmatrix} \tag{3.39}$$

직·병렬의 두 회로에서 유도된 위의 행렬의 식과 식 (3.36)의 4단자 정수의 행렬식을 비교하면 4단자 정수는 각각 다음과 같이 구해진다.

$$\text{(a) 직렬회로 : } \begin{bmatrix} A & B \\ C & D \end{bmatrix} = \begin{bmatrix} 1 & Z \\ 0 & 1 \end{bmatrix} \tag{3.40}$$

$$\text{(b) 병렬회로 : } \begin{bmatrix} A & B \\ C & D \end{bmatrix} = \begin{bmatrix} 1 & 0 \\ \dfrac{1}{Z} & 1 \end{bmatrix} \tag{3.41}$$

그림 3.6과 같이 4단자망이 일렬로 접속된 것을 **종속접속**이라 하고, 이를 입력단과 최종의 출력단의 관계를 나타내는 합성된 전체의 4단자 정수는 각 회로망의 4단자 정수의 행렬의 곱으로 구할 수 있다. 즉, 전체 4단자 정수 A, B, C, D는 아래와 같다.

$$\begin{bmatrix} A & B \\ C & D \end{bmatrix} = \begin{bmatrix} A_1 & B_1 \\ C_1 & D_1 \end{bmatrix} \begin{bmatrix} A_2 & B_2 \\ C_2 & D_2 \end{bmatrix} = \begin{bmatrix} A_1A_2 + B_1C_2 & A_1B_2 + B_1D_2 \\ C_1A_2 + D_1C_2 & C_1B_2 + D_1D_2 \end{bmatrix} \tag{3.42}$$

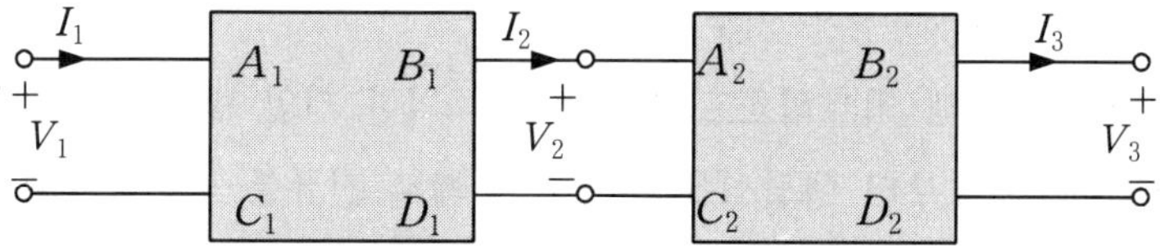

그림 3.6 4단자망의 종속접속

예제 3.16 다음의 저항으로 구성된 T형 회로에서 4단자 정수를 구하라.

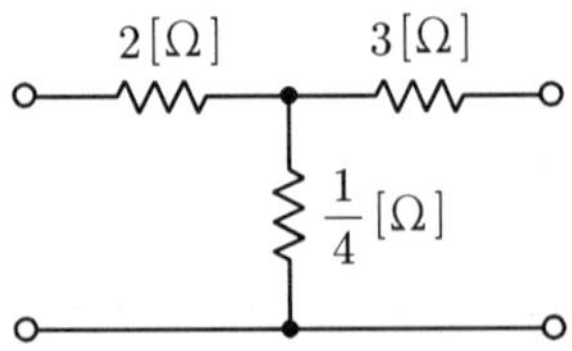

그림 3.7 T형 회로

풀이

그림 3.7의 T형 회로는 **그림** 3.5(a)와 (b)의 직렬과 병렬 임피던스 회로를 교대로 종속 접속한 것으로 볼 수 있으므로 전체의 4단자 정수는 행렬의 곱에 의하여 구한다.

$$\begin{bmatrix} A & B \\ C & D \end{bmatrix} = \begin{bmatrix} 1 & 2 \\ 0 & 1 \end{bmatrix}\begin{bmatrix} 1 & 0 \\ 4 & 1 \end{bmatrix}\begin{bmatrix} 1 & 3 \\ 0 & 1 \end{bmatrix}$$

$$= \begin{bmatrix} 9 & 2 \\ 4 & 1 \end{bmatrix}\begin{bmatrix} 1 & 3 \\ 0 & 1 \end{bmatrix} = \begin{bmatrix} 9 & 29 \\ 4 & 13 \end{bmatrix}$$

$$\therefore\ A = 9,\ B = 29,\ C = 4,\ D = 13$$

3.5.2 행렬식의 응용

회로망 해석에서 가장 널리 이용되는 폐로 해석법은 각 폐로에 대해 키르히호프 전압 법칙(Kirchhoff's voltage law, K.V.L)을 이용하여 전압과 전류에 관한 일차 방정식을 만들고, 이 방정식을 행렬식으로 변환하여 지로 전류를 구하는 경우에 사용된다.

폐로 해석법(loop analysis)의 해석 과정은 다음과 같다.

(1) 독립적 폐로에 대한 미지의 폐로전류(I_1, I_2, $\cdots$)를 가정하여 방향을 설정한다. 이 때 통상적으로 시계방향을 기준으로 정한다.

(2) 각각의 폐로에 대해 키르히호프 전압법칙에 의한 전압 방정식을 세운다.

(3) 이 연립방정식으로부터 행렬식을 이용하여 폐로 전류를 구하고, 회로 각 부분에 대한 전류를 구한다.

그림 3.8의 독립된 두 폐로에 대해 키르히호프 전압법칙(K.V.L)에 의해 전압 방정식을 세우고, 이 연립방정식을 행렬로 나타내면

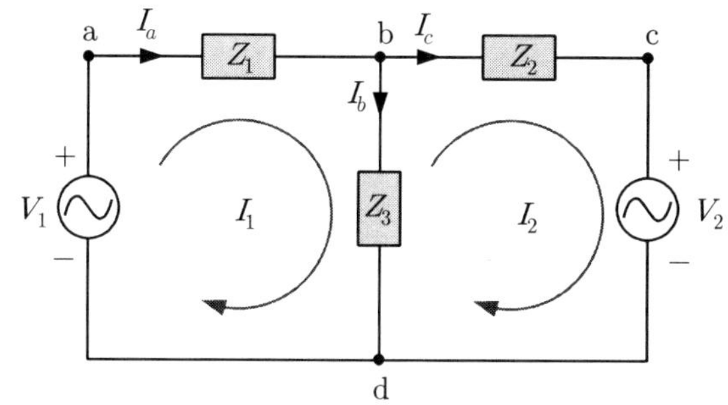

그림 3.8 폐로 해석법

$$\begin{cases} \text{폐로 1 : } Z_1I_1 + Z_3(I_1 - I_2) = V_1 \\ \text{폐로 2 : } Z_3(I_2 - I_1) + Z_2I_2 = -V_2 \end{cases} \tag{3.43}$$

$$\begin{cases} (Z_1 + Z_3)I_1 - Z_3I_2 = V_1 \\ -Z_3I_1 + (Z_2 + Z_3)I_2 = -V_2 \end{cases} \Longrightarrow \begin{bmatrix} Z_1 + Z_3 & -Z_3 \\ -Z_3 & Z_2 + Z_3 \end{bmatrix} \begin{bmatrix} I_1 \\ I_2 \end{bmatrix} = \begin{bmatrix} V_1 \\ -V_2 \end{bmatrix}$$

가 된다. 폐로 전류 I_1, I_2는 크라머의 공식에 의하여 각각

$$I_1 = \frac{\begin{vmatrix} V_1 & -Z_3 \\ -V_2 & Z_2 + Z_3 \end{vmatrix}}{\begin{vmatrix} Z_1 + Z_3 & -Z_3 \\ -Z_3 & Z_2 + Z_3 \end{vmatrix}}, \quad I_2 = \frac{\begin{vmatrix} Z_1 + Z_3 & V_1 \\ -Z_3 & -V_2 \end{vmatrix}}{\begin{vmatrix} Z_1 + Z_3 & -Z_3 \\ -Z_3 & Z_2 + Z_3 \end{vmatrix}} \tag{3.44}$$

가 얻어지고, 지로 전류 I_a, I_b 및 I_c는

$$I_a = I_1, \quad I_b = I_1 - I_2, \quad I_c = I_2 \tag{3.45}$$

가 된다.

예제 3.17 다음의 회로에서 각 저항에 흐르는 전류를 구하라.

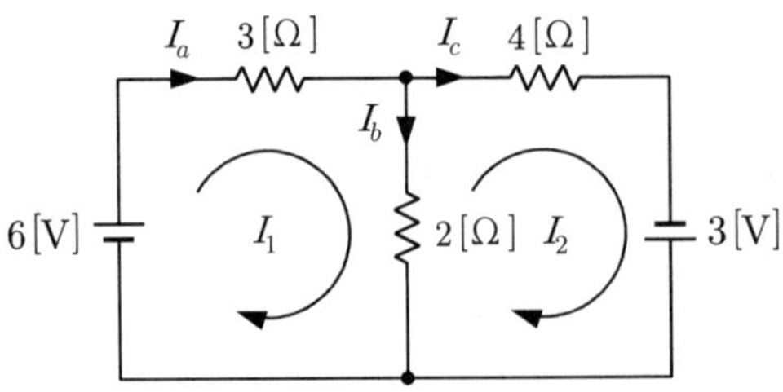

그림 3.9

풀이

두 폐로에 대한 폐로 방정식과 이것을 행렬로 변환한 식은

$$\begin{cases} \text{폐로 1}: & 5I_1 - 2I_2 = 6 \\ \text{폐로 2}: & -2I_1 + 6I_2 = 3 \end{cases} \quad \Rightarrow \quad \begin{bmatrix} 5 & -2 \\ -2 & 6 \end{bmatrix}\begin{bmatrix} I_1 \\ I_2 \end{bmatrix} = \begin{bmatrix} 6 \\ 3 \end{bmatrix}$$

이 된다. 따라서 폐로 전류 I_1, I_2는 크라머의 공식에 의하여

$$I_1 = \frac{D_1}{D} = \frac{\begin{vmatrix} 6 & -2 \\ 3 & 6 \end{vmatrix}}{\begin{vmatrix} 5 & -2 \\ -2 & 6 \end{vmatrix}} = \frac{42}{26} = \frac{21}{13}$$

$$I_2 = \frac{D_2}{D} = \frac{\begin{vmatrix} 5 & 6 \\ -2 & 3 \end{vmatrix}}{\begin{vmatrix} 5 & -2 \\ -2 & 6 \end{vmatrix}} = \frac{27}{26}$$

이고, 지로 전류 I_a, I_b 및 I_c는 다음과 같이 구해진다.

$$\therefore \quad I_a = I_1 = \frac{21}{13}\,[\mathrm{A}], \qquad I_b = I_1 - I_2 = \frac{15}{26}\,[\mathrm{A}]$$

$$I_c = I_2 = \frac{27}{26}\,[\mathrm{A}]$$

연 / 습 / 문 / 제

3-1 다음 두 행렬의 합과 차를 구하라.

(1) $A=\begin{pmatrix} 4 & 3 \\ 6 & 4 \end{pmatrix}$, $B=\begin{pmatrix} 3 & 6 \\ 2 & -3 \end{pmatrix}$

(2) $A=\begin{pmatrix} 6 & -4 & 3 \\ 0 & 2 & 4 \end{pmatrix}$, $B=\begin{pmatrix} 4 & -1 & 0 \\ 3 & 1 & 0 \end{pmatrix}$

(3) $A=\begin{pmatrix} 3 & 8 & 1 \\ 4 & 2 & 9 \\ 6 & 5 & 3 \end{pmatrix}$, $B=\begin{pmatrix} 2 & 2 & -1 \\ 1 & 3 & 2 \\ 3 & 2 & 4 \end{pmatrix}$

3-2 다음 두 행렬 A, B의 곱 AB를 구하라.

(1) $A=\begin{pmatrix} 1 & 2 \\ 3 & 1 \end{pmatrix}$, $B=\begin{pmatrix} 2 \\ 3 \end{pmatrix}$

(2) $A=(2 \ \ 3)$, $B=\begin{pmatrix} 1 & 2 \\ 3 & 1 \end{pmatrix}$

(3) $A=\begin{pmatrix} 1 & 0 & 2 \\ 1 & 3 & 5 \\ 2 & 2 & 4 \end{pmatrix}$, $B=\begin{pmatrix} 2 & 3 & -1 \\ 4 & 0 & 2 \\ 1 & -2 & 2 \end{pmatrix}$

3-3 다음의 주어진 두 행렬 A, B에서 $A+2B$를 구하라.

(1) $A=\begin{pmatrix} 1 & 4 \\ 6 & 1 \end{pmatrix}$, $B=\begin{pmatrix} 3 & 2 \\ -1 & 0 \end{pmatrix}$

(2) $A=\begin{pmatrix} 1 & 2 & -4 \\ 2 & 4 & 5 \\ 3 & -1 & 2 \end{pmatrix}$, $B=\begin{pmatrix} 2 & 4 & -1 \\ 1 & 3 & 0 \\ 3 & -2 & 1 \end{pmatrix}$

3-4 다음의 관계식이 성립하도록 x, y를 구하라.

(1) $\begin{pmatrix} x+y \\ x-y \end{pmatrix} = \begin{pmatrix} 4 \\ 8 \end{pmatrix}$

(2) $\begin{pmatrix} x+2 & 0 \\ 2y+3 & -3 \end{pmatrix} = \begin{pmatrix} 4 & 0 \\ 7 & -3 \end{pmatrix}$

(3) $\begin{pmatrix} 1 & -x \\ 2y-3 \end{pmatrix} = \begin{pmatrix} 1 & x+8 \\ x+6 & x+y \end{pmatrix}$

(4) $\begin{pmatrix} x+y & 2x+y \\ y+z & y+2z \end{pmatrix} = \begin{pmatrix} 3 & 4 \\ 6 & 10 \end{pmatrix}$

3-5 다음 행렬 $\boldsymbol{A}$의 전치행렬 $\boldsymbol{A}^T$를 구하라.

(1) $\boldsymbol{A} = (2 \quad 3)$

(2) $\boldsymbol{A} = \begin{pmatrix} 1 & 2 \\ 3 & 4 \end{pmatrix}$

(3) $\boldsymbol{A} = \begin{pmatrix} 1 & 0 & 2 \\ 4 & 3 & 5 \end{pmatrix}$

(4) $\boldsymbol{A} = \begin{pmatrix} 9 & 8 & 7 \\ 6 & 5 & 4 \\ 3 & 2 & 1 \end{pmatrix}$

3-6 다음의 행렬식 det($\boldsymbol{A}$)를 사러스 방법에 의하여 전개하라.

(1) $\det(\boldsymbol{A}) = \begin{vmatrix} 2 & -1 \\ 1 & 3 \end{vmatrix}$

(2) $\det(\boldsymbol{A}) = \begin{vmatrix} 2 & 1 & 3 \\ -1 & 4 & 2 \\ 2 & -3 & 1 \end{vmatrix}$

3-7 다음의 행렬 $\boldsymbol{A}$에서 원소 a_{11}, a_{12}, a_{13}의 소행렬식 M_{11}, M_{12}, M_{13}와 여인수 A_{11}, A_{12}, A_{13}를 구하라.

$$\boldsymbol{A} = \begin{pmatrix} 2 & 1 & 3 \\ -1 & 4 & 2 \\ 2 & -3 & 1 \end{pmatrix}$$

3-8 위의 행렬 $\boldsymbol{A}$에서 행렬식 det($\boldsymbol{A}$)를 여인수 전개법으로 구하라.

3-9 다음의 행렬식 det($\boldsymbol{A}$)를 여인수 전개법으로 구하라.

(1) $\det(\boldsymbol{A})=\begin{vmatrix} 3 & 1 & 0 \\ 5 & 4 & -2 \\ -2 & -4 & 3 \end{vmatrix}$ (2) $\det(\boldsymbol{A})=\begin{vmatrix} 2 & 4 & 1 & 5 \\ 0 & 2 & 0 & 1 \\ 0 & 5 & -2 & 0 \\ 3 & 7 & 5 & 3 \end{vmatrix}$

3-10 다음의 행렬식 det($\boldsymbol{A}$)를 기본 행연산을 이용하여 구하라.

(1) $\det(\boldsymbol{A})=\begin{vmatrix} 1 & 3 & 0 \\ 2 & 6 & 4 \\ -1 & 0 & 2 \end{vmatrix}$ (2) $\det(\boldsymbol{A})=\begin{vmatrix} 3 & 0 & 1 \\ -1 & 4 & 2 \\ 1 & 2 & 5 \end{vmatrix}$

(3) $\det(\boldsymbol{A})=\begin{vmatrix} 1 & 3 & -2 & 2 \\ 2 & 1 & 6 & 1 \\ -1 & 2 & -2 & 3 \\ -2 & 1 & 2 & 3 \end{vmatrix}$

(4) $\det(\boldsymbol{A})=\begin{vmatrix} 1 & -2 & 1 & 2 \\ 3 & -5 & 3 & 5 \\ -13 & 2 & 3 & -4 \\ 3 & -5 & 2 & 5 \end{vmatrix}$

3-11 다음의 연립방정식을 크라머의 공식에 의하여 풀어라.

(1) $\begin{cases} 2x+y=7 \\ 3x-5y=4 \end{cases}$ (2) $\begin{cases} 2x+3y=5 \\ 4x-y=3 \end{cases}$

(3) $\begin{cases} x+y+z=1 \\ x+2y+3z=0 \\ x+3y+6z=0 \end{cases}$ (4) $\begin{cases} x-y+z=1 \\ 2x+y-2z=0 \\ -x+3y-z=3 \end{cases}$

(5) $\begin{cases} 2x+y-z=2 \\ x-y+z=7 \\ x+2y+z=7 \end{cases}$ (6) $\begin{cases} 2x-3y+2z=2 \\ x+10y-3z=5 \\ -x+y+z=-3 \end{cases}$

3-12 다음 행렬 $\boldsymbol{A}$의 역행렬 $\boldsymbol{A}^{-1}$를 구하라.

(1) $\boldsymbol{A}=\begin{pmatrix}1 & -2\\ 0 & 1\end{pmatrix}$　　　(2) $\boldsymbol{A}=\begin{pmatrix}1 & 2 & -1\\ 0 & 1 & -2\\ 3 & 2 & 0\end{pmatrix}$

3-13 **그림** 3.10의 L형과 **그림** 3.11의 π형 4단자 회로에서 4단자 정수 A, B, C, D를 행렬의 곱에 의하여 각각 구하라.

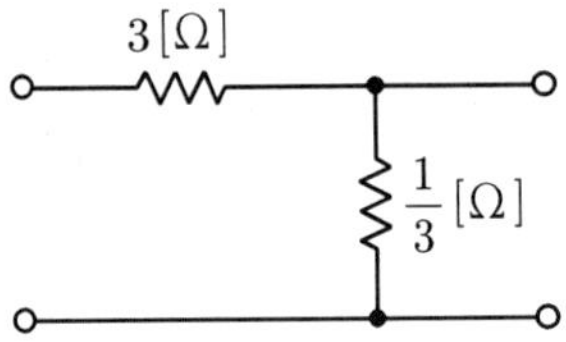

그림 3.10 L**형 회로**

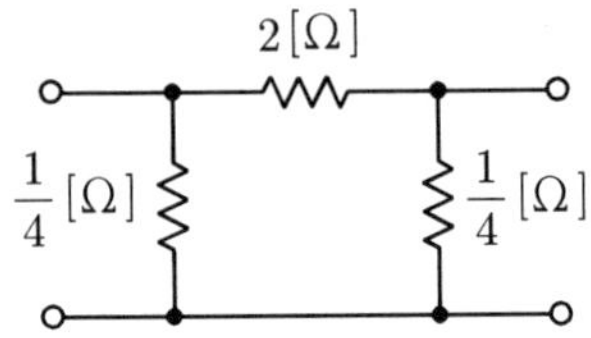

그림 3.11 π**형 회로**

힌트 (L형 회로) $\begin{pmatrix}A & B\\ C & D\end{pmatrix}=\begin{pmatrix}1 & 3\\ 0 & 1\end{pmatrix}\begin{pmatrix}1 & 0\\ 3 & 1\end{pmatrix}$, ($\pi$형 회로) $\begin{pmatrix}A & B\\ C & D\end{pmatrix}=\begin{pmatrix}1 & 0\\ 4 & 1\end{pmatrix}\begin{pmatrix}1 & 2\\ 0 & 1\end{pmatrix}\begin{pmatrix}1 & 0\\ 4 & 1\end{pmatrix}$

3-14 **그림** 3.12의 회로에서 폐로전류 I_1, I_2를 미지수로 할 때, 저항 3[Ω]에 흐르는 전류를 행렬식에 의해 구하라.

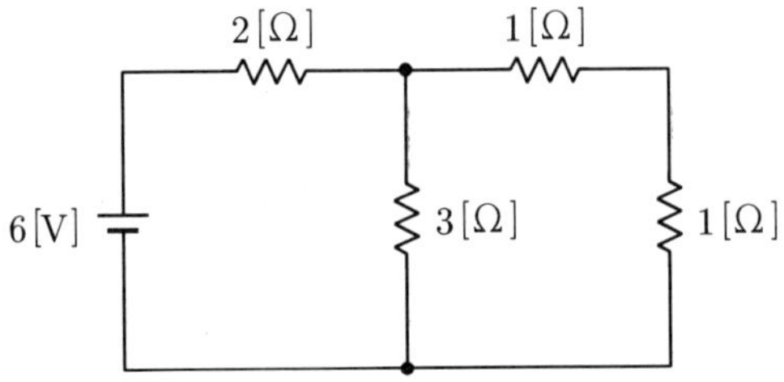

그림 3.12

힌트 폐로 해석법에 의한 폐로방정식은 다음과 같다.

$$\begin{cases} 5I_1 - 3I_2 = 6 \\ -3I_1 + 5I_2 = 0 \end{cases}$$

chapter 4

복 소 수

4.1 복소수 개념

4.1.1 복소수의 정의

복소수(complex number)는 수의 개념을 확장하여 실수 외에 허수까지 포함하는 수를 의미한다. **실수**의 기본단위는 1로써 모든 실수는 이의 배수로 나타내며, 제곱(x^2)하여 0 또는 양수가 되는 수이다.

그러나 허수는 제곱하여 음수가 되는 수이고, 제곱하여 -1이 되는 새로운 수를 가상한 수로써 $\sqrt{-1}$을 기본단위로 하며, 편의상 j로 표기한다. 즉,

$$j^2 = -1 \qquad \therefore \quad j = \sqrt{-1} \tag{4.1}$$

이고, j를 **허수 단위**(imaginary unit)라 부른다. 수학교재는 허수단위를 i로 표시하지만 전기 및 전자공학에서는 통상적으로 전류 i와 구분하기 위하여 j를 사용한다.

복소수는 실수와 허수의 합으로 이루어지고, **벡터**의 일종으로써 $\boldsymbol{A}$, $\boldsymbol{B}$와 같이 **고딕체 대문자**를 찍어서 표기한다. 즉,

$$\boldsymbol{A} = a + jb \tag{4.2}$$

위의 복소수 $\boldsymbol{A}$에서 a를 실수부(real part), b를 허수부(imaginary part)라 하고, 각각 다음과 같이 표시하기도 한다.

$$a = Re(\boldsymbol{A}) b = Im(\boldsymbol{A}) \tag{4.3}$$

☞ **복소수의 체계**

(1) **복소수** $(a+jb)$
- **실수** $a\,(b=0)$
  - **유리수**
  - **무리수**
- **허수** $a+jb$ $(b \neq 0)$
  - **기타 허수** $a+jb\,(a \neq 0,\ b \neq 0)$
  - **순허수** $jb\,(a=0,\ b \neq 0)$

(2) **실수와 순허수의 비교 : (실수)**$^2 \geq 0$, **(순허수)**$^2 < 0$

4.1.2 복소수의 표시

실수는 기하학적으로 일직선상의 한 점으로 표시할 수 있지만, 복소수는 두 개의 실수$(a,\ b)$를 가지고 있으므로 일직선상에 표시할 수 없다.

복소수는 실수를 가로축(x 축)으로 하는 실축과 허수를 세로축(y 축)으로 하는 허축의 직교좌표 형식을 취하여 평면상의 한 점으로 표시한다. 즉, 직교좌표에서 한 점 $\mathrm{P}(a,\ b)$는 복소수 $\boldsymbol{A}=a+jb$의 한 점으로 대응된다.

이와 같이 복소수를 평면상의 한 점으로 표시하는 직각좌표 형식을 가진 평면을 **복소 평면**(complex plane)이라 한다.

복소수는 **그림 4.1과 같이 실수를 가로축으로 하는 실수축과 허수를 세로축으로 하는 허수축의 직교 좌표 형식을 취하고**, 복소수의 합과 차는 기하학적으로 벡터의 연산과 동일한 결과를 나타내므로 제 5 장 벡터의 **위치벡터 표시법과 동일한 방법으로 원점에서부터 임의의 한 점까지 화살표로 나타낸다. 따라서 복소수는 크기와 방향을 갖는 벡터이다.**

복소수의 **크기**는 $|\boldsymbol{A}|$ 또는 A와 같이 **절대값** 또는 **이태릭체 문자**로 표기한다.

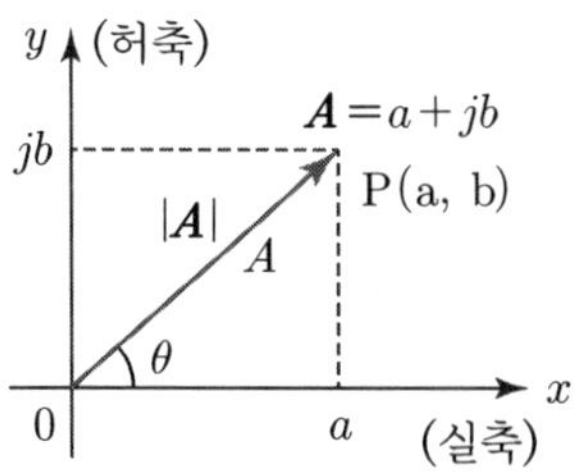

그림 4.1 복소수의 표시

복소수 $\boldsymbol{A}$와 양의 실축으로부터 이루어진 각 θ를 **편각**(argument) 또는 간단히 **각**(angle)이라고 한다. 편각 θ는 $\arg(\boldsymbol{A})$로 나타내기도 한다.

단, 복소평면 상에서만 의미를 갖는 **평면벡터**인 복소수는 3차원 공간까지 확장하여 의미를 갖는 벡터, 즉 **공간벡터**와 구분되어야 한다.

4.2 복소수의 연산

4.2.1 복소수의 사칙연산

복소수에 관한 모든 연산은 실수에 관한 연산과 동일한 방법으로 하면서 일반 문자 j가 포함된 것으로 취급한다. 이 때 단지 $j^2=-1$인 관계만을 바꾸어 놓으면 된다.

즉, 복소수의 사칙연산에서 두 복소수의 허수부가 모두 0이라면 두 복소수의 연산은 실수의 연산법과 동일하고, 허수부가 모두 0이 아닌 경우에도 j를 일반 문자로 취급하면서 단지 $j^2=-1$인 관계만을 고려해 주면 된다.

두 복소수 $\boldsymbol{A}$, $\boldsymbol{B}$가 각각 $\boldsymbol{A}=a+jb$, $\boldsymbol{B}=c+jd$일 때, 대수적으로 계산한 **복소수의 사칙연산**은 다음과 같다.

(1) **덧셈** : $$\boldsymbol{A}+\boldsymbol{B}=(a+jb)+(c+jd)=(a+c)+j(b+d) \tag{4.4}$$

(2) **뺄셈** : $$\boldsymbol{A}-\boldsymbol{B}=(a+jb)-(c+jd)=(a-c)+j(b-d) \tag{4.5}$$

(3) **곱셈** : $$\begin{aligned}\boldsymbol{AB}&=(a+jb)(c+jd)=ac+j(ad+bc)+j^2bd\\&=(ac-bd)+j(ad+bc)\end{aligned} \tag{4.6}$$

(4) **나눗셈** : $$\begin{aligned}\frac{\boldsymbol{A}}{\boldsymbol{B}}&=\frac{a+jb}{c+jd}=\frac{(a+jb)(c-jd)}{(c+jd)(c-jd)}\\&=\frac{ac+j(bc-ad)-j^2bd}{c^2+d^2}=\frac{ac+bd}{c^2+d^2}+j\frac{bc-ad}{c^2+d^2}\end{aligned} \tag{4.7}$$

4.2.2 복소수의 상등

실수 a, b, c, d에 대해 두 복소수 $a+jb$와 $c+jd$가 $a=c$, $b=d$, 즉 실수부와 허수부가 서로 같을 때, 두 복소수는 **상등**이다 또는 **같다**고 하며, 다음과 같이 나타낸다.

$$a+jb=c+jd \iff a=c,\ b=d \tag{4.8}$$

허수는 양, 음과 대소 관계가 정의되어 있지 않고, 실수가 아닌 두 복소수의 대소 관계도 정의되어 있지 않다. 따라서 두 복소수 사이에서는 서로 상등 관계만을 고려한다.

4.2.3 공액 복소수

복소수에서 실수부는 같고 허수부의 부호만 바뀐 관계의 두 복소수는 서로 **공액** 또는 **켤레**(conjugate)라고 하며, 두 복소수를 **공액(켤레) 복소수**라 한다. 복소수 $\boldsymbol{A}$의 공액 복소수는 $\overline{\boldsymbol{A}}$로 표시한다. 즉,

$$\boldsymbol{A}=a+jb \ \leftarrow \textbf{(공액 복소수)} \rightarrow \overline{\boldsymbol{A}}=a-jb \tag{4.9}$$

복소평면 상에서 공액 관계가 있는 두 복소수의 위치 관계는 **그림** 4.2와 같이 실축(x 축)에 대해 대칭 관계에 놓여 있다. 그러나 복소수 $\boldsymbol{A}$에 대해 음(−)의 복소수 $-\boldsymbol{A}$는 원점에 대해 대칭 관계에 있으므로 공액복소수 $\overline{\boldsymbol{A}}$와 구분하기 바란다.

음(−)의 복소수 $-\boldsymbol{A}$는 벡터에서 임의의 벡터의 반대 방향을 의미하는 역벡터의 성질과 잘 일치하고 있다.

공액 복소수의 합, 차 및 곱셈의 결과는 실수 또는 순허수가 되기 때문에 복소수의 계산에 자주 이용된다. 즉,

$$\begin{cases} \boldsymbol{A}+\overline{\boldsymbol{A}}=(a+jb)+(a-jb)=2a \\ \boldsymbol{A}-\overline{\boldsymbol{A}}=(a+jb)-(a-jb)=j\,2b \\ \boldsymbol{A}\overline{\boldsymbol{A}}=(a+jb)(a-jb)=a^2+b^2 \end{cases} \tag{4.10}$$

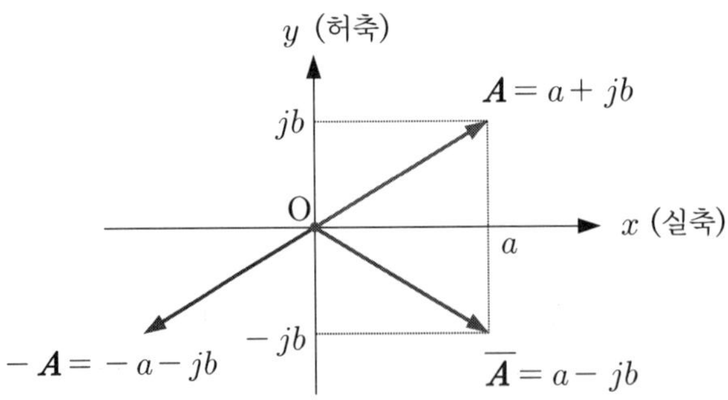

그림 4.2 공액 복소수

예제 4.1 다음의 주어진 식을 간단히 나타내라.

(1) j^3　　(2) j^4　　(3) j^5

(4) j^{12}　　(5) j^{999}　　(6) $j\times(-j)$

풀이

(1) $j^3=j^2\cdot j=(-1)\cdot j=-j$　　(2) $j^4=j^2\cdot j^2=(-1)\cdot(-1)=1$

(3) $j^5=(j^2)^2\cdot j=(-1)^2\cdot j=j$　　(4) $j^{12}=(j^2)^6=(-1)^6=1$

(5) $j^{999}=(j^2)^{499}\cdot j=(-1)^{499}\cdot j=-j$

(6) $j\times(-j)=-j^2=1$

예제 4.2 두 복소수 $A=8+j6$, $B=-2+j$에 대해 합, 차, 곱셈, 나눗셈을 각각 구하라.

(1) $A+B$　　(2) $A-B$

(3) $A\cdot B$　　(4) $\dfrac{A}{B}$

풀이

(1) $(8+j6)+(-2+j)=6+j7$

(2) $(8+j6)-(-2+j)=10+j5$

(3) $(8+j6)\cdot(-2+j)=-16+j8-j12+j^2 6=(-16-6)+j(8-12)$

$$=-22-j4$$

(4) $$\frac{(8+j6)}{(-2+j)}=\frac{(8+j6)(-2-j)}{(-2+j)(-2-j)}=\frac{-16-j8-j12-j^2 6}{(-2)^2-j^2}$$

$$=\frac{-10-j20}{5}=-2-j4$$

4.3 복소수의 극형식

그림 4.3의 복소평면에서 복소수 $\boldsymbol{A}=a+jb$를 나타내는 점 $\mathrm{P}(a,\ b)$라 할 때,

$$\begin{cases} \dfrac{a}{r}=\cos\theta, & a=r\cos\theta \\ \dfrac{b}{r}=\sin\theta, & b=r\sin\theta \end{cases} \tag{4.11}$$

가 되고, 극좌표 $(r,\ \theta)$를 도입하면, 점 P는 $(r\cos\theta,\ r\sin\theta)$가 된다.

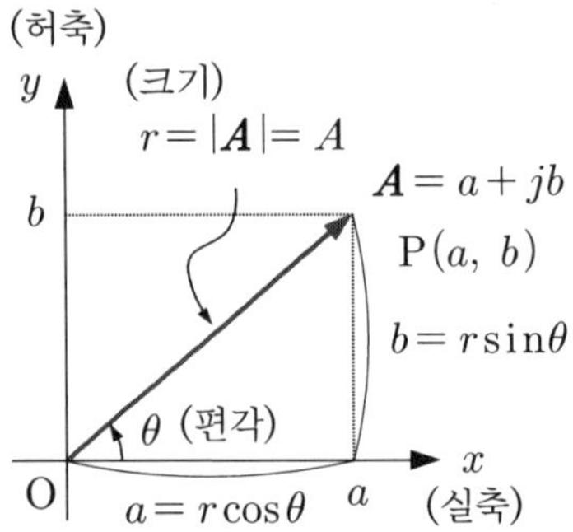

그림 4.3 복소수의 극형식

즉, 복소수 $\boldsymbol{A}$는

$$\boldsymbol{A}=a+jb=r\cos\theta+jr\sin\theta \tag{4.12}$$

$$\therefore\quad \boldsymbol{A}=r(\cos\theta+j\sin\theta)$$

가 된다. 이와 같이 삼각함수로 표현한 복소수 $\boldsymbol{A}$를 **극형식**(polar form)이라 한다.

여기서 r은 복소수 $\boldsymbol{A}$의 **절대값** 또는 **크기**라 하고, θ는 $\boldsymbol{A}$의 **편각**(argument) 또는 단순히 **각**(angle)이라고도 하며, 다음과 같이 표시한다.

$$\begin{cases} r=|\boldsymbol{A}|=A=\sqrt{a^2+b^2} & (1) \\ \theta=\arg(\boldsymbol{A})=\tan^{-1}\dfrac{b}{a} & (2) \end{cases} \tag{4.13}$$

편각 θ는 식 (4.13)의 (2)로 계산하면 제 1, 4 사분면의 각만 결정된다. 왜냐하면 $\tan\theta$의 주기는 π이므로 $\boldsymbol{A}$와 $-\boldsymbol{A}$의 $\tan\theta$는 같기 때문이다.

따라서 복소수 $\boldsymbol{A}$가 제 2, 3사분면에 위치하는 경우에 편각은 θ에 $\pm\pi$, 즉 $(\theta\pm\pi)$를 취해 주어야 하며, 둘의 값 중에서 편의상 $(\theta+\pi)$만의 값을 취하기로 한다. 그러므로 편각의 결정에는 복소수가 위치하는 사분면도 고려해 주어야 한다.

예를 들면, 주어진 다른 두 복소수 $\boldsymbol{A}_1$과 $\boldsymbol{A}_2$에서 아래와 같이 탄젠트(tangent)의 값은 동일하다.

$$\begin{cases} \boldsymbol{A}_1 = 1+j, \ \theta_1 = \arg(1+j) \\ \boldsymbol{A}_2 = -1-j, \ \theta_2 = \arg(-1-j) \end{cases} \quad \therefore \quad \tan\theta_1 = \tan\theta_2 = 1 \tag{4.14}$$

그러나 복소수 $\boldsymbol{A}_1$의 동경이 속한 위치는 제 1 사분면, $\boldsymbol{A}_2$의 동경은 제 3 사분면에 속하기 때문에 편각 θ_1과 θ_2는 이를 고려하면 각각 다음과 같이 결정된다.

$$\theta_1 = \arg(1+j) = \tan^{-1}1 = \frac{\pi}{4}$$

$$\theta_2 = \arg(-1-j) = \tan^{-1}1+\pi = \frac{\pi}{4}+\pi = \frac{5\pi}{4} \tag{4.15}$$

예제 4.3 다음 복소수를 극형식으로 나타내라.

(1) $\boldsymbol{A} = 1+j$ (2) $\boldsymbol{A} = -1+j\sqrt{3}$

(3) $\boldsymbol{A} = -3-j3$ (4) $\boldsymbol{A} = \sqrt{3}-j$

풀이

(1) 크기 : $r = A = \sqrt{1^2+1^2} = \sqrt{2}$ (복소수 $\boldsymbol{A}$의 동경위치 : 제 1 사분면)

편각 : $\theta = \tan^{-1}\dfrac{1}{1} = 45°$ $\quad \therefore \ \theta = \dfrac{\pi}{4}$

$$\therefore \ \boldsymbol{A} = 1+j = \sqrt{2}\left(\cos\frac{\pi}{4}+j\sin\frac{\pi}{4}\right)$$

(2) 크기 : $r = A = \sqrt{(-1)^2+(\sqrt{3})^2} = 2$ ($\boldsymbol{A}$의 동경위치 : 제 2 사분면)

편각 : $\theta = \tan^{-1}\left(\dfrac{\sqrt{3}}{-1}\right)+\pi = \tan^{-1}(-\sqrt{3})+\pi = \left(-\dfrac{\pi}{3}\right)+\pi = \dfrac{2\pi}{3}$

$$\therefore\quad \boldsymbol{A} = -1 + j\sqrt{3} = 2\left(\cos\frac{2\pi}{3} + j\sin\frac{2\pi}{3}\right)$$

(3) 크기 : $r = A = \sqrt{(-3)^2 + (-3)^2} = 3\sqrt{2}$ ($\boldsymbol{A}$의 동경위치 : 제 3 사분면)

편각 : $\theta = \tan^{-1}1 + \pi = \frac{\pi}{4} + \pi = \frac{5\pi}{4}$

$$\therefore\quad \boldsymbol{A} = -3 - j3 = 3\sqrt{2}\left(\cos\frac{5\pi}{4} + j\sin\frac{5\pi}{4}\right)$$

(4) 크기 : $r = A = \sqrt{(\sqrt{3})^2 + (-1)^2} = 2$ ($\boldsymbol{A}$의 동경위치 : 제 4 사분면)

편각 : $\theta = \tan^{-1}\frac{-1}{\sqrt{3}} = -30°\qquad \therefore\quad \theta = -\frac{\pi}{6}$

$$\therefore\quad \boldsymbol{A} = \sqrt{3} - j = 2\left\{\cos\left(-\frac{\pi}{6}\right) + j\sin\left(-\frac{\pi}{6}\right)\right\}$$

4.4 복소수의 표현 방식

복소수의 표현은 일반적으로 실수부와 허수부로 구성된 $a+jb$의 꼴로 **직각좌표 형식**(rectangular form)을 취하고 있다.

그러나 복소 평면에서 한 점에 대응되는 복소수는 원점에서부터 거리에 해당하는 크기와 양의 실축으로부터 복소수의 선분까지 이르는 각으로도 한 점을 나타낼 수 있다. 따라서 복소수는 크기와 각을 갖는 표현 방식의 **삼각함수 형식**, **극좌표 형식** 및 **지수함수 형식** 등으로 나타낼 수 있다.

4.4.1 복소수의 형식

(1) 직각좌표 형식

앞 절에서 설명한 **그림** 4.1과 같이 복소 평면상에서 한 점 P$(a,\ b)$를 직각좌표의 복소수 $\boldsymbol{A}=a+jb$로 표시하는 좌표 형식을 **직각좌표 형식**이라 한다.

(2) 삼각함수 형식(극형식)

제4.3절에서 설명한 바와 같이 복소 평면상에서 직각좌표 형식의 복소수 $\boldsymbol{A}=a+jb$는 복소수 $\boldsymbol{A}$의 크기 A와 편각 θ를 이용한 극형식으로 변환할 수 있다.

즉, 직각좌표 형식의 복소수 $\boldsymbol{A}=a+jb$에서 $a=A\cos\theta$, $b=A\sin\theta$를 대입하여 구한 **극형식으로 표현한 식**을 **삼각함수 형식**이라 하며 식 (4.12)와 같은 방법으로 표시한다.

$$\boldsymbol{A}=a+jb\begin{cases}a=A\cos\theta\\ \\ b=A\sin\theta\end{cases}\qquad \therefore\ \ \boldsymbol{A}=A(\cos\theta+j\sin\theta) \tag{4.16}$$

(3) 극좌표 형식

극좌표는 동경 OP의 길이 r 및 동경과 시초선 OX가 이루는 편각 θ로 표현되는 좌표 형식 $P(r,\ \theta)$를 의미한다.

복소수 $\boldsymbol{A}$에서 동경은 절대값(크기) $r=|\boldsymbol{A}|=A$이므로 원점에서부터 점 P까지의 거리이다.

편각 θ는 양의 실축인 시초선 OX에서 동경 OP까지 이르는 원점을 중심으로 하는 반시계 방향으로 회전하는 각을 정(+)방향으로 정하여 **양의 각**이 되고, 반면에 시초선으로부터 시계 방향으로 회전하는 각은 **음의 각**이 된다.

그림 4.4와 같이 복소평면 상에서 복소수 $\boldsymbol{A}$는 크기 A와 편각 θ의 형식으로 표현할 수 있다. 즉,

$$\boldsymbol{A}=a+jb=A\underline{/\theta}\ \begin{cases}|\boldsymbol{A}|=A=\sqrt{a^2+b^2}\\ \\ \theta=\arg(\boldsymbol{A})=\tan^{-1}\dfrac{b}{a}\end{cases} \tag{4.17}$$

이와 같이 직각좌표 형식의 복소수 $\boldsymbol{A}=a+jb$를 크기 A와 편각 θ로 표현한 식 $\boldsymbol{A}=A\underline{/\theta}$를 **극좌표 형식**이라 한다.

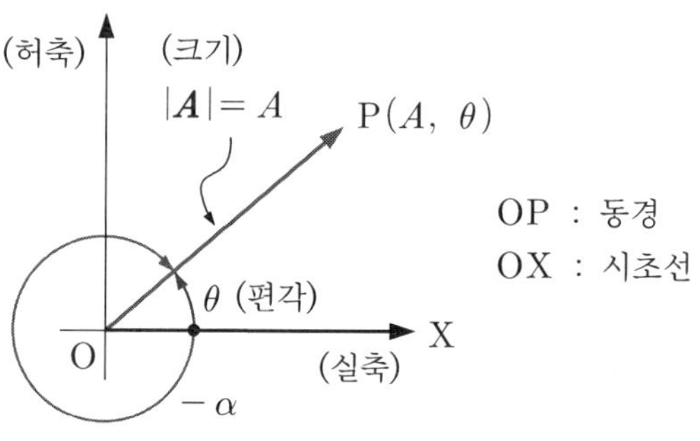

그림 4.4 극좌표 형식

복소수 $\boldsymbol{A}=a+jb=A\angle\theta$의 공액복소수는 직각좌표 형식에서 $\overline{\boldsymbol{A}}=a-jb$이고, 극좌표 형식에서는 $\overline{\boldsymbol{A}}=A\angle-\theta$가 된다.

(4) 지수함수 형식

삼각함수와 지수함수 형식의 관계를 나타내는 **오일러의 공식**(Euler's formula)은 다음과 같이 정의된다.

$$e^{\pm j\theta}=\cos\theta\pm j\sin\theta \tag{4.18}$$

여기서 $e^{\pm j\theta}$의 절대값(크기)은

$$|e^{\pm j\theta}|=|\cos\theta\pm j\sin\theta|=\sqrt{\cos^2\theta+\sin^2\theta}=1 \tag{4.19}$$

이고, 오일러의 공식을 극좌표 형식으로 표현하면

$$e^{\pm j\theta}=\cos\theta\pm j\sin\theta=1\angle\pm\theta \tag{4.20}$$

가 된다. 이것을 복소 평면상에 나타내면 **그림** 4.5와 같다.

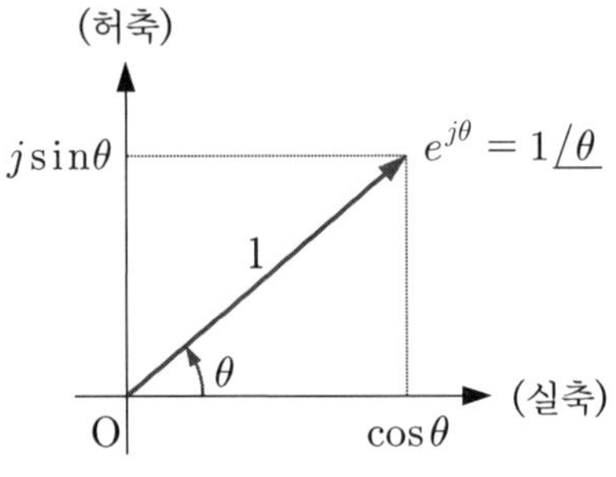

그림 4.5 지수함수 형식

따라서 크기가 A이고, 편각이 θ인 복소수 $\boldsymbol{A}$의 **지수함수 형식**은 다음과 같다.

$$\boldsymbol{A}=A(\cos\theta\pm j\sin\theta)=A\angle\pm\theta \tag{4.21}$$

$$\therefore\quad \boldsymbol{A}=Ae^{\pm j\theta}$$

편각 θ의 단위는 삼각함수 형식 및 극좌표 형식에서는 60분법의 [°] 또는 호도법의 [rad]을 써도 되지만, 지수함수 형식에서는 통상적으로 [rad]을 사용한다.

허수 단위 j 및 $-j$를 극좌표, 삼각함수 및 지수함수 형식으로 각각 나타내면 다음과 같이 표현할 수 있다.

$$\begin{cases} j = 1\angle\dfrac{\pi}{2} = \cos\dfrac{\pi}{2} + j\sin\dfrac{\pi}{2} = e^{j\frac{\pi}{2}} \\ -j = 1\angle -\dfrac{\pi}{2} = \cos\dfrac{\pi}{2} - j\sin\dfrac{\pi}{2} = e^{-j\frac{\pi}{2}} \end{cases} \tag{4.22}$$

☞ 복소수의 표현 방식

$\boldsymbol{A} = a + jb$	**(직교좌표 형식)**
$= A(\cos\theta + j\sin\theta)$	**(삼각함수 형식)**
$= A\underline{/\theta}$	**(극좌표 형식)**
$= Ae^{j\theta}$	**(지수함수 형식)**

단, $\begin{cases} a = A\cos\theta, \quad b = A\sin\theta \\ |\boldsymbol{A}| = A = \sqrt{a^2 + b^2}, \quad \theta = \arg(\boldsymbol{A}) = \tan^{-1}\dfrac{b}{a} \end{cases}$

예제 4.4 다음과 같이 주어진 직각좌표 형식의 복소수 A와 B를 극좌표 형식, 삼각함수 형식, 지수함수 형식으로 각각 나타내라.

(1) $\boldsymbol{A} = 1 - j\sqrt{3}$　　(2) $\boldsymbol{B} = -2 - j2$

풀이

(1) $\boldsymbol{A} = 1 - j\sqrt{3}$ (제 4 사분면)의 크기와 편각

$$\begin{cases} A = \sqrt{a^2 + b^2} = \sqrt{1^2 + (-\sqrt{3})^2} = 2 \\ \theta = \arg(\boldsymbol{A}) = \tan^{-1}\dfrac{b}{a} = \tan^{-1}(-\sqrt{3}) = -\dfrac{\pi}{3} \end{cases}$$

(극좌표 형식) $\boldsymbol{A} = A\underline{/\theta} = 2\angle -\frac{\pi}{3}$

(삼각함수 형식) $\boldsymbol{A} = A(\cos\theta \pm j\sin\theta) = 2\left(\cos\frac{\pi}{3} - j\sin\frac{\pi}{3}\right)$

(지수함수 형식) $\boldsymbol{A} = Ae^{j\theta} = 2e^{j\left(-\frac{\pi}{3}\right)} = 2e^{-j\frac{\pi}{3}}$

(2) $\boldsymbol{B} = -2 - j2$(제 3 사분면)의 크기와 편각

$$\begin{cases} B = \sqrt{a^2+b^2} = \sqrt{(-2)^2+(-2)^2} = 2\sqrt{2} \\ \theta = \arg(\boldsymbol{B}) = \tan^{-1}\frac{b}{a} + \pi = \tan^{-1}1 + \pi = \frac{\pi}{4} + \pi = \frac{5\pi}{4} \end{cases}$$

(극좌표 형식) $\boldsymbol{B} = B\underline{/\theta} = 2\sqrt{2}\angle\frac{5\pi}{4}$

(삼각함수 형식) $\boldsymbol{B} = B(\cos\theta + j\sin\theta) = 2\sqrt{2}\left(\cos\frac{5\pi}{4} + j\sin\frac{5\pi}{4}\right)$

(지수함수 형식) $\boldsymbol{B} = Be^{j\theta} = 2\sqrt{2}\,e^{j\frac{5\pi}{4}}$

예제 4.5 다음의 복소수를 직각좌표 형식으로 표현하라.

(1) $10\underline{/120°}$ (2) $2\underline{/-30°}$

(3) $2e^{j\pi}$ (4) $4e^{j\frac{\pi}{3}}$

풀이

(1) $10\underline{/120°} = 10(\cos 120° + j\sin 120°) = 10\left(-\frac{1}{2} + j\frac{\sqrt{3}}{2}\right)$

$\therefore\ 10\underline{/120°} = 5(-1 + j\sqrt{3}) = -5 + j5\sqrt{3}$

(2) $2\underline{/-30°} = 2(\cos 30° - j\sin 30°) = 2\left(\frac{\sqrt{3}}{2} - j\frac{1}{2}\right)$ $\therefore\ 2\underline{/-30°} = \sqrt{3} - j$

(3) $2e^{j\pi} = 2\underline{/\pi} = 2(\cos\pi + j\sin\pi) = -2$ $\therefore\ 2e^{j\pi} = -2$

(4) $4e^{j\frac{\pi}{3}} = 4\left(\cos\frac{\pi}{3} + j\sin\frac{\pi}{3}\right) = 4\left(\frac{1}{2} + j\frac{\sqrt{3}}{2}\right)$ $\therefore\ 4e^{j\frac{\pi}{3}} = 2 + j2\sqrt{3}$

4.4.2 복소수의 상호 변환

앞에서 배운 복소수의 여러 가지 형식들은 형식 자체의 수학적 특성을 살려 다양한 공학 분야에서 선택적으로 적용되고 있다.

특히 극좌표 형식은 곱셈 또는 나눗셈의 편리성 때문에 회로망 해석에 이용되고, 또 지수함수 형식은 미분 또는 적분의 편리성 때문에 파동성을 갖는 전자파 이론 등의 수학적 해석에 자주 적용된다.

따라서 각 형식으로의 상호 변환은 매우 중요하며, 직각좌표 형식의 복소수를 극좌표 형식으로 변환하면 크기와 각을 알 수 있기 때문에 삼각함수 형식 및 지수함수 형식은 꼴에 대입하여 간단히 변환할 수 있다.

(1) 직각좌표 형식 → 극좌표 형식으로 변환

$\boldsymbol{A} = a + jb$ ➡

(크기) $A = \sqrt{a^2 + b^2}$

(편각) $\theta = \arg(\boldsymbol{A}) = \tan^{-1}\dfrac{b}{a}$

➡ $\boldsymbol{A} = A\angle\theta$

(2) 극좌표 형식 → 직각좌표 형식으로 변환

$\boldsymbol{A} = A\angle\theta$ ➡

$\boldsymbol{A} = A(\cos\theta + j\sin\theta)$

(실수부) $a = A\cos\theta$

(허수부) $b = A\sin\theta$

➡ $\boldsymbol{A} = a + jb$

복소수의 직각좌표 형식과 극좌표 형식의 상호 변환은 공학에서 매우 유용하므로 이의 변환 방법을 반드시 숙지하도록 한다.

또한 공학용 전자계산기를 이용한 변환 기능도 익혀 간편하고 빠른 계산을 할 수 있도록 하고, 앞의 예제 4.4, 예제 4.5와 예제 4.6에 대해 공학용 계산기를 사용하여 정답이 맞는지를 확인해 보자.

예제 4.6 다음의 주어진 복소수를 공학용 전자계산기를 이용하여 직각좌표 형식은 극좌표 형식으로, 극좌표 형식은 직각좌표 형식으로 변환하여 나타내라.

(1) $\mathbf{A} = -3$ (2) $\mathbf{B} = -j5$

(3) $\mathbf{C} = 3 + j4$ (4) $\mathbf{D} = 4\underline{/30°}$

(5) $\mathbf{E} = 2\underline{/225°}$ (6) $\mathbf{F} = 5\underline{/-120°}$

풀이

(1) $\mathbf{A} = -3$ 에서 $A = 3,\ \theta = 180°$ $\therefore\ \mathbf{A} = -3 = 3\underline{/180°}$

(2) $\mathbf{B} = -j5$에서 $B = 5,\ \theta = -90°$ $\therefore\ \mathbf{B} = -j5 = 5\underline{/-90°}$

(3) $\mathbf{C} = 3 + j4 = 5\underline{/53.13°}$ (4) $\mathbf{D} = 4\underline{/30°} = 3.46 + j2$

(5) $\mathbf{E} = 2\underline{/225°} = -1.41 - j1.41$ (6) $\mathbf{F} = 5\underline{/-120°} = -2.5 - j4.33$

4.5 복소수의 연산

4.5.1 복소수의 합과 차

두 복소수가 $\mathbf{A} = a + jb,\ \mathbf{B} = c + jd$ 일 때, 복소수의 사칙연산에서 대수적인 합과 차는 식 (4.4)와 식 (4.5)에 의하여 다음과 같다.

$$\begin{cases} \mathbf{A}+\mathbf{B} = (a+jb)+(c+jd) = (a+c)+j(b+d) \\ \mathbf{A}-\mathbf{B} = (a+jb)-(c+jd) = (a-c)+j(b-d) \end{cases} \tag{4.23}$$

복소평면 상에서 기하학적인 복소수의 합과 차는 2차원 평면에서의 벡터, 즉 평면벡터와 마찬가지로 평행사변형법과 삼각형법을 그대로 적용할 수 있다.

복소수의 합 $\mathbf{A}+\mathbf{B}$는 **그림** 4.6과 같이 두 복소수 $\mathbf{A}$와 $\mathbf{B}$를 두 변으로 하는 평행사변형의 대각선이 된다.

복소수의 차 $\mathbf{A}-\mathbf{B}$는 $\mathbf{A}+(-\mathbf{B})$이므로 $\mathbf{A}$와 $-\mathbf{B}$의 두 복소수의 합과 같다. 따라서 **그림** 4.7과 같이 복소수의 합과 마찬가지로 평행사변형법 또는 삼각형법을 그대로 이용할 수 있다.

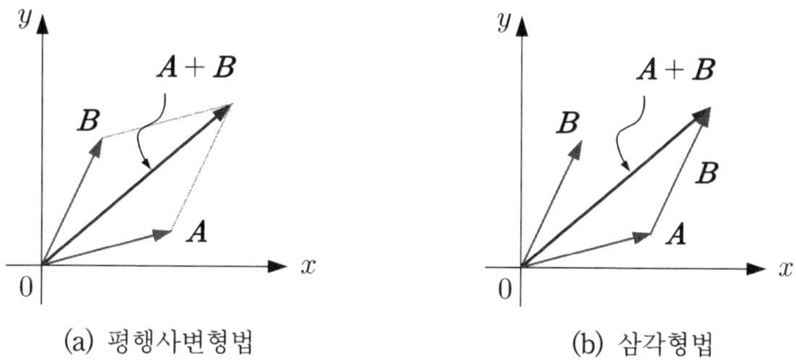

그림 4.6 복소수의 기하학적인 합

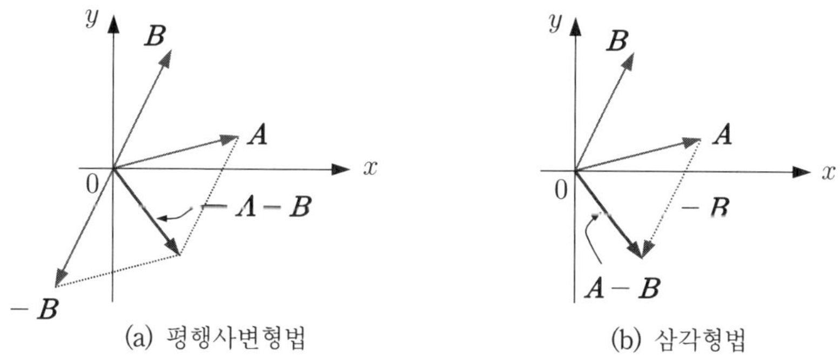

그림 4.7 복소수의 기하학적인 차

4.5.2 복소수의 곱셈과 나눗셈

복소수의 사칙연산에서 대수적으로 계산한 직각좌표 형식의 곱셈과 나눗셈의 결과는 식 (4.6)과 식 (4.7)에 의하여 다음과 같고, 매우 복잡한 연산과정을 거치게 된다.

$$\boldsymbol{A}\cdot\boldsymbol{B}=(a+jb)(c+jd)=ac+j(ad+bc)+j^2bd$$
$$=(ac-bd)+j(ad+bc) \qquad (4.24)$$

$$\frac{\boldsymbol{A}}{\boldsymbol{B}}=\frac{a+jb}{c+jd}=\frac{ac+bd}{c^2+d^2}+j\frac{bc-ad}{c^2+d^2} \qquad (4.25)$$

그러나 복소수의 곱셈과 나눗셈은 직각좌표 형식을 극좌표 형식으로 변환하여 계산하면 매우 간단히 처리된다.

두 복소수 $\boldsymbol{A}$와 $\boldsymbol{B}$가

$$\begin{cases} \boldsymbol{A} = a + jb = A(\cos\theta_1 + j\sin\theta_1) = A\angle\theta_1 \\ \boldsymbol{B} = c + jd = B(\cos\theta_2 + j\sin\theta_2) = B\angle\theta_2 \end{cases} \tag{4.26}$$

일 때, 삼각함수 형식(극형식)을 이용하여 극좌표 형식으로 표현된 복소수의 곱셈과 나눗셈의 결과를 알아본다.

(1) 복소수의 곱셈

두 복소수를 삼각함수 형식(극형식)을 이용하여 곱하면 다음과 같다.

$$\boldsymbol{A}\cdot\boldsymbol{B} = AB(\cos\theta_1 + j\sin\theta_1)(\cos\theta_2 + j\sin\theta_2) \tag{4.27}$$

$$= AB\{(\cos\theta_1\cos\theta_2 - \sin\theta_1\sin\theta_2) + j(\sin\theta_1\cos\theta_2 + \cos\theta_1\sin\theta_2)\}$$

$$= AB\{\cos(\theta_1 + \theta_2) + j\sin(\theta_1 + \theta_2)\}$$

이것으로부터 두 복소수의 곱의 크기는 $|\boldsymbol{A}\cdot\boldsymbol{B}| = AB$이고, 각은 $(\theta_1 + \theta_2)$가 된다. 이것을 극좌표 형식으로 표현하면

$$\boldsymbol{A}\cdot\boldsymbol{B} = (A\angle\theta_1)(B\angle\theta_2) = AB\angle(\theta_1 + \theta_2) \ \{= ABe^{j(\theta_1 + \theta_2)}\} \tag{4.28}$$

가 된다. 이 결과로부터 기하학적인 곱셈($\boldsymbol{A}$에 $\boldsymbol{B}$를 곱하는 것)은 **그림** 4.8(a)와 같이 복소 평면상에서 $\boldsymbol{A}$의 절대값(크기) A를 B배하여 반시계 방향으로 θ_2만큼 회전시킴을 의미한다.

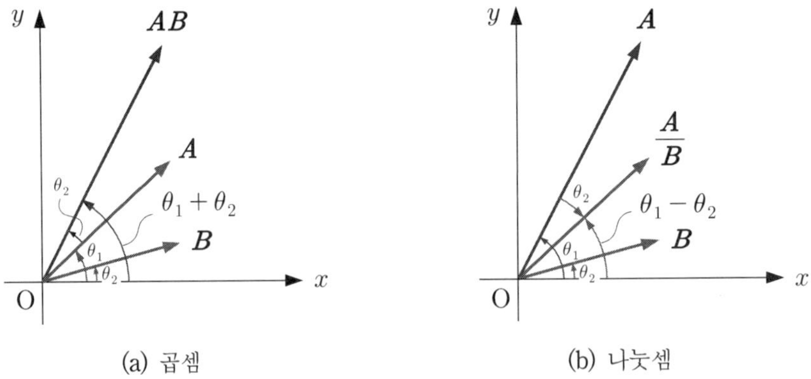

그림 4.8 복소수의 기하학적인 곱셈과 나눗셈

(2) 복소수의 나눗셈

두 복소수를 삼각함수 형식(극형식)을 이용하여 나누면 다음과 같다.

$$\frac{\boldsymbol{A}}{\boldsymbol{B}}=\frac{A(\cos\theta_1+j\sin\theta_1)}{B(\cos\theta_2+j\sin\theta_2)}=\frac{A(\cos\theta_1+j\sin\theta_1)(\cos\theta_2-j\sin\theta_2)}{B(\cos\theta_2+j\sin\theta_2)(\cos\theta_2-j\sin\theta_2)}$$

$$=\frac{A}{B}(\cos\theta_1+j\sin\theta_1)(\cos\theta_2-j\sin\theta_2)$$

$$=\frac{A}{B}\{\cos(\theta_1-\theta_2)+j\sin(\theta_1-\theta_2)\} \tag{4.29}$$

이것으로부터 복소수의 나눗셈의 절대값(크기)은 $\frac{A}{B}$이고, 각은 $(\theta_1-\theta_2)$이므로 극좌표 형식은 다음과 같이 된다.

$$\frac{\boldsymbol{A}}{\boldsymbol{B}}=\frac{A\angle\theta_1}{B\angle\theta_2}=\frac{A}{B}\angle(\theta_1-\theta_2)\left\{=\frac{A}{B}e^{j(\theta_1-\theta_2)}\right\} \tag{4.30}$$

이 결과로부터 기하학적인 나눗셈($\boldsymbol{A}$를 $\boldsymbol{B}$로 나누는 것)은 **그림 4.8(b)**와 같이 복소평면상에서 $\boldsymbol{A}$의 절대값(크기) A를 $\frac{1}{B}$배하여 시계 방향으로 θ_2만큼 회전시킴을 의미한다.

이상의 결과로부터 복소수의 대수적 연산 방법에서 **복소수의 합과 차의 계산**은 **직각좌표 형식**을 사용하고, **곱셈과 나눗셈**은 **극좌표 형식**으로 변환하여 계산하는 것이 간편함을 알 수 있다.

☞ 복소수의 간편한 대수 연산 방법

복소수 $\boldsymbol{A}=a+jb=A\angle\theta_1$, $\boldsymbol{B}=c+jd=B\angle\theta_2$인 경우의 사칙연산

(1) **복소수의 덧셈과 뺄셈 : 직각좌표 형식**

$$\boldsymbol{A}\pm\boldsymbol{B}=(a+jb)\pm(c+jd)=(a\pm c)+j(b\pm d)$$

(2) **복소수의 곱셈과 나눗셈 : 극좌표 형식**

$$\boldsymbol{A}\cdot\boldsymbol{B}=(A\angle\theta_1)(B\angle\theta_2)=AB\angle(\theta_1+\theta_2)$$

$$\frac{\boldsymbol{A}}{\boldsymbol{B}}=\frac{A\angle\theta_1}{B\angle\theta_2}=\frac{A}{B}\angle(\theta_1-\theta_2)$$

예제 4.7 두 복소수 $A = 20\underline{/60^\circ}$, $B = 6 + j8$에 대해 합, 차, 곱셈, 나눗셈을 간단히 계산하여 직각좌표 형식으로 나타내라.(공학용 전자계산기의 이용 가능)

(1) $A + B$ (2) $A - B$

(3) $A \cdot B$ (4) $\dfrac{A}{B}$

풀이

두 복소수를 전자계산기를 이용하여 직각좌표 형식과 극좌표 형식으로 나타낸다.

$$A = 20\underline{/60^\circ} = 10 + j17.32$$

$$B = 6 + j8 = 10\underline{/53.13^\circ}$$

(복소수의 덧셈과 뺄셈 : 직각좌표 형식)

(1) $A + B = (10 + j17.32) + (6 + j8) = 16 + j25.32$

(2) $A - B = (10 + j17.32) - (6 + j8) = 4 + j9.32$

(복소수의 곱셈과 나눗셈 : 극좌표 형식)

(3) $A \cdot B = (20\underline{/60^\circ}) \cdot (10\underline{/53.13^\circ}) = 20 \cdot 10\underline{/(60^\circ + 53.13^\circ)}$

$= 200\underline{/113.13^\circ} \qquad \therefore\ A \cdot B = -78.56 + j183.92$

(4) $\dfrac{A}{B} = \dfrac{20\underline{/60^\circ}}{10\underline{/53.13^\circ}} = 2\underline{/(60^\circ - 53.13^\circ)} = 2\underline{/6.87^\circ} \qquad \therefore\ \dfrac{A}{B} = 1.99 + j0.24$

예제 4.8 다음 식을 간단히 계산하라.

$$\frac{(2 + j3)(3 - j4)}{(1 + j2)} + (2 + j3)$$

풀이

공학용 전자계산기를 이용하여 곱셈과 나눗셈 부분은 극좌표 형식으로, 덧셈과 뺄셈 부분은 직각좌표 형식으로 변환하면 다음과 같이 간편하게 계산한다.

$$(\text{준 식}) = \frac{(3.61\underline{/56.31^\circ})(5\underline{/-53.13^\circ})}{(2.24\underline{/63.43^\circ})} + (2+j3)$$

$$= \frac{3.61 \times 5}{2.24}\underline{/56.31^\circ - 53.13^\circ - 63.43^\circ} + (2+j3)$$

$$= (8.06\underline{/-60.25^\circ}) + (2+j3) = (4-j7) + (2+j3) = 6-j4$$

예제 4.9 $R-L$ 직렬회로의 임피던스가 $Z = 3 + j4\,[\Omega]$이고, 전류 $I = 20\underline{/0^\circ}\,[\mathrm{A}]$가 흐를 때, 회로에 인가된 전압 $V[\mathrm{V}]$를 구하라.

풀이

임피던스 $Z = 3 + j4 = 5\underline{/53.13^\circ}\,[\Omega]$이고, $V = ZI$의 관계로부터

$$V = ZI = (3 + j4) \times 20 = 60 + j80\ [\mathrm{V}]$$

또는 $V = ZI = 5\underline{/53.13^\circ} \times 20\underline{/0^\circ} = 100\underline{/53.13^\circ} = 60 + j80\ [\mathrm{V}]$

4.6 회전 연산자

복소수 $\boldsymbol{A}$에 허수단위 j의 곱셈과 나눗셈을 극좌표 형식으로 표현하여 앞 절의 기하학적인 곱셈과 나눗셈의 해석에 의한 복소수 $\boldsymbol{A}$의 변화 관계를 생각해 본다.

복소수 $\boldsymbol{A} = a + jb = A\underline{/\theta}$일 때, 허수단위 $j = 1\underline{/90^\circ}$이므로 아래의 곱은

$$\begin{aligned} j\boldsymbol{A} &= j(a+jb) = -b + ja \\ &= (1\underline{/90^\circ})(A\underline{/\theta}) = A\underline{/\theta + 90^\circ} \end{aligned} \tag{4.31}$$

$$\begin{aligned} j^2\boldsymbol{A} &= (-1)\cdot(a+jb) = -a - jb \\ &= (1\underline{/180^\circ})(A\underline{/\theta}) = A\underline{/\theta + 180^\circ} \end{aligned} \tag{4.32}$$

$$\begin{aligned} j^3\boldsymbol{A} &= -j\boldsymbol{A} = -j(a+jb) = b - ja \\ &= (1\underline{/270^\circ})(A\underline{/\theta}) = A\underline{/\theta + 270^\circ} \end{aligned} \tag{4.33}$$

가 된다. **그림** 4.9와 같이 이들의 기하학적 의미는 다음과 같이 설명할 수 있다.

(1) $j\boldsymbol{A}$: 원점을 중심으로 복소수 $\boldsymbol{A}$를 반시계 방향으로 90° 회전시킨 것과 같다.

(2) $j^2\boldsymbol{A}$: $j \cdot (j\boldsymbol{A})$와 같으므로 $j\boldsymbol{A}$를 반시계 방향으로 90° 회전시킨 것과 같다.
즉, 복소수 $\boldsymbol{A}$를 반시계 방향으로 180° 회전시킨 것과 같다.

(3) $j^3\boldsymbol{A}$: $j \cdot (j^2\boldsymbol{A})$와 같으므로 $j^2\boldsymbol{A}$를 반시계 방향으로 90° 회전시킨 것과 같다.
즉, 복소수 $\boldsymbol{A}$를 반시계 방향으로 270° 회전시킨 것과 같다.

또 복소수 $\boldsymbol{A}$에 허수단위 j, j^2, j^3의 나눗셈은

$$\frac{\boldsymbol{A}}{j} = -j\boldsymbol{A} = \frac{A\underline{/\theta}}{1\underline{/90^\circ}} = A\underline{/\theta - 90^\circ} \tag{4.34}$$

$$\frac{\boldsymbol{A}}{j^2} = -\boldsymbol{A} = \frac{A\underline{/\theta}}{1\underline{/180^\circ}} = A\underline{/\theta - 180^\circ} \tag{4.35}$$

$$\frac{\boldsymbol{A}}{j^3} = j\boldsymbol{A} = \frac{A\underline{/\theta}}{1\underline{/270^\circ}} = A\underline{/\theta - 270^\circ} \tag{4.36}$$

가 된다. 즉, 복소수 $\boldsymbol{A}$를 j로 나누면, 복소수 $\boldsymbol{A}$를 원점 중심에서 시계 방향으로 90° 회전시킨 것과 같다. 마찬가지로 $\frac{\boldsymbol{A}}{j^2}$는 $\frac{\boldsymbol{A}}{j}$를, $\frac{\boldsymbol{A}}{j^3}$는 $\frac{\boldsymbol{A}}{j^2}$를 시계 방향으로 90° 씩 회전시킨 것과 같은 기하학적 의미를 갖는다.

이상과 같이 **한 복소수에 허수단위 j를 곱하거나 나눈다는 것은 복소수의 한 점을 원점 중심으로 반시계 또는 시계 방향으로 90°씩 회전시키는 것을 의미**한다. 이러한 의미에서 j를 **회전 연산자**(rotational operator)라고 한다.

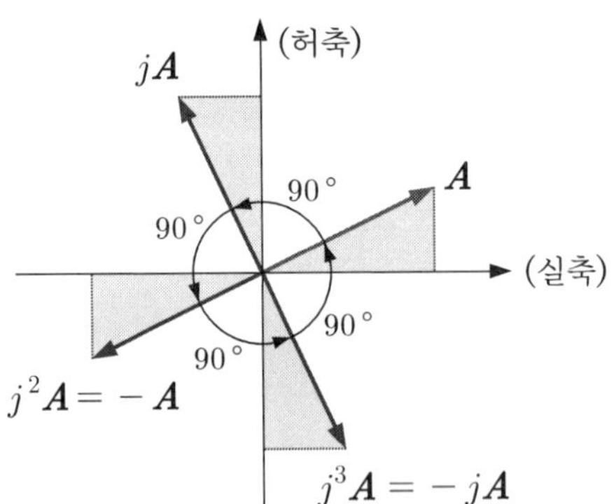

그림 4.9 회전 연산자

4.7 복소수의 n 제곱과 n 제곱근

4.7.1 복소수의 n 제곱

복소수의 n 제곱 또는 n 제곱근은 지수함수 형식(또는 극좌표 형식)을 이용하면 편리하다. 복소수 $\boldsymbol{A}=Ae^{j\theta}\left(=A\underline{/\theta}\right)$의 n 제곱은 다음과 같이 표현할 수 있다.

$$\boldsymbol{A}^n=\left(Ae^{j\theta}\right)^n=A^n e^{jn\theta}=A^n\underline{/n\theta} \tag{4.37}$$

식 (4.37)의 극좌표를 삼각함수 형식으로 변환하면 n이 정수일 때,

$$\boldsymbol{A}^n=A^n(\cos\theta+j\sin\theta)^n=A^n(\cos n\theta+j\sin n\theta)$$

$$\therefore\quad \boldsymbol{A}^n=A^n(\cos n\theta+j\sin n\theta) \tag{4.38}$$

가 된다. 이 식을 **드 므와브르 정리**(De Moivre theorem)라고 한다.

예제 4.10 다음의 주어진 식을 계산하라.

(1) $\left(\cos\dfrac{2\pi}{3}+j\sin\dfrac{2\pi}{3}\right)^3$ (2) $(\cos 30^\circ+j\sin 30^\circ)^{-4}$

(3) $(1+j\sqrt{3})^6$ (4) $(1+j)^{-3}$

풀이

(1) $\left(\cos\dfrac{2\pi}{3}+j\sin\dfrac{2\pi}{3}\right)^3=(\cos 2\pi+j\sin 2\pi)=1$

(2) $(\cos 30^\circ+j\sin 30^\circ)^{-4}=(\cos 120^\circ-j\sin 120^\circ)=-\dfrac{1}{2}-j\dfrac{\sqrt{3}}{2}$

(3) $(1+j\sqrt{3})^6=\left\{2\left(\cos\dfrac{\pi}{3}+j\sin\dfrac{\pi}{3}\right)\right\}^6=2^6\left\{\cos\left(6\cdot\dfrac{\pi}{3}\right)+j\sin\left(6\cdot\dfrac{\pi}{3}\right)\right\}$

$=2^6(\cos 2\pi+j\sin 2\pi)=2^6\cdot 1=64$

(4) $(1+j)^{-3}=\left\{\sqrt{2}\left(\cos\dfrac{\pi}{4}+j\sin\dfrac{\pi}{4}\right)\right\}^{-3}=\dfrac{1}{2\sqrt{2}}\left\{\cos\left(-\dfrac{3\pi}{4}\right)+j\sin\left(-\dfrac{3\pi}{4}\right)\right\}$

$$= -\frac{1}{4} - j\frac{1}{4} = -\frac{1}{4}(1+j)$$

4.7.2 복소수의 n 제곱근

임의의 실수 a에 대하여 n제곱하여 a가 되는 수, 즉 이항방정식

$$x^n = a \quad \text{또는} \quad x^n - a = 0 \tag{4.39}$$

을 만족하는 x를 **a의 n제곱근**(nth root) 또는 **거듭제곱근**이라고 한다. 여기서 a의 n 제곱근을 만족시키는 실수와 허수를 포함하는 복소수는 n개가 존재한다.

위에서 수의 범위를 확장하여 복소수 $\boldsymbol{A}$와 $\boldsymbol{B}$에 대한 이항방정식이

$$\boldsymbol{A}^n = \boldsymbol{B} \quad \text{또는} \quad \boldsymbol{A}^n - \boldsymbol{B} = 0 \tag{4.40}$$

일 때, 복소수 $\boldsymbol{B}$의 n제곱근을 만족시키는 복소수 $\boldsymbol{A}$는 n개가 존재한다.

복소수 $\boldsymbol{A}$와 $\boldsymbol{B}$를 다음과 같이 극형식(삼각함수 형식)으로 놓을 때, 이항방정식의 근인 복소수 $\boldsymbol{A}$를 구하여 본다.

$$\boldsymbol{A} = Ae^{j\phi} = A\underline{/\phi} = A(\cos\phi + j\sin\phi) \tag{4.41}$$

$$\boldsymbol{B} = Be^{j\theta} = B\underline{/\theta} = B(\cos\theta + j\sin\theta) \tag{4.42}$$

식 (4.41)의 복소수 $\boldsymbol{A}$의 n제곱은 식 (4.38)의 드 므와브르 정리에 의하여

$$\boldsymbol{A}^n = A^n(\cos n\phi + j\sin n\phi) \tag{4.43}$$

이다. 여기서 식 (4.42)와 식 (4.43)은 식 (4.40)에 의해 서로 같으므로

$$A^n(\cos n\phi + j\sin n\phi) = B(\cos\theta + j\sin\theta) \quad (\boldsymbol{A}^n = \boldsymbol{B}) \tag{4.44}$$

가 된다. 등식으로부터 양변의 절대값(크기)은 같고, 편각 θ를 일반각 $(\theta + 2k\pi)$로 고치면

$$A^n = B, \qquad n\phi = \theta + 2k\pi \quad (k\text{는 양의 정수})$$

$$\therefore \quad A = \sqrt[n]{B}, \qquad \phi = \frac{\theta + 2k\pi}{n} \tag{4.45}$$

가 된다. 즉, 복소수 $\boldsymbol{A}$의 크기 A와 편각 ϕ가 도출된다.

이 결과로부터 극형식으로 표현하면 복소수 $\boldsymbol{B}$의 n제곱근 $\boldsymbol{A}_k$는

$$\boldsymbol{A}_k = A \angle \frac{\theta + 2k\pi}{n}$$

$$\therefore \quad \boldsymbol{A}_k = \sqrt[n]{B}\left(\cos\frac{\theta+2k\pi}{n} + j\sin\frac{\theta+2k\pi}{n}\right) \tag{4.46}$$

$$(k=0,\ 1,\ 2, \ldots\ldots,\ n-1)$$

이 된다. 이 근을 복소수 $\boldsymbol{B}$의 n제곱근이라 하고, n개가 존재한다.

이 n개의 값은 원점에 중심을 둔 반지름이 $\sqrt[n]{B}$ 인 원주를 n등분한 점을 표시하고, 정 n각형의 꼭지점을 형성한다.

특히 $k=0$에 대한 근은 **주근**이라 하고

$$\boldsymbol{A}_0 = \sqrt[n]{B} \angle \frac{\theta}{n} = \sqrt[n]{B}\left(\cos\frac{\theta}{n} + j\sin\frac{\theta}{n}\right) \tag{4.47}$$

이다. 나머지의 근은 **부근**이라 하며, 기하학적으로 부근을 결정하는 방법은 식 (4.47)로부터 주근을 구한 후, 주근의 점에서부터 원점을 중심으로 $\frac{2\pi}{n}$씩 반시계 방향으로 회전시킬 때 원주 상에서 만나는 점들로 간단히 정해진다.

이항방정식 $\boldsymbol{A}^3=1$을 위의 **해법 순서**에 의해 복소수 $\boldsymbol{A}$의 근을 구해본다.

(1) 좌변을 드 므와브르의 정리에 의해 극형식으로 변환한다.

$$\boldsymbol{A}^3 = A^3(\cos 3\phi + j\sin 3\phi)$$

(2) 우변을 극형식으로 변환하고, 각을 일반각으로 한다.

$$1 = 1\underline{/0+2k\pi} = 1\cdot(\cos 2k\pi + j\sin 2k\pi)$$

(3) 두 식의 등식 관계에 의해 근의 복소수 $\boldsymbol{A}$의 크기와 편각을 구한다.

$$A^3 = 1 \qquad \therefore \quad A = 1$$

$$3\phi = 2k\pi \qquad \therefore \quad \phi = \frac{2k\pi}{3}$$

(4) $\boldsymbol{A} = A\angle\phi = A(\cos\phi + j\sin\phi)$에 대입한다.

$$\therefore \quad \boldsymbol{A}_k = 1\cdot\left(\cos\frac{2k\pi}{3} + j\sin\frac{2k\pi}{3}\right) \quad (k=0,\ 1,\ 2)$$

(5) 복소수 $\boldsymbol{A}$는 다음과 같이 구해진다.

$$k=0 : \boldsymbol{A}_0=1 \text{ (주근)}$$

$$k=1 : \boldsymbol{A}_1=\cos\frac{2\pi}{3}+j\sin\frac{2\pi}{3}=-\frac{1}{2}+j\frac{\sqrt{3}}{2}$$

$$k=2 : \boldsymbol{A}_2=\cos\frac{4\pi}{3}+j\sin\frac{4\pi}{3}=-\frac{1}{2}-j\frac{\sqrt{3}}{2}$$

그림 4.10과 같이 1의 세제곱근 $\boldsymbol{A}$는 반지름 1인 원주를 3등분한 점으로 표시되고, 정삼각형의 꼭지점을 형성한다.

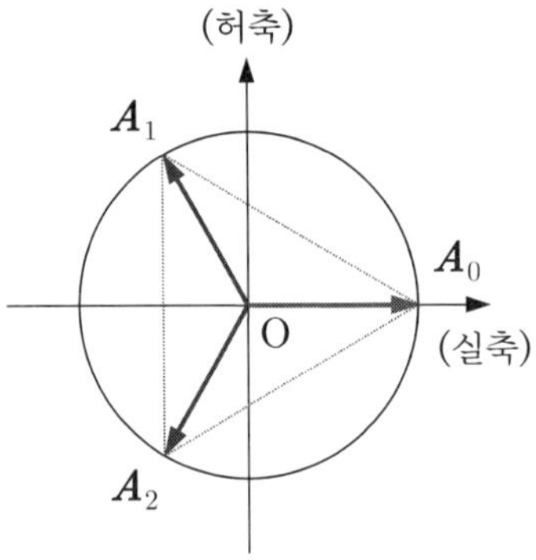

그림 4.10 1의 세제곱근

이제 예제를 통하여 복소수의 n제곱근을 이항방정식의 식 (4.46)의 결과를 이용하여 직접 근을 구하는 방법과 주근에 의한 기하학적으로 부근을 찾아 간단히 근을 구하는 방법을 알아본다.

예제 4.11 $A^3=j2$ **인 복소수의 세제곱근을 구하라.**

풀이

이항방정식의 해법을 사용하지 않고, 식 (4.46)의 결과를 이용하여 간단히 구해본다. 먼저 우변의 주어진 복소수를 일반각의 극형식으로 변환한다.

$$j2=2\angle\frac{\pi}{2}=2\left(\cos\frac{\pi}{2}+j\sin\frac{\pi}{2}\right)=2\left\{\cos\left(\frac{\pi}{2}+2k\pi\right)+j\sin\left(\frac{\pi}{2}+2k\pi\right)\right\}$$

이것을 식 (4.46)에 의하여 복소수 $\boldsymbol{A}$의 근은

$$\boldsymbol{A}_k = \sqrt[3]{2}\left\{\cos\frac{\left(\frac{\pi}{2}+2k\pi\right)}{3} + j\sin\frac{\left(\frac{\pi}{2}+2k\pi\right)}{3}\right\}$$

로 주어진다. 즉, $k=0,\ 1,\ 2$를 대입하면
복소수 $\boldsymbol{A}$는 3개의 근이 구해진다.

$$\boldsymbol{A}_0 = \sqrt[3]{2}\,(\cos 30° + j\sin 30°)$$

$$= \sqrt[3]{2}\left(\frac{\sqrt{3}}{2} + j\frac{1}{2}\right)$$

$$\boldsymbol{A}_1 = \sqrt[3]{2}\,(\cos 150° + j\sin 150°)$$

$$= \sqrt[3]{2}\left(-\frac{\sqrt{3}}{2} + j\frac{1}{2}\right)$$

$$\boldsymbol{A}_2 = \sqrt[3]{2}\,(\cos 270° + j\sin 270°) = -j\sqrt[3]{2}$$

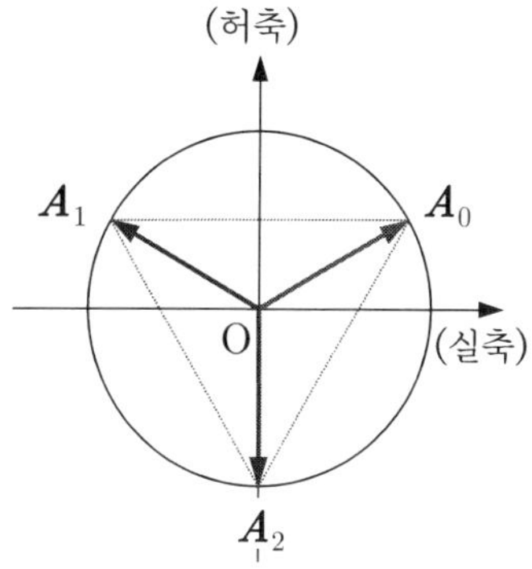

그림 4.11

예제 4.12 $A^4 = -16$**인 복소수의 네제곱근을 구하라.**

풀이

식 (4.47)의 주근에 의한 기하학적인 방법으로 부근을 구해본다. 먼저 우변의 주어진 복소수 -16을 극형식으로 변환하면

$$-16 = 16\angle\pi = 16(\cos\pi + j\sin\pi)$$

이고, 식 (4.47)에 의하여 주근 $\boldsymbol{A}_0$는

$$\boldsymbol{A}_0 = \sqrt[4]{16}\angle\frac{\pi}{4} = 2\angle\frac{\pi}{4}$$

$$= 2\left(\cos\frac{\pi}{4} + j\sin\frac{\pi}{4}\right)$$

$$= \sqrt{2} + j\sqrt{2} = \sqrt{2}(1+j)$$

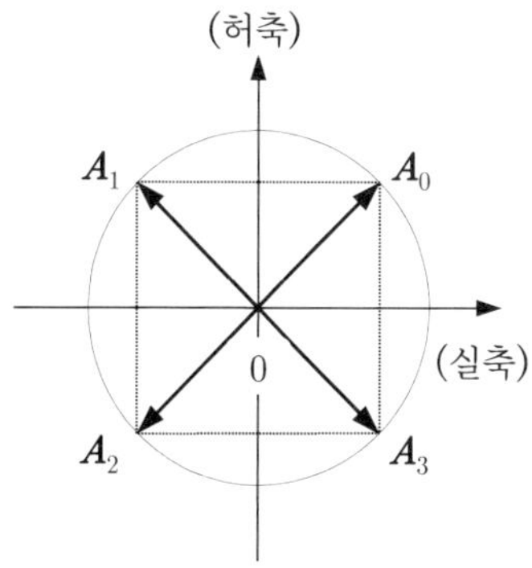

그림 4.12

가 된다. 따라서 부근은 기하학적으로 $\frac{2\pi}{4} = \frac{\pi}{2}$씩

반시계 방향으로 회전하여 만나는 점이 되므로 복소수 $\boldsymbol{A}$는 주근 1개와 부근 3개의 근이 구해진다.

$$\boldsymbol{A}_1 = 2\angle\frac{3\pi}{4} = 2\left(\cos\frac{3\pi}{4} + j\sin\frac{3\pi}{4}\right) = \sqrt{2}(-1+j)$$

$$\boldsymbol{A}_2 = 2\angle\frac{5\pi}{4} = 2\left(\cos\frac{5\pi}{4} + j\sin\frac{5\pi}{4}\right) = \sqrt{2}(-1-j)$$

$$\boldsymbol{A}_3 = 2\angle\frac{7\pi}{4} = 2\left(\cos\frac{7\pi}{4} + j\sin\frac{7\pi}{4}\right) = \sqrt{2}(1-j)$$

4.8 복소수의 미분과 적분

복소수 $\boldsymbol{A} = a + jb$의 미분과 적분은 지수함수 형식이 간편하다. 그러므로 복소수 $\boldsymbol{A}$의 지수함수 형식의 표현이

$$\boldsymbol{A} = a + jb = A\underline{/\theta} = Ae^{j\theta} \tag{4.48}$$

일 때, 먼저 복소수 $\boldsymbol{A} = Ae^{j\theta}$를 θ에 대해 미분하면

$$\frac{d\boldsymbol{A}}{d\theta} = \frac{d}{d\theta}\left(Ae^{j\theta}\right) = jAe^{j\theta} = j\boldsymbol{A} \tag{4.49}$$

가 된다. 따라서 임의의 복소수를 미분한 결과는 원 복소수 $\boldsymbol{A}$에 허수단위, 즉 회전 연산자 j를 곱한 것과 같으므로, 이는 기하학적으로 복소 평면상에서 원 복소수 $\boldsymbol{A}$를 반시계 방향으로 90° 회전시키는 것을 의미한다.

식 (4.48)의 복소수 $\boldsymbol{A} = Ae^{j\theta}$를 θ에 대해 적분하면

$$\int \boldsymbol{A}\,d\theta = \int Ae^{j\theta}\,d\theta = \frac{Ae^{j\theta}}{j} = \frac{\boldsymbol{A}}{j} = -j\boldsymbol{A} \tag{4.50}$$

로 된다. 따라서 임의의 복소수를 적분한 결과는 원 복소수 $\boldsymbol{A}$를 허수단위, 즉 회전 연산자 j로 나눈 것과 같으므로, 이는 기하학적으로 원 복소수 $\boldsymbol{A}$를 시계 방향으로 90° 회전시키는 것을 의미한다.

4.9 삼각함수와 쌍곡선함수

실수 x와 복소수 $\boldsymbol{A}$를 변수로 하는 삼각함수 및 쌍곡선함수에 대한 각종 공식들의 관계에 대하여 알아본다.

4.9.1 삼각함수

지수함수는 식 (4.18)의 오일러 공식으로부터

$$\begin{cases} e^{jx} = \cos x + j\sin x & (1) \\ e^{-jx} = \cos x - j\sin x & (2) \end{cases} \tag{4.51}$$

로 표현된다. 실수 x에 대한 cosine과 sine의 삼각함수는 식 (4.51)의 (1)과 (2)의 합과 차에 의하여 아래와 같이 지수함수로 표현할 수 있다.

$$\begin{cases} e^{jx} + e^{-jx} = 2\cos x & \therefore\ \cos x = \dfrac{1}{2}\left(e^{jx} + e^{-jx}\right) \\ e^{jx} - e^{-jx} = 2j\sin x & \therefore\ \sin x = \dfrac{1}{2j}\left(e^{jx} - e^{-jx}\right) \end{cases} \tag{4.52}$$

그러므로 이 식으로부터 복소수 $\boldsymbol{A}$에 대한 삼각함수도 아래와 같이

$$\cos\boldsymbol{A} = \frac{1}{2}\left(e^{j\boldsymbol{A}} + e^{-j\boldsymbol{A}}\right), \quad \sin\boldsymbol{A} = \frac{1}{2j}\left(e^{j\boldsymbol{A}} - e^{-j\boldsymbol{A}}\right) \tag{4.53}$$

로 정의할 수 있다.

마찬가지로 실수에 대한 삼각함수의 기본 공식들도 복소수의 삼각함수에 대해 성립한다. 즉,

$$\begin{cases} \tan\boldsymbol{A} = \dfrac{\sin\boldsymbol{A}}{\cos\boldsymbol{A}}, & \cot\boldsymbol{A} = \dfrac{\cos\boldsymbol{A}}{\sin\boldsymbol{A}}\left(= \dfrac{1}{\tan\boldsymbol{A}}\right) \\ \sec\boldsymbol{A} = \dfrac{1}{\cos\boldsymbol{A}}, & \mathrm{cosec}\boldsymbol{A} = \dfrac{1}{\sin\boldsymbol{A}} \end{cases} \tag{4.54}$$

우함수는 $f(x) = f(-x)$, 기함수는 $f(x) = -f(-x)$가 성립하며, 복소수에 대한 삼각함수 $\cos\boldsymbol{A}$와 $\sec\boldsymbol{A}$는 우함수이고, 나머지는 기함수이므로

$$\begin{cases} \cos \boldsymbol{A} = \cos \boldsymbol{A}, & \sin \boldsymbol{A} = -\sin \boldsymbol{A} \\ \cot \boldsymbol{A} = -\cot \boldsymbol{A}, & \tan \boldsymbol{A} = -\tan \boldsymbol{A} \end{cases} \tag{4.55}$$

가 성립한다.

실수에 대해 적용되는 삼각함수의 기본공식, 도함수 및 덧셈 공식은 복소수에 대해서도 다음과 같이 성립한다.

$$\sin^2 \boldsymbol{A} + \cos^2 \boldsymbol{A} = 1 \tag{4.56}$$

$$\begin{cases} \dfrac{d}{d\boldsymbol{A}} \sin \boldsymbol{A} = \cos \boldsymbol{A}, & \dfrac{d}{d\boldsymbol{A}} \cos \boldsymbol{A} = -\sin \boldsymbol{A} \\ \dfrac{d}{d\boldsymbol{A}} \tan \boldsymbol{A} = \sec^2 \boldsymbol{A} \end{cases} \tag{4.57}$$

$$\begin{cases} \cos(\boldsymbol{A}_1 + \boldsymbol{A}_2) = \cos \boldsymbol{A}_1 \cos \boldsymbol{A}_2 \mp \sin \boldsymbol{A}_1 \sin \boldsymbol{A}_2 \\ \sin(\boldsymbol{A}_1 + \boldsymbol{A}_2) = \sin \boldsymbol{A}_1 \cos \boldsymbol{A}_2 \pm \cos \boldsymbol{A}_1 \sin \boldsymbol{A}_2 \end{cases} \tag{4.58}$$

식 (4.53)에서 $\boldsymbol{A} = jy$인 경우와 쌍곡선 함수의 정의에 의하여

$$\begin{cases} \cos jy = \dfrac{1}{2}(e^{-y} + e^{y}) = \cosh y \\ \sin y = \dfrac{1}{2j}(e^{-y} - e^{y}) = j \sinh y \end{cases} \tag{4.59}$$

가 된다. 또 식 (4.58)의 덧셈 공식에서 복소수 $\boldsymbol{A} = x + jy$일 때 $\cos \boldsymbol{A}$와 $\sin \boldsymbol{A}$는

$$\begin{cases} \cos \boldsymbol{A} = \cos(x + jy) = \cos x \cos jy - \sin x \sin jy \\ \sin \boldsymbol{A} = \sin(x + jy) = \sin x \cos jy + \cos x \sin jy \end{cases} \tag{4.60}$$

와 같이 표현된다. 즉 식 (4.60)은 아래와 같이

$$\begin{cases} \cos \boldsymbol{A} = \cos(x + jy) = \cos x \cosh y - j \sin x \sinh y \\ \sin \boldsymbol{A} = \sin(x + jy) = \sin x \cosh y + j \cos x \sinh y \end{cases} \tag{4.61}$$

로 표현할 수 있고, 수치해석에 유용한 식을 얻게 된다.

4.9.2 쌍곡선 함수

실수 x에 대한 쌍곡선 함수(hyperbolic function)는 대표적으로 $\cosh x$, $\sinh x$ 및 $\tanh x$가 있고, 아래와 같이

$$\cosh x = \frac{1}{2}\left(e^{x} + e^{-x}\right),\ \sinh x = \frac{1}{2}\left(e^{x} - e^{-x}\right),\ \tanh x = \frac{\sinh x}{\cosh x} \tag{4.62}$$

로 정의하며, **하이퍼보릭 코사인**, **하이퍼보릭 사인** 및 **하이퍼보릭 탄젠트**라고 읽는다.

그림 4.13은 각종 쌍곡선 함수의 곡선을 나타낸다.

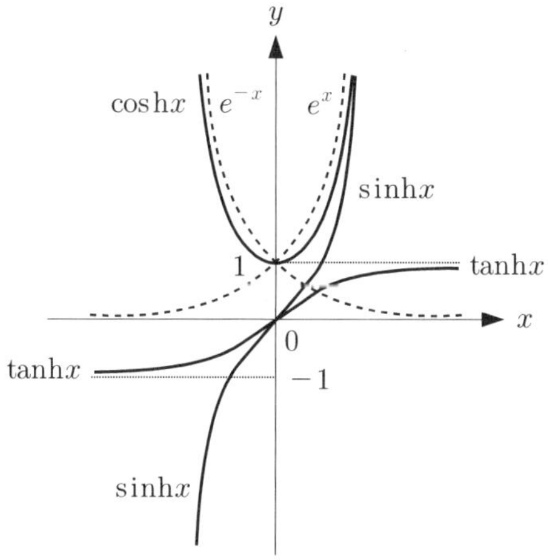

그림 4.13 쌍곡선 함수의 곡선

식 (4.62)의 두 식에서 합과 차에 의하여 지수함수 e^{x}와 e^{-x}는

$$\begin{cases} e^{x} = \cosh x + \sinh x & (1) \\ e^{-x} = \cosh x - \sinh x & (2) \end{cases} \tag{4.63}$$

로 표현되고, 또 식 (4.63)의 (1)과 (2)를 곱하면 다음의 쌍곡선 함수의 기본 공식이 유도된다.

$$\cosh^2 x - \sinh^2 x = 1 \tag{4.64}$$

복소수의 쌍곡선 함수는 위의 실변수에 대한 쌍곡선 함수의 경우와 마찬가지로 다음의 공식이 성립한다.

$$\begin{cases} \cosh\boldsymbol{A} = \dfrac{1}{2}\left(e^{\boldsymbol{A}} + e^{-\boldsymbol{A}}\right) = 1 + \dfrac{x^2}{2!} + \dfrac{x^4}{4!} + \cdots \\ \sinh\boldsymbol{A} = \dfrac{1}{2}\left(e^{\boldsymbol{A}} - e^{-\boldsymbol{A}}\right) = x + \dfrac{x^3}{3!} + \dfrac{x^5}{5!} + \cdots \end{cases} \tag{4.65}$$

$$\begin{cases} \tanh\boldsymbol{A} = \dfrac{\sinh\boldsymbol{A}}{\cosh\boldsymbol{A}}, \quad \coth\boldsymbol{A} = \dfrac{\cosh\boldsymbol{A}}{\sinh\boldsymbol{A}}\left(= \dfrac{1}{\tanh\boldsymbol{A}}\right) \\ \mathrm{sech}\boldsymbol{A} = \dfrac{1}{\cosh\boldsymbol{A}}, \quad \mathrm{csch}\boldsymbol{A} = \dfrac{1}{\sinh\boldsymbol{A}} \end{cases} \tag{4.66}$$

복소수에 대한 쌍곡선 함수의 도함수와 덧셈 공식도

$$\begin{cases} \dfrac{d}{d\boldsymbol{A}}\sinh\boldsymbol{A} = \cosh\boldsymbol{A}, \quad \dfrac{d}{d\boldsymbol{A}}\cosh\boldsymbol{A} = -\sinh\boldsymbol{A} \\ \dfrac{d}{d\boldsymbol{A}}\tanh\boldsymbol{A} = \mathrm{sech}^2\boldsymbol{A} \end{cases} \tag{4.67}$$

$$\begin{cases} \cosh(\boldsymbol{A}_1 \pm \boldsymbol{A}_2) = \cosh\boldsymbol{A}_1\cosh\boldsymbol{A}_2 \pm \sinh\boldsymbol{A}_1\sinh\boldsymbol{A}_2 \\ \sinh(\boldsymbol{A}_1 \pm \boldsymbol{A}_2) = \sinh\boldsymbol{A}_1\cosh\boldsymbol{A}_2 \pm \cos\boldsymbol{A}_1\sin\boldsymbol{A}_2 \end{cases} \tag{4.68}$$

가 성립하고, 또 복소수 $\boldsymbol{A} = x + jy$일 때 $\cosh\boldsymbol{A}$와 $\sinh\boldsymbol{A}$는

$$\begin{cases} \cosh\boldsymbol{A} = \cosh(x + jy) = \cosh x\cos y + j\sinh x\sin y \\ \sinh\boldsymbol{A} = \sinh(x + jy) = \sinh x\cos y + j\cosh x\sin y \end{cases} \tag{4.69}$$

로 표현된다.

4.10 복소수의 응용

(1) 페이저의 정의

그림 4.14(a)는 정현파의 최대값 V_m과 같은 크기를 갖는 화살표 선분 $\overline{\mathrm{OP}}$가 초기 위상 θ의 위치로부터 원점을 중심으로 하는 반시계 방향으로 일정한 각속도 ω로 원운동을 하는 **회전벡터**를 나타낸다.

그림 4.14(b)는 회전벡터의 정투영 선분 $\overline{\mathrm{OP}'}$이 회전각의 변화에 따라 사인함수의 정현파가 나타나는 모습을 나타낸 것이다.

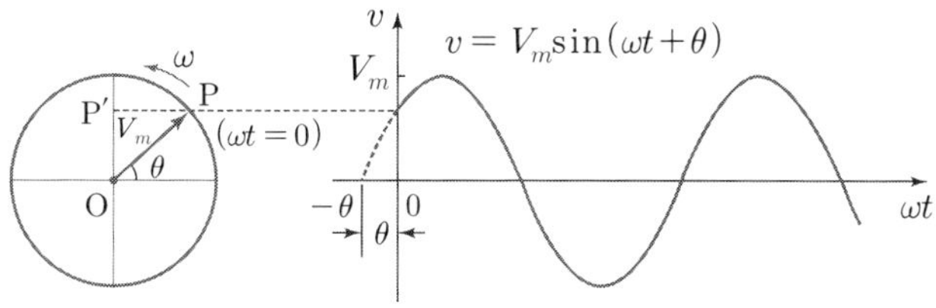

(a) 회전벡터 (b) 정현파 교류

그림 4.14 사인파(정현파)의 페이저 표시

정투영 선분 $\overline{\mathrm{OP'}}$, 즉 회전벡터에 의한 정현파의 순시값 v는

$$\overline{\mathrm{OP'}}(=v)=V_m\sin(\omega t+\theta) \tag{4.70}$$

로 표현된다. 여기서 V_m은 사인파의 진폭, 즉 최대값을 나타낸다.

식 (4.70)에서 순시값은 최대값, 주파수(또는 각주파수, $\omega=2\pi f$) 및 초기 위상으로 표현되지만, 주파수 $f(\omega)$는 일정하고 진폭(최대값) V_m과 초기 위상 θ만 변하게 된다.

회전벡터에 의해 나타나는 식 (4.70)의 순시값에서 ωt를 제거하고 최대값 V_m과 위상 θ만으로 표시하여 **정지벡터**로 나타낼 수 있고, 동일한 각주파수 ω로 회전하는 전압과 전류의 회전벡터도 시간 $t=0$에서 정지시킨 정지벡터로 취급할 수 있다.

이와 같이 정현파를 정지벡터의 크기와 각의 복소수(극좌표 형식)로 나타내는 표현법을 **페이저**(phasor)라고 한다. 즉 사인함수를 복소수로 변환하는 것이라고 생각해도 된다. 결국 페이저는 크기와 각으로 표현하므로 복소수와 동일한 $\boldsymbol{V}$, $\boldsymbol{I}$ 등과 같이 **고딕체 문자**로 표기하고 벡터로 취급한다.

정현파의 크기는 최대값보다 실효값을 많이 사용하고 실효값이 대표값이기 때문에 정현파 교류의 페이저 표시는 최대값 대신에 실효값 V와 초기 위상 θ로 표현하도록 약속하고 있다.

식 (4.70)의 정현파 순시값에 대한 복소수 표시법의 **페이저**는 최대값과 실효값의 관계 $V_m=\sqrt{2}\,V$에서 극좌표 형식으로 변환하면

$$\boldsymbol{V}=\frac{V_m}{\sqrt{2}}\underline{/\theta}=V\underline{/\theta} \tag{4.71}$$

이다. 여기서 $\theta=0°$일 때의 페이저 $\boldsymbol{V}=V\underline{/0°}$를 **기준 페이저**(reference phasor)라 하고, 페이저를 복소 평면에 나타낸 그림을 **페이저도**(phasor diagram)라 한다.

식 (4.71)의 페이저 $\boldsymbol{V}$를 순시값 v로 표현하면 다음과 같다.

$$v=\sqrt{2}\,V\sin(\omega t+\theta)=V_m\sin(\omega t+\theta) \tag{4.72}$$

(2) 순시값의 페이저 표시

그림 4.15(a)는 최대값이 $V_m=\sqrt{2}\,V$, $I_m=\sqrt{2}\,I$이고, 위상이 θ_1, θ_2인 정현파 교류 전압과 전류의 순시값을 나타낸 것이다.

$$\begin{aligned} v&=V_m\sin(\omega t+\theta_1)=\sqrt{2}\,V\sin(\omega t+\theta_1)\\ i&=I_m\sin(\omega t+\theta_2)=\sqrt{2}\,I\sin(\omega t+\theta_2) \end{aligned} \tag{4.73}$$

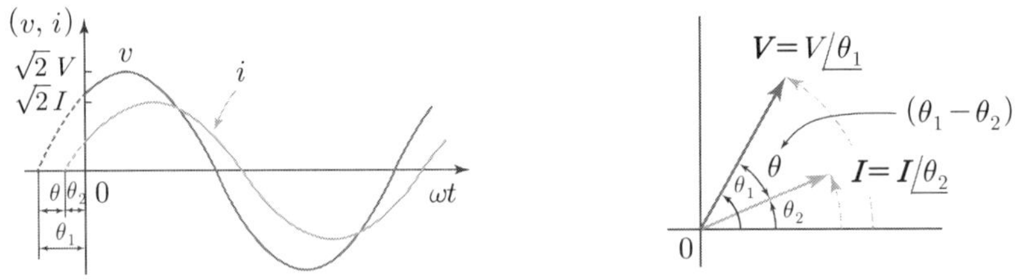

(a) 정현파의 순시값　　(b) 페이저도

그림 4.15 정현파의 페이저 표시

식 (4.73)의 순시값 v와 i를 극좌표 형식의 페이저 전압과 페이저 전류로 표시하면

$$\boldsymbol{V}=V\angle\theta_1,\quad \boldsymbol{I}=I\angle\theta_2\qquad \text{위상차 }(\theta=\theta_1-\theta_2) \tag{4.74}$$

이다. **그림** 4.15(b)는 전압과 전류의 극좌표를 복소평면에 나타낸 페이저도이다.

교류회로 해석에서 페이저도는 전압, 전류의 (초기)위상보다는 이들의 상대적인 위상 관계, 즉 위상차가 매우 중요한 의미를 가진다.

따라서 **그림** 4.15(b)보다 **그림** 4.16과 같이 전류 또는 전압을 기준 페이저로 선정하여 하나의 위상을 0°로 하고 다른 하나를 위상차 θ가 되도록 페이저를 표시하는 것이 회로 해석에 편리하고 실용적이다.

그림 4.16의 페이저도에서 **두 페이저의 위상 관계**는 반시계 방향으로 위쪽에 있는 페이저가 앞선 것이다. 즉, 전압은 전류보다 위상이 θ 만큼 앞선다. 또는 전류는 전압보다 위상이 θ 만큼 뒤진다. 이러한 위상 관계는 간단히 **지상전류**(뒤진 전류)라고 한다.

(a) 전류 기준 (b) 전압 기준

그림 4.16 페이저도(기준 페이저)

표 4.1은 전압과 전류의 사인파(정현파)에 대한 순시값을 페이저로 변환하는 방법에 대해 정리하여 나타낸 것이다.

이와 같이 페이저는 크기와 각의 양으로 표시되기 때문에 극좌표, 삼각함수 형식 및 지수함수 형식 등의 복소수 표현 방법으로 나타낼 수 있다.

회로망 해석에서 순시값은 삼각함수의 형태로 이루어져 있기 때문에 사칙연산이 곤란하지만, 복소수 표현 방법인 페이저는 사칙연산, 미분과 적분 등의 연산에서 매우 간편하다. 따라서 삼각함수 형태의 순시값은 페이저로 변환하여 사용한다.

표 4.1 순시값의 페이저 표현 방식

순시값 표현식		페이저 표현식(복소수 표현식)
전압	$v = \sqrt{2}\,V\sin(\omega t + \theta_1)$	$\boldsymbol{V} = V\angle\theta_1$ (극좌표 형식) $= V(\cos\theta_1 + j\sin\theta_1)$ (삼각함수 형식) $= Ve^{j\theta_1}$ (지수함수 형식)
전류	$i = \sqrt{2}\,I\sin(\omega t + \theta_2)$	$\boldsymbol{I} = I\angle\theta_2$ (극좌표 형식) $= I(\cos\theta_2 + j\sin\theta_2)$ (삼각함수 형식) $= Ie^{j\theta_2}$ (지수함수 형식)

예제 4.13 다음 주어진 전압과 전류의 사인파를 대표하는 페이저로 나타내라.

(1) $v_1 = 100\sqrt{2}\sin\omega t$ (2) $v_2 = -50\sqrt{2}\sin\left(\omega t + \frac{\pi}{6}\right)$

(3) $i_1 = 14.14\sin\left(\omega t - \frac{\pi}{3}\right)$ (4) $i_2 = 5\sqrt{2}\cos\left(\omega t + \frac{\pi}{4}\right)$

풀이

(1) $v_1 = 100\sqrt{2}\sin\omega t \qquad \therefore\ \boldsymbol{V}_1 = 100\underline{/0°}$

(2) $v_2 = -50\sqrt{2}\sin\left(\omega t + \frac{\pi}{6}\right) = 50\sqrt{2}\sin\left(\omega t + \frac{\pi}{6} + \pi\right)$

$= 50\sqrt{2}\sin\left(\omega t + \frac{7\pi}{6}\right) \qquad \therefore\ \boldsymbol{V}_2 = 50\angle\frac{7\pi}{6}$

(3) $i_1 = 14.14\sin\left(\omega t - \frac{\pi}{3}\right) \qquad \therefore\ \boldsymbol{I}_1 = 10\angle -\frac{\pi}{3}$

(4) $i_2 = 5\sqrt{2}\cos\left(\omega t + \frac{\pi}{4}\right) = 5\sqrt{2}\sin\left(\omega t + \frac{\pi}{4} + \frac{\pi}{2}\right)$

$= 5\sqrt{2}\sin\left(\omega t + \frac{3\pi}{4}\right) \qquad \therefore\ \boldsymbol{I}_2 = 5\angle\frac{3\pi}{4}$

예제 4.14 $R = 6\,[\Omega]$, $X_L = 10\,[\Omega]$, $X_C = 2\,[\Omega]$의 직렬 회로에 전압을 인가하였더니 $i = 10\sqrt{2}\sin 100\pi t\,[\mathrm{A}]$의 전류가 흘렀다. 이 회로의 인가전압을 순시값으로 표현하고, 전압과 전류의 페이저도를 나타내라.

풀이

교류 전류를 기준 페이저 $\boldsymbol{I} = 10\underline{/0°}$로 하고, 임피던스 $\boldsymbol{Z}$는

$$\boldsymbol{Z} = R + j(X_L - X_C) = 6 + j8 = 10\underline{/53.13°}\ [\Omega]$$

이다. 인가전압 $\boldsymbol{V}$는 교류의 옴의 법칙에 의하여

$$\boldsymbol{V} = \boldsymbol{ZI} = (10\underline{/53.13°})(10\underline{/0°}) \qquad \therefore\ \boldsymbol{V} = 100\underline{/53.13°}\ [\mathrm{V}]$$

가 구해진다. 여기서 인가전압의 순시값은 다음과 같이 표현된다.

$$v = 100\sqrt{2}\sin(100\pi t + 53.13°)\ [\mathrm{V}]$$

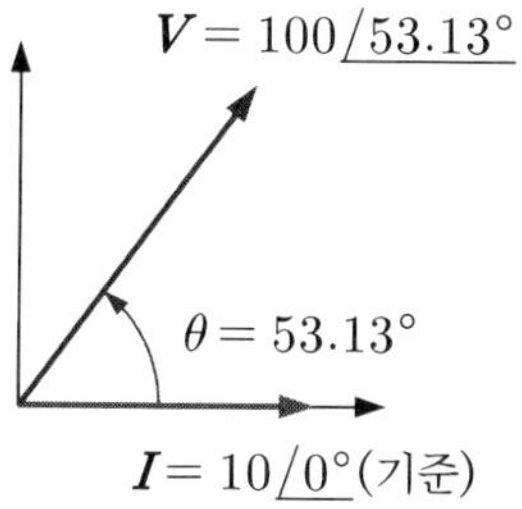

그림 4.17 페이저도

전압과 전류의 위상관계는 전압이 전류보다 53.13° 빠르며, 페이저도는 **그림** 4.17과 같다.

연 / 습 / 문 / 제

4-1 다음의 복소수를 계산하라.

(1) $(3+j4)+(4-j2)$

(2) $(2-j3)-(6-j5)$

(3) $(4-j2)\times(3+j6)$

(4) $(6+4)\div(3-j2)$

(5) $(12\underline{/75°})\times(5\underline{/-30°})$

(6) $(10\underline{/-30°})\div(2\underline{/-90°})$

※ 이하 문제는 공학용 전자계산기를 이용해도 된다.

4-2 다음 직각좌표 형식의 복소수를 극좌표 형식으로 나타내라.

(1) 5

(2) $-j5$

(3) $4+j4\sqrt{3}$

(4) $-3-j6$

4-3 다음 극좌표 형식의 복소수를 직각좌표 형식으로 나타내라.

(1) $20\underline{/-90°}$

(2) $100\underline{/30°}$

(3) $100\underline{/-210°}$

(4) $4\underline{/210°}$

4-4 다음의 식을 계산하여 직각좌표 형식으로 나타내라.

$$\frac{(2+j2)(-3-j2)}{1+j2}+\frac{6+j3}{2-j2}$$

힌트 복소수의 덧셈과 뺄셈 : 직각좌표 형식, 복소수의 곱과 나눗셈 : 극좌표 형식

4-5 $A=10+j10$, $B=10\underline{/-120°}$, $C=5$일 때, 다음의 계산 결과를 극좌표 형식과 직각좌표 형식으로 나타내라.

(1) $\dfrac{A+B}{C}$

(2) $\dfrac{B\cdot C}{A}$

힌트 복소수의 덧셈과 뺄셈 : 직각좌표 형식, 복소수의 곱과 나눗셈 : 극좌표 형식

4-6 다음 주어진 지수함수 형식의 복소수 $\boldsymbol{A}$를 아래의 형식으로 변환하여 나타내라.

$$\boldsymbol{A} = 10e^{j\frac{\pi}{3}}$$

(1) 극좌표 형식 (2) 삼각함수 형식(극형식) (3) 직각좌표 형식

4-7 다음 복소수의 절대값과 편각을 구하라.

(1) $(3+j4)(-2-j)$ (2) $\dfrac{3+j4}{-2-j}$

4-8 $\boldsymbol{A} = 5\left(\cos\dfrac{\pi}{3} + j\sin\dfrac{\pi}{3}\right)$, $\boldsymbol{B} = 20\left(\cos\dfrac{\pi}{6} + j\sin\dfrac{\pi}{6}\right)$로 표시되는 두 복소수가 있다. $\boldsymbol{A} \cdot \boldsymbol{B}$의 결과를 극좌표 형식과 직각좌표 형식으로 나타내라.

4-9 $\boldsymbol{A} = 5(\cos 60° + j\sin 60°)$의 복소수가 있다. $j\boldsymbol{A}$의 결과를 극좌표 형식과 직각좌표 형식으로 나타내라.

4-10 다음 식의 값을 직각좌표 형식으로 나타내라.

(1) $(1-j)^4$ (2) $(3+j4)^3$

(3) $(\cos 60° + j\sin 60°)^5$ (4) $(2\underline{/30°})^5$

4-11 $A^4 = 1$인 복소수의 네제곱근을 구하라.

4-12 $A^4 = -1$인 복소수의 네제곱근의 주근과 부근을 구하라.

4-13 다음 사인파(정현파)의 순시값을 페이저로, 페이저는 순시값으로 표시하라. (단, 각주파수는 ω이다.)

(1) $i = 5\sqrt{2}\sin(\omega t - 60°)$ (2) $v = 40\sqrt{2}\cos\omega t$

(3) $\boldsymbol{I} = 5\underline{/-135°}$ (4) $\boldsymbol{V} = 40\underline{/90°}$

4-14 다음의 복소수로 표시된 교류 전압과 전류를 순시값으로 표현하라. 이 때 주파수는 $f=60\,[\mathrm{Hz}]$로 한다.

(1) $\boldsymbol{V}=5$ (2) $\boldsymbol{V}=10+j10\sqrt{3}$

(3) $\boldsymbol{I}=j2$ (4) $\boldsymbol{I}=5-j5$

힌트 전압 순시값 $v=V_m\sin(\omega t+\theta)$, $V_m=\sqrt{2}\,V$, $\omega=2\pi f$

4-15 어떤 회로의 교류 전압과 전류가 다음과 같이 표시될 때, 이 회로의 복소 임피던스 $\boldsymbol{Z}$를 나타내고, 이로부터 임피던스의 크기 Z, 전압과 전류의 위상차 θ를 구하라.

$$v=220\sqrt{2}\sin(120\pi t+30°)\,[\mathrm{V}],\quad i=10\sqrt{2}\sin(120\pi t-30°)\,[\mathrm{A}]$$

힌트 복소 임피던스 $\boldsymbol{Z}=\dfrac{\boldsymbol{V}}{\boldsymbol{I}}=\dfrac{220\angle 30°}{10\angle -30°}=Z\angle\theta$

4-16 $R=5\,[\Omega]$, $X_L=5\sqrt{3}\,[\Omega]$인 $R-L$직렬회로에 $v=100\sqrt{2}\sin\omega t\,[\mathrm{V}]$의 교류 전압를 인가하였을 때, 전류 i의 순시치를 구하라.

힌트 $\boldsymbol{Z}=R+jX_L$, $\boldsymbol{I}=\dfrac{\boldsymbol{V}}{\boldsymbol{Z}}$

4-17 $R=10\,[\Omega]$, $L=20\,[\mathrm{mH}]$, $C=100\,[\mu\mathrm{F}]$인 $R-L-C$직렬회로에서 사인파의 교류전압 $v=100\sqrt{2}\sin 100\pi t\,[\mathrm{V}]$를 인가하였을 때, 다음을 각각 구하라.

(1) 복소 임피던스 $\boldsymbol{Z}$

(2) 회로 전류의 순시값 i

힌트 리액턴스 : $X_L=\omega L$, $X_C=\omega C$, 복소 임피던스 : $\boldsymbol{Z}=R+j(X_L-X_C)$

전류 : $\boldsymbol{I}=\dfrac{\boldsymbol{V}}{\boldsymbol{Z}}$

chapter 5 벡터해석

5.1 벡터의 개념

5.1.1 스칼라와 벡터

자연계의 물리량을 표현하는 방법으로는 스칼라(scalar)량과 벡터(vector)량이 있다.

스칼라는 길이, 온도, 면적, 체적, 질량, 일, 에너지, 전력, 전압, 전위, 저항 등과 같이 크기만으로 상태를 충분히 표현할 수 있는 양으로 수치와 단위로써 나타낸다.

스칼라량의 표시 방법은 A, a, $\overline{\mathrm{A}}$, $\overline{\mathrm{OP}}$와 같이 **이태릭체 문자** 또는 **문자에 선분 기호**를 붙여서 표현한다.

벡터는 변위, 힘, 속도, 가속도, 전계, 자계 등과 같이 크기와 방향으로 상태를 완전히 표현할 수 있는 양이다. 벡터량의 표시 방법은 $\boldsymbol{A}$, $\boldsymbol{a}$, $\overrightarrow{\mathrm{A}}$, $\overrightarrow{\mathrm{OP}}$로 **고딕체 문자** 또는 **문자에 화살표**를 붙여서 표현한다.

벡터 $\boldsymbol{A}$의 크기만을 표시할 때에는 스칼라량의 표시 방법과 같은 이태릭체 A 또는 벡터 $\boldsymbol{A}$에 절대값의 기호를 붙인 $|\boldsymbol{A}|$ 등으로 표시한다.

5.1.2 벡터의 표시

벡터 $\boldsymbol{A}$의 표현은 어떤 물체가 임의의 점 O에서 점 P로 이동한 변위를 나타낼 때, **그림** 5.1과 같이 점 O에서 정하여진 벡터의 방향으로 선분 OP를 그리고, 선분 OP의

길이는 벡터 $\boldsymbol{A}$의 크기, 즉 A 및 절대치 $|\boldsymbol{A}|$와 같게 하며, 방향은 선분의 종점에 화살표를 붙여서 표시한다.

벡터 $\boldsymbol{A}$는 $\overrightarrow{\mathrm{OP}}$로도 표시할 수 있고, 점 O는 벡터 $\boldsymbol{A}$의 **시점**, 점 P는 **종점**이라고 한다.

벡터 $\boldsymbol{A}$의 크기는 벡터 $\boldsymbol{A}$의 절대치 또는 길이라고 부르고, $|\boldsymbol{A}|$ 또는 A라고 표기한다.

특히 좌표계에서 원점 O를 시점으로 하는 벡터를 **위치벡터**라 하고, 원점 O를 시점으로 취하지 않는 벡터를 **변위벡터**라고 한다.

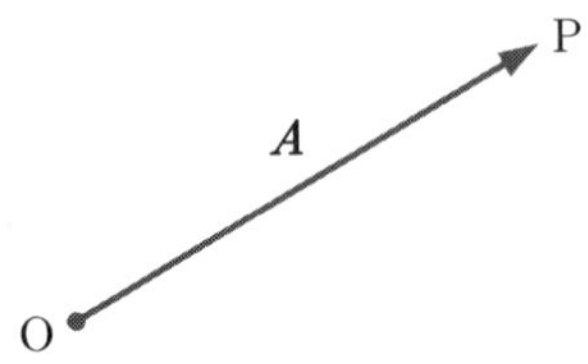

그림 5.1 벡터의 표현

☞ 스칼라 및 벡터(물리량의 표현 방법)

(1) 스칼라

① 크기 : 길이, 온도, 면적, 체적, 질량, 일, 에너지, 전력, 전압, 전위

② 표현법 : A, a, $\overline{\mathrm{A}}$, $\overline{\mathrm{OP}}$

(2) 벡터

① 크기와 방향 : 변위, 힘, 속도, 가속도, 전계, 자계

② 표현법 : $\boldsymbol{A}$, $\boldsymbol{a}$, $\overrightarrow{\mathrm{A}}$, $\overrightarrow{\mathrm{OP}}$

5.1.3 벡터의 상등과 역벡터

(1) 벡터의 상등

그림 5.2와 같이 두 벡터 $\overrightarrow{\mathrm{AB}}$와 $\overrightarrow{\mathrm{CD}}$에서 위치에 관계없이 그 크기와 방향이 서로 같은 두 벡터는 같다고 하며, 이것을 두 **벡터의 상등**이라고 한다. 벡터의 상등은 $\overrightarrow{\mathrm{AB}}=\overrightarrow{\mathrm{CD}}$ 또는 $\boldsymbol{P}=\boldsymbol{Q}$로 나타낸다. 즉, 두 벡터를 평행이동에 의하여 포개지는 벡터는 상등인 벡터이다.

(2) 역벡터

그림 5.3과 같이 점 A를 시점으로 하고 점 B를 종점으로 하는 벡터 $\overrightarrow{\mathrm{AB}}$에 대하여 점 B를 시점으로 하고 점 A를 종점으로 하는 벡터 $\overrightarrow{\mathrm{BA}}$를 벡터 $\overrightarrow{\mathrm{AB}}$의 **역벡터**라 한다. 역벡터는 크기가 같고 방향만 반대인 벡터이므로 $\overrightarrow{\mathrm{BA}}=-\overrightarrow{\mathrm{AB}}$ 또는 $\boldsymbol{P}=-\boldsymbol{Q}$가 된다.

따라서 임의의 벡터 $\boldsymbol{A}$에 대하여 크기는 같고 방향만 반대인 **역벡터**는 음(－)의 부호를 붙여 $-\boldsymbol{A}$로 나타낸다.

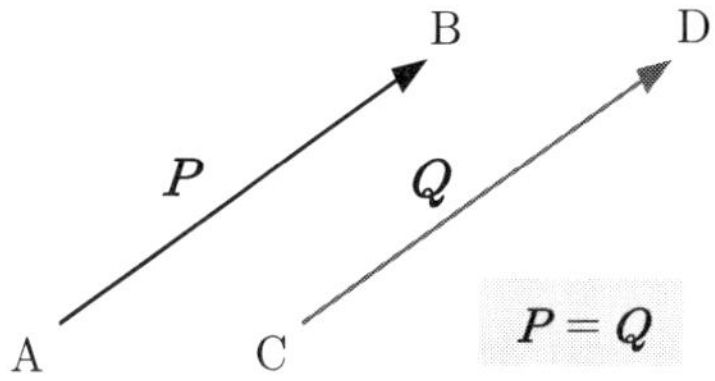

그림 5.2 벡터의 상등

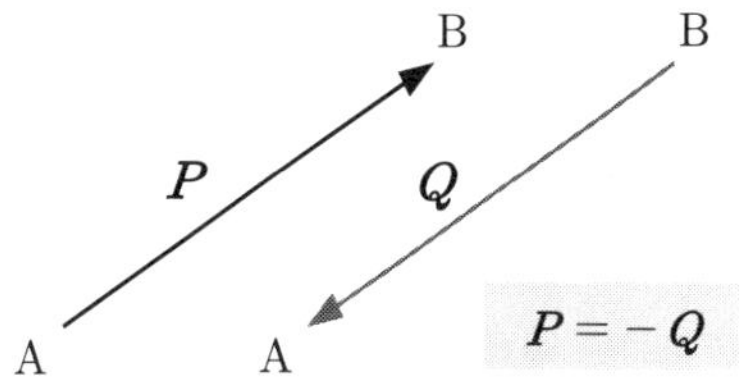

그림 5.3 역벡터

예제 5.1 그림 5.4의 직사각형에서 $\overrightarrow{\mathrm{AB}}=\boldsymbol{A}$, $\overrightarrow{\mathrm{AC}}=\boldsymbol{B}$, $\overrightarrow{\mathrm{AD}}=\boldsymbol{C}$라 할 때 다음을 각각 구하라.

(1) 각각의 벡터를 $\boldsymbol{A}$, $\boldsymbol{B}$, $\boldsymbol{C}$로 나타내라.

① $\overrightarrow{\mathrm{BA}}$ ② $\overrightarrow{\mathrm{CA}}$

③ $\overrightarrow{\mathrm{BC}}$ ④ $\overrightarrow{\mathrm{CD}}$

(2) 벡터 $\overrightarrow{\mathrm{DC}}$와 같은 벡터를 구하라.

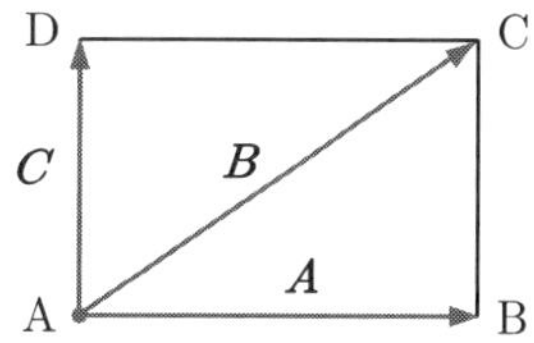

그림 5.4

풀이

(1) 벡터의 상등과 역벡터의 정의를 이용하여 푼다.

① 벡터 $\overrightarrow{\mathrm{BA}}$는 $\overrightarrow{\mathrm{AB}}$의 역벡터이므로 $\overrightarrow{\mathrm{BA}}=-\overrightarrow{\mathrm{AB}}=-\boldsymbol{A}$

② $\overrightarrow{\mathrm{CA}}=-\overrightarrow{\mathrm{AC}}=-\boldsymbol{B}$

③ 벡터 $\overrightarrow{\mathrm{BC}}$를 평행이동하여 벡터 $\overrightarrow{\mathrm{AD}}$와 포개지므로 서로 같은 벡터이다. 즉, $\overrightarrow{\mathrm{BC}}=\overrightarrow{\mathrm{AD}}=\boldsymbol{C}$

④ $\overrightarrow{\mathrm{CD}}=\overrightarrow{\mathrm{BA}}=-\overrightarrow{\mathrm{AB}}=-\boldsymbol{A}$

(2) 벡터의 상등에 의해 벡터 $\overrightarrow{\mathrm{DC}}$를 평행이동하면 벡터 $\overrightarrow{\mathrm{AB}}$와 포개진다. 즉, $\overrightarrow{\mathrm{DC}}=\overrightarrow{\mathrm{AB}}=\boldsymbol{A}$가 된다.

5.2 벡터의 기하학적 연산

5.2.1 벡터의 합

두 벡터 $\boldsymbol{A}$와 $\boldsymbol{B}$의 기하학적인 합은 **그림** 5.5와 같이 **평행사변형법** 또는 **삼각형법**을 이용하여 구할 수 있다.

그림 5.5(a)와 같이 두 벡터 $\boldsymbol{A}$, $\boldsymbol{B}$의 시점을 점 O에 일치시킨 후, 두 벡터 $\boldsymbol{A}$, $\boldsymbol{B}$를 양변으로 하는 평행사변형의 대각선 $\boldsymbol{C}$는 벡터 $\boldsymbol{A}$와 $\boldsymbol{B}$의 합이 된다. 이와 같이 두 벡터의 시점이 같은 벡터의 합은 평행사변형의 대각선으로 나타내는 방법을 **평행사변형법**이라고 한다.

그림 5.5(b)와 같이 벡터 $\boldsymbol{A}$의 종점에 벡터 $\boldsymbol{B}$의 시점을 놓았을 때 그려지는 삼각형의 사변 $\boldsymbol{C}$는 벡터 $\boldsymbol{A}$와 $\boldsymbol{B}$의 합이 된다. 이와 같이 한 벡터의 종점에 다른 벡터의 시점이 놓여있을 때 두 벡터의 합을 삼각형의 사변으로 나타내는 방법을 **삼각형법**이라고 한다.

따라서 **그림** 5.5와 같이 평행사변형법에 의한 대각선과 삼각형법에 의한 사변을 나타내는 벡터 $\boldsymbol{C}$는 두 벡터 $\boldsymbol{A}$와 $\boldsymbol{B}$의 합으로 나타낸다.

$$\boldsymbol{A}+\boldsymbol{B}=\boldsymbol{C} \tag{5.1}$$

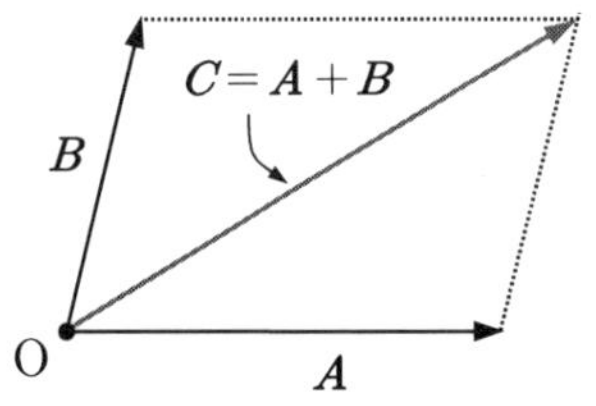

(a) 평행사변형법

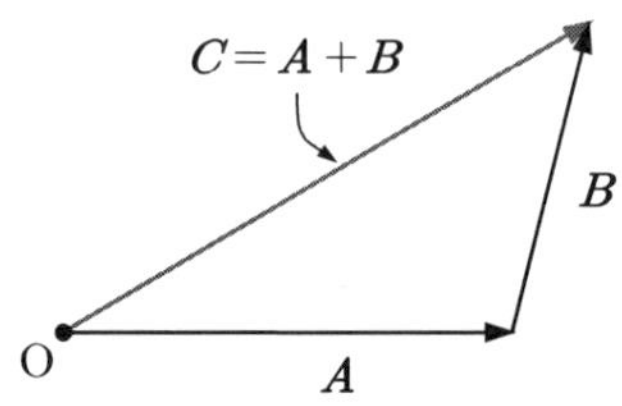

(b) 삼각형법

그림 5.5 벡터의 합

5.2.2 벡터의 차

두 벡터 $\boldsymbol{A}$와 $\boldsymbol{B}$의 차는 **그림** 5.6과 같이 벡터 $\boldsymbol{A}$와 $-\boldsymbol{B}$의 합과 같으므로 벡터 $\boldsymbol{A}$에 벡터 $\boldsymbol{B}$의 방향을 반대로 한 역벡터의 합으로 주어진다.

$$A - B = A + (-B) = C \tag{5.2}$$

그림 5.6(b)와 같이 벡터 C에 두 벡터 A와 B의 종점이 연결되어 있으면 구하려는 벡터 C는 벡터의 차가 된다는 것을 미리 알아둔다. 이 때 벡터의 차는 벡터 C의 종점에 연결된 벡터(A)에서 벡터 C의 시점에 연결된 벡터(B)의 차가 되는 것으로 이해해 두면 편리하게 활용할 수 있다.

즉, 벡터 C는 종점에 연결된 벡터에서 시점에 연결된 벡터의 차, 즉 $C = A - B$가 된다.

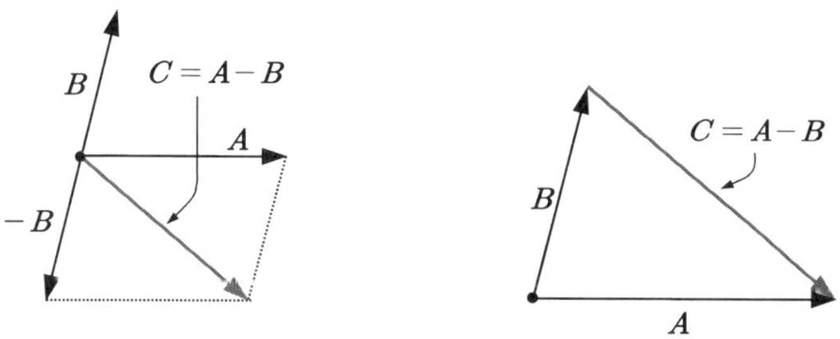

(a) 평행사변형법 (b) 삼각형법

그림 5.6 벡터의 차

예제 5.2 그림 5.7과 같이 두 벡터 A, B가 주어졌을 때 두 벡터의 합을 그려라.

그림 5.7

풀이

(1) 평행사변형법의 이용

그림 5.8(a)와 같이 벡터 A의 시점에 벡터 B를 평행 이동시켜 두 벡터의 시점을 일치시킨 후 두 벡터가 만드는 평행사변형의 대각선이 두 벡터의 합이 된다.

(2) 삼각형법의 이용

그림 5.8(b)와 같이 벡터 $\boldsymbol{A}$의 종점에 벡터 $\boldsymbol{B}$를 평행 이동시켜 시점을 옮겨 놓은 후 삼각형의 사변이 두 벡터의 합이 된다.

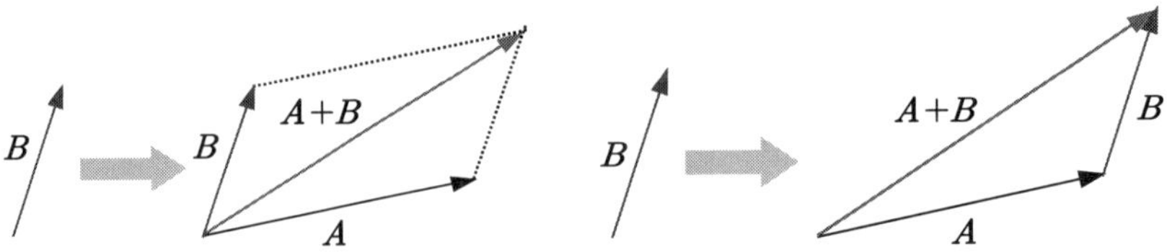

(a) 평행사변형법 (b) 삼각형법

그림 5.8

예제 5.3 그림 5.9와 같이 평행사변형 ABCD의 교점을 P라 할 때, $\overrightarrow{\mathrm{PA}}=\boldsymbol{A}$, $\overrightarrow{\mathrm{PB}}=\boldsymbol{B}$라 한다.

(1) 다음의 벡터를 $\boldsymbol{A}$, $\boldsymbol{B}$로 나타내라.

① $\overrightarrow{\mathrm{AB}}$ ② $\overrightarrow{\mathrm{BC}}$

③ $\overrightarrow{\mathrm{CD}}$ ④ $\overrightarrow{\mathrm{DA}}$

(2) 벡터 $\overrightarrow{\mathrm{CP}}$와 같은 벡터를 구하라.

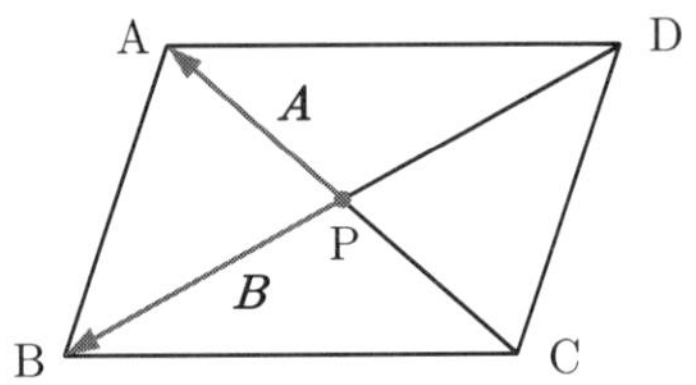

그림 5.9

풀이

(1) 벡터의 합 또는 차의 두 가지 방법을 이용하여 각각 풀어본다.

① [벡터의 합] $\overrightarrow{\mathrm{AB}}=\overrightarrow{\mathrm{AP}}+\overrightarrow{\mathrm{PB}}=-\boldsymbol{A}+\boldsymbol{B}$

[벡터의 차] 벡터 $\overrightarrow{\mathrm{AB}}$에 두 벡터 $\overrightarrow{\mathrm{PA}}$, $\overrightarrow{\mathrm{PB}}$의 종점이 연결되어 있으므로 벡터의 차가 되며, 그 벡터의 차는 종점에 연결된 벡터에서 시점에 연결된 벡터의 차가 된다. 즉

$$\therefore \quad \overrightarrow{\mathrm{AB}}=\overrightarrow{\mathrm{PB}}-\overrightarrow{\mathrm{PA}}=\boldsymbol{B}-\boldsymbol{A}=-\boldsymbol{A}+\boldsymbol{B}$$

② [벡터의 합] $\overrightarrow{\mathrm{BC}}=\overrightarrow{\mathrm{BP}}+\overrightarrow{\mathrm{PC}}=-\boldsymbol{B}-\boldsymbol{A}=-\boldsymbol{A}-\boldsymbol{B}$

[벡터의 차] $\overrightarrow{BC} = \overrightarrow{PC} - \overrightarrow{PB} = -\boldsymbol{A} - \boldsymbol{B}$

③ [벡터의 합] $\overrightarrow{CD} = \overrightarrow{CP} + \overrightarrow{PD} = \boldsymbol{A} - \boldsymbol{B}$

[벡터의 차] $\overrightarrow{CD} = \overrightarrow{PD} - \overrightarrow{PC} = -\boldsymbol{B} - (-\boldsymbol{A}) = \boldsymbol{A} - \boldsymbol{B}$

④ [벡터의 합] $\overrightarrow{DA} = \overrightarrow{DP} + \overrightarrow{PA} = \boldsymbol{B} + \boldsymbol{A} = \boldsymbol{A} + \boldsymbol{B}$

[벡터의 차] $\overrightarrow{DA} = \overrightarrow{PA} - \overrightarrow{PD} = \boldsymbol{A} - (-\boldsymbol{B}) = \boldsymbol{A} + \boldsymbol{B}$

(2) 벡터의 상등에 의해 벡터 $\overrightarrow{CP}$를 평행이동하면 벡터 $\overrightarrow{PA}$와 같게 된다. 즉,

$$\therefore \quad \overrightarrow{CP} = \overrightarrow{PA} = \boldsymbol{A}$$

5.3 벡터의 성분

5.3.1 단위벡터와 기본벡터

벡터 $\boldsymbol{A}$와 방향이 같고 크기가 1인 벡터를 $\boldsymbol{a}$라 하면, $\boldsymbol{A}$는 크기 A와 $\boldsymbol{a}$의 곱으로 나타내어지므로

$$\boldsymbol{A} = A\boldsymbol{a} \tag{5.3}$$

이다. 즉, 크기가 1이고 방향만을 갖는 벡터 $\boldsymbol{a}$를 **단위벡터**(unit vector)라 하고, 크기 A를 벡터 $\boldsymbol{A}$의 $\boldsymbol{a}$방향 **성분**(component)이라 한다.

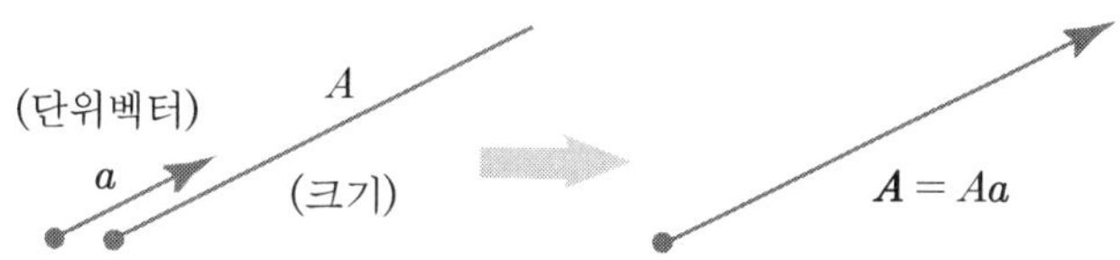

그림 5.10 단위벡터

특히 **그림** 5.11의 좌표계에서 x, y, z 각 축의 양의 방향으로 크기가 1인 **단위벡터** $\boldsymbol{i}$, $\boldsymbol{j}$, $\boldsymbol{k}$ (또는 $\boldsymbol{a}_x$, $\boldsymbol{a}_y$, $\boldsymbol{a}_z$)를 **기본벡터**(fundamental vector)라고 한다. 기본벡터들은 서로 각도가 90°의 관계를 이루고 있는 벡터 계산에 중요하게 사용되는 벡터량이다.

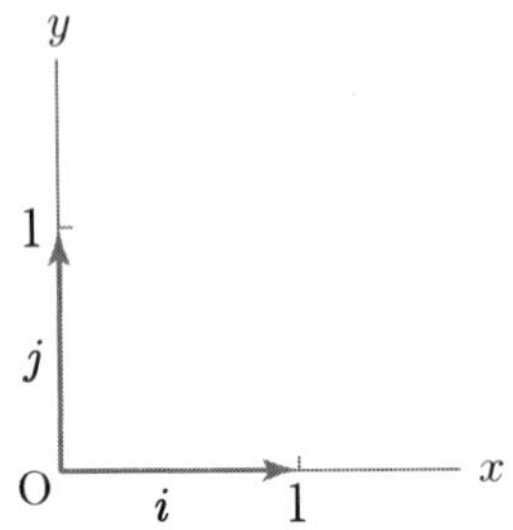

(a) 직교 좌표계

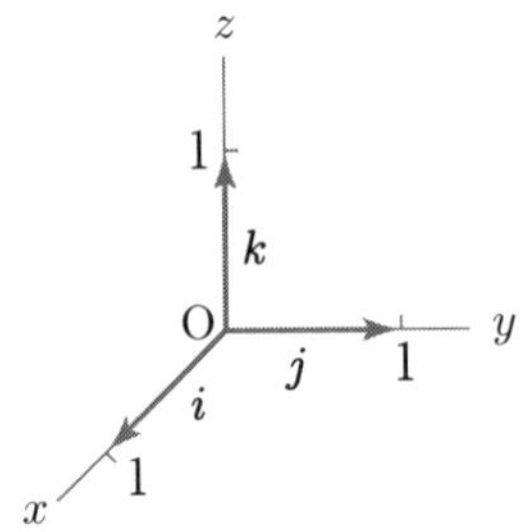

(b) 공간 좌표계

그림 5.11 기본벡터

5.3.2 벡터의 성분 표시

(1) 직교 좌표계

임의의 한 점에 대한 벡터를 수식적으로 표현할 때 2차원 평면의 직교 좌표계를 이용하면 이해하는데 편리하다.

그림 5.12와 같이 x, y 평면상에서 원점 O를 시점으로 하고 점 A(A_x, A_y)를 종점으로 하는 벡터, 즉 **위치벡터** $\boldsymbol{A}$는 x, y**성분**이 각각 A_x, A_y이고 축방향의 **성분벡터**는 $A_x\boldsymbol{i}$, $A_y\boldsymbol{j}$이므로 각 성분벡터의 합으로 나타낼 수 있다. 즉,

$$\boldsymbol{A} = A_x\boldsymbol{i} + A_y\boldsymbol{j} \tag{5.4}$$

여기서 벡터 $\boldsymbol{A}$의 크기 A는 피타고라스의 정리(Pythagolas's theorem)에 의해 다음과 같다.

$$A = |\boldsymbol{A}| = \sqrt{{A_x}^2 + {A_y}^2} \tag{5.5}$$

또 벡터 $\boldsymbol{A}$가 각 축 x, y와 이루는 각을 α, β라고 하면

$$\cos\alpha = l = \frac{A_x}{A},\ \cos\beta = m = \frac{A_y}{A} \tag{5.6}$$

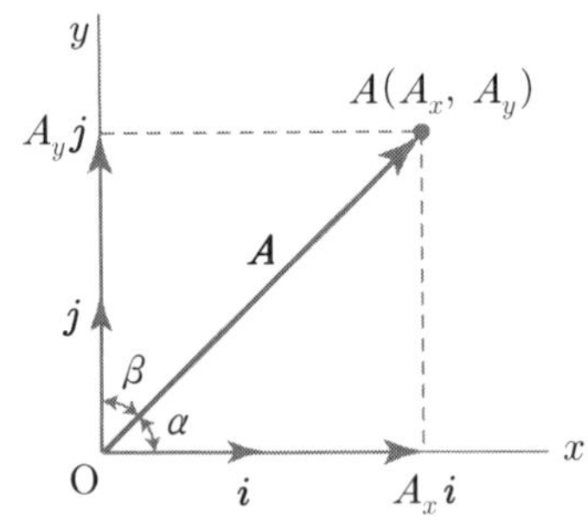

그림 5.12 직교 좌표계

가 구해진다. 여기서 $\cos\alpha$, $\cos\beta$를 벡터 $\boldsymbol{A}$의 **방향 코사인(방향 여현)**이라 하며, 이들로부터 각 α, β를 구할 수 있다.

따라서 벡터 $\boldsymbol{A}$의 단위벡터 $\boldsymbol{a}$는 다음과 같이 나타낼 수 있다.

$$\boldsymbol{a} = \frac{\boldsymbol{A}}{A} = \frac{\boldsymbol{A}}{|\boldsymbol{A}|} = \frac{A_x}{A}\boldsymbol{i} + \frac{A_y}{A}\boldsymbol{j} \tag{5.7}$$

$$= \cos\alpha\,\boldsymbol{i} + \cos\beta\,\boldsymbol{j} \quad (\therefore\ \cos^2\alpha + \cos^2\beta = 1)$$

$$= l\,\boldsymbol{i} + m\boldsymbol{j} \quad (\therefore\ l^2 + m^2 = 1)$$

이와 같이 각 좌표축에 대한 성분을 대수적으로 취급하는 계산 방법을 **벡터 해석**(vector analysis)이라고 한다.

(2) 직각 좌표계

임의의 한 점의 위치를 공간에 표시하려면 3차원의 직각 좌표계에서 **그림** 5.13과 같은 x, y, z축을 취하여 나타낼 수 있다.

벡터 해석은 2차원 평면의 직교 좌표계에서 구한 결과에 z축을 확장하여 표현하면 간단히 해석할 수 있다.

x, y, z축에 대한 공간벡터 $\boldsymbol{A}$의 **성분**이 $(A_x,\ A_y,\ A_z)$일 때, 위치벡터 $\boldsymbol{A}$는

$$\boldsymbol{A} = A_x\boldsymbol{i} + A_y\boldsymbol{j} + A_z\boldsymbol{k} \tag{5.8}$$

이고, 벡터 $\boldsymbol{A}$의 크기 A는 다음과 같이 구해진다.

$$A = |\boldsymbol{A}| = \sqrt{{A_x}^2 + {A_y}^2 + {A_z}^2} \tag{5.9}$$

벡터 $\boldsymbol{A}$가 각 축에 대한 각을 α, β, γ라 하면, 벡터 $\boldsymbol{A}$의 **방향 코사인(방향 여현)**은 다음과 같다.

$$\begin{cases} \cos\alpha = l = \dfrac{A_x}{A} \\ \cos\beta = m = \dfrac{A_y}{A} \\ \cos\gamma = n = \dfrac{A_z}{A} \end{cases} \tag{5.10}$$

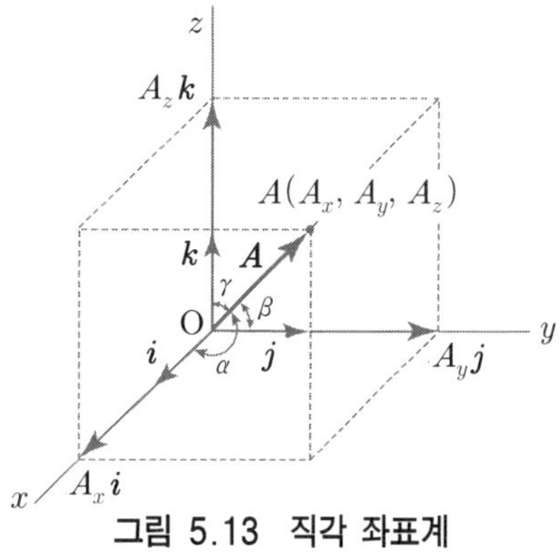

그림 5.13 직각 좌표계

따라서 벡터 $\boldsymbol{A}$의 단위벡터 $\boldsymbol{a}$는 다음과 같이 나타낼 수 있다.

$$\boldsymbol{a} = \frac{\boldsymbol{A}}{A} = \frac{\boldsymbol{A}}{|\boldsymbol{A}|} = \frac{A_x}{A}\boldsymbol{i} + \frac{A_y}{A}\boldsymbol{j} + \frac{A_z}{A}\boldsymbol{k} \tag{5.11}$$

$$= \cos\alpha\,\boldsymbol{i} + \cos\beta\,\boldsymbol{j} + \cos\gamma\,\boldsymbol{k} \quad (\therefore\ \cos^2\alpha + \cos^2\beta + \cos^2\gamma = 1)$$

$$= l\,\boldsymbol{i} + m\boldsymbol{j} + n\boldsymbol{k} \quad (\therefore\ l^2 + m^2 + n^2 = 1)$$

예제 5.4 직교 좌표계에서 다음의 주어진 평면 좌표에 대해 위치벡터로 표현하고, 이 위치벡터를 각각 도시하라.

(1) A(4, 0) (2) B(2, 3) (3) C(0, 4)

(4) D(−2, 3) (5) E(0, −3) (6) F(−2, −3)

(7) G(4, −3)

풀이

위치벡터는 원점 O를 시점으로 하는 벡터이므로 **그림** 5.14와 같이 각 점의 좌표에 대해 위치벡터 $\boldsymbol{A}$, $\boldsymbol{B}$, $\boldsymbol{C}$, $\boldsymbol{D}$, $\boldsymbol{E}$, $\boldsymbol{F}$, $\boldsymbol{G}$로 나타낼 수 있다.

평면 좌표의 위치벡터는 식 (5.4)와 같이 좌표의 각 축성분과 그 축의 기본벡터를 곱한 성분벡터의 합으로 다음과 같이 간단히 표현할 수 있다.

(1) $\boldsymbol{A} = 4i$ (2) $\boldsymbol{B} = 2i + 3j$

(3) $\boldsymbol{C} = 4j$ (4) $\boldsymbol{D} = -2i + 3j$

(5) $\boldsymbol{E} = -3j$ (6) $\boldsymbol{F} = -2i - 3j$

(7) $\boldsymbol{G} = 4i - 3j$

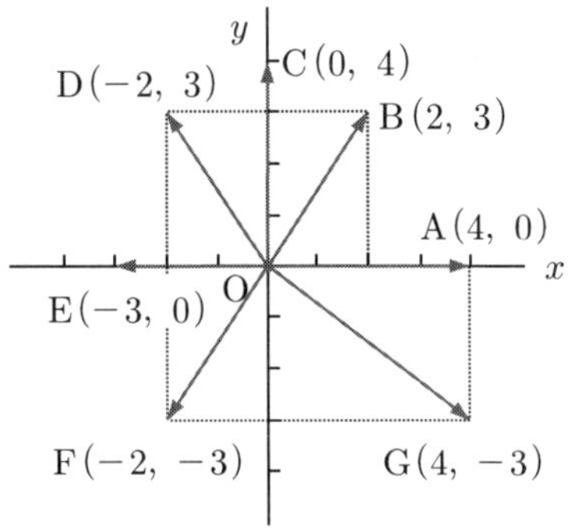

그림 5.14 위치벡터의 도시

예제 5.5 직각 좌표계에서 다음의 주어진 공간 좌표에 대해 위치벡터로 나타내라.

(1) A(4, 2, 3) (2) B(3, 1, −2)

(3) C(−2, 0, 5) (4) D(0, 0, 6)

풀이

3차원 공간의 직각 좌표계에서 위치벡터는 예제 5.4의 2차원 평면의 직교 좌표계에서 구한 결과에 z축을 확장하여 나타내면 되므로 식 (5.8)과 같이 간단히 표현할 수 있다. 즉,

(1) $\boldsymbol{A} = 4i + 2j + 3k$ (2) $\boldsymbol{B} = 3i + j - 2k$

(3) $\boldsymbol{C} = -2i + 5k$ (4) $\boldsymbol{D} = 6k$

예제 5.6 x, y, z 축의 공간 좌표의 한 점 A(2, 3, 4)에 대해 다음을 각각 구하라.

(1) 위치벡터 (2) 크기(거리) (3) 단위벡터

풀이

(1) 위치벡터

$$\boldsymbol{A} = 2i + 3j + 4k$$

(2) 크기(거리)

$$A = |\boldsymbol{A}| = \sqrt{2^2 + 3^2 + 4^2} = \sqrt{29}$$

(3) 단위벡터

식 (5.3)의 $\boldsymbol{A} = A\boldsymbol{a}$ 또는 식 (5.11)로부터 단위벡터 $\boldsymbol{a}$는 다음과 같이 구해진다.

$$a = \frac{\boldsymbol{A}}{A} = \frac{\boldsymbol{A}}{|\boldsymbol{A}|} = \frac{2i + 3j + 4k}{\sqrt{29}} = \frac{2}{\sqrt{29}}i + \frac{3}{\sqrt{29}}j + \frac{4}{\sqrt{29}}k$$

예제 5.7 전계 $\boldsymbol{E}=3i-4j+5k$ [V/m] 로부터 전계의 세기(크기) E를 구하라.

풀이

$$E=|\boldsymbol{E}|=\sqrt{3^2+(-4)^2+5^2}=\sqrt{50}$$

$$\therefore\quad E=5\sqrt{2}\ [\mathrm{V/m}]$$

5.4 벡터의 연산

5.4.1 벡터의 실수배

공간 좌표 A(A_x, A_y, A_z)의 위치벡터는 $\boldsymbol{A}=A_x\boldsymbol{i}+A_y\boldsymbol{j}+A_z\boldsymbol{k}$이고 이 벡터에 실수 m을 곱한 벡터를 $\boldsymbol{B}$라 할 때, $\boldsymbol{B}$는 벡터 $\boldsymbol{A}$의 실수배 연산에 의해 다음과 같다.

$$\begin{aligned}\boldsymbol{B}=m\boldsymbol{A}&=m(A_x\boldsymbol{i}+A_y\boldsymbol{j}+A_z\boldsymbol{k})\\&=mA_x\boldsymbol{i}+mA_y\boldsymbol{j}+mA_z\boldsymbol{k}\end{aligned}\tag{5.12}$$

5.4.2 벡터의 덧셈과 뺄셈

두 점 A(A_x, A_y, A_z), B(B_x, B_y, B_z)를 식 (5.8)의 성분벡터의 합인 위치벡터 $\boldsymbol{A}$, $\boldsymbol{B}$로 각각 표시하면

$$\boldsymbol{A}=A_x\boldsymbol{i}+A_y\boldsymbol{j}+A_z\boldsymbol{k},\quad \boldsymbol{B}=B_x\boldsymbol{i}+B_y\boldsymbol{j}+B_z\boldsymbol{k}\tag{5.13}$$

가 된다. 이 두 벡터의 덧셈과 뺄셈은 해석적으로

$$\begin{aligned}\boldsymbol{A}\pm\boldsymbol{B}&=(A_x\boldsymbol{i}+A_y\boldsymbol{j}+A_z\boldsymbol{k})\pm(B_x\boldsymbol{i}+B_y\boldsymbol{j}+B_z\boldsymbol{k})\\&=(A_x\pm B_x)\boldsymbol{i}+(A_y\pm B_y)\boldsymbol{j}+(A_z\pm B_z)\boldsymbol{k}\end{aligned}\tag{5.14}$$

에 의하여 각 성분별로 구할 수 있다.

벡터는 다음과 같이 교환법칙, 결합법칙 및 분배법칙이 성립한다.

$$\begin{cases} \text{교환법칙} : \boldsymbol{A}+\boldsymbol{B}=\boldsymbol{B}+\boldsymbol{A} \\ \text{결합법칙} : (\boldsymbol{A}+\boldsymbol{B})+\boldsymbol{C}=\boldsymbol{A}+(\boldsymbol{B}+\boldsymbol{C}) \\ \text{분배법칙} : m(\boldsymbol{A}+\boldsymbol{B})=m\boldsymbol{A}+m\boldsymbol{B} \end{cases} \tag{5.15}$$

☞ 스칼라의 합와 벡터의 합의 비교

$$\begin{cases} \text{스칼라의 합}(A+B) : \text{대수의 합} \\ \text{벡터의 합}(\boldsymbol{A}+\boldsymbol{B}) : \text{벡터의 합성} \end{cases}$$

예제 5.8 두 벡터 $\boldsymbol{A}=\boldsymbol{i}+2\boldsymbol{j}-\boldsymbol{k}$, $\boldsymbol{B}=-2\boldsymbol{i}+\boldsymbol{k}$ 일 때 다음을 계산하라.

(1) $2\boldsymbol{A}$　　(2) $\boldsymbol{A}+\boldsymbol{B}$　　(3) $|2\boldsymbol{A}-\boldsymbol{B}|$

풀이

(1) $2\boldsymbol{A}=2(\boldsymbol{i}+2\boldsymbol{j}-\boldsymbol{k})=2\boldsymbol{i}+4\boldsymbol{j}-2\boldsymbol{k}$

(2) $\boldsymbol{A}+\boldsymbol{B}=(1-2)\boldsymbol{i}+(2+0)\boldsymbol{j}+(-1+1)\boldsymbol{k}=-\boldsymbol{i}+2\boldsymbol{j}$

(3) $|2\boldsymbol{A}-\boldsymbol{B}|=|(2\boldsymbol{i}+4\boldsymbol{j}-2\boldsymbol{k})-(-2\boldsymbol{i}+\boldsymbol{k})|$

$$=|4\boldsymbol{i}+4\boldsymbol{j}-3\boldsymbol{k}|=\sqrt{4^2+4^2+(-3)^2}=\sqrt{41}$$

예제 5.9 다음과 같이 주어진 평면좌표에서 시점을 A, 종점을 B로 하는 변위벡터 $\boldsymbol{P}$와 두 점 AB 간의 거리 r을 구하라.

(1) A$(-3,\ 1)$, B$(4,\ 3)$

(2) A$(-3,\ 0)$, B$(2,\ -3)$

풀이

TIP ① **위치벡터** : 좌표상의 원점을 시점으로 하는 벡터

② **변위벡터** : 좌표상의 원점을 시점으로 하지 않는 벡터, 즉 위치벡터가 아닌 벡터

위치벡터는 예제 5.4와 예제 5.5를 통하여 계산하는 방법에 대해 알아보았다. 여기서는 변위벡터를 구하는 방법에 대해 예제를 통하여 배우기로 한다.

TIP **변위벡터 구하는 방법(1)**

① 좌표상에 변위벡터 $\overrightarrow{AB} = \boldsymbol{P}$를 그린다.

② 변위벡터의 시점과 종점에 원점을 시점으로 하는 위치벡터 $\overrightarrow{OA} = \boldsymbol{A}$, $\overrightarrow{OB} = \boldsymbol{B}$를 그린다.

③ 변위벡터의 시점과 종점에 각각 두 위치벡터의 종점이 연결되어 있으므로 **그림 5.6(b)**와 같이 변위벡터는 두 위치벡터의 차가 된다.

변위벡터=종점의 위치벡터−시점의 위치벡터($\boldsymbol{P} = \boldsymbol{B} - \boldsymbol{A}$)

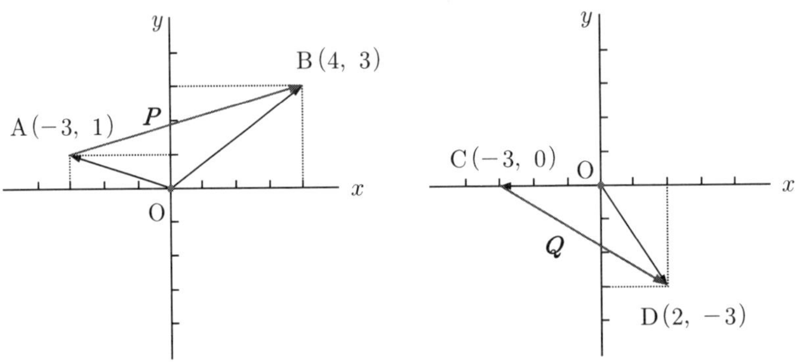

(a) 예제 5.9 (1)

(b) 예제 5.9 (2)

그림 5.15 변위벡터

(1) 위치벡터 $\boldsymbol{A} = -3i + j$, $\boldsymbol{B} = 4i + 3j$이므로 변위벡터 $\boldsymbol{P}$는 다음과 같이 구한다.

$$\boldsymbol{P} = \boldsymbol{B} - \boldsymbol{A} = (4i + 3j) - (-3i + j) = (4+3)i - (3-1)j = 7i - 2j$$

두 점 AB 간의 거리 r은 변위벡터 $\boldsymbol{P}$의 크기가 되므로 다음과 같다.

$$r = |\boldsymbol{P}| = \sqrt{7^2 + (-2)^2} = \sqrt{53}$$

(2) 위치벡터 $\boldsymbol{A} = -3\boldsymbol{i}$, $\boldsymbol{B} = 2\boldsymbol{i} - 3\boldsymbol{j}$이므로 변위벡터 $\boldsymbol{P}$는 다음과 같이 구한다.

$$\boldsymbol{P} = \boldsymbol{B} - \boldsymbol{A} = (2\boldsymbol{i} - 3\boldsymbol{j}) - (-3\boldsymbol{i}) = (2+3)\boldsymbol{i} - 3\boldsymbol{j} = 5\boldsymbol{i} - 3\boldsymbol{j}$$

두 점 AB 간의 거리 r은 변위벡터 $\boldsymbol{P}$의 크기가 되므로 다음과 같다.

$$r = |\boldsymbol{P}| = \sqrt{5^2 + (-3)^2} = \sqrt{34}$$

TIP 변위벡터 구하는 방법(2)

위의 변위벡터를 구하는 방법이 익숙해지고 나서 다음과 같은 방법을 적용하면 더욱 간편히 구할 수 있다.

두 점의 좌표 시점 A(A_x, A_y)과 종점 B(B_x, B_y)이 주어질 때 변위벡터 $\boldsymbol{P}$는

$$\boldsymbol{P} = (B_x - A_x)\boldsymbol{i} + (B_y - A_y)\boldsymbol{j}$$

로 구한다.

즉, **변위벡터**는 종점에서 시점의 동일한 축 **성분의 차**에 각 축의 기본벡터를 곱한 결과인 **성분벡터의 합**으로 나타낸다.

성분의 차	→	성분벡터	→	변위벡터
$B_x - A_x$ (x성분)	→	$(B_x - A_x)\boldsymbol{i}$	→	$(B_x - A_x)\boldsymbol{i} + (B_y - A_y)\boldsymbol{j}$
$B_y - A_y$ (y성분)		$(B_y - A_y)\boldsymbol{j}$		

예제 5.10 다음과 같은 공간좌표에서 시점을 A, 종점을 B로 하는 변위벡터 $\boldsymbol{P}$와 두 점 AB 간의 거리 r을 구하라.

(1) A(1, 2, 3), B(5, −4, 1)

(2) A(2, 0, 1), B(−2, 4, 3)

풀이

3차원 공간좌표에서 변위벡터는 예제 5.5의 2차원 평면좌표계에서 변위벡터를 구한 결과에 z축을 확장하여 나타내면 간단히 해석할 수 있다.

여기서는 변위벡터 구하는 방법(2)를 이용하여 구해본다.

(1) $\boldsymbol{P} = (5-1)\boldsymbol{i} + (-4-2)\boldsymbol{j} + (1-3)\boldsymbol{k} = 4\boldsymbol{i} - 6 - 2\boldsymbol{k}$

$$r = |\boldsymbol{P}| = \sqrt{4^2 + (-6)^2 + (-2)^2} = \sqrt{56}$$

(2) $\boldsymbol{P} = (-2-2)\boldsymbol{i} + (4-0)\boldsymbol{j} + (3-1)\boldsymbol{k} = -4\boldsymbol{i} + 4 + 2\boldsymbol{k}$

$$r = |\boldsymbol{P}| = \sqrt{(-4)^2 + 4^2 + 2^2} = \sqrt{36} = 6$$

예제 5.11 점 A(1, 2, −3)에서 점 B(4, 3, 2)로 향하는 벡터가 있다. 다음을 각각 구하라.

(1) 변위벡터 C (2) 거리 r (3) 단위벡터 r_0

풀이

(1) 시점을 원점으로 하고 종점을 각각 점 A, B로 하는 위치벡터 $\boldsymbol{A}$, $\boldsymbol{B}$는 식 (5.8)에서

$$\boldsymbol{A} = \boldsymbol{i} + 2\boldsymbol{j} - 3\boldsymbol{k}, \quad \boldsymbol{B} = 4\boldsymbol{i} + 3\boldsymbol{j} + 2\boldsymbol{k}$$

가 된다. 따라서 점 A에서 점 B로 향하는 변위벡터 $\boldsymbol{C}$는

$$\boldsymbol{C} = \boldsymbol{B} - \boldsymbol{A} = (4\boldsymbol{i} + 3\boldsymbol{j} + 2\boldsymbol{k}) - (\boldsymbol{i} + 2\boldsymbol{j} - 3\boldsymbol{k})$$

$$= (4-1)\boldsymbol{i} + (3-2)\boldsymbol{j} + (2+3)\boldsymbol{k}$$

$$\therefore \quad \boldsymbol{C} = 3\boldsymbol{i} + \boldsymbol{j} + 5\boldsymbol{k}$$

(2) 두 점 A, B 간의 거리 r은 벡터 $\boldsymbol{C}$의 크기(거리)가 되므로 식 (5.9)에 의해 다음과 같이 구해진다.

$$r = C = |\boldsymbol{C}| = \sqrt{3^2 + 1^2 + 5^2} = \sqrt{35}$$

(3) 단위벡터 $\boldsymbol{r}_0$는 식 (5.3)의 $\boldsymbol{C} = C\boldsymbol{r}_0 = r\boldsymbol{r}_0$ 또는 식 (5.11)에 의해 다음과 같이 구해진다.

$$r_0 = \frac{C}{r} = \frac{1}{\sqrt{35}}(3i + j + 5k) = \frac{3}{\sqrt{35}}i + \frac{1}{\sqrt{35}}j + \frac{5}{\sqrt{35}}k$$

$$\therefore \quad r_0 = 0.5i + 0.17j + 0.85k$$

5.5 벡터의 곱

두 벡터 $\boldsymbol{A}$와 $\boldsymbol{B}$의 곱에는 **스칼라적**(scalar product, 내적)과 **벡터적**(vector product, 외적)의 두 종류가 있다.

5.5.1 스칼라적

두 벡터 $\boldsymbol{A}$와 $\boldsymbol{B}$의 **스칼라적** 또는 **내적**은 $\boldsymbol{A} \cdot \boldsymbol{B}$로 표기하며, 그 의미는

$$\boldsymbol{A} \cdot \boldsymbol{B} = AB\cos\theta \tag{5.16}$$

로 주어지는 스칼라량이다. 단, θ는 두 벡터 $\boldsymbol{A}$와 $\boldsymbol{B}$의 사잇각이다.

그림 5.16(a)의 스칼라적 $\boldsymbol{A} \cdot \boldsymbol{B}$는 벡터 $\boldsymbol{B}$의 크기(B)에 벡터 $\boldsymbol{A}$의 $\boldsymbol{B}$ 방향 성분$(A\cos\theta)$을 곱한 $B(A\cos\theta)$를 의미한다.

또 **그림** 5.16(b)의 $\boldsymbol{B} \cdot \boldsymbol{A}$는 벡터 $\boldsymbol{A}$의 크기(A)에 벡터 $\boldsymbol{B}$의 $\boldsymbol{A}$ 방향 성분$(B\cos\theta)$을 곱한 $A(B\cos\theta)$를 의미한다. 즉, 스칼라적은 교환법칙이 성립한다.

$$\text{교환법칙} : \boldsymbol{A} \cdot \boldsymbol{B} = \boldsymbol{B} \cdot \boldsymbol{A} \tag{5.17}$$

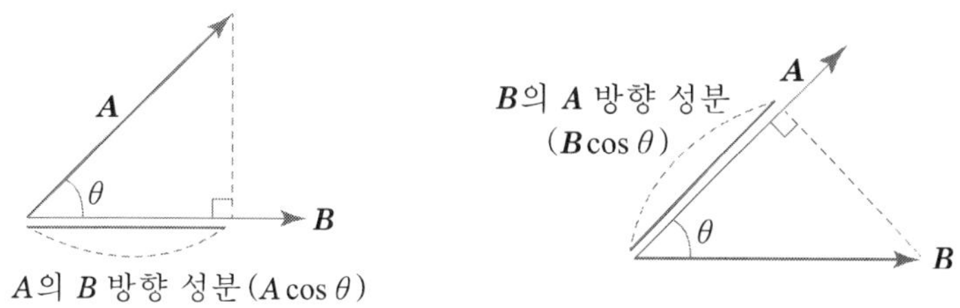

(a) $\boldsymbol{A} \cdot \boldsymbol{B}$ (b) $\boldsymbol{B} \cdot \boldsymbol{A}$

그림 5.16 스칼라적의 정의

두 벡터 $\boldsymbol{A}$, $\boldsymbol{B}$의 스칼라적에 대한 θ의 변화는

$$\begin{cases} \boldsymbol{A} /\!/ \boldsymbol{B}\ (\theta = 0°)\ :\ \boldsymbol{A} \cdot \boldsymbol{B} = AB\cos 0° = AB \\ \boldsymbol{A} \perp \boldsymbol{B}\ (\theta = 90°)\ :\ \boldsymbol{A} \cdot \boldsymbol{B} = AB\cos 90° = 0 \end{cases} \tag{5.18}$$

이고, 이 정의들을 기본벡터 $\boldsymbol{i}$, $\boldsymbol{j}$, $\boldsymbol{k}$에 적용하면 다음과 같다.

$$\begin{cases} \boldsymbol{i} \cdot \boldsymbol{i} = \boldsymbol{j} \cdot \boldsymbol{j} = \boldsymbol{k} \cdot \boldsymbol{k} = 1 \\ \boldsymbol{i} \cdot \boldsymbol{j} = \boldsymbol{j} \cdot \boldsymbol{k} = \boldsymbol{k} \cdot \boldsymbol{i} = 0, \quad \boldsymbol{j} \cdot \boldsymbol{i} = \boldsymbol{k} \cdot \boldsymbol{j} = \boldsymbol{i} \cdot \boldsymbol{k} = 0 \end{cases} \tag{5.19}$$

두 벡터 $\boldsymbol{A}$와 $\boldsymbol{B}$가

$$\begin{cases} \boldsymbol{A} = A_x\boldsymbol{i} + A_y\boldsymbol{j} + A_z\boldsymbol{k} \\ \boldsymbol{B} = B_x\boldsymbol{i} + B_y\boldsymbol{j} + B_z\boldsymbol{k} \end{cases}$$

일 때, **스칼라적 $\boldsymbol{A} \cdot \boldsymbol{B}$의 연산**은 식 (5.19)의 기본벡터 스칼라적을 적용하면 다음과 같이 각 성분의 곱을 합한 것으로 연산의 결과는 **스칼라**가 된다.

$$\begin{aligned} \boldsymbol{A} \cdot \boldsymbol{B} &= (A_x\boldsymbol{i} + A_y\boldsymbol{j} + A_z\boldsymbol{k}) \cdot (B_x\boldsymbol{i} + B_y\boldsymbol{j} + B_z\boldsymbol{k}) \\ &= A_xB_x + A_yB_y + A_zB_z \end{aligned} \tag{5.20}$$

물리적 현상에서 **스칼라적은 변위방향의 유효성분**을 나타내는 데 유용하게 응용되며, 변위에 대한 일, 임의의 면에 관통하는 선속의 수, 전기장에서의 전위 등의 다양한 계산에 적용된다.

그림 5.17과 같이 한 물체에 일정한 힘 $\boldsymbol{F}$가 작용하여 l 만큼 변위가 일어나는 경우, 물체가 이동하는 변위 l의 방향에 대한 힘 $\boldsymbol{F}$의 유효성분은 $F\cos\theta$이므로 물체에 작용하는 일은 $F\cos\theta\, l$이 된다.

따라서 일 W는 식 (5.16)에 의해

$$W = Fl\cos\theta = \boldsymbol{F} \cdot \boldsymbol{l} \tag{5.21}$$

의 스칼라적으로 나타낼 수 있다.

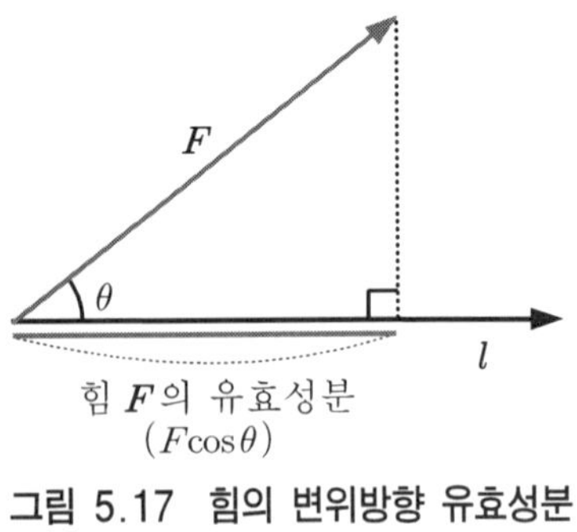

그림 5.17 힘의 변위방향 유효성분

예제 5.12 두 벡터 $\boldsymbol{A}=2i+j+3k$와 $\boldsymbol{B}=4i-2j+4k$에서 다음을 구하라.

(1) 스칼라적(내적) $\boldsymbol{A}\cdot\boldsymbol{B}$

(2) 두 벡터의 사잇각 θ

풀이

(1) 스칼라적(내적)

$$\boldsymbol{A}\cdot\boldsymbol{B}=2\times4+1\times(-2)+3\times4=18$$

(2) 두 벡터의 사잇각

두 벡터 $\boldsymbol{A}$와 $\boldsymbol{B}$의 크기는 식 (5.9)에 의해 각각 다음과 같이 구해진다.

$$A=|\boldsymbol{A}|=\sqrt{2^2+1^2+3^2}=\sqrt{14}$$

$$B=|\boldsymbol{B}|=\sqrt{4^2+(-2)^2+4^2}=6$$

식 (5.16)의 스칼라적 $\boldsymbol{A}\cdot\boldsymbol{B}=AB\cos\theta$로부터 다음의 사잇각 θ가 구해진다.

$$\cos\theta=\frac{\boldsymbol{A}\cdot\boldsymbol{B}}{AB}=\frac{18}{6\sqrt{14}}=\frac{3}{\sqrt{14}}$$

$$\therefore\quad \theta=\cos^{-1}\left(\frac{3}{\sqrt{14}}\right)=36.7^\circ$$

예제 5.13 한 물체가 점 A(1, −2, 3) [m]에서 점 B(5, 3, −4) [m]까지 힘 $\boldsymbol{F}=i+2j-3k$ [N]에 의해 이동되었을 때의 일을 구하라.

풀이

점 A, B의 위치벡터 $\boldsymbol{A}$, $\boldsymbol{B}$는 식 (5.8)에서 각각

$$\boldsymbol{A}=i-2j+3k,\quad \boldsymbol{B}=5i+3j-4k$$

이므로, 변위 $\boldsymbol{l}$은

$$\boldsymbol{l}=\boldsymbol{B}-\boldsymbol{A}=4i+5j-7k$$

로 얻어지고, 일 W는 식 (5.21)에 의해 다음과 같이 구해진다.

$$W = \boldsymbol{F} \cdot \boldsymbol{l} = (\boldsymbol{i} + 2\boldsymbol{j} - 3\boldsymbol{k}) \cdot (4\boldsymbol{i} + 5\boldsymbol{j} - 7\boldsymbol{k})$$

$$= 4 + 10 + 21 = 35 \text{ [J]}$$

5.5.2 벡터적

두 벡터 $\boldsymbol{A}$와 $\boldsymbol{B}$의 **벡터적** 또는 **외적**은 $\boldsymbol{A} \times \boldsymbol{B}$로 표기하고, 그 결과는 크기와 방향을 가지는 벡터량이며 다음과 같이 정의한다.

두 벡터 $\boldsymbol{A}$, $\boldsymbol{B}$의 벡터적의 **크기**는 **그림** 5.18과 같이 $\boldsymbol{A}$와 $\boldsymbol{B}$를 두 변으로 하는 평행사변형의 면적($|\boldsymbol{A} \times \boldsymbol{B}| = AB\sin\theta$)과 같다. 또 벡터적의 **방향**은 그 면에 수직이며 벡터 $\boldsymbol{A}$에서 $\boldsymbol{B}$로 회전하는 오른나사의 진행 방향($\boldsymbol{n}$)이다.

즉, 벡터적은 식 (5.3)과 같이 크기와 방향의 곱으로 나타낼 수 있으므로

$$\boldsymbol{A} \times \boldsymbol{B} = \boldsymbol{n}|\boldsymbol{A} \times \boldsymbol{B}| = \boldsymbol{n}AB\sin\theta \tag{5.22}$$

가 된다. 여기서 $\boldsymbol{n}$은 법선 방향의 단위벡터이고, θ는 두 벡터 $\boldsymbol{A}$와 $\boldsymbol{B}$가 이루는 사잇각이다.

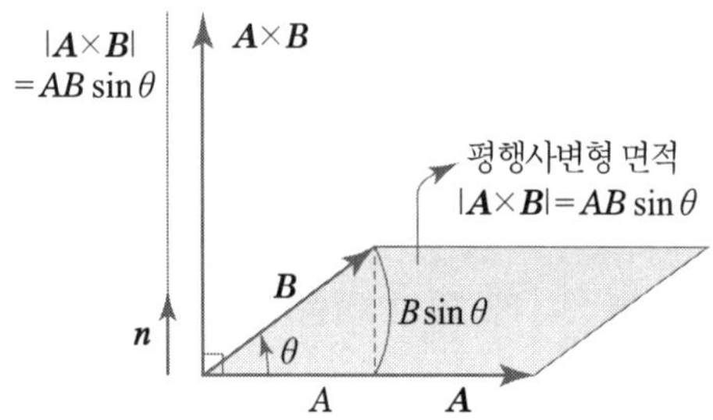

그림 5.18 벡터적의 정의

☞ 벡터적(외적) $\boldsymbol{A} \times \boldsymbol{B}$

크기 : 벡터 A 에서 B를 두 변으로 하는 평행사변형 면적, $\lvert A \times B \rvert = AB\sin\theta$ 방향 : 벡터 A 에서 B로 회전시킬 때 오른나사 진행 방향, n

두 벡터의 곱 $\boldsymbol{A}\times\boldsymbol{B}$의 순서를 바꾸면, 벡터적 $\boldsymbol{B}\times\boldsymbol{A}$는 위의 정의에 의해 크기는 같지만, 방향은 서로 반대가 되기 때문에 교환법칙이 성립하지 않는다. 즉,

$$\boldsymbol{A}\times\boldsymbol{B}\neq\boldsymbol{B}\times\boldsymbol{A} \tag{5.23}$$

두 벡터 $\boldsymbol{A}$, $\boldsymbol{B}$의 벡터적에 대한 θ의 변화를 크기 관계로 고려해 보면

$$\begin{cases} \boldsymbol{A}\,/\!/\,\boldsymbol{B}\ (\theta=0^\circ)\ :\ |\boldsymbol{A}\times\boldsymbol{B}|=AB\sin 0^\circ=0 \\ \boldsymbol{A}\perp\boldsymbol{B}\ (\theta=90^\circ)\ :\ |\boldsymbol{A}\times\boldsymbol{B}|=AB\sin 90^\circ=AB \end{cases} \tag{5.24}$$

이고, 이 정의들을 기본벡터 $\boldsymbol{i}$, $\boldsymbol{j}$, $\boldsymbol{k}$의 벡터적에 적용하면 다음과 같다.

$$\begin{cases} \boldsymbol{i}\cdot\boldsymbol{i}=\boldsymbol{j}\cdot\boldsymbol{j}=\boldsymbol{k}\cdot\boldsymbol{k}=0 \\ \boldsymbol{i}\cdot\boldsymbol{j}=\boldsymbol{k},\quad \boldsymbol{j}\cdot\boldsymbol{k}=\boldsymbol{i},\quad \boldsymbol{k}\cdot\boldsymbol{i}=\boldsymbol{j} \\ \boldsymbol{j}\cdot\boldsymbol{i}=-\boldsymbol{k},\quad \boldsymbol{k}\cdot\boldsymbol{j}=-\boldsymbol{i},\quad \boldsymbol{i}\cdot\boldsymbol{k}=-\boldsymbol{j} \end{cases} \tag{5.25}$$

두 벡터 $\boldsymbol{A}$와 $\boldsymbol{B}$가 다음과 같이 주어질 때, **벡터적 $\boldsymbol{A}\times\boldsymbol{B}$의 연산**은 식 (5.25)의 기본벡터의 벡터적을 적용하면 다음과 같이 계산되며, 연산의 결과는 **벡터**가 된다.

$$\begin{cases} \boldsymbol{A}=A_x\boldsymbol{i}+A_y\boldsymbol{j}+A_z\boldsymbol{k} \\ \boldsymbol{B}=B_x\boldsymbol{i}+B_y\boldsymbol{j}+B_z\boldsymbol{k} \end{cases}$$

$$\begin{aligned} \boldsymbol{A}\times\boldsymbol{B} &= (A_x\boldsymbol{i}+A_y\boldsymbol{j}+A_z\boldsymbol{k})\times(B_x\boldsymbol{i}+B_y\boldsymbol{j}+B_z\boldsymbol{k}) \\ &= (A_yB_z-A_zB_y)\boldsymbol{i}+(A_zB_x-A_xB_z)\boldsymbol{j}+(A_xB_y-A_yB_x)\boldsymbol{k} \end{aligned}$$

$$\therefore\ \boldsymbol{A}\times\boldsymbol{B}=\begin{vmatrix} \boldsymbol{i} & \boldsymbol{j} & \boldsymbol{k} \\ A_x & A_y & A_z \\ B_x & B_y & B_z \end{vmatrix} \tag{5.26}$$

식 (5.26)의 벡터적의 연산은 **3차 행렬식**으로 기억하고 사러스의 방법에 의해 행렬식을 전개를 이용하면 편리하게 구할 수 있다.

벡터적의 물리 현상에 대한 적용 방법에 관하여 알아보기로 한다.

그림 5.19와 같이 회전 중심 O에서 힘의 작용점까지의 거리 $\boldsymbol{r}$(힘의 작용점을 종점으로 하는 벡터로 정의하기로 한다.)일 때, $\boldsymbol{r}$과 $\boldsymbol{F}$가 이루는 각 θ로 힘 $\boldsymbol{F}$를 가하면 회전운동을 한다.

이 때 벡터 $\boldsymbol{r}$의 종점의 운동 궤적은 원운동을 그리므로 접선 방향이 힘 $\boldsymbol{F}$의 유효성분 $F\sin\theta$가 된다. 그러므로 회전력(모멘트 또는 토크)의 크기는

$$T = F\sin\theta\, r = Fr\sin\theta \tag{5.27}$$

로 주어진다.

벡터적의 크기는 **그림** 5.18에서 두 벡터의 시점이 동일한 점으로 정의되어 있으므로 **그림** 5.19와 같이 두 벡터의 시점이 다른 경우에 두 벡터가 공통 시점을 갖도록 어느 한 벡터, 즉 힘 $\boldsymbol{F}$를 평행 이동시켜 $\boldsymbol{r}$의 시점과 일치시키면 두 벡터 $\boldsymbol{r}$과 $\boldsymbol{F}$를 두 변으로 하는 평행사변형 면적을 결정할 수 있는 것이다.

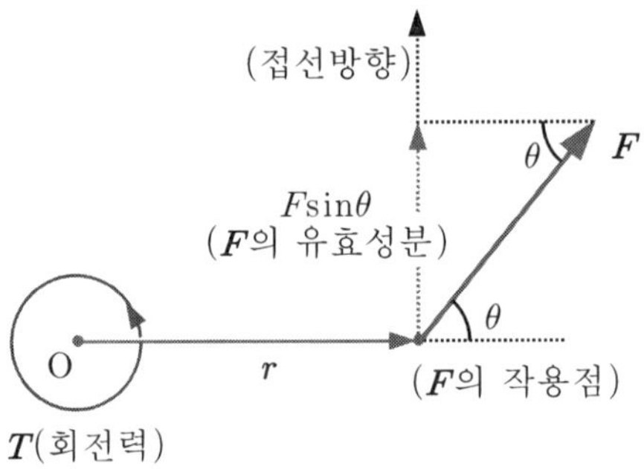

그림 5.19 회전의 접선 방향에 대한 유효성분

회전 중심 O에서의 회전 방향은 벡터적의 정의에 의해 벡터 $\boldsymbol{r}$에서 $\boldsymbol{F}$로 회전할 때 오른나사 진행 방향을 정방향으로 취하므로 회전력 $\boldsymbol{T}$는

$$\boldsymbol{T} = \boldsymbol{r} \times \boldsymbol{F} \tag{5.28}$$

로 표현할 수 있다.

두 벡터의 곱에서 **스칼라적의 정의는 변위 방향에 대한 유효성분**, **벡터적의 정의는 회전 방향(접선)에 대한 유효성분**을 나타낸다. 이로부터 직선 운동을 하는 물리계는 스칼라적을 적용하고, 회전 운동하는 물리계는 벡터적을 적용한다.

예제 5.14 두 벡터 $A = i - 2j + 4k$, $B = 2i - 5j - k$ 일 때 다음을 구하라.

(1) 벡터적 $A \times B$

(2) 두 벡터 A, B 를 변으로 하는 평행사변형 면적

풀이

(1) 벡터적(외적)

$$\boldsymbol{A} \times \boldsymbol{B} = \begin{vmatrix} i & j & k \\ 1 & -2 & 4 \\ 2 & -5 & -1 \end{vmatrix} = 22i + 9j - k$$

(2) 평행사변형 면적 $S = |\boldsymbol{A} \times \boldsymbol{B}|$

$$S = |\boldsymbol{A} \times \boldsymbol{B}| = \sqrt{22^2 + 9^2 + (-1)^2} = \sqrt{566}$$

예제 5.15 세 점 A(3, 4, 6), B(6, −4, 3), C(5, 4, 0)을 세 정점으로 하는 삼각형 ABC 의 면적을 구하라.

풀이

삼각형의 세 정점 ABC 의 원점 O 에 대한 위치벡터는 각각

$$\overrightarrow{OA} = 3i + 4j + 6k, \quad \overrightarrow{OB} = 6i - 4j + 3k, \quad \overrightarrow{OC} = 5i + 4j$$

이고, 변위벡터는 다음과 같이 얻어진다.

$$\overrightarrow{AB} = \overrightarrow{OB} - \overrightarrow{OA} = 3i - 8j - 3k$$

$$\overrightarrow{AC} = \overrightarrow{OC} - \overrightarrow{OA} = 2i - 6k$$

따라서 벡터적의 정의에 의해 구하려는 삼각형 면적 S 는 다음과 같다.

$$S = \frac{1}{2}|\overrightarrow{AB} \times \overrightarrow{AC}| = \frac{1}{2}\begin{vmatrix} i & j & k \\ 3 & -8 & -3 \\ 2 & 0 & -6 \end{vmatrix}$$

$$= \frac{1}{2}|48i + 12j + 16k| = \frac{1}{2}\sqrt{48^2 + 12^2 + 16^2} = 26$$

5.6 면벡터

두 벡터의 벡터적은 두 벡터를 변으로 하는 평행사변형의 면적에 법선 방향으로 나타내지만, **그림** 5.20과 같이 평면도형은 법선 방향을 취하여 벡터로 볼 수 있다. 이와 같은 벡터를 특히 **면벡터** $\boldsymbol{S}$라고 한다.

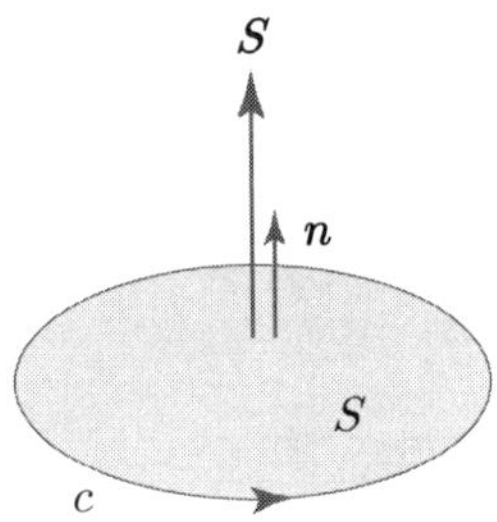

그림 5.20 면벡터

태양광 집열판의 경우에 집열판의 기울어짐의 정도에 따라 들어오는 빛의 양은 다르게 된다. 즉 빛을 수직으로 받으면 빛은 최대로 받게 되지만 점차 기울이면 빛의 양도 줄어들게 된다. 이와 같이 동일한 크기를 가진 평면이라도 놓여 있는 위치에 따라 면적을 통과하는 유효성분이 다르므로 면적도 벡터량으로 볼 수 있다.

면벡터의 **크기**는 평면도형의 면적 S가 되고, **방향**은 사람이 도형의 경계선 c를 따라 항상 왼쪽을 보면서 걸을 때 도형의 뒤에서 표면을 수직으로 뚫고 앞으로 나오는 오른나사 진행 방향의 **법선벡터** $\boldsymbol{n}$을 정방향으로 정의한다.

즉, 면벡터 $\boldsymbol{S}$는 다음과 같이 나타낸다.

$$\boldsymbol{S} = \boldsymbol{n}S \tag{5.29}$$

그러나 평면과 다르게 **곡면의 면벡터**는 정의되지 않지만 미소면적을 취하면 각각의 평면으로 볼 수 있기 때문에 이들의 미소면적에 대해 면벡터를 정의할 수 있다.

따라서 곡면의 면벡터 크기는 평면으로 볼 수 있는 미소면적 dS이고, 방향은 미소면적에 대한 법선방향이 두 개가 있지만 미소면적을 취한 **곡면의 외부로 향하는 법선방향**을 정방향으로 취하는 것이 일반적이다.($d\boldsymbol{S} = \boldsymbol{n}dS$)

연 / 습 / 문 / 제

5-1 벡터 $\boldsymbol{A} = 3i + 4j + 5\boldsymbol{k}$일 때, 벡터 $\boldsymbol{A}$의 크기와 단위벡터를 구하라.

5-2 두 벡터 $\boldsymbol{A} = 2i + 3j - 4k$, $\boldsymbol{B} = 3i + 2\boldsymbol{k}$일 때 다음을 구하라.

(1) $|\boldsymbol{A} + \boldsymbol{B}|$　　(2) $|2\boldsymbol{A} - \boldsymbol{B}|$

(3) $\boldsymbol{A} \cdot \boldsymbol{B}$　　(4) $\boldsymbol{A} \times \boldsymbol{B}$

5-3 벡터 $\boldsymbol{A} = 2i - 5j + 3\boldsymbol{k}$ 일 때 $\boldsymbol{k} \times \boldsymbol{A}$를 구하라.

힌트 $k \times \boldsymbol{A} = \begin{vmatrix} i & j & k \\ 0 & 0 & 1 \\ 2 & -5 & 3 \end{vmatrix} = 5i + 2j$

5-4 어떤 물체에 $\boldsymbol{F}_1 = -3i + 4j - 5\boldsymbol{k}$와 $\boldsymbol{F}_2 = 6i + 3j - 2\boldsymbol{k}$의 힘이 작용하고 있다. 이 물체에 $\boldsymbol{F}_3$를 가하였을 때, 세 힘이 평형이 되기 위한 $\boldsymbol{F}_3$를 구하라.

힌트 평형조건 : $\sum \boldsymbol{F} = \boldsymbol{F}_1 + \boldsymbol{F}_2 + \boldsymbol{F}_3 = 0 \quad \therefore \quad \boldsymbol{F}_3 = -(\boldsymbol{F}_1 + \boldsymbol{F}_2)$

5-5 점 P(x, y, z)에 세 개의 힘 $\boldsymbol{F}_1 = -2i + 5j - 3\boldsymbol{k}$, $\boldsymbol{F}_2 = 7i + 3j - \boldsymbol{k}$, $\boldsymbol{F}_3$가 작용하여 0이 되었다. 이 때 힘 $\boldsymbol{F}_3$의 크기를 구하라.

힌트 평형조건 : $\sum \boldsymbol{F} = \boldsymbol{F}_1 + \boldsymbol{F}_2 + \boldsymbol{F}_3 = 0 \quad \therefore \quad \boldsymbol{F}_3 = -(\boldsymbol{F}_1 + \boldsymbol{F}_2)$

5-6 $\boldsymbol{A} = -7i - j$, $\boldsymbol{B} = -3i - 4j$의 두 벡터가 이루는 각을 구하라.

힌트 $\boldsymbol{A} \cdot \boldsymbol{B} = AB\cos\theta\ (\cos 90° = 0) \ \therefore\ \boldsymbol{A} \cdot \boldsymbol{B} = 0$

5-7 두 벡터 $\boldsymbol{A} = A_x i + 2j$, $\boldsymbol{B} = 3i - 3j - \boldsymbol{k}$가 서로 직교할 때 A_x를 구하라.

힌트 $\boldsymbol{A} \cdot \boldsymbol{B} = AB\cos 90° = 0$

5-8 두 벡터 $\boldsymbol{A}=\boldsymbol{i}-\boldsymbol{j}+3\boldsymbol{k}$, $\boldsymbol{B}=\boldsymbol{i}+a\boldsymbol{k}$가 서로 직교할 때 a의 값을 구하라. (단, $\boldsymbol{i}$, $\boldsymbol{j}$, $\boldsymbol{k}$는 x, y, z 방향의 기본벡터이다.)

힌트 $\boldsymbol{A}\cdot\boldsymbol{B}=AB\cos\theta \quad \therefore \quad \cos\theta=\dfrac{\boldsymbol{A}\cdot\boldsymbol{B}}{AB}$

5-9 두 점 A(4, −2, 1), B(−2, 1, 4)가 있다. 점 A에서 점 B로 향하는 변위벡터 및 A와 B 사이의 거리를 구하라.

5-10 질점이 $\boldsymbol{F}=5\boldsymbol{i}+10\boldsymbol{j}-5\boldsymbol{k}$ [N]에 의하여 점 A(1, 2, 3) [m]에서 점 B(3, −1, −4) [m]로 이동할 때, 힘이 행한 일[J]을 구하라.

5-11 두 벡터 $\boldsymbol{A}=2\boldsymbol{i}-2\boldsymbol{j}+3\boldsymbol{k}$, $\boldsymbol{B}=\boldsymbol{i}+\boldsymbol{j}-\boldsymbol{k}$ 일 때, $\boldsymbol{A}$ 및 $\boldsymbol{B}$가 만드는 평면에 수직인 단위벡터를 구하라.

힌트 식 (5.22)의 벡터적 관계 : $\boldsymbol{A}\times\boldsymbol{B}=\boldsymbol{n}|\boldsymbol{A}\times\boldsymbol{B}|$

5-12 두 벡터 $\boldsymbol{A}=10\boldsymbol{i}-10\boldsymbol{j}+5\boldsymbol{k}$, $\boldsymbol{B}=4\boldsymbol{i}-2\boldsymbol{j}+5\boldsymbol{k}$가 평행사변형의 두 변을 표시하는 벡터이다. 이 평행사변형의 면적을 구하라.

힌트 평행사변형 면적$=|\boldsymbol{A}\times\boldsymbol{B}|$

5-13 축에서 $0.5\boldsymbol{i}$ [m]인 점에 $\boldsymbol{F}=4\boldsymbol{i}+3\boldsymbol{j}$ [N]의 힘이 작용할 때, 회전력[N · m]을 구하라.

힌트 $\boldsymbol{T}=\boldsymbol{r}\times\boldsymbol{F}=\begin{vmatrix} \boldsymbol{i} & \boldsymbol{j} & \boldsymbol{k} \\ 0.5 & 0 & 0 \\ 4 & 3 & 0 \end{vmatrix}=1.5\boldsymbol{k}$

5-14 z축과 일치하는 무한길이의 도선에 $\boldsymbol{I}=10\boldsymbol{k}$ [A]의 전류를 흘릴 때, 자속밀도 $\boldsymbol{B}=4\boldsymbol{i}-3\boldsymbol{j}$ [Wb/m^2]가 가해진 경우에 이 도선에 단위 길이당 작용하는 힘 [N/m]을 구하라.

힌트 자계 내의 전류도체에 작용하는 전자력 : $\boldsymbol{F}=\boldsymbol{I}\times\boldsymbol{B}$ [N/m]

$$\boldsymbol{F}=\boldsymbol{I}\times\boldsymbol{B}=\begin{vmatrix} \boldsymbol{i} & \boldsymbol{j} & \boldsymbol{k} \\ 0 & 0 & 10 \\ 4 & -3 & 0 \end{vmatrix}=30\boldsymbol{i}+40\boldsymbol{j}\ [\text{N/m}]$$

chapter 6 미 분 법

6.1 함수의 극한과 연속성

6.1.1 극한의 정의

그림 6.1(a)와 같이 함수 $f(x)=\dfrac{x^2-1}{x-1}$은 $x=1$일 때 분모가 0이 되므로 함수 $f(x)$는 $x=1$에서 정의되지 않는다. 즉, $f(1)$이 정의되지 않더라도

$$f(x)=\frac{x^2-1}{x-1}=\frac{(x+1)(x-1)}{x-1}=x+1 \quad (\text{단, } x\neq 1) \tag{6.1}$$

이므로 x가 1과 다른 값을 가지면서 1에 한없이 접근할 때 $f(x)$의 값은 2에 한없이 접근해 간다.

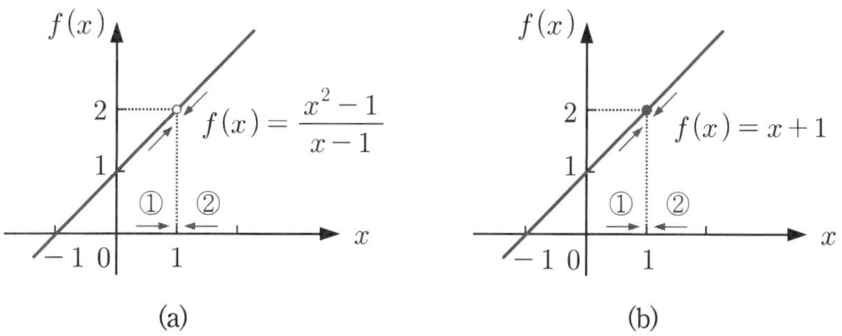

그림 6.1 함수의 극한

그림 6.1(b)와 같이 x의 모든 점에서 정의되는 함수 $f(x)=x+1$에서도 x가 1에 한없이 접근할 때 $f(x)$의 값도 2에 한없이 접근해 간다.

이와 같은 관계로부터 $f(1)$에서 정의됨에 관계없이 위의 주어진 두 함수는 $x\to1$일 때 $f(x)$는 2에 **수렴**한다고 하고, 기호를 써서

$$x\to1\text{일 때 } f(x)\to2 \quad \text{또는} \quad \lim_{x\to1}f(x)=2$$

로 나타낸다. 이 때 2를 $f(x)$의 **극한값**(limit value) 또는 **극한**(limit)이라 한다.

그림 6.1의 ①은 함수 $f(x)$에서 x가 1보다 작은 값을 가지면서 1에 한없이 접근할 때 $f(x)$는 2에 수렴하고, 수렴값 2를 $f(x)$의 **좌극한값**이라 한다.

그림 6.1의 ②는 x가 1보다 큰 값을 가지면서 1에 한없이 접근할 때 $f(x)$는 2에 수렴하고, 수렴값 2를 $f(x)$의 **우극한값**이라 한다.

이들의 좌극한값과 우극한값을 기호로 나타내면 다음과 같다.

$$\begin{cases} \text{좌극한값 : } x\to1-0\text{일 때 } f(x)\to2 \text{ 또는 } \lim_{x\to1-0}f(x)=2 \\ \text{우극한값 : } x\to1+0\text{일 때 } f(x)\to2 \text{ 또는 } \lim_{x\to1+0}f(x)=2 \end{cases}$$

$$\therefore \lim_{x\to1-0}f(x)=\lim_{x\to1+0}f(x)=2 \qquad (6.2)$$

이와 같이 함수의 극한값이 존재하면 좌극한값과 우극한값이 존재하고 그 값은 서로 같다. 역으로 좌극한값과 우극한값이 존재하고 서로 같으면 극한값이 존재한다는 것을 의미한다.

그러나 **그림** 6.2와 같은 함수의 그래프에서 아래와 같이 좌·우극한값은 존재하지만 극한값이 서로 같지 않은 것을 보여주고 있다. 즉,

$$\lim_{x\to2-0}f(x)=1, \quad \lim_{x\to2+0}f(x)=2$$

$$\therefore \lim_{x\to2-0}f(x) \neq \lim_{x\to2+0}f(x)$$

이와 같은 경우에 **함수 $f(x)$의 극한값은 없다**고 한다.

그림 6.3과 같이 여러 가지 함수로 주어진 그래프에 관한 극한값에 대하여 알아본다.

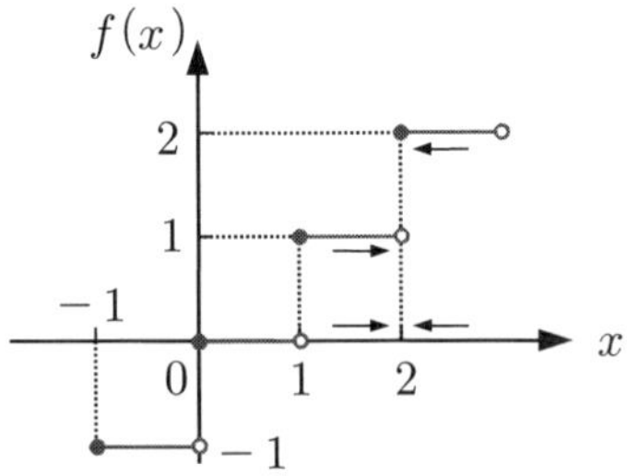

그림 6.2 좌·우극한값

그림 6.3(a)와 (b)에서 두 함수 $f(x)$의 좌 · 우극한값과 극한값은 각각 다음과 같다.

$$f(x)=\frac{1}{|x-2|}\quad \begin{cases} \lim\limits_{x\to 2-0} f(x)=\infty \\ \lim\limits_{x\to 2+0} f(x)=\infty \end{cases}\quad \therefore\ \lim_{x\to 2} f(x)=\infty \tag{6.3}$$

$$f(x)=-\frac{1}{|x-2|}\quad \begin{cases} \lim\limits_{x\to 2-0} f(x)=-\infty \\ \lim\limits_{x\to 2+0} f(x)=-\infty \end{cases}\quad \therefore\ \lim_{x\to 2} f(x)=-\infty \tag{6.4}$$

그림 6.3(a)의 함수 $f(x)$는 $x\to 2$일 때 양의 무한대(∞)로 **발산**하며, $f(x)$의 **극한값**은 ∞가 된다. 또 **그림** 6.3(b)의 함수 $f(x)$는 $x\to 2$일 때 음의 무한대($-\infty$)로 **발산**하며, $f(x)$의 **극한값**은 $-\infty$가 된다.

그러나 **그림** 6.3(c)와 같은 함수 $f(x)$는 $x\to 0$에서 좌, 우극한값이 같지 않으므로 함수 $f(x)$의 **극한값**은 존재하지 않는다.

$$f(x)=\frac{1}{x}\quad \begin{cases} \lim\limits_{x\to +0} f(x)=\infty \\ \lim\limits_{x\to -0} f(x)=-\infty \end{cases} \tag{6.5}$$

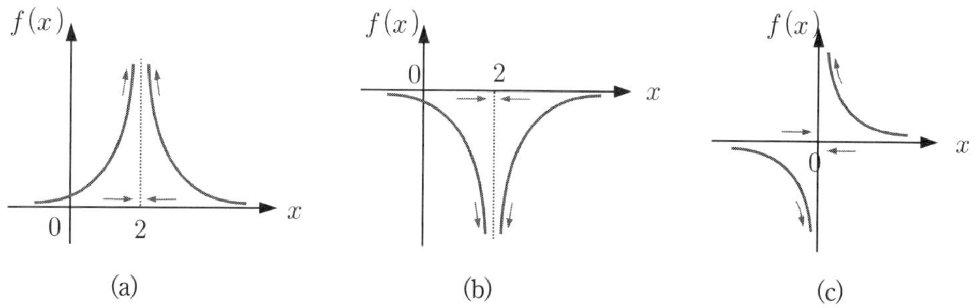

그림 6.3 각종 함수의 극한값

예제 6.1 다음의 극한값을 구하라.

(1) $\lim\limits_{x\to 0} 2^x$ (2) $\lim\limits_{x\to 0} \dfrac{1}{x^2}$ (3) $\lim\limits_{x\to 2}\left(3-\dfrac{4}{|x-2|}\right)$

풀이

(1) $x \to 0$ 일 때 $2^x \to 1$ 이므로 $\lim_{x \to 0} 2^x = 1$ (2) $\lim_{x \to 0} \frac{1}{x^2} = \infty$

(3) $\lim_{x \to 2}\left(3 - \frac{4}{|x-2|}\right) = -\infty$

6.1.2 극한값의 계산

(1) 극한값의 기본 성질

함수 $f(x)$에 대한 극한값의 계산은 x에 여러 값을 대입하거나 그래프를 이용하여 구할 수 있다. 그러나 일반적으로 다음과 같은 극한값에 관한 기본 성질을 이용하여 구한다.

☞ 극한값의 기본 성질

(1) $\lim_{x \to a} kf(x) = k\lim_{x \to a} f(x)$

(2) $\lim_{x \to a} \{f(x) \pm g(x)\} = \lim_{x \to a} f(x) \pm \lim_{x \to a} g(x)$

(3) $\lim_{x \to a} \{f(x) \cdot g(x)\} = \lim_{x \to a} f(x) \cdot \lim_{x \to a} g(x)$

(4) $\lim_{x \to a} \frac{f(x)}{g(x)} = \frac{\lim_{x \to a} f(x)}{\lim_{x \to a} g(x)}$ $\left\{\text{단, } \lim_{x \to a} g(x) \neq 0\right\}$

(2) 극한값의 계산

극한값의 모든 계산은 다음 세 가지의 형태로 되어 있고, 각각에 대하여 계산 방법을 설명한다.

(1) **확정형**

$f(x)$, $g(x)$가 다항함수이고 분수식의 분모 $g(a) \neq 0$일 때 다음의 관계식에 의하여 계산한다.

$$\lim_{x \to a} f(x) = f(a), \quad \lim_{x \to a} \frac{f(x)}{g(x)} = \frac{f(a)}{g(a)} \quad \{\text{단, } g(a) \neq 0\}$$

(2) 불능형

함수에 x의 정해진 값을 대입하여 $\frac{C}{0}$형(단, C는 상수)의 불능이 되는 경우로써 극한값은 다음과 같이 결정된다.

$$\frac{C}{0}\text{꼴}\begin{cases} C>0 : \text{분모}\to +0\text{이면 } +\infty,\ \text{분모}\to -0\text{이면 } -\infty \\ C<0 : \text{분모}\to +0\text{이면 } -\infty,\ \text{분모}\to -0\text{이면 } +\infty \end{cases}$$

(3) 부정형

함수에 x의 정해진 값을 대입하여 $\frac{0}{0}$형, $\frac{\infty}{\infty}$형 등의 부정이 되는 경우로 부정형은 여러 가지의 형태가 있으며 이 형태에 따라 다음과 같이 계산한다.

☞ 부정형의 극한값

(1) $\frac{0}{0}$형

분수함수 : 분모, 분자를 인수분해하여 약분한다.

무리함수 : 분모, 분자 중 근호가 있는 쪽을 유리화한다.

(2) $\frac{\infty}{\infty}$형

분수함수 : 분모의 최고차항으로 분모, 분자를 나눈다.

무리함수 : 근호 밖의 x 의 최고차항으로 분모, 분자를 나눈다.

(3) $\infty-\infty$, $\infty\times 0$형

$\frac{0}{0}$ 또는 $\frac{\infty}{\infty}$으로 변형한 후 위의 방법으로 계산한다.

예제 6.2 다음의 극한값을 구하라.

(1) $\lim_{x\to 1}(3x^2+3)$　　(2) $\lim_{x\to 2}(x-1)(x^2+2)$

(3) $\lim_{x\to 1}\frac{3x^2+2}{2x-1}$　　(4) $\lim_{x\to 0}\frac{1}{|x|}$

풀이

극한값의 기본성질 및 확정형(①~③), 불능형(④)을 이용하여 극한값을 계산한다.

(1) $\lim_{x \to 1}(3x^2+3)=3 \cdot 1^2+3=6$

(2) $\lim_{x \to 2}(x-1)(x^2+2)=(2-1)(2^2+2)=6$

(3) $\lim_{x \to 1}\frac{3x^2+2}{2x-1}=\frac{3 \cdot 1^2+2}{2 \cdot 1-1}=\frac{5}{1}=5$

(4) $\lim_{x \to 0}\frac{1}{|x|}=\infty$ (분모 $\to +0$ 이 되므로 극한값은 ∞)

예제 6.3 다음의 극한값을 구하라.

(1) $\lim_{x \to 2}\frac{x^2-4}{x-2}$

(2) $\lim_{x \to 1}\frac{x^2+x-2}{x^2-1}$

(3) $\lim_{x \to 0}\frac{x}{\sqrt{x+1}-1}$

(4) $\lim_{x \to \infty}\frac{3x-1}{x^2-2x+1}$

(5) $\lim_{x \to \infty}\frac{6x^2-2x+1}{2x^2+3x-2}$

(6) $\lim_{x \to \infty}\frac{6x^2-5x}{3x-1}$

풀이

(1)~(3)은 $\frac{0}{0}$형이고, (4)~(6)은 $\frac{\infty}{\infty}$형이다.

(1) (준 식) $=\lim_{x \to 2}\frac{(x+2)(x-2)}{x-2}=\lim_{x \to 2}(x+2)=4$

(2) (준 식) $=\lim_{x \to 1}\frac{(x+2)(x-1)}{(x+1)(x-1)}=\lim_{x \to 1}\frac{x+2}{x+1}=\frac{3}{2}$

(3) (준 식) $=\lim_{x \to 0}\frac{x(\sqrt{x+1}+1)}{(\sqrt{x+1}-1)(\sqrt{x+1}+1)}=\lim_{x \to 0}\frac{x(\sqrt{x+1}+1)}{x}$

$=\lim_{x \to 0}(\sqrt{x+1}+1)=2$

(4) (준 식) $=\lim_{x \to \infty}\frac{\frac{3}{x}-\frac{1}{x^2}}{1-\frac{2}{x}+\frac{1}{x^2}}=\frac{0-0}{1-0+0}=0 \quad \left(\because \frac{C(\text{상수})}{\infty}=0\right)$

(5) (준 식) $= \lim_{x\to\infty} \dfrac{6-\dfrac{2}{x}+\dfrac{1}{x^2}}{2+\dfrac{3}{x}-\dfrac{2}{x^2}} = \dfrac{6-0+0}{2+0-0} = 3$

(6) (준 식) $= \lim_{x\to\infty} \dfrac{6x-5}{3-\dfrac{1}{x}} = \infty$

【참고】 $\dfrac{\infty}{\infty}$ **형의 분수함수의 극한은 다음의 방법을 적용하면 간단하다.**[(4)~(6)]

ⓐ **분모가 분자보다 고차일 때에는** 0 **이다.**

ⓑ **분자가 분모보다 고차일 때에는** $\pm\infty$ **가 된다.**

ⓒ **분모와 분자가 동차일 때에는 최고차항의 계수의 계산값이 된다.**

6.1.3 초월함수의 극한

(1) 삼각함수의 극한

삼각함수의 극한값은 함수의 극한에 관한 기본 성질과 삼각함수의 공식을 이용하여 구할 수 있다. 식 (6.6)은 삼각함수의 극한을 구하거나 삼각함수의 미분법 공식을 유도하는 데 기본이 되는 중요한 공식이다.

$$\lim_{x\to 0}\frac{\sin x}{x} = 1 \quad (\text{단, } x\text{는 radian}) \tag{6.6}$$

이 공식은 다음과 같이 증명할 수 있다.

그림 6.4에서 중심각 x는 $0<x<\pi/2$, 단위는 [rad]이고, $\overline{OA}=\overline{OB}=r$로 하면

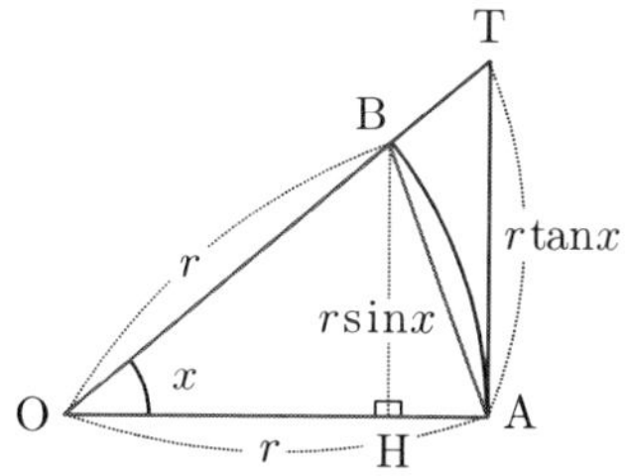

그림 6.4

위의 세 도형에 대한 면적의 관계는 다음과 같다.

$$\triangle\mathrm{OAB} < (\text{부채꼴 OAB}) < \triangle\mathrm{OAT}$$

$$\begin{cases} \triangle\mathrm{OAB} = \dfrac{1}{2}\overline{\mathrm{OA}}\cdot\overline{\mathrm{BH}} = \dfrac{1}{2}r\cdot(r\sin x) = \dfrac{1}{2}r^2\sin x \\ (\text{부채꼴 OAB}) = \dfrac{1}{2}\overline{\mathrm{OA}}\cdot\widehat{\mathrm{AB}} = \dfrac{1}{2}r\cdot(rx) = \dfrac{1}{2}r^2x \\ \triangle\mathrm{OAT} = \dfrac{1}{2}\overline{\mathrm{OA}}\cdot\overline{\mathrm{AT}} = \dfrac{1}{2}r\cdot(r\tan x) = \dfrac{1}{2}r^2\tan x \end{cases}$$

$$\frac{1}{2}r^2\sin x < \frac{1}{2}r^2x < \frac{1}{2}r^2\tan x \qquad \therefore\ \sin x < x < \frac{\sin x}{\cos x}$$

윗 식을 $\sin x$로 나누고 이 결과를 역수로 취해주면 각각 다음과 같다.

$$1 < \frac{x}{\sin x} < \frac{1}{\cos x} \qquad \therefore\ 1 > \frac{\sin x}{x} > \cos x$$

여기서 $\lim\limits_{x\to 0}\cos x = 1$이므로 극한값은 다음과 같이 구해진다.

$$\therefore\ \lim_{x\to 0}\frac{\sin x}{x} = 1$$

예제 6.4 다음의 극한값을 구하라.

(1) $\lim\limits_{x\to 0}\dfrac{\sin 2x}{\sin x}$ (2) $\lim\limits_{x\to 0}\dfrac{\sin 3x}{x}$ (3) $\lim\limits_{x\to 0}\dfrac{\tan x}{x}$

풀이

(1) $\lim\limits_{x\to 0}\dfrac{\sin 2x}{\sin x} = \lim\limits_{x\to 0}\dfrac{2\sin x\cos x}{\sin x} = \lim\limits_{x\to 0}(2\cos x) = 2\lim\limits_{x\to 0}\cos x = 2$

(2) $\lim\limits_{x\to 0}\dfrac{\sin 3x}{x} = \lim\limits_{x\to 0}3\cdot\dfrac{\sin 3x}{3x} = 3\cdot 1 = 3$

(3) $\lim\limits_{x\to 0}\dfrac{\tan x}{x} = \lim\limits_{x\to 0}\dfrac{\sin x}{x\cos x} = \lim\limits_{x\to 0}\dfrac{\sin x}{x}\cdot\dfrac{1}{\cos x} = 1\cdot 1 = 1$

【참고】 $\lim\limits_{x\to 0}\dfrac{\sin x}{x} = 1,\ \lim\limits_{x\to 0}\dfrac{x}{\sin x} = 1,\ \lim\limits_{x\to 0}\dfrac{\tan x}{x} = 1,\ \lim\limits_{x\to 0}\dfrac{x}{\tan x} = 1$

(2) 지수함수와 로그함수의 극한

지수함수와 로그함수의 극한은 **그림** 6.5의 함수의 그래프를 이용하면 직관적으로 쉽게 이해할 수 있다. 이로부터 함수의 극한을 정리하면 다음과 같다.

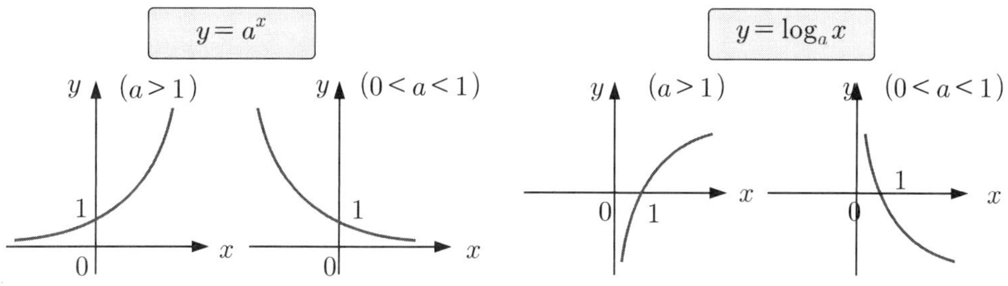

(a) 지수함수 (b) 로그함수

그림 6.5 지수함수와 로그함수의 극한

표 6.1 지수함수와 로그함수의 극한

지수함수, $y=a^x$		로그함수, $y=\log_a x$	
$a>1$	$0<a<1$	$a>1$	$0<a<1$
$\lim_{x\to\infty} a^x=\infty$	$\lim_{x\to\infty} a^x=0$	$\lim_{x\to\infty} \log_a x=\infty$	$\lim_{x\to\infty} \log_a x=-\infty$
$\lim_{x\to-\infty} a^x=0$	$\lim_{x\to-\infty} a^x=\infty$	$\lim_{x\to+0} \log_a x=-\infty$	$\lim_{x\to+0} \log_a x=\infty$

예제 6.5 다음의 극한값을 구하라.

(1) $\lim_{x\to\infty}\frac{4^x}{3^x}$ (2) $\lim_{x\to 1+0}\log_2(x-1)$

풀이

(1) $\lim_{x\to\infty}\frac{4^x}{3^x}=\lim_{x\to\infty}\left(\frac{4}{3}\right)^x=\infty$ (2) $\lim_{x\to 1+0}\log_2(x-1)=-\infty$

(3) 극한값 e 의 정의

x가 0에 한없이 접근할 때 함수 $f(x)=(1+x)^{\frac{1}{x}}$ 의 극한값을 알아본다.

멱급수(거듭제곱 급수, power series)에 의한 맥로린(Maclaurin)급수 전개식은

$$(1+x)^n=1+nx+\frac{n(n-1)}{2!}x^2+\frac{n(n-1)(n-2)}{3!}x^3+\cdots\cdots \tag{6.7}$$

이다. 이 식에 $n=\frac{1}{x}$을 대입하면

$$(1+x)^{\frac{1}{x}}=1+\frac{1}{x}x+\frac{1}{2!}\frac{1}{x}\left(\frac{1}{x}-1\right)x^2+\frac{1}{3!}\frac{1}{x}\left(\frac{1}{x}-1\right)\left(\frac{1}{x}-2\right)x^3+\cdots\cdots$$

$$=1+1+\frac{1-x}{2!}+\frac{(1-x)(1-2x)}{3!}+\cdots\cdots \tag{6.8}$$

$$\therefore\ \lim_{x\to 0}(1+x)^{\frac{1}{x}}=1+1+\frac{1}{2!}+\frac{1}{3!}+\cdots\cdots=2.718281828\cdots \tag{6.9}$$

이 된다. 식 (6.9)의 무리수를 e로 나타낼 때, 극한값 e는 다음과 같이 정의된다.

$$\lim_{x\to 0}(1+x)^{\frac{1}{x}}=e,\quad \lim_{x\to\infty}\left(1+\frac{1}{x}\right)^x=e \tag{6.10}$$

예제 6.6 다음의 극한값을 구하라.

(1) $\lim_{x\to 0}\frac{\ln(1+x)}{x}$ (2) $\lim_{x\to 0}(1+3x)^{\frac{1}{x}}$ (3) $\lim_{x\to\infty}\left(1+\frac{1}{x}\right)^{2x}$

풀이

(1) (준 식) $=\lim_{x\to 0}\frac{1}{x}\ln(1+x)=\lim_{x\to 0}\ln(1+x)^{\frac{1}{x}}=\ln e=1$

(2) (준 식) $=\lim_{x\to 0}\left\{(1+3x)^{\frac{1}{3x}}\right\}^3=e^3$

(3) (준 식) $=\lim_{x\to\infty}\left\{\left(1+\frac{1}{x}\right)^x\right\}^2=e^2$

6.1.4 함수의 연속성

제 6.1.1 절에서 **그림** 6.1(a)의 함수 $f(x)$는 극한은 존재하지만 $x=1$에서의 $f(1)$이 정의되지 않는다. 즉,

$$\textbf{불연속} : f(x)=\frac{x^2-1}{x-1} : \quad \lim_{x\to 1} f(x)=2, \quad \lim_{x\to 1} f(x)\neq f(1) \tag{6.a}$$

이고, **그림** 6.1(b)의 함수 $f(x)$는 극한이 존재하면서 $x=1$을 포함한 x의 모든 점에서 정의되고 있다. 즉,

$$\textbf{연속} : f(x)=x+1 : \quad \lim_{x\to 1} f(x)=2, \quad \lim_{x\to 1} f(x)=f(1) \tag{6.b}$$

으로 표현할 수 있다. 식 (6.a)의 함수는 $x=1$에서 **불연속**(discontinuous)이라 하고, 식 (6.b)의 함수는 $x=1$에서 **연속**(continuous)이라 한다.

함수 $f(x)$가 다음의 조건을 만족하면 $x=a$에서 **연속**이라고 하고, 모든 점에서 연속이면 이 함수는 **연속함수**(continuous function)라고 한다.

☞ 함수의 연속 조건

> (1) $x=a$ 에서 함수의 값 $f(a)$가 정의되어야 한다.
>
> (2) $x=a$ 에서 극한값 $\lim_{x\to a} f(x)$가 존재하여야 한다.
>
> (3) $\lim_{x\to a} f(x)=f(a)$

연속함수의 기본 성질과 정리들을 요약하면 다음과 같다.

(1) 두 함수 $f(x)$, $g(x)$가 $x=a$에서 연속이면 다음의 각 함수도 $x=a$에서 연속이다.

① $kf(x)$ (단, k는 상수) ② $f(x)\pm g(x)$

③ $f(x)\cdot g(x)$ ④ $\dfrac{f(x)}{g(x)}$ (단, $g(x)\neq 0$)

(2) **최대값 · 최소값 정리**

함수 $f(x)$가 폐구간 $[a, b]$에서 연속이면 $f(x)$는 그 구간에서 반드시 최대값과 최소값을 갖는다.

(3) 중간값 정리

함수 $f(x)$가 폐구간 $[a, b]$에서 연속이고 $f(a) \neq f(b)$일 때, $f(a)$와 $f(b)$ 사이의 임의의 값을 k라 하면 $f(c)=k$인 c가 개구간 (a, b)안에 적어도 하나 존재한다.

예제 6.7 다음 함수의 주어진 값에서 연속성을 확인하라.

(1) $f(x) = 2x^2 \ (x=2)$ (2) $f(x) = \dfrac{x^2-4}{x-2} \ (x=2)$

풀이

(1) 함수의 연속 조건에서

$$f(2) = 2 \cdot 2^2 = 8, \quad \lim_{x \to 2} 2x^2 = 8, \quad \lim_{x \to 2} 2x^2 = f(2)$$

의 세 가지를 모두 만족하므로 $f(x)$는 $x=2$에서 연속이다.

(2) $f(2)$가 정의되지 않으므로 $f(x)$는 $x=2$에서 불연속이다.

연 / 습 / 문 / 제(6-A)

6-1 다음의 극한값을 구하라.

(1) $\lim_{x \to 2}(2x^2 - x + 1)$

(2) $\lim_{x \to 0}\cos x$

(3) $\lim_{x \to 2}\dfrac{x^3 - 8}{x^2 - 3x + 2}$

(4) $\lim_{x \to 1}\dfrac{x^2 - 4x + 3}{x^3 - 1}$

(5) $\lim_{x \to 0}\dfrac{x}{\sqrt{x+9} - 3}$

(6) $\lim_{x \to 0}\dfrac{\sqrt{1+x} - \sqrt{1-x}}{x}$

(7) $\lim_{x \to 0}\dfrac{1}{x}\left(1 + \dfrac{1}{x-1}\right)$

(8) $\lim_{x \to \infty}\dfrac{2x^2 - 3}{x^3 - 3x + 2}$

(9) $\lim_{x \to \infty}\dfrac{3x^3 + 5}{x^2 - 1}$

(10) $\lim_{x \to \infty}\dfrac{6x^2 - 2x + 3}{3x^2 + x - 1}$

(11) $\lim_{x \to \infty}\dfrac{\sqrt{x^2+1} + 2}{3x}$

(12) $\lim_{x \to \infty}\left(\sqrt{x^2 + x} - x\right)$

6-2 다음의 극한값을 구하라.

(1) $\lim_{x \to 0}\dfrac{x}{\sin x}$

(2) $\lim_{x \to 0}\dfrac{x}{\tan x}$

(3) $\lim_{x \to 0}\dfrac{\sin 2x}{4x}$

(4) $\lim_{x \to 0}\dfrac{\tan 4x}{2x}$

(5) $\lim_{x \to 0}(1 + 3x)^{\frac{1}{x}}$

(6) $\lim_{x \to \infty}\left(1 + \dfrac{2}{x}\right)^{3x}$

힌트 초월함수의 극한 참고

(1) $\lim_{x \to 0}\dfrac{x}{\sin x} = \lim_{x \to 0}\dfrac{1}{\dfrac{\sin x}{x}} = 1$

(2) $\lim_{x\to 0}\frac{x}{\tan x}=\lim_{x\to 0}\left(\frac{x}{\sin x}\cdot\cos x\right)=\lim_{x\to 0}\frac{x}{\sin x}\cdot\lim_{x\to 0}\cos x=1$

(3) $\lim_{x\to 0}\frac{\sin 2x}{4x}=\lim_{x\to 0}\frac{1}{2}\cdot\frac{\sin 2x}{2x}=\frac{1}{2}$

(4) $\lim_{x\to 0}\frac{\tan 4x}{2x}=\lim_{x\to 0}2\cdot\frac{\tan 4x}{4x}=2$

(5) $\lim_{x\to 0}(1+3x)^{\frac{1}{x}}=\lim_{x\to 0}\left\{(1+3x)^{\frac{1}{3x}}\right\}^3=e^3$

(6) $\lim_{x\to\infty}\left(1+\frac{2}{x}\right)^{3x}=\lim_{x\to\infty}\left\{\left(1+\frac{2}{x}\right)^{\frac{x}{2}}\right\}^6=e^6$

6-3 다음의 극한값을 계산하라.

$$\lim_{x\to\infty}\left(1+\frac{1}{x}\right)^x$$

힌트 준 식에서 $\frac{1}{x}=z$로 놓으면 $x=\frac{1}{z}$이고, $x\to\infty$일 때 $z\to 0$이므로

$$\lim_{x\to\infty}\left(1+\frac{1}{x}\right)^x=\lim_{z\to 0}(1+z)^{\frac{1}{z}} \qquad \therefore\ \lim_{x\to\infty}\left(1+\frac{1}{x}\right)^x=e$$

6.2 변화율과 도함수

6.2.1 평균 변화율

그림 6.6과 같은 함수 $y=f(x)$에서 x의 값이 a로부터 $a+\Delta x$까지 Δx만큼 변하면, 이에 따라 y의 값은 $f(a)$에서 $f(a+\Delta x)$까지 Δy만큼 변한다.

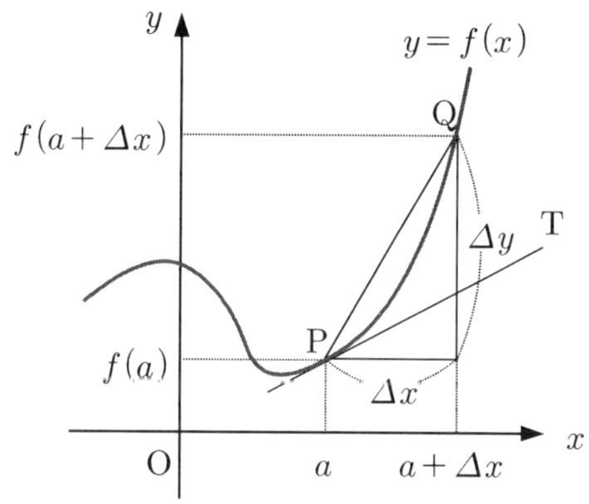

그림 6.6 평균 변화율과 순간 변화율

이 때 x의 변화량 Δx를 x의 **증분**이라 하고, y의 변화량 Δy를 y의 **증분**이라 한다. 여기서 y의 증분 Δy와 x의 증분 Δx의 비, 즉

$$\frac{\Delta y}{\Delta x}=\frac{f(a+\Delta x)-f(a)}{(a+\Delta x)-a}=\frac{f(a+\Delta x)-f(a)}{\Delta x} \tag{6.11}$$

를 구간 $[a,\ a+\Delta x]$에서의 y의 **평균 변화율**이라 한다.

평균 변화율은 함수 $f(x)$의 x좌표가 a인 점과 $a+\Delta x$인 점을 연결한 직선의 기울기, 즉 $\overline{\mathrm{PQ}}$의 기울기를 나타낸다.

6.2.2 순간 변화율 (미분계수)

그림 6.6의 함수 $y=f(x)$에서 구간 $[a,\ a+\Delta x]$에서의 y의 평균 변화율에서 x의 증분 Δx를 무한히 작게 했을 때, 즉 $\Delta x\to 0$일 때의 극한값은

$$\lim_{\Delta x \to 0} \frac{\Delta y}{\Delta x} = \lim_{\Delta x \to 0} \frac{f(a+\Delta x)-f(a)}{\Delta x} \ (=f'(a)) \tag{6.12}$$

가 된다. 이 극한값을 $x=a$에서의 **순간 변화율** 또는 **미분계수**(differential coefficient)라 하며, 간단히 **변화율**(rate of change)이라고 하고, 기호는

$$f'(a), \qquad y'_{x=a}, \qquad \left.\frac{\Delta y}{\Delta x}\right|_{x=a}$$

등으로 나타낸다.

함수 $f(x)$의 $x=a$에서의 순간 변화율 $f'(a)$는 x 좌표가 a인 점에서의 접선의 기울기, 즉 접선 $\overline{\mathrm{PT}}$의 기울기를 나타낸다.

식 (6.12)의 순간 변화율(미분계수) 정의에서 $a+\Delta x=x$라 하면 $\Delta x=x-a$이고, $\Delta x \to 0$일 때 $x \to a$이므로 $f'(a)$는 다음과 같이 변형하여 쓸 수 있다.

$$f'(a) = \lim_{\Delta x \to 0} \frac{\Delta y}{\Delta x} = \lim_{x \to a} \frac{f(x)-f(a)}{x-a} \tag{6.13}$$

특히 함수 $f(x)$가 어떤 구간 안의 모든 점에서 미분계수를 가지면, 이 함수는 그 구간에서 미분 가능하다고 한다.

6.2.3 도함수

함수 $y=f(x)$에서 $x=a$일 때의 미분계수 $f'(a)$는 a를 변수로 보면 a의 함수이다. 즉, 식 (6.12)의 미분계수 $f'(a)$에서 a 대신 독립변수 x를 대입한 $f'(x)$는

$$f'(x) = \lim_{\Delta x \to 0} \frac{\Delta y}{\Delta x} = \lim_{\Delta x \to 0} \frac{f(x+\Delta x)-f(x)}{\Delta x} \tag{6.14}$$

가 된다. 이 식을 x에 관한 y의 **도함수**(derivative)라고 하며, 기호는

$$f'(x), \qquad y', \qquad \frac{dy}{dx}, \qquad \frac{d}{dx}f(x)$$

등으로 나타낸다. 함수 $y=f(x)$의 도함수는 임의의 한 점 x에서의 접선의 기울기를 의미한다.

함수 $y=f(x)$에서 도함수 $f'(x)$를 구하는 것을 $f(x)$를 x에 관하여 **미분한다**고 하고, 미분하는 계산법을 **미분법**(differentiation)이라 한다.

☞ 평균 변화율, 미분계수(변화율), 도함수의 정의

함수 $y=f(x)$ 에서

(1) 평균 변화율

① $\dfrac{\Delta y}{\Delta x}=\dfrac{f(a+\Delta x)-f(a)}{\Delta x}=\dfrac{f(x)-f(a)}{x-a}$, 구간 $[a,\ a+\Delta x]$

② 함수 $f(x)$의 $x=a$인 점과 $x=a+\Delta x$인 점을 연결한 직선의 기울기

(2) 순간 변화율(미분계수)

① $f'(a)=\lim\limits_{\Delta x\to 0}\dfrac{\Delta y}{\Delta x}=\lim\limits_{\Delta x\to 0}\dfrac{f(a+\Delta x)-f(a)}{\Delta x}=\lim\limits_{x\to a}\dfrac{f(x)-f(a)}{x-a}$

② 함수 $f(x)$의 $x=a$인 점에서의 접선의 기울기

(3) 도함수

① $f'(x)=\lim\limits_{\Delta x\to 0}\dfrac{\Delta y}{\Delta x}=\lim\limits_{\Delta x\to 0}\dfrac{f(x+\Delta x)-f(x)}{\Delta x}$

② 함수 $f(x)$의 임의의 점 x 에서의 접선의 기울기

예제 6.8 다음의 지정된 구간에서 각 함수의 평균 변화율을 구하라.

(1) $f(x)=3x+1,\ [1,\ 3]$ (2) $f(x)=2x^2,\ [a,\ b]$

풀이

(1) $\dfrac{\Delta f}{\Delta x}=\dfrac{f(3)-f(1)}{3-1}=\dfrac{(3\cdot 3+1)-(3\cdot 1+1)}{2}=3$

(2) $\dfrac{\Delta f}{\Delta x}=\dfrac{f(b)-f(a)}{b-a}=\dfrac{2b^2-2a^2}{b-a}=\dfrac{2(b+a)(b-a)}{b-a}=2(a+b)$

예제 6.9 다음 각 함수의 $x=1$ 에서의 변화율(미분계수)을 정의에 의하여 구하라.

(1) $y=3x^2$ (2) $y=x^2+3x$

풀이

변화율(미분계수)의 정의 : $f'(a)=\lim_{\Delta x \to 0}\frac{f(a+\Delta x)-f(a)}{\Delta x}$

(1) $y'_{x=1}=\lim_{\Delta x \to 0}\frac{3(1+\Delta x)^2-3}{\Delta x}=\lim_{\Delta x \to 0}\frac{6(\Delta x)+3(\Delta x)^2}{\Delta x}$

$=\lim_{\Delta x \to 0}\{6+3(\Delta x)\}=6$

(2) $y'_{x=1}=\lim_{\Delta x \to 0}\frac{(1+\Delta x)^2+3(1+\Delta x)-(1^2+3\cdot 1)}{\Delta x}$

$=\lim_{\Delta x \to 0}\frac{5(\Delta x)+(\Delta x)^2}{\Delta x}=\lim_{\Delta x \to 0}(5+\Delta x)=5$

예제 6.10 다음 각 함수 $f(x)$의 도함수 $f'(x)$를 정의에 의하여 구하라.

(1) $f(x)=5x^2+3x$　　(2) $y=\frac{1}{x}$

풀이

도함수의 정의 : $f'(x)=\lim_{\Delta x \to 0}\frac{f(x+\Delta x)-f(x)}{\Delta x}$

(1) $f'(x)=\lim_{\Delta x \to 0}\frac{5(x+\Delta x)^2+3(x+\Delta x)-5x^2-3x}{\Delta x}$

$=\lim_{\Delta x \to 0}\frac{5x^2+10x(\Delta x)+5(\Delta x)^2+3x+3(\Delta x)-5x^2-3x}{\Delta x}$

$=\lim_{\Delta x \to 0}\{10x+3+5(\Delta x)\}=10x+3$

$x=2$에서의 미분계수 $f'(2)$는 도함수 $f'(x)$로부터 직접 구할 수 있다.

$\therefore\ f'(2)=10\cdot 2+3=23$

(2) $f'(x) = \lim_{\Delta x \to 0} \dfrac{\dfrac{1}{x+\Delta x} - \dfrac{1}{x}}{\Delta x} = \lim_{\Delta x \to 0} \dfrac{-\Delta x}{\Delta x(x+\Delta x)x}$

$= \lim_{\Delta x \to 0} \dfrac{-1}{(x+\Delta x)x} = -\dfrac{1}{x^2}$

예제 6.11 함수 $f(x) = x^2$에 대하여 다음 물음에 답하라.

(1) 구간 $[1,\ 3]$ 에서의 평균 변화율

(2) $x = 2$ 에서 변화율(미분계수)

(3) 함수 $f(x)$ 의 도함수 $f'(x)$

풀이

(1) $\dfrac{\Delta f}{\Delta x} = \dfrac{f(3) - f(1)}{3-1} = \dfrac{3^2 - 1^2}{2} = 4$

(2) $f'(2) = \lim_{\Delta x \to 0} \dfrac{f(2+\Delta x) - f(2)}{\Delta x} = \lim_{\Delta x \to 0} \dfrac{(2+\Delta x)^2 - 2^2}{\Delta x}$

$= \lim_{\Delta x \to 0} \dfrac{4(\Delta x) + (\Delta x)^2}{\Delta x} = \lim_{\Delta x \to 0} (4 + \Delta x) = 4$

(3) $f'(x) = \lim_{\Delta x \to 0} \dfrac{f(x+\Delta x) - f(x)}{\Delta x} = \lim_{\Delta x \to 0} \dfrac{(x+\Delta x)^2 - x^2}{\Delta x}$

$= \lim_{\Delta x \to 0} \dfrac{2x(\Delta x) + (\Delta x)^2}{\Delta x} = \lim_{\Delta x \to 0} (2x + \Delta x) = 2x$

6.3 미분법의 공식

6.3.1 대수함수의 미분법

(1) 미분법의 기본 공식

앞 절에서 함수 $f(x)$의 도함수 $f'(x)$를 정의에 의하여 구하는 방법을 알아보았으며, 주어진 함수의 도함수를 구할 때에 모두 정의에 의하여 구한다는 것은 여러 가지로 번거로우며 시간적으로도 소요가 많이 된다.

따라서 실전 문제에서 효율적인 계산을 하기 위하여 다음의 주어진 미분법의 기본 공식을 기억해야 한다.

표 6.2 미분법의 기본 공식

	종 류	함수 $y=f(x)$	도함수 $y'=f(x)$
1	상 수	$f(x)=c$ (c는 상수)	$f'(x)=0$
2	멱(거듭제곱) 함수	$y=x^n$	$y'=nx^{n-1}$
3	상 수 배	$y=cf(x)$ (c는 상수)	$y'=cf'(x)$
4	함수의 합	$y=f(x)\pm g(x)$	$y'=f'(x)\pm g'(x)$
5	함수의 곱	$y=f(x)\cdot g(x)$	$y'=f'(x)\cdot g(x)+f(x)\cdot g'(x)$
6	함수의 몫	$y=\dfrac{f(x)}{g(x)}$ {단, $g(x)\neq 0$}	$y'=\dfrac{f'(x)g(x)-f(x)g'(x)}{\{g(x)\}^2}$

예제 6.12 다음 각 함수의 도함수를 구하라.

(1) $y=10$ (2) $y=x^3$ (3) $y=x^2+5$

(4) $y=2\sqrt{x}$ (5) $y=(2x^2+1)(2x+1)$ (6) $y=\dfrac{1}{x}$

풀이

(1) $y' = 0$　　(2) $y' = 3x^2$　　(3) $y' = 2x$

(4) $y = 2\sqrt{x} = 2x^{\frac{1}{2}}$,　$\therefore\ y' = 2 \cdot \frac{1}{2}x^{\frac{1}{2}-1} = x^{-\frac{1}{2}} = \frac{1}{\sqrt{x}}$

(5) $y' = 4x \cdot (2x+1) + (2x^2+1) \cdot 2 = (8x^2+4x) + (4x^2+2)$

$= 12x^2 + 4x + 2$　　$\therefore\ y' = 2(6x^2+2x+1)$

(6) $y' = \frac{0 \cdot x - 1 \cdot 1}{x^2} = -\frac{1}{x^2}$

(별해) 준 식을 멱함수로 변환 : $y = \frac{1}{x} = x^{-1}$

$\therefore\ y' = -1 \cdot x^{-1-1} = -x^{-2} = -\frac{1}{x^2}$

예제 6.13 다음 각 함수의 도함수를 구하라.

(1) $y = 2x^2 + 3x - 6$　　(2) $y = x^3(3x^2 - 2x + 1)$

(3) $y = (x^2 - 1)(x^2 + 2x + 2)$　　(4) $y = (2x+3)(x^4 - 3x^2)$

(5) $y = \frac{1}{2x+5} + \sqrt{x}$　　(6) $y = \frac{1-2x}{x^2+2}$

풀이

(1) $y' = 4x + 3$

(2) $y' = 3x^2 \cdot (3x^2 - 2x + 1) + x^3 \cdot (6x - 2) = 15x^4 - 8x^3 + 3x^2$

(3) $y' = 2x \cdot (x^2 + 2x + 2) + (x^2 - 1) \cdot (2x + 2) = 2(2x^3 + 3x^2 + x - 1)$

(4) $y' = 2 \cdot (x^4 - 3x^2) + (2x + 3) \cdot (4x^3 - 6x) = 10x^4 + 12x^3 - 18x^2 - 18x$

$\therefore\ y' = 2(5x^4 + 6x^3 - 9x^2 - 9x)$

(5) $y' = \frac{-2}{(2x+5)^2} + \frac{1}{2}x^{-1/2} = \frac{-2}{(2x+5)^2} + \frac{1}{2\sqrt{x}}$

(6) $y' = \frac{-2(x^2+2) - (1-2x) \cdot 2x}{(x^2+2)^2} = \frac{2x^2 - 2x - 4}{(x^2+2)^2} = \frac{2(x^2 - x - 2)}{(x^2+2)^2}$

(2) 합성함수의 미분법

함수 $y=(2x+1)^2$의 우변을 전개하면 $y=4x^2+4x+1$이므로 이 함수의 도함수는 다음과 같이 구할 수 있다.

$$y'=(4x^2+4x+1)'=8x+4=4(2x+1) \tag{6.15}$$

그러나 주어진 식을 일일이 전개하지 않고 직접 도함수를 구하는 방법을 알아본다. 주어진 함수 $y=(2x+1)^2$에서 $u=2x+1$로 놓으면 $y=u^2$이므로, 두 함수는

$$y=u^2, \qquad u=2x+1 \tag{6.16}$$

의 **합성함수**이다. 이 때 $y=u^2$에서 y를 u로 미분하고, $u=2x+1$에서 u를 x로 미분하면 다음과 같다.

$$\frac{dy}{du}=2u, \qquad \frac{du}{dx}=2$$

$$\therefore \quad \frac{dy}{dx}=\frac{dy}{du}\cdot\frac{du}{dx}=2u\cdot 2=4(2x+1) \tag{6.17}$$

즉, 합성함수의 미분은 다음과 같이 등식이 성립함을 알 수 있다.

$$\frac{dy}{dx}=\frac{dy}{du}\cdot\frac{du}{dx} \tag{6.18}$$

☞ 합성함수의 미분법

> **두 함수 $y=f(u)$, $u=g(x)$가 미분 가능할 때, 합성함수 $y=f\{g(x)\}$의 도함수는 다음의 공식이 성립한다.**
>
> $$\begin{cases} y=f(u),\ u=g(x) \ \rightarrow \ \dfrac{dy}{dx}=\dfrac{dy}{du}\cdot\dfrac{du}{dx} \\ \\ y=f\{g(x)\} \ \rightarrow \ y'=f'\{g(x)\}\,g'(x) \end{cases}$$

자주 이용되는 합성함수 $y=f(ax+b)$와 $y=\{f(x)\}^n$의 도함수를 유도해 본다.

(a) $y=f(ax+b)$의 도함수

$u=ax+b$로 놓으면 $y=f(u)$이므로

$$\frac{dy}{du}=f'(u), \qquad \frac{du}{dx}=a$$

$$\therefore \quad \frac{dy}{dx}=\frac{dy}{du}\cdot\frac{du}{dx}=f'(u)\cdot a=af'(ax+b) \tag{6.19}$$

(b) $y=\{f(x)\}^n$ 의 도함수

$u=f(x)$로 놓으면 $y=u^n$ 이므로

$$\frac{dy}{du}=nu^{n-1}, \qquad \frac{du}{dx}=f'(x)$$

$$\therefore \quad \frac{dy}{dx}=\frac{dy}{du}\cdot\frac{du}{dx}=nu^{n-1}\cdot f'(x)=n\{f(x)\}^{n-1}f'(x) \tag{6.20}$$

예제 6.14 다음 각 함수의 도함수를 구하라.

(1) $y=(x^2+1)^2$

(2) $y=\dfrac{1}{(1-2x)^2}$

(3) $y=\sqrt{3x+1}$

(4) $y=\sqrt[3]{2x+1}$

(5) $y=(2x^3+1)^4$

(6) $y=\dfrac{x^3}{(x+1)^2}$

풀이

(1) $u=x^2+1$로 놓으면 $y=u^2$이므로

$$\frac{dy}{dx}=\frac{dy}{du}\cdot\frac{du}{dx}=2u\cdot 2x=4xu=4x(x^2+1)$$

(2) $u=1-2x$로 놓으면 $y=u^{-2}$이므로

$$\frac{dy}{dx}=\frac{dy}{du}\cdot\frac{du}{dx}=(-2u^{-3})\cdot(-2)=4u^{-3}=4(1-2x)^{-3}$$

$$\therefore \quad \frac{dy}{dx}=\frac{4}{(1-2x)^3}$$

(3) $y=\sqrt{3x+1}=(3x+1)^{\frac{1}{2}}$ 이므로 식 (6.20)에 의하여

$$y'=\frac{1}{2}(3x+1)^{\frac{1}{2}-1}\cdot(3x+1)'=\frac{3}{2}(3x+1)^{-\frac{1}{2}}=\frac{3}{2\sqrt{3x+1}}$$

(4) $y = \sqrt[3]{2x+1} = (2x+1)^{\frac{1}{3}}$ 이므로

$$y' = \frac{1}{3}(2x+1)^{\frac{1}{3}-1} \cdot (2x+1)' = \frac{1}{3}(2x+1)^{-\frac{2}{3}} \cdot 2$$

$$\therefore \quad y' = \frac{2}{3\sqrt[3]{(2x+1)^2}}$$

(5) $y' = 4(2x^3+1)^3 \cdot (2x^3+1)' = 4(2x^3+1)^3 \cdot (6x^2) = 24x^2(2x^3+1)^3$

(6) $y' = \dfrac{3x^2 \cdot (x+1)^2 - x^3 \cdot 2(x+1)}{\{(x+1)^2\}^2} = \dfrac{(x+1)(x^3+3x^2)}{(x+1)^4} = \dfrac{x^2(x+3)}{(x+1)^3}$

(3) 음함수의 미분법

독립변수 x와 종속변수 y의 관계가 한 변에 표시된 $f(x, y)=0$의 형태로 주어졌을 때, y를 x의 **음함수**라 한다. 음함수의 도함수는 양함수 $y=f(x)$의 형태로 변환하지 않고 합성함수의 미분법을 이용하여 직접 구할 수 있다.

합성함수 미분법에서

$$\frac{d}{dx}\{f(x)\}^n = n\{f(x)\}^{n-1}f'(x) \tag{6.21}$$

이고, 이 식에서 $f(x)=y$로 놓으면 다음과 같다.

$$\frac{d}{dx}y^n = ny^{n-1}y' \tag{6.22}$$

식 (6.22)는 y^n을 x에 관하여 미분할 때에는 먼저 y^n을 y에 관하여 미분하고 여기에 y를 x로 미분한 것을 곱하면 되는 것을 의미한다. 이를 정리하면 다음과 같다.

☞ **음함수의 미분법**

> $f(x, y)=0$ **의 형태로 주어진 음함수의 도함수는 각 항을 x에 관해 미분하여 구한다.**
>
> $$\frac{d}{dx}y^n = \frac{d}{dy}y^n \cdot \frac{dy}{dx} = ny^{n-1}y'$$

예제 6.15 다음 주어진 함수의 $\dfrac{dy}{dx}$를 구하라.

(1) $x^2 + y^2 = 1$　　(2) $2x^2 + 3y^2 = 4$

(3) $2y^2 = 4x + 5$　　(4) $2x^3 + y^3 - 3x^2y = 0$

풀이

(1) $2x + 2yy' = 0 \qquad \therefore \ y' = -\dfrac{x}{y}$

(2) $4x + 6yy' = 0 \qquad \therefore \ y' = -\dfrac{2x}{3y}$　　(3) $4yy' = 4 \qquad \therefore \ y' = \dfrac{1}{y}$

(4) 각 항을 x에 관해 미분하면

$$6x^2 + 3y^2y' - (6xy + 3x^2y') = 0, \ 6x^2 - 6xy + (3y^2 - 3x^2)y' = 0$$

$$y' = \frac{2xy - 2x^2}{y^2 - x^2} = \frac{2x(y-x)}{(y+x)(y-x)} \qquad \therefore \ y' = \frac{2x}{y+x}$$

(4) 역함수의 미분법

함수 $y = f(x)$가 미분 가능하고, 역함수가 $x = f(y)$일 때, 양변을 x에 관하여 미분하면 음함수의 미분법을 적용하여 다음과 같이 구할 수 있다.

$$1 = f'(y)\frac{dy}{dx}, \qquad \therefore \ \frac{dy}{dx} = \frac{1}{f'(y)} = \frac{1}{\dfrac{dx}{dy}} \quad \left(\text{단}, \ \frac{dx}{dy} \neq 0\right) \tag{6.23}$$

이와 같이 **역함수의 도함수**는 dx/dy를 구한 다음에 위의 식 (6.23)의 미분법과 같이 역수를 취하여 구한다. 역함수의 도함수를 정리하면 다음과 같다.

☞ **역함수의 미분법**

함수 $y = f(x)$의 역함수가 $x = f(y)$일 때, 역함수의 도함수는 dx/dy를 구한 다음 아래의 공식과 같이 역수를 취하여 구한다.

$$\frac{dy}{dx} = \frac{1}{f'(y)} = \frac{1}{\dfrac{dx}{dy}} \quad \left(\text{단}, \ \frac{dx}{dy} \neq 0\right)$$

예제 6.16 다음 주어진 함수의 $\frac{dy}{dx}$를 구하라.

(1) $x = y^2 + 2y$

(2) $x = y\sqrt{1+y}$

풀이

(1) $\frac{dx}{dy} = 2y + 2 \qquad \therefore \ \frac{dy}{dx} = \frac{1}{dx/dy} = \frac{1}{2y+2}$

(2) $\frac{dx}{dy} = \sqrt{1+y} + y \cdot \frac{1}{2\sqrt{1+y}} = \frac{3y+2}{2\sqrt{1+y}}$

$$\therefore \ \frac{dy}{dx} = \frac{2\sqrt{1+y}}{3y+2}$$

(5) 매개변수 함수의 미분법

함수 x, y가 매개변수 t의 함수 $x = f(t)$, $y = g(t)$일 때, 다음과 같이 매개변수로 표현된 함수의 미분법을 이용하여 구한다.

$$\frac{dy}{dx} = \frac{\frac{dy}{dt}}{\frac{dx}{dt}} = \frac{g'(t)}{f'(t)} \quad (\text{단, } f'(t) \neq 0) \tag{6.24}$$

☞ **매개변수 함수의 미분법**

함수 $x = f(t)$, $y = g(t)$가 미분 가능할 때, 매개변수 함수의 미분법은 다음의 공식에 의해 구한다.

$$\frac{dy}{dx} = \frac{dy/dt}{dx/dt} = \frac{g'(t)}{f'(t)} \quad (\text{단, } f'(t) \neq 0)$$

예제 6.17 다음 주어진 함수의 $\dfrac{dy}{dx}$를 구하라.

$$x = t + 2, \quad y = t^2$$

풀이

$$\frac{dx}{dt} = 1, \quad \frac{dy}{dt} = 2t \qquad \therefore \quad \frac{dy}{dx} = \frac{dy/dt}{dx/dt} = 2t = 2(x-2)$$

6.3.2 초월함수의 미분법

(1) 삼각함수의 미분법

삼각함수의 도함수는 극한에서 설명한 식 (6.6)의 $\lim_{x\to 0}\dfrac{\sin x}{x} = 1$과 삼각함수의 여러 가지 공식을 이용하여 구할 수 있다.

먼저 삼각함수의 도함수를 정리하면 다음과 같다.

표 6.3 삼각함수의 도함수

	함 수 y	도함수 y'		함 수 y	도함수 y'
1	$y = \sin x$	$y' = \cos x$	2	$y = \cos x$	$y' = -\sin x$
3	$y = \tan x$	$y' = \sec^2 x$	4	$y = \cot x$	$y' = -\csc^2 x$
5	$y = \sec x$	$y' = \sec x \tan x$	6	$y = \csc x$	$y' = -\csc x \cot x$

표 6.3에서 기본적인 삼각함수($\sin x$, $\cos x$, $\tan x$)의 도함수에 대하여 증명해 보고, 나머지의 도함수는 각자 유도해 본다.

(a) $y = \sin x$의 도함수

$$y' = \lim_{\Delta x \to 0}\frac{\Delta y}{\Delta x} = \lim_{\Delta x \to 0}\frac{\sin(x+\Delta x) - \sin x}{\Delta x} = \lim_{\Delta x \to 0}\frac{2\cos\left(\dfrac{2x+\Delta x}{2}\right)\sin\dfrac{\Delta x}{2}}{\Delta x}$$

$$= \lim_{\Delta x \to 0} \cos\left(x + \frac{\Delta x}{2}\right) \cdot \lim_{\Delta x \to 0} \frac{\sin\frac{\Delta x}{2}}{\frac{\Delta x}{2}} = \cos x \qquad \therefore \quad y' = \cos x$$

(b) $y = \cos x$의 도함수

$$y' = \lim_{\Delta x \to 0} \frac{\cos(x + \Delta x) - \cos x}{\Delta x} = \lim_{\Delta x \to 0} \frac{-2\sin\left(\frac{2x + \Delta x}{2}\sin\frac{\Delta x}{2}\right)}{\Delta x}$$

$$= \lim_{\Delta x \to 0} -\sin\left(x + \frac{\Delta x}{2}\right) \cdot \lim_{\Delta x \to 0} \frac{\sin\frac{\Delta x}{2}}{\frac{\Delta x}{2}} = -\sin x \qquad \therefore \quad y' = -\sin x$$

(c) $y = \tan x$의 도함수

$$y' = (\tan x)' = \left(\frac{\sin x}{\cos x}\right)' = \frac{\cos x \cos x - \sin x(-\sin x)}{\cos^2 x}$$

$$= \frac{\cos^2 x + \sin^2 x}{\cos^2 x} = \frac{1}{\cos^2 x} = \sec^2 x \qquad \therefore \quad y' = \sec^2 x$$

(d) $y = \cot x = \dfrac{1}{\tan x} = \dfrac{\cos x}{\sin x}$, $y = \sec x = \dfrac{1}{\cos x}$, $y = \csc x = \dfrac{1}{\sin x}$의

관계식으로부터 이들에 대한 도함수를 유도할 수 있다.

예제 6.18 다음 각 함수를 미분하라.

(1) $y = \sin 2x + \cos 3x$

(2) $y = (\sin x + \cos x)^3$

(3) $y = \sin^3 x$

(4) $y = \tan^2 2x$

(5) $y = 2\cos\left(2x + \frac{\pi}{4}\right)$

(6) $i(t) = I_m \sin\left(\omega t + \frac{\pi}{3}\right)$

풀이

(1) $y' = \cos 2x \cdot (2x)' - \sin 3x \cdot (3x)' = 2\cos 2x - 3\sin 3x$

(2) $y' = 3(\sin x + \cos x)^2 \cdot (\sin x + \cos x)' = 3(\sin x + \cos x)^2 \cdot (\cos x - \sin x)$

(3) $y' = 3\sin^2 x \cdot (\sin x)' = 3\sin^2 x \cos x$

(4) $y' = 2\tan 2x \cdot (\tan 2x)' = 2\tan 2x \cdot \sec^2 2x \cdot (2x)' = 4\tan 2x \cdot \sec^2 2x$

(5) $y' = -2\sin\left(2x + \frac{\pi}{4}\right) \cdot \left(2x + \frac{\pi}{4}\right)' = -4\sin\left(2x + \frac{\pi}{4}\right)$

(6) 준 식은 함수 $i(t)$를 t에 관한 미분이므로 다음과 같다.

$$\frac{di(t)}{dt} = I_m \cos\left(\omega t + \frac{\pi}{3}\right) \cdot \left(\omega t + \frac{\pi}{3}\right)' = \omega I_m \cos\left(\omega t + \frac{\pi}{3}\right)$$

그러나 함수 $i(\omega t)$가 주어진 경우에는 (ωt)에 관한 미분이므로 차이점을 구분하기 바란다.

【참고】 $i(\omega t) = I_m \sin\left(\omega t + \frac{\pi}{3}\right)$

$$\therefore \quad \frac{di(\omega t)}{dt} = I_m \cos\left(\omega t + \frac{\pi}{3}\right)$$

(2) 역삼각함수의 미분법

역삼각함수의 도함수를 정리하면 다음과 같다.

표 6.4 역삼각함수의 도함수

	도 함 수		도 함 수
1	$\frac{d}{dx}\sin^{-1}x = \frac{1}{\sqrt{1-x^2}}$	2	$\frac{d}{dx}\cos^{-1}x = -\frac{1}{\sqrt{1-x^2}}$
3	$\frac{d}{dx}\tan^{-1}x = \frac{1}{1+x^2}$	4	$\frac{d}{dx}\cot^{-1}x = -\frac{1}{1+x^2}$
5	$\frac{d}{dx}\sec^{-1}x = \frac{1}{x\sqrt{x^2-1}}$	6	$\frac{d}{dx}\csc^{-1}x = -\frac{1}{x\sqrt{x^2-1}}$

(a) $y=\sin^{-1}x$의 도함수 증명

$y=\sin^{-1}x$를 변형하면 $x=\sin y$가 된다.

$$\frac{dx}{dy}=\cos y=\sqrt{1-x^2} \qquad \begin{cases} \sin^2 y+\cos^2 y=1 \\ \cos^2 y=1-\sin^2 y=1-x^2 \\ \therefore \ \cos y=\sqrt{1-x^2} \end{cases}$$

$$\therefore \ \frac{dy}{dx}=\frac{1}{dx/dy}=\frac{1}{\sqrt{1-x^2}}$$

(b) $y=\cos^{-1}x$의 도함수 증명

$y=\cos^{-1}x$를 변형하면 $x=\cos y$가 된다. 따라서 위와 동일한 방법에 의하여 도함수를 구하면 다음과 같이 유도된다.

$$\frac{dx}{dy}=-\sin y=-\sqrt{1-x^2} \qquad \therefore \ \frac{dy}{dx}=-\frac{1}{\sqrt{1-x^2}}$$

(c) $y=\tan^{-1}x$의 도함수 증명

$y=\tan^{-1}x$를 변형하면 $x=\tan y$가 된다.

$$\frac{dx}{dy}=\sec^2 y=1+\tan^2 y=1+x^2 \qquad \therefore \ \frac{dy}{dx}=\frac{1}{1+x^2}$$

예제 6.19 **함수 $y=\tan^{-1}3x$ 의 도함수를 구하라.**

풀이

$$y'=\left(\tan^{-1}3x\right)'=\frac{1}{1+(3x)^2}(3x)'=\frac{3}{1+9x^2}$$

(3) 지수 및 로그함수의 미분법

지수함수와 로그함수의 도함수를 정리하면 다음과 같다.

표 6.5 지수함수와 로그함수의 도함수

	지수함수			로그함수	
1	$y=e^x$	$y'=e^x$	1	$y=\ln x$	$y'=\dfrac{1}{x}$
2	$y=a^x$	$y'=a^x\ln a$	2	$y=\log_a x$	$y'=\dfrac{1}{x\ln a}$

(a) $y=e^x$의 도함수 증명

$$y=e^x, \quad x=\ln y, \quad \frac{dx}{dy}=\frac{1}{y} \qquad \therefore \quad \frac{dy}{dx}=y=e^x$$

(b) $y=a^x$의 도함수 증명

$$y=a^x, \quad x=\log_a y, \quad \frac{dx}{dy}=\frac{1}{y\ln a} \qquad \therefore \quad \frac{dy}{dx}=y\ln a=a^x\ln a$$

(c) $y=\ln x$의 도함수 증명

$$y=\ln x, \quad x=e^y, \quad \frac{dx}{dy}=e^y=x \qquad \therefore \quad \frac{dy}{dx}=\frac{1}{x}$$

(d) $y=\log_a x$의 도함수 증명

$$y=\log_a x=\frac{\ln x}{\ln a} \qquad \therefore \quad y'=\frac{dy}{dx}=\frac{1}{x\ln a}$$

예제 6.20 다음 각 함수를 미분하라.

(1) $y=e^{2x}$ (2) $y=xe^{3x}$

(3) $y=e^x\sin 2x$ (4) $y=3^{2x}$

(5) $y=\ln(x^2+3x+1)$ (6) $y=e^x\ln x$

풀이

(1) $y' = e^{2x} \cdot (2x)' = 2e^{2x}$

(2) $y' = e^{3x} + 3xe^{3x} = (1+3x)e^{3x}$

(3) $y' = (e^x)'\sin 2x + e^x(\sin 2x)' = e^x \cdot \sin 2x + e^x \cdot 2\cos 2x$

$\therefore \quad y' = e^x(\sin 2x + 2\cos 2x)$

(4) $y' = 3^{2x} \cdot \ln 3 \cdot (2x)' = 2\ln 3 \cdot 3^{2x}$

(5) $y' = \dfrac{(x^2+3x+1)'}{x^2+3x+1} = \dfrac{2x+3}{x^2+3x+1}$

(6) $y' = e^x \ln x + e^x \cdot \dfrac{1}{x} = e^x\left(\ln x + \dfrac{1}{x}\right)$

6.4 고계 도함수

함수 $y=f(x)$의 도함수 $f'(x)$가 x의 함수이고 미분 가능할 때 이 $f'(x)$의 도함수, 즉 원 함수 $f(x)$를 2회 미분하여 얻어지는 함수를 **2계 도함수**라고 하며, 기호는

$$y'', \quad f''(x), \quad \frac{d^2y}{dx^2}, \quad \frac{d^2}{dx^2}f(x)$$

등으로 나타낸다. 마찬가지로 2계 도함수가 다시 도함수를 가질 때, 즉 함수 $f(x)$를 3회 미분하여 얻어지는 함수를 **3계 도함수**라 하며, 기호는

$$y''', \quad f'''(x), \quad \frac{d^3y}{dx^3}, \quad \frac{d^3}{dx^3}f(x)$$

등으로 표시한다.

일반적으로 함수 $f(x)$를 n회 미분하여 얻어지는 함수를 n**계 도함수**라 하고

$$y^{(n)}, \quad f^{(n)}(x), \quad \frac{d^ny}{dx^n}, \quad \frac{d^n}{dx^n}f(x)$$

로 정의할 수 있다.

2계, 3계,⋯, n계 등의 도함수에 대하여 $f'(x)$를 $f(x)$의 **1계 도함수**라고도 하고, 2계 이상의 도함수를 총칭하여 $f(x)$의 **고계 도함수**라고 한다.

예제 6.21 다음 각 함수의 2계 도함수를 구하라.

(1) $y = x^3 + 3x^2$

(2) $y = e^{2x}$

(3) $y = -\cos 2x$

풀이

(1) $y' = 3x^2 + 6x$, $y'' = 6x + 6$

(2) $y' = 2e^{2x}$, $y'' = 4e^{2x}$

(3) $y' = 2\sin 2x$, $y'' = 4\cos 2x$

연 / 습 / 문 / 제(6-B)

6-1 다음 함수의 도함수를 구하라.

(1) $y = 3x^4$

(2) $y = 2x^2 - 3x + 1$

(3) $y = -\dfrac{2}{x^3}$

(4) $v = 5t^3 - 3t^5$

(5) $y = \dfrac{x^3 + 7}{x}$

(6) $y = \sqrt{x} - \dfrac{5}{x}$

6-2 다음 함수의 도함수를 구하라.

(1) $y = x^4(x + 2)$

(2) $y = (x^2 - 1)(2x^2 - 3)$

(3) $y = (x - 1)(x - 2)(x - 3)$

(4) $y = \dfrac{2x + 1}{x^2}$

(5) $y = \dfrac{x}{x^2 + 1}$

(6) $y = \dfrac{1 - t}{1 + t}$

힌트 (3) $y' = (uv)' = u'v + uv'$, $y' = (uvw)' = u'vw + uv'w + uvw'$

6-3 다음 함수의 도함수를 구하라.

(1) $y = (2x + 1)^2$

(2) $y = x^3(x + 1)$

(3) $y = (x - 1)^2(x - 2)$

(4) $y = \sqrt{x^2 + 1}$

(5) $y = \dfrac{1}{\sqrt{2x + 3}}$

(6) $y = \dfrac{t^2 - 1}{t^2 + 1}$

6-4 다음 함수의 도함수를 구하라.

(1) $x^2 - y + 2 = 0$

(2) $y^2 - x + 2 = 0$

(3) $x^2 + 2y^2 = 4$

(4) $x = \sqrt{1 - y^2}$

(5) $x = \dfrac{-1}{y+1}$　　(6) $x = \dfrac{y}{y^2-1}$

힌트 음함수와 역함수의 미분법

6-5 다음 함수의 도함수를 구하라.

(1) $y = x^2 - \sin 2x$　　(2) $y = \dfrac{\sin x}{x}$

(3) $y = (\sin x + \cos x)^2$　　(4) $y = \sin x \cos x$

(5) $y = x \sin 3x$　　(6) $y = \dfrac{\cos x}{1 - \sin x}$

(7) $y = x^2 \sin x + 2x \cos x$　　(8) $y = \cos(\sin x)$

(9) $v(t) = 10\sin\left(120\pi t + \dfrac{\pi}{4}\right)$　　(10) $i(t) = 2\cos\left(5t - \dfrac{\pi}{6}\right)$

힌트 삼각함수의 미분법

6-6 다음 함수의 도함수를 구하라.

(1) $y = e^{5x}$　　(2) $y = e^{-x^2}$

(3) $y = \ln 5x$　　(4) $y = \ln(2x^2 + 1)$

(5) $y = e^{-2x} \sin x$　　(6) $y = x^2 e^x$

힌트 삼각함수의 미분법

6-7 다음 함수의 2계 도함수를 구하라.

(1) $y = x^2 + 5x$　　(2) $y = \cos x$

(3) $y = e^{-x}$　　(4) $y = x^2 e^{-x}$

(5) $y = e^x \sin x$　　(6) $y = x \sin x$

6-8 $L = 5$[H]인 인덕터(코일)에 전류 $i(t) = 10e^{-2t}$[A]의 전류가 흐를 때, 시각 t[sec]에서 인덕터의 단자전압을 구하라.

힌트 인덕터의 단자전압 : $v = L\dfrac{di}{dt} = L\dfrac{d}{dt}(10e^{-2t})$

6-9 인덕턴스 $L=10[H]$인 코일에 **그림** 6.7과 같은 전류가 흐를 때, 코일 양단에 생기는 전압강하를 구하라.

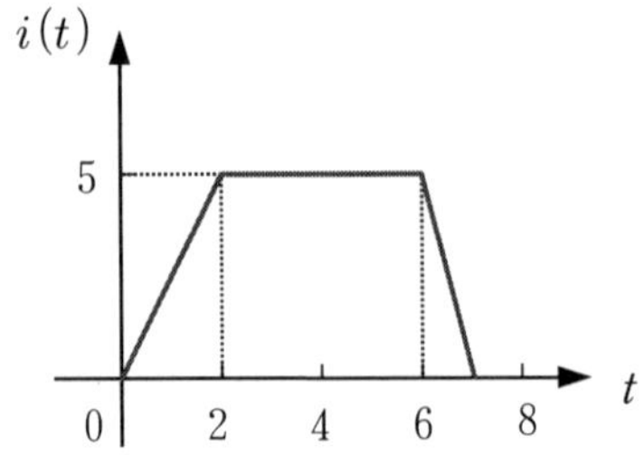

그림 6.7

힌트 인덕터의 단자전압 : $v=L\frac{di}{dt}[V]$ $\left(\frac{di}{dt}\text{의 의미 : 직선 기울기}\right)$

(1) 0~2초 : $v=L\frac{di}{dt}=10\times\frac{5}{2}=25[V]$

(2) 2~6초 : $v=L\frac{di}{dt}=10\times 0=0[V]$

(3) 6~7초 : $v=L\frac{di}{dt}=10\times\left(-\frac{5}{1}\right)=-50[V]$

6-10 수직선 위를 움직이는 물체가 시각 t에서 위치 x가 $x=t^3-3t^2-9t+6$으로 주어졌을 때, 다음의 물음에 답하라.

(1) $t=5$ 에서의 물체의 속도와 가속도를 구하라.

(2) 물체가 운동 방향을 바꾸는 시각을 구하라.

힌트 t초 후의 속도 v와 가속도 a

$$\begin{cases} v=\dfrac{dx}{dt}=3t^2-6t-9 \\ a=\dfrac{d^2x}{dt^2}=\dfrac{dv}{dt}=6t-6 \end{cases}$$

(1) $v(5)=3\cdot 5^2-6\cdot 5-9=36$

$a(5)=6\cdot 5-6=24$

(2) $v=0$에서 $3t^2-6t-9=0$

$3(t-3)(t+1)=0, t=3(\because\ t>0)$

6.5 도함수의 성질

6.5.1 롤의 정리와 평균값의 정리

(1) 롤의 정리

함수 $f(x)$가 폐구간 $[a, b]$에서 연속이며 개구간 (a, b)에서 미분 가능할 때, $f(a)=f(b)$이면

$$f'(c)=0 \quad (a<c<b) \tag{6.25}$$

인 점 c가 적어도 하나 존재한다.

롤의 정리의 기하학적 의미는 **그림** 6.8(a)와 같이 폐구간 $[a, b]$ 내에 높이가 같은 $f(a)=f(b)$이면 곡선의 접선이 수평이 되는 접점이 적어도 하나 존재한다는 것이다.

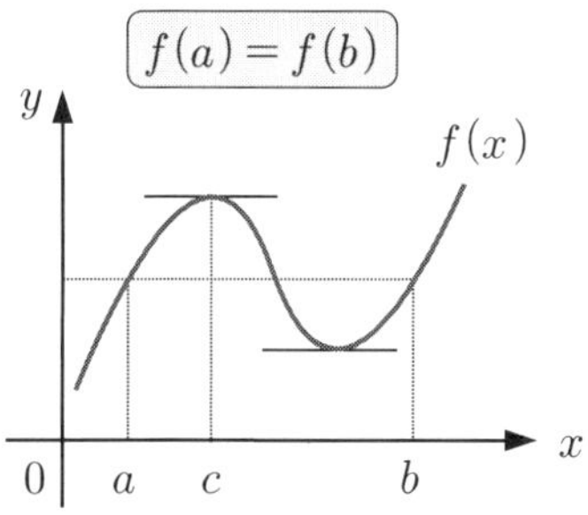

(a) 롤의 정리

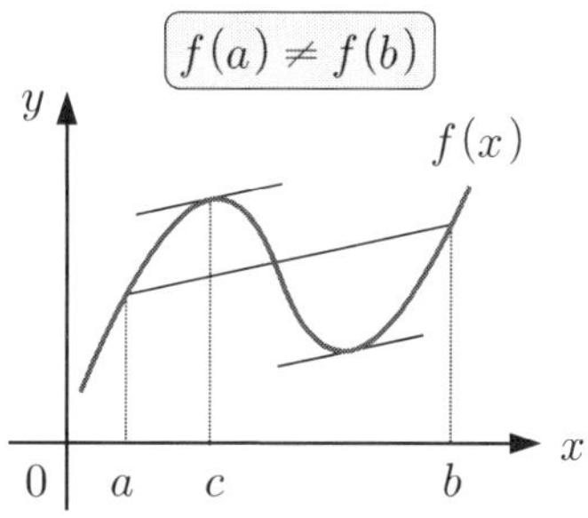

(b) 평균값의 정리

그림 6.8 롤의 정리와 평균값의 정리

(2) 평균값의 정리

함수 $f(x)$가 폐구간 $[a, b]$에서 연속이며 개구간 (a, b)에서 미분 가능하면

$$\frac{f(b)-f(a)}{b-a}=f'(c) \quad (a<c<b) \tag{6.26}$$

인 점 c가 적어도 하나 존재한다.

평균값 정리는 **그림** 6.8(b)와 같이 폐구간 $[a,\ b]$에서 연속이면 곡선의 양단점 $x=a$, $x=b$의 곡선 위의 두 점을 지나는 직선에 평행인 접선을 가지는 접점이 적어도 하나 존재한다는 의미이다.

따라서 롤의 정리는 평균값의 정리에서 $f'(c)=0$의 특수한 경우이다.

예제 6.22 다음의 각 함수에 대하여 주어진 구간에서 평균값의 정리를 만족하는 c 의 값을 구하라.

(1) $f(x)=\ln x,\ [1,\ e]$ (2) $f(x)=x^2-x-2,\ [0,\ 3]$

풀이

(1) $f(x)=\ln x$ 에서 $f'(x)=\dfrac{1}{x}$, $f'(c)=\dfrac{f(e)-f(1)}{e-1}$

$$\frac{1}{c}=\frac{\ln e-\ln 1}{e-1}=\frac{1}{e-1}, \qquad \therefore\ c=e-1$$

(2) $f(x)=x^2-x-2$에서 $f'(x)=2x-1$

$$f'(c)=\frac{f(3)-f(0)}{3-0},\ 2c-1=\frac{6}{3}=2 \qquad \therefore\ c=\frac{3}{2}$$

6.5.2 부정형의 극한

함수 $f(x)$와 $g(x)$에서

$$\frac{f(x)}{g(x)},\ f(x)\cdot g(x),\ f(x)-g(x),\ f(x)^{g(x)},\ \cdots\cdots$$

등이 $x\to a$ 일 때

$$\frac{0}{0},\ \frac{\infty}{\infty},\ 0^0,\ 0^\infty,\ \infty-\infty,\ 1^\infty,\ \infty^0,\ \cdots\cdots$$

의 어느 하나를 취하면 이를 **부정형**이라 한다. 이들의 함수는 제 6.1.2절의 극한값의 계산 방법에 의하지 않고 다음의 정리를 이용하여 간단히 구할 수 있다.

(1) 코시의 정리

코시(Cauchy)의 정리는 롤과 평균값의 정리를 확장한 것으로 다음과 같이 정리할 수 있다.

☞ 코시의 정리

> 함수 $f(x)$, $g(x)$가 폐구간 $[a, b]$에서 연속이고 미분 가능하면
>
> $$\frac{f(b)-f(a)}{g(b)-g(a)}=\frac{f'(c)}{g'(c)} \quad (g(b)\neq g(a),\ a<c<b) \tag{6.27}$$
>
> 인 점 c가 적어도 하나 존재한다.

식 (6.27)의 증명은 식 (6.26)의 평균값 정리에 의하여 각각

$$\begin{cases} \dfrac{f(b)-f(a)}{b-a}=f'(c) & (1) \\ \\ \dfrac{g(b)-g(a)}{b-a}=g'(c) & (2) \end{cases} \tag{6.28}$$

이므로 식 (6.28)(1)을 식 (6.28)(2)로 나누면 다음과 같이 성립한다.

$$\therefore \ \frac{f(b)-f(a)}{g(b)-g(a)}=\frac{f'(c)}{g'(c)} \tag{6.29}$$

(2) 로피탈의 정리

함수 $f(x)$, $g(x)$와 $f'(x)$와 $g'(x)$가 $x=a$를 포함하는 구간에서 코시의 정리를 만족하면 다음과 같은 **로피탈(L'hospital)의 정리**가 성립한다.

☞ 로피탈의 정리

> 함수 $f(x)$, $g(x)$와 $f'(x)$와 $g'(x)$가 $x=a$를 포함하는 구간에서 연속이고 미분 가능하면
>
> $$\lim_{x\to a}\frac{f(x)}{g(x)}=\lim_{x\to a}\frac{f'(x)}{g'(x)} \tag{6.30}$$
>
> 가 성립한다.

식 (6.30)의 증명은 $f(a)=g(a)=0$ 이므로 식 (6.27)의 코시의 정리에 의하여

$$\frac{f(x)-f(a)}{g(x)-g(a)}=\frac{f'(x_1)}{g'(x_1)} \quad (a<x_1<x) \tag{6.31}$$

이 된다. 이 관계식으로부터 $x \to a$ 일 때, $x_1 \to a$가 되어야 하므로

$$\therefore \quad \lim_{x\to a}\frac{f(x)}{g(x)}=\lim_{x\to a}\frac{f(x)-f(a)}{g(x)-g(a)}=\lim_{x\to a}\frac{f'(x)}{g'(x)} \tag{6.32}$$

가 성립한다. 또 이 정리를 확장하면 다음의 관계식도 성립한다.

$$\lim_{x\to a}\frac{f(x)}{g(x)}=\lim_{x\to a}\frac{f'(x)}{g'(x)}=\lim_{x\to a}\frac{f''(x)}{g''(x)} \tag{6.33}$$

예제 6.23 다음 각 함수에 대하여 로피탈의 정리를 이용하여 극한값을 구하라.

(1) $\lim_{x\to 1}\frac{2x^2+3x-5}{x-1}$ (2) $\lim_{x\to 1}\frac{2\ln x}{x-1}$

(3) $\lim_{x\to 0}\frac{1-\cos x}{x^2}$ (4) $\lim_{x\to \infty}\frac{e^{2x}}{x^2}$

풀이

$\frac{0}{0}$, $\frac{\infty}{\infty}$ 형의 부정형의 극한값은 식 (6.33)의 로피탈 정리를 이용한다.

(1) $(\text{준 식})=\lim_{x\to 1}\frac{(2x^2+3x-5)'}{(x-1)'}=\lim_{x\to 1}\frac{4x+3}{1}=7$

(2) $(\text{준 식})=\lim_{x\to 1}\frac{(2\ln x)'}{(x-1)'}=\lim_{x\to 1}\frac{2}{x}=2$

(3) $(\text{준 식})=\lim_{x\to 0}\frac{(1-\cos x)'}{(x^2)'}=\lim_{x\to 0}\frac{\sin x}{2x}=\lim_{x\to 0}\frac{(\sin x)'}{(2x)'}=\lim_{x\to 0}\frac{\cos x}{2}=\frac{1}{2}$

(4) $(\text{준 식})=\lim_{x\to \infty}\frac{e^{2x}}{x^2}=\lim_{x\to \infty}\frac{(e^{2x})'}{(x^2)'}=\lim_{x\to \infty}\frac{2e^{2x}}{2x}$

$$=\lim_{x\to \infty}\frac{(e^{2x})'}{(x)'}=\lim_{x\to \infty}\frac{2e^{2x}}{1}=\infty$$

6.6 도함수의 응용

6.6.1 곡선의 접선과 법선

제 6.2절에서 곡선 $f(x)$의 한 점 $x=x_1$에서의 접선의 기울기를 나타내는 **미분계수** $f'(x_1)$과 임의의 점에서의 접선의 기울기를 나타내는 **도함수** $f'(x)$에 대한 기하학적 의미에 대하여 이미 설명하였다.

그림 6.9의 곡선 $y=f(x)$위의 한 점 $P(x_1,\ y_1)$에서 접선의 기울기 m은 미분계수 $f'(x_1)$의 정의를 이용하는 것보다 도함수 $f'(x)$를 구하고 $x=x_1$을 대입하여 구하는 것이 능률적으로 계산할 수 있다. 즉, 접선의 기울기 m은 다음과 같다.

$$\textbf{접선의 기울기}: \ m=\tan\theta=f'(x_1)=f'(x)\big|_{x=x_1} \tag{6.34}$$

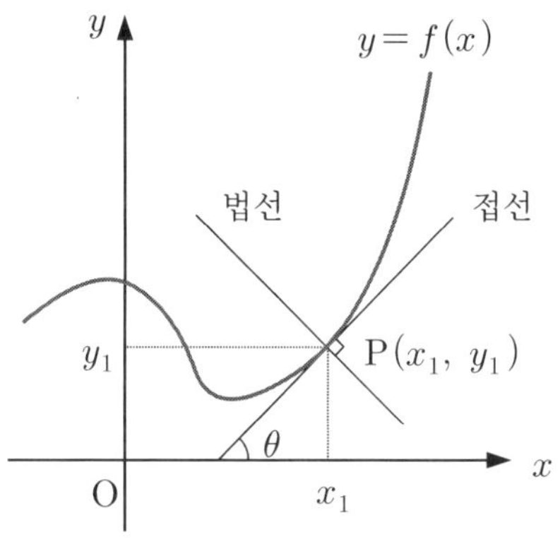

그림 6.9 접선과 법선

따라서 기울기가 m이고, 한 점 $P(x_1,\ y_1)$을 지나는 **접선의 직선 방정식**은

$$y-y_1=m(x-x_1)=f'(x_1)(x-x_1) \tag{6.35}$$

으로 표현되고, 또 이 점에서 접선에 직교하는 법선의 기울기는 $-(1/m)$이므로 **법선의 직선 방정식**은 다음과 같이 표시할 수 있다.

$$y-y_1=-\frac{1}{m}(x-x_1)=-\frac{1}{f'(x_1)}(x-x_1) \tag{6.36}$$

☞ 접선과 법선 방정식

함수 $y=f(x)$ **상의 한 점** $\mathrm{P}(x_1,\ y_1)$**에서**

(1) **접선의 기울기** : $m=\tan\theta=f'(x_1)=f'(x)\big|_{x=x_1}$

(2) **접선 방정식** : $y-y_1=f'(x_1)(x-x_1)$

(3) **법선 방정식** : $y-y_1=-\dfrac{1}{f'(x_1)}(x-x_1)$

예제 6.24 곡선 $y=2x^2$ 위의 한 점 $\mathrm{P}(1,\ 2)$에서 접선과 법선의 방정식을 구하라.

풀이

도함수와 미분계수(접선의 기울기)는

$$y'=4x, \qquad \therefore\ m=y'\big|_{x=1}=4\cdot 1=4$$

이므로 접선의 방정식은 식 (6.35)에 의하여

$$y-2=4(x-1) \qquad \therefore\ y=4x-2=2(2x-1)$$

이 되고, 또 법선의 방정식은 식 (6.36)에 의하여 다음과 같이 구해진다.

$$y-2=-\frac{1}{4}(x-1) \qquad \therefore\ y=-\frac{1}{4}x+\frac{9}{4}$$

6.6.2 함수의 극값

(1) 함수의 증감과 도함수의 관계

그림 6.10과 같이 함수 $y=f(x)$가 구간 $[a,\ b]$에서

$a<b$일 때, $f(a)<f(b)$이면 $f(x)$는 그 구간에서 **증가함수**

$a<b$일 때, $f(a)>f(b)$이면 $f(x)$는 그 구간에서 **감소함수**

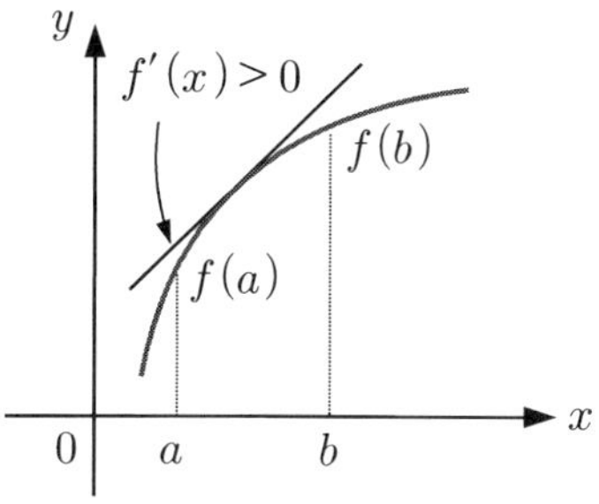

(a) 증가함수

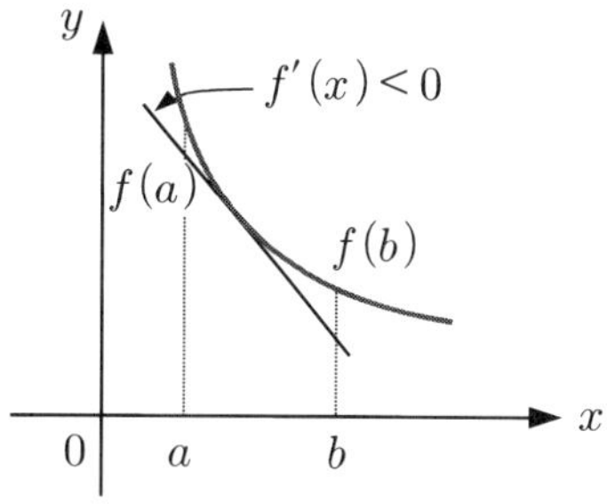

(b) 감소함수

그림 6.10 함수의 증감과 도함수의 관계

이것으로부터 함수의 증감과 도함수와의 관계는 다음과 같이 정리할 수 있다.

함수의 증감과 도함수와의 관계

함수 $f(x)$가 임의의 구간에서 미분 가능할 때, 함수와 도함수의 관계

(1) 증가함수 → $f'(x)>0$ 즉, $f'(x)>0$이면 함수 $f(x)$는 증가 상태

(2) 감소함수 → $f'(x)<0$ 즉, $f'(x)<0$이면 함수 $f(x)$는 감소 상태

예제 6.25 함수 $f(x)=x^3-3x+2$의 증가 및 감소를 조사하라.

풀이

$f'(x)=3x^2-3=3(x-1)(x+1)$이므로

(1) $x<-1,\ x>1$: $f'(x)>0$ ($f(x)$: **증가 상태**)

(2) $-1<x<1$: $f'(x)<0$ ($f(x)$: **감소 상태**)

(2) 함수의 극대와 극소

함수 $y=f(x)$가 $x=a$에서 연속이고 미분 가능할 때, **그림** 6.11(a)와 같이 함수 $f(x)$는 $x<a$의 구간에서 증가하다가 $x=a$를 지나 $x>a$의 구간에서 감소 상태가 된다. 이와 같이 함수 $f(x)$가 증가 상태에서 감소 상태로 변하면, $f(x)$는 $x=a$에서 **극대**(maximal)가 된다고 하고, $f(a)$를 **극대값**(maximal value)이라 한다.

마찬가지로 **그림** 6.11(b)와 같이 함수 $f(x)$는 $x<a$의 구간에서 감소하다가 $x=a$를 지나 $x>a$의 구간에서 증가 상태가 된다. 이와 같이 함수 $f(x)$가 감소 상태에서 증가 상태로 변하면, $f(x)$는 $x=a$에서 **극소**(minimal)가 된다고 하고, $f(a)$를 **극소값**(minimal value)이라 한다. 이 때 극대값과 극소값을 총칭하여 **극값**(extreme value)이라 한다. **표** 6.5는 도함수 $f'(x)$의 부호와 함수 $f(x)$의 증감을 기록한 **증감표**로써 극값 판정에 유용하고 실전의 응용문제에 직접 적용할 수 있다.

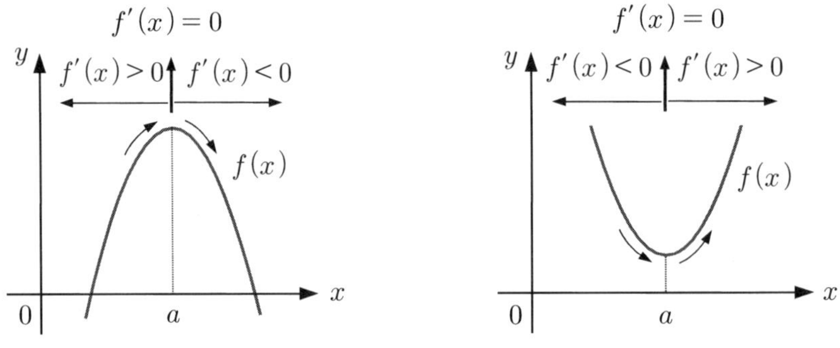

(a) 극대값 (b) 극소값

그림 6.11 함수의 극값

☞ 도함수의 극대와 극소

> **도함수 $f'(a)=0$이고 $x=a$의 좌우에서 $f'(x)$의 부호가 변할 때 극대와 극소의 판정**
>
> **(1) 양(+)에서 음(-)으로 변하면 $f(x)$는 $x=a$에서 극대이고, 극대값은 $f(a)$**
>
> **(2) 음(-)에서 양(+)으로 변하면 $f(x)$는 $x=a$에서 극소이고, 극소값은 $f(a)$**

표 6.6 그림 6.11(a), (b)의 증감표에 의한 극대 · 극소 판정

	그림 6.11(a)		
x	$x<a$	$x=a$	$x>a$
$f'(x)$	$+$	0	$-$
$f(x)$	↗	극대, $f(a)$	↘

	그림 6.11(b)		
x	$x<a$	$x=a$	$x>a$
$f'(x)$	$-$	0	$+$
$f(x)$	↘	극소, $f(a)$	↗

예제 6.26 함수 $f(x) = x^3 - 3x^2 - 9x + 5$ 의 극값을 구하라.

풀이

준 식에서 $f'(x) = 3x^2 - 6x - 9 = 3(x+1)(x-3)$

$f'(x) = 0$일 때 $x = -1,\ 3$이므로 도함수 $f'(x)$의 부호 조사를 하기 위하여 **표 6.6**의 증감표를 이용하면 다음과 같다.

x	$\cdots$	-1	$\cdots$	3	$\cdots$
$f'(x)$	$+$	0	$-$	0	$+$
$f(x)$	↗	극대	↘	극소	↗

극대값 : $f(-1) = 10$, 극소값 : $f(3) = -22$

예제 6.27 함수 $f(x) = -x^4 + 6x^2 + 8x - 10$ 의 극값을 구하라.

풀이

준 식에서 $f'(x) = -4x^3 + 12x + 8 = -4(x+1)^2(x-2)$

$f'(x) = 0$일 때 $x = -1$(중근), 2이므로 증감표를 이용하면 다음과 같다.

극대값 : $f(2) = 14$

x	$\cdots$	-1	$\cdots$	2	$\cdots$
$f'(x)$	$+$	0	$+$	0	$-$
$f(x)$	↗	-13 (변곡점)	↗	극대	↘

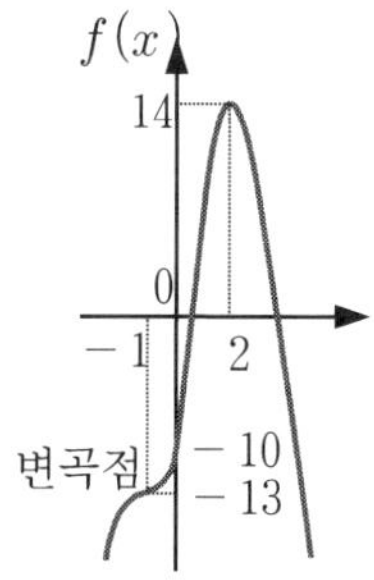

그림 6.12

변곡점은 곡선 $f(x)$의 요철이 변하는 점이고, $f'(x)$의 부호 변동이 없으며 $f''(a) = 0$인 점이다. 변곡점 $(-1,\ -13)$

6.6.3 함수의 최대와 최소

일반적으로 함수 $f(x)$가 구간 $[a,\ b]$에서 연속이면 이 구간에서 $f(x)$는 최대값과 최소값을 갖는다. 이는 제 6.1.4절의 최대 · 최소값 정리에서 설명하였다.

따라서 이 구간에서 증감표에 의해 조사한 극값과 구간의 경계값을 비교해 보면 최대값과 최소값을 구할 수 있다.

함수의 주어진 구간에서의 **최대 및 최소값의 판별법**을 정리하면 다음과 같다.

(1) 함수 $f(x)$가 폐구간 $[a,\ b]$에서 연속인 경우 **【그림 6.13(a)】**

① 구간 $[a,\ b]$에서의 극대값과 극소값을 구한다.

② 구간의 경계가 되는 함수의 값 $f(a)$, $f(b)$를 구한다.

③ 위에서 구한 극값과 함수의 경계값의 크기를 비교하여 가장 큰 값이 최대값이고, 가장 작은 값이 최소값이 된다.

(2) 함수 $f(x)$가 주어진 구간, 즉 반개구간 $(a,\ b]$, $[a,\ b)$ 또는 개구간 $(a,\ b)$와 같은 불연속인 경우에는 반드시 그래프를 그려서 확인한다. **【그림 6.13(b), (c)】**

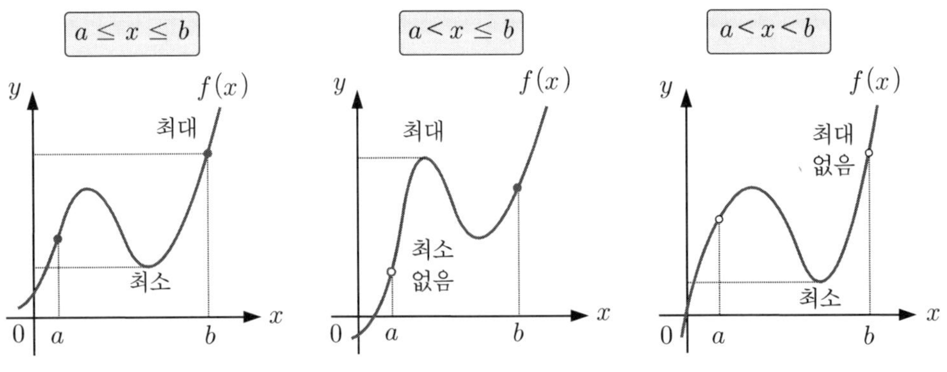

(a) 폐구간 $[a,\ b]$ (b) 반개구간 $(a,\ b]$ (c) 개구간 $(a,\ b)$

그림 6.13 함수의 최대값과 최소값

예제 6.28 구간 $[-3,\ 3]$에서 함수 $f(x) = x^3 - 12x + 8$ 의 최대값, 최소값을 구하라.

풀이

준 식에서 $f'(x)=3x^2-12=3(x+2)(x-2)$

$f'(x)=0$일 때 $x=-2,\ 2$이므로 구간 $[-3,\ 3]$에서 $f(x)$의 증감표는

x	-3	$\cdots$	-2	$\cdots$	2	$\cdots$	3
$f'(x)$		$+$	0	$-$	0	$+$	
$f(x)$	17	↗	24	↘	-8	↗	-1

이다. 따라서 함수 $f(x)$는 $x=-2$일 때 최대값 24, $x=2$일 때 최소값 -8

6.7 맥로린 급수와 테일러 급수

6.7.1 맥로린 급수

급수에 변수 x의 거듭제곱 항을 포함하는 다음과 같은 형태를 **멱급수**(거듭제곱 급수, power series)라고 한다.

$$\sum_{n=0}^{\infty} c_n x^n = c_0 + c_1 x + c_2 x^2 + \cdots\cdots \tag{6.37}$$

함수 $f(x)$가 어떤 수렴(convergence) 구간에서 다음과 같은 형태로 표현되는 x의 멱급수 함수를 고려한다.

$$f(x) = c_0 + c_1 x + c_2 x^2 + \cdots\cdots \tag{6.38}$$

여기서 계수 $c_0,\ c_1,\ c_2,\cdots$ 등은 결정해야 할 상수이고, 이것을 구하기 위하여 먼저 위의 식 (6.38)의 도함수를 계속적으로 구하면

$$f'(x) = c_1 + 2c_2 x + 3c_3 x^2 + \cdots\cdots$$

$$f''(x) = 2!c_2 + 3!c_3 x + 4\cdot 3c_4 x^2 + \cdots\cdots$$

$$f'''(x) = 3!c_3 + 4!c_4 x + 5\cdot 4\cdot 3c_5 x^2 + \cdots\cdots$$

$$\cdots\cdots\cdots\cdots\cdots\cdots\cdots\cdots\cdots\cdots\cdots\cdots\cdots$$

가 된다. 식 (6.38)의 원 함수와 위에서 구한 도함수에서 $x=0$ 이라 놓으면

$$f(0)=c_0,\ f'(0)=c_1,\ f''(0)=2!c_2,\ f'''(0)=3!c_3,\ \cdots\cdots \tag{6.39}$$

등이 된다. 여기서 각 계수들을 구하고 식 (6.38)의 멱급수 함수에 대입하면

$$f(x)=f(0)+f'(0)x+\frac{f''(0)}{2!}x^2+\frac{f'''(0)}{3!}x^3+\cdots\cdots \tag{6.40}$$

을 얻게 된다. 이 급수를 **맥로린 급수**(Maclaurin's series)라고 하며, $x=0$에 관한 $f(x)$의 **멱급수 전개(거듭제곱 급수 전개)**라고도 한다.

식 (6.40)의 멱급수 전개를 구하려면 함수 $f(x)$와 그 고계 도함수가 연속이고 미분 가능해야 하며 $x=0$ 에서 존재해야 한다. 따라서 $\ln x$, $\cot x$ 등과 같은 함수는 맥로린의 급수를 가질 수 없다.

예제 6.29 주어진 함수를 맥로린 급수로 전개하라.

(1) $f(x)=e^x$　　　　(2) $f(x)=\sin x$

풀이

(1) $f(x)=e^x$ 에서 $f(0)=1$,　　$f'(x)=e^x$ 에서 $f'(0)=1$

$f''(x)=e^x$ 에서 $f''(0)=1$,　　$f'''(x)=e^x$ 에서 $f'''(0)=1$

$$\therefore\ f(x)=e^x=1+x+\frac{x^2}{2!}+\frac{x^3}{3!}+\cdots\cdots+\frac{x^n}{n!}+\cdots\cdots$$

(2) $f(x)=\sin x$ 에서 $f(0)=0$,　　$f'(x)=\cos x$ 에서 $f'(0)=1$

$f''(x)=-\sin x$ 에서 $f''(0)=0$,　　$f'''(x)=-\cos x$ 에서 $f'''(0)=-1$

$$\therefore\ f(x)=\sin x=x-\frac{x^3}{3!}+\frac{x^5}{5!}-\cdots\cdots$$

[맥로린 급수의 전개식]

(1) $(1+x)^n=1+nx+\dfrac{n(n-1)}{2!}x^2+\dfrac{n(n-1)(n-2)}{3!}x^3+\cdots\cdots$

(2) $\dfrac{1}{1-x}=1+x+x^2+x^3+\cdots\cdots$

(3) $\dfrac{1}{1+x}=1-x+x^2-x^3+\cdots\cdots$

(4) $\cos x=1-\dfrac{x^2}{2!}+\dfrac{x^4}{4!}-\dfrac{x^6}{6!}+\cdots\cdots$

(5) $e^{j\theta}=1+j\theta+\dfrac{(j\theta)^2}{2!}+\dfrac{(j\theta)^3}{3!}+\dfrac{(j\theta)^4}{4!}+\dfrac{(j\theta)^5}{5!}+\cdots\cdots$

$=\left(1-\dfrac{\theta^2}{2!}+\dfrac{\theta^4}{4!}-\cdots\cdots\right)+j\left(\theta-\dfrac{\theta^3}{3!}+\dfrac{\theta^5}{5!}-\cdots\cdots\right)$

$=\cos\theta+j\sin\theta$ (오일러의 공식)

6.7.2 테일러 급수

함수 $f(x)$가 다음과 같은 형태로 표현되는 $(x-a)$의 멱급수 함수

$$f(x)=c_0+c_1(x-a)+c_2(x-a)^2+\cdots\cdots \tag{6.41}$$

을 고려한다. 여기서 계수 c_0, c_1, c_2, $\cdots$ 등은 결정해야 할 상수이다.

맥로린 급수의 전개와 마찬가지로 식 (6.41)의 원 함수와 이 함수를 계속적으로 미분하여 구한 도함수에 $x=a$를 놓으면

$$f(a)=c_0,\ f'(a)=c_1,\ f''(a)=2!c_2,\ f'''(a)=3!c_3 \tag{6.42}$$

등이 된다. 여기서 각 계수들을 구하여 식 (6.41)의 멱급수 함수에 대입하면 그 급수는

$$f(x)=f(a)+f'(a)(x-a)+\frac{f''(a)}{2!}(x-a)^2+\frac{f'''(a)}{3!}(x-a)^3+\cdots\cdots \tag{6.43}$$

의 형태로 표시된다. 이 급수를 **테일러 급수**(Taylor's series)라고 하며, $(x-a)$에 관한 $f(x)$의 **멱급수 전개**라고도 한다. **맥로린 급수**는 식 (6.43)의 테일러 급수에서 $a=0$의 특수한 경우이다.

테일러 급수는 맥로린 급수와 마찬가지로 함수 및 고계 도함수가 연속이고 미분 가능해야 전개식을 유도할 수 있다. 그러나 주기함수의 전개에 주로 사용하는 **푸리에 급수**는 불연속 함수의 전개까지도 가능하다.

예제 6.30 함수 $f(x)=x^3+2x^2+3x+1$ 을 $(x-1)$의 멱급수로 전개하라.

풀이

$$f(x)=f(1)+f'(1)(x-1)+\frac{f''(1)}{2!}(x-1)^2+\frac{f'''(1)}{3!}(x-1)^3+\cdots\cdots$$

$f(x)=x^3+2x^2+3x+1$ 에서 $\quad f(1)=7$

$f'(x)=3x^2+4x+3 \quad f'(1)=10$

$f''(x)=6x+4 \quad f''(1)=10$

$f'''(x)=6 \quad f'''(1)=6$

$$\therefore \quad f(x)=7+10(x-1)+\frac{10}{2!}(x-1)^2+\frac{6}{3!}(x-1)^3$$

$$=(x-1)^3+5(x-1)^2+10(x-1)+7$$

6.8 편도함수

6.8.1 2변수 함수

지금까지 취급한 함수는 $y=f(x)$인 형태이고, 여기서 x를 독립변수, y를 종속변수라 한다. 이와 같은 1개의 독립변수에 의한 함수를 **1 변수 함수**라고 한다.

따라서 2개의 독립변수 x, y에 대하여 종속변수 u가 정해지는 f가 있을 때 u는 x, y의 함수라 하고 다음과 같이 쓸 수 있다.

$$u=f(x,\ y) \tag{6.44}$$

이와 같이 2개의 독립변수에 의한 함수를 **2변수 함수**라고 한다.

일반적으로 독립변수가 $x_1,\ x_2,\ x_3, \cdots\cdots,\ x_n$에 대한 종속변수 y는 다음과 같이 나타낸다.

$$y=f(x_1,\ x_2,\ x_3, \cdots\cdots,\ x_n) \tag{6.45}$$

여기서 독립변수가 n개인 함수를 **n변수 함수**라 하고, 2변수 이상의 변수를 포함하는 함수를 **다변수 함수**라고 한다.

이제 2변수 **함수의 극한과 연속**에 대하여 설명하기로 한다.

(1) 2변수 함수 $y=f(x,\ y)$에서 $x \to a$, $y \to b$일 때, $f(x,\ y)$가 일정한 값 c에 한없이 접근하면, $f(x,\ y)$는 c에 수렴한다고 하고, 이 함수의 **극한** 또는 **극한값**은 c가 된다. 이것을 기호로 나타내면 다음과 같이 표시한다.

$$x \to a,\ y \to b \text{일 때},\ f(x, y) \to c \quad \text{또는} \quad \lim_{\substack{x \to a \\ y \to b}} f(x, y) \tag{6.46}$$

(2) 2변수 함수 $u=f(x,\ y)$가 변수 $x=a$ $y=b$에서 함수값 $f(a,\ b)$가 존재하고 $\lim\limits_{\substack{x \to a \\ y \to b}} f(x, y)$가 유한 확정값을 가지며, $f(a,\ b)=\lim\limits_{\substack{x \to a \\ y \to b}} f(x, y)$일 때, u는 $x=a$, $y=b$에서 **연속**이라 한다. **연속 함수의 성질**은 다음과 같다.

두 함수 $f(x,\ y)$, $g(x,\ y)$가 연속 함수일 때,

① 두 함수의 합, 차, 곱, 몫은 연속 함수이다.

② 연속 함수의 연속 함수는 또 하나의 연속 함수이다.

예제 6.31 $x=1,\ y=2$ 에서 함수 $f(x,\ y)=\dfrac{xy}{x^2+y^2}$ 의 값을 구하라.

풀이

$$f(1,\ 2)=\frac{1 \cdot 2}{1^2+2^2}=\frac{2}{5}$$

6.8.2 편도함수

(1) 편도함수

2변수 함수 $u=f(x,\ y)$에서 y를 일정한 상수로 보면 종속변수 x의 1변수 함수가 되고, 마찬가지로 x를 상수로 보면 종속변수 y의 1변수 함수가 된다.

이 때 1변수 함수의 종속변수 x 또는 y에 관한 각각의 도함수는

$$\begin{cases} \lim_{\Delta x \to 0} \dfrac{f(x+\Delta x,\ y)-f(x,\ y)}{\Delta x} \\ \lim_{\Delta y \to 0} \dfrac{f(x,\ y+\Delta y)-f(x,\ y)}{\Delta y} \end{cases} \tag{6.47}$$

로 정의할 수 있고, 이것을 기호로 각각 나타내면

$$\begin{cases} \dfrac{\partial u}{\partial x}, \quad \dfrac{\partial}{\partial x}f(x,\ y), \quad u_x, \quad f_x(x,\ y) \\ \dfrac{\partial u}{\partial y}, \quad \dfrac{\partial}{\partial y}f(x,\ y), \quad u_y, \quad f_y(x,\ y) \end{cases}$$

등으로 표시한다. 이것을 함수 $f(x,\ y)$의 x 또는 y에 관한 **편도함수** 또는 **1계 편도함수**라고 한다.

또 $f(x,\ y)$의 x 또는 y에 관한 편도함수를 구하는 것을 **편미분한다**고 하고, 이와 같이 편도함수를 구하는 계산 방법을 **편미분법**이라고 한다.

함수 $f(x,\ y)$의 x 또는 y에 관한 편도함수 $\dfrac{\partial u}{\partial x}$, $\dfrac{\partial u}{\partial y}$를 다시 미분하면

$$\begin{cases} \dfrac{\partial}{\partial x}\left(\dfrac{\partial u}{\partial x}\right), \quad \dfrac{\partial^2 u}{\partial x^2}, \quad \dfrac{\partial}{\partial x}f_x(x,\ y), \quad u_{xx} \\ \dfrac{\partial}{\partial y}\left(\dfrac{\partial u}{\partial y}\right), \quad \dfrac{\partial^2 u}{\partial y^2}, \quad \dfrac{\partial}{\partial y}f_y(x,\ y), \quad u_{yy} \\ \dfrac{\partial}{\partial x}\left(\dfrac{\partial u}{\partial y}\right), \quad \dfrac{\partial^2 u}{\partial x\,\partial y}, \quad \dfrac{\partial}{\partial x}f_y(x,\ y), \quad u_{yx} \\ \dfrac{\partial}{\partial y}\left(\dfrac{\partial u}{\partial x}\right), \quad \dfrac{\partial^2 u}{\partial y\,\partial x}, \quad \dfrac{\partial}{\partial y}f_x(x,\ y), \quad u_{xy} \end{cases}$$

가 되고, 이것을 **2계 편도함수**라 한다.

이와 같이 미분을 반복하여 2계 이상의 편도함수를 구할 수 있고, 이들을 총칭하여 **고계 편도함수**라고 한다.

(2) 전미분

2변수 함수 $f(x,\ y)$가 점 $(a,\ b)$에서 편미분이 가능할 때, **전미분**(total differential)은 다음과 같이 정의한다.

$$du = \frac{\partial u}{\partial x}dx + \frac{\partial u}{\partial y}dy \tag{6.48}$$

예제 6.32 다음 함수의 편도함수와 전미분을 구하라.

(1) $f(x,\ y) = x + 2y - 5$ (2) $f(x,\ y) = x^3 + 2x^2y - y^3$

풀이

(1) 편도함수

$$\frac{\partial f}{\partial x} = \frac{\partial}{\partial x}(x + 2y - 5) = 1,\quad \frac{\partial f}{\partial y} = \frac{\partial}{\partial y}(x + 2y - 5) = 2$$

전미분 : $\therefore\ df = \frac{\partial f}{\partial x}dx + \frac{\partial f}{\partial y}dy = dx + 2dy$

(2) 편도함수

$$\frac{\partial f}{\partial x} = \frac{\partial}{\partial x}(x^3 + 2x^2y - y^3) = 3x^2 + 4xy$$

$$\frac{\partial f}{\partial y} = \frac{\partial}{\partial y}(x^3 + 2x^2y - y^3) = 2x^2 - 3y^2$$

전미분 : $\therefore\ df = \frac{\partial f}{\partial x}dx + \frac{\partial f}{\partial y}dy = (3x^2 + 4xy)dx + (2x^2 - 3y^2)dy$

예제 6.33 다음 함수의 2계 편도함수를 구하라.

$$f(x,\ y) = x^3 + 2x^2y - y^3$$

풀이

$$\frac{\partial^2}{\partial x^2}(x^3 + 2x^2y - y^3) = \frac{\partial}{\partial x}(3x^2 + 4xy) = 6x + 4y = 2(3x + 2y)$$

$$\frac{\partial^2}{\partial y^2}(x^3 + 2x^2y - y^3) = \frac{\partial}{\partial y}(2x^2 - 3y^2) = -6y$$

$$\frac{\partial^2 f}{\partial x\,\partial y} = \frac{\partial}{\partial x}\left\{\frac{\partial}{\partial y}(x^3 + 2x^2y - y^3)\right\} = \frac{\partial}{\partial x}(2x^2 - 3y^2) = 4x$$

$$\frac{\partial^2 f}{\partial y\,\partial x} = \frac{\partial}{\partial y}\left\{\frac{\partial}{\partial x}(x^3 + 2x^2y - y^3)\right\} = \frac{\partial}{\partial y}(3x^2 + 4xy) = 4x$$

6.9 벡터의 미분

벡터계의 미분 계산에는 x, y, z 방향으로의 변화율과 방향으로 표시되는

$$\nabla = \frac{\partial}{\partial x}\boldsymbol{i} + \frac{\partial}{\partial y}\boldsymbol{j} + \frac{\partial}{\partial z}\boldsymbol{k} \tag{6.49}$$

의 기호를 이용하여 표현하고, 이를 **미분 연산자**라고 하며 **델**(del) 또는 **나블라**(nabla)로 읽는다. 미분 연산자는 단독으로 방정식을 이루지 못하지만 복잡한 식을 간단히 표현할 수 있고 물리 현상에 대한 개념을 쉽게 이해할 수 있는 장점이 있다.

6.9.1 기울기(gradient)

스칼라 함수 $V(x, y, z)$의 공간영역 한 점 (x, y, z)에 대한 미분은

$$\nabla V = \left(\frac{\partial}{\partial x}\boldsymbol{i} + \frac{\partial}{\partial y}\boldsymbol{j} + \frac{\partial}{\partial z}\boldsymbol{k}\right)V \quad \therefore \quad \nabla V = \frac{\partial V}{\partial x}\boldsymbol{i} + \frac{\partial V}{\partial y}\boldsymbol{j} + \frac{\partial V}{\partial z}\boldsymbol{k} \tag{6.50}$$

로 표현된다. 따라서 V의 x, y, z 각 방향의 거리에 대한 변화율, 즉 **기울기**(구배, 경도, gradient)의 물리적 의미를 나타내므로

$$\nabla V = \mathrm{grad}\, V \tag{6.51}$$

로 표시하고, 이것은 식 (6.50)과 같이 스칼라 함수 V를 계산하여 **벡터량**이 얻어진다.

이 관계식은 임의의 공간에서 산의 경사, 위치에너지, 전위 등 자연현상의 변화나 전기적 변화를 수식화하는데 이용되는 중요한 공식이다.

☞ **기울기의 정의** $\mathrm{grad}\, V = \nabla V$

- ∇V 관계식 : $dV = (\nabla V) \cdot dl$
- 정의 : 스칼라 함수 영역의 함수가 동일한 면(V, 등전위면) 상의 한 점에서 법선 방향에 대한 스칼라 함수 V의 최대 증가율(변화율)

$$|\mathrm{grad}\, V| = \left(\frac{dV}{dl}\right)_{\max} = \frac{dV}{dn}, \qquad \nabla V = |\nabla V|\boldsymbol{n} = |\mathrm{grad}\, V|\boldsymbol{n}$$

예제 6.34 스칼라 함수 $V=\frac{1}{2}x^2yz^4$일 때 점 P(2, 2, 1)에서의 기울기를 구하라.

풀이

스칼라 함수 V의 기울기는 식 (6.51)에서 $\text{grad}\,V=\nabla V$이고, 기울기의 연산은 식 (6.50)에 의하여 다음과 같이 구해진다.

$$\nabla V=\left(\frac{\partial}{\partial x}\boldsymbol{i}+\frac{\partial}{\partial y}\boldsymbol{j}+\frac{\partial}{\partial z}\boldsymbol{k}\right)\left(\frac{1}{2}x^2yz^4\right)$$

$$=\frac{\partial}{\partial x}\left(\frac{1}{2}x^2yz^4\right)\boldsymbol{i}+\frac{\partial}{\partial y}\left(\frac{1}{2}x^2yz^4\right)\boldsymbol{j}+\frac{\partial}{\partial z}\left(\frac{1}{2}x^2yz^4\right)\boldsymbol{k}$$

$$=(xyz^4)\boldsymbol{i}+\left(\frac{1}{2}x^2z^4\right)\boldsymbol{j}+(2x^2yz^3)\boldsymbol{k} \quad \text{점 (2, 2, 1)을 대입}$$

$$=4\boldsymbol{i}+2\boldsymbol{j}+16\boldsymbol{k}$$

6.9.2 발산(divergence)

미분 연산자(∇)와 임의의 벡터 $\boldsymbol{E}=E_x\boldsymbol{i}+E_y\boldsymbol{j}+E_z\boldsymbol{k}$와의 스칼라적(·) 연산은 식 (5.19)에 의해

$$\nabla\cdot\boldsymbol{E}=\left(\frac{\partial}{\partial x}\boldsymbol{i}+\frac{\partial}{\partial y}\boldsymbol{j}+\frac{\partial}{\partial z}\boldsymbol{k}\right)\cdot(E_x\boldsymbol{i}+E_y\boldsymbol{j}+E_z\boldsymbol{k})$$

$$\therefore\ \nabla\cdot\boldsymbol{E}=\frac{\partial E_x}{\partial x}+\frac{\partial E_y}{\partial y}+\frac{\partial E_z}{\partial z} \tag{6.52}$$

가 된다. 이 관계식은 벡터 $\boldsymbol{E}$ 방향으로 진행하는 **단위 체적에서 발산**(divergence)**하는 선속수**의 물리적 의미를 가지므로

$$\nabla\cdot\boldsymbol{E}=\text{div}\,\boldsymbol{E} \tag{6.53}$$

로 표시할 수 있고, $\nabla\,\cdot$ 대신에 div를 사용하기도 한다. 식 (6.53)을 벡터 $\boldsymbol{E}$의 **발산**이라고 부르며, 여기서 $\boldsymbol{E}$는 벡터량이지만 그 결과인 $\text{div}\boldsymbol{E}$는 **스칼라량**이 된다.

발산 $\boldsymbol{E}$, 즉 $\text{div}\boldsymbol{E}$의 물리적 의미에 대한 수학적 정의는

$$\mathrm{div}\boldsymbol{E} = \lim_{\Delta v \to 0} \frac{\oint_{\Delta S} \boldsymbol{E} \cdot \boldsymbol{n}\, dS}{\Delta v} = \lim_{\Delta v \to 0} \frac{\oint_{\Delta S} \boldsymbol{E} \cdot d\boldsymbol{S}}{\Delta v} \tag{6.54}$$

이다. 여기서 $\boldsymbol{n}$은 폐곡면상의 외향 법선벡터이고, $\oint_{\Delta S} \boldsymbol{E} \cdot \boldsymbol{n}\, dS$는 폐곡면 ΔS를 통하여 나가는 전기력선의 총수이며 Δv는 폐곡면 ΔS내의 미소 체적이다.

즉, 공간적으로 분포하고 있는 장소의 한 점에서 단위 체적당 발산하는 벡터장의 선속수를 의미하고 스칼라량이 된다.

div$\boldsymbol{E}$는 공간전하 분포에서 발산되는 전기력선의 수를 계산하는데 이용된다.

발산의 정의 div$\boldsymbol{E} = \nabla \cdot \boldsymbol{E}$

(1) 물리적 의미

① 단위 체적에서 발산하는 선속수($\boldsymbol{E}$: 전기력선 수, $\boldsymbol{D}$: 전속 수) : 스칼라량

② 단위 체적에서 발산하는 선속의 원천 [발산 벡터의 원천(flow source)]

(2) 수학적 의미

① 단위 체적당 벡터의 면적분에 대한 극한값(단위 체적에서 발산하는 선속의 원천)

$$\mathrm{div}\boldsymbol{E} = \lim_{\Delta v \to 0} \frac{\oint_{\Delta S} \boldsymbol{E} \cdot \boldsymbol{n}\, dS}{\Delta v} = \lim_{\Delta v \to 0} \frac{\oint_{\Delta S} \boldsymbol{E} \cdot d\boldsymbol{S}}{\Delta v}$$

예제 6.35 벡터 $\boldsymbol{A} = x^2\boldsymbol{i} + y^2\boldsymbol{j} + z^2\boldsymbol{k}$일 때 점 P(1, 2, 3)에서의 발산을 구하라.

풀이

식 (6.53)에서 벡터 $\boldsymbol{A}$의 발산은 div$\boldsymbol{A} = \nabla \cdot \boldsymbol{A}$이므로 다음과 같이 구해진다.

$$\nabla \cdot \boldsymbol{A} = \left(\frac{\partial}{\partial x}\boldsymbol{i} + \frac{\partial}{\partial y}\boldsymbol{j} + \frac{\partial}{\partial z}\boldsymbol{k}\right) \cdot (x^2\boldsymbol{i} + y^2\boldsymbol{j} + z^2\boldsymbol{k})$$

$$= \frac{\partial}{\partial x}(x^2) + \frac{\partial}{\partial y}(y^2) + \frac{\partial}{\partial z}(z^2) = 2x + 2y + 2z \quad \text{점 (1, 2, 3) 대입}$$

$$= 2 \times 1 + 2 \times 2 + 2 \times 3 = 12$$

6.9.3 회전(rotation, curl)

미분 연산자(∇)와 임의의 벡터 $\boldsymbol{H}=H_x\boldsymbol{i}+H_y\boldsymbol{j}+H_z\boldsymbol{k}$와의 벡터적($\times$) 연산은 식 (5.25)에서

$$\nabla\times\boldsymbol{H}=\left(\frac{\partial}{\partial x}\boldsymbol{i}+\frac{\partial}{\partial y}\boldsymbol{j}+\frac{\partial}{\partial z}\boldsymbol{k}\right)\times(H_x\boldsymbol{i}+H_y\boldsymbol{j}+H_z\boldsymbol{k})$$

$$\therefore\ \ \nabla\times\boldsymbol{H}=\left(\frac{\partial H_z}{\partial y}-\frac{\partial H_y}{\partial z}\right)\boldsymbol{i}+\left(\frac{\partial H_x}{\partial z}-\frac{\partial H_z}{\partial x}\right)\boldsymbol{j}+\left(\frac{\partial H_y}{\partial x}-\frac{\partial H_x}{\partial y}\right)\boldsymbol{k}$$

$$\therefore\ \ \nabla\times\boldsymbol{H}=\begin{vmatrix}\boldsymbol{i} & \boldsymbol{j} & \boldsymbol{k}\\ \dfrac{\partial}{\partial x} & \dfrac{\partial}{\partial y} & \dfrac{\partial}{\partial z}\\ H_x & H_y & H_z\end{vmatrix}\tag{6.55}$$

가 된다. 이것은 벡터장 $\boldsymbol{H}$가 **회전**(rotation, curl)하는 원천의 크기를 나타내는 물리적 의미를 가지므로

$$\nabla\times\boldsymbol{H}=\mathrm{rot}\,\boldsymbol{H}=\mathrm{curl}\,\boldsymbol{H}\tag{6.56}$$

로 표시하고, $\nabla\times$ 대신에 rot 또는 curl을 사용하기도 한다. 그 결과는 회전의 성격을 갖는 **벡터량**이다.

rot$\boldsymbol{H}$는 전류에 의한 자기력선이 전류를 중심으로 회전하는 양을 수식화하는 데 이용된다.

☞ **회전의 정의** $\mathrm{rot}\,\boldsymbol{H}=\nabla\times\boldsymbol{H}$

(1) 물리적 의미

① 단위 면적의 주위(둘레)를 일주(회전)하는 벡터장($\boldsymbol{H}$) : 벡터량

② 단위 면적 주위를 일주하는 벡터장($\boldsymbol{H}$)의 원천[회전(eddy) 벡터의 원천]

(2) 수학적 의미

① 벡터의 주회적분을 미소면적으로 나누어 극한값을 취한 값

$$\mathrm{rot}\boldsymbol{H}\begin{cases}\text{크기 : } \displaystyle\lim_{\Delta S\to 0}\frac{\oint_c \boldsymbol{H}\cdot dl}{\Delta S}\\ \text{방향 : } \Delta S \text{ 주위에 대한 오른나사 진행 방향}\end{cases}$$

예제 6.36 벡터 $\boldsymbol{A}=xy\boldsymbol{i}+yz\boldsymbol{j}+zx\boldsymbol{k}$ 일 때 점 P(1, 2, 3)에서의 회전을 구하라.

풀이

식 (6.56)에서 rot $\boldsymbol{A}=\nabla\times\boldsymbol{A}$ 이므로 식 (6.55)에 의해 다음과 같이 구해진다.

$$\nabla\times\boldsymbol{A}=\left(\frac{\partial}{\partial x}\boldsymbol{i}+\frac{\partial}{\partial y}\boldsymbol{j}+\frac{\partial}{\partial z}\boldsymbol{k}\right)\times(xy\boldsymbol{i}+yz\boldsymbol{j}+zx\boldsymbol{k})$$

$$=\begin{vmatrix}\boldsymbol{i} & \boldsymbol{j} & \boldsymbol{k}\\ \dfrac{\partial}{\partial x} & \dfrac{\partial}{\partial y} & \dfrac{\partial}{\partial z}\\ A_x & A_y & A_z\end{vmatrix}=\begin{vmatrix}\boldsymbol{i} & \boldsymbol{j} & \boldsymbol{k}\\ \dfrac{\partial}{\partial x} & \dfrac{\partial}{\partial y} & \dfrac{\partial}{\partial z}\\ xy & yz & zx\end{vmatrix}=-y\boldsymbol{i}-z\boldsymbol{j}-x\boldsymbol{k} \quad \text{점 (1, 2, 3) 대입}$$

$$=-2\boldsymbol{i}-3\boldsymbol{j}-\boldsymbol{k}$$

☞ 기울기, 발산, 회전의 기호

(1) 기울기(gradient) : (∇)

{ 미분 연산자 ∇, 스칼라 함수 $V(x, y, z)$ } 의 곱 : $\nabla V=\text{grad}\, V$ **(결과 : 벡터량)**

(2) 발산(divergence) : (∇ ・)

{ 미분 연산자 ∇, 벡터 함수 $\boldsymbol{E}(x, y, z)$ } 의 스칼라적(・): $\nabla\cdot\boldsymbol{E}=\text{div}\,\boldsymbol{E}$ **(결과 : 스칼라량)**

(3) 회전(rotation, curl) : ($\nabla\times$)

{ 미분 연산자 ∇, 벡터 함수 $\boldsymbol{H}(x, y, z)$ } 의 벡터적($\times$) : $\nabla\times\boldsymbol{H}=\text{rot}\,\boldsymbol{H}=\text{curl}\,\boldsymbol{H}$ **(결과 : 벡터량)**

연 / 습 / 문 / 제(6-C)

6-1 다음 함수의 극한값을 로피탈 정리를 이용하여 구하라.

(1) $\lim_{x \to \infty} \frac{6x^2+5}{2x^2-x+2}$

(2) $\lim_{x \to \infty} \frac{x^2-3}{2x^3+x^2+2}$

(3) $\lim_{x \to 0} \frac{e^x - e^{-x} - 2x}{x - \sin x}$

(4) $\lim_{x \to 0} \frac{e^x - 1}{x}$

(5) $\lim_{x \to 1} \frac{\ln x}{x-1}$

(6) $\lim_{x \to 0} \frac{6 - 6\cos x}{x^2}$

힌트 $\frac{0}{0}$, $\frac{\infty}{\infty}$ 형의 부정형의 극한값은 다음의 로피탈 정리를 이용하면 간단히 얻어진다.

$$\lim_{x \to a} \frac{f(x)}{g(x)} = \lim_{x \to a} \frac{f'(x)}{g'(x)} = \lim_{x \to a} \frac{f''(x)}{g''(x)}$$

6-2 곡선 $y = -x^2 - 2x + 2$ 에 접하고 기울기가 2 인 접선의 방정식을 구하라.

6-3 곡선 $y = x^3 - 2x^2 + 3x - 4$ 위의 점 $(1, -2)$ 에서의 접선 방정식과 법선 방정식을 구하라.

6-4 곡선 $y = x^3 + ax + b$ 위의 점 $(1, 1)$에서의 접선의 방정식이 $y = -x + 2$ 일 때, 상수 a, b 의 값을 구하라.

6-5 다음 함수의 극값을 구하고 그래프의 개형을 그려라.

(1) $f(x) = -x^3 + 6x^2 - 9x + 3$

(2) $f(x) = 3x^4 - 8x^3 - 6x^2 + 24x + 3$

6-6 다음 함수의 주어진 구간에서 최대값과 최소값을 구하라.

(1) $f(x)=2x^3-9x^2+12x-6 \quad [1,\ 3]$

(2) $f(x)=2x^4-4x^2+6 \quad [-2,\ 1]$

6-7 $f(x)=\cos x$ 를 맥로린 급수로 전개하라.

6-8 $f(x)=x^4-x^3+3x^2-3$ 을 $(x-2)$의 멱급수로 전개하라.

6-9 함수 $u=\sqrt{x^2+y^2}$ 의 편도함수 및 전미분을 구하라.

6-10 $V=3x^2yz$ 일 때, 점 $(1,\ 3,\ 0)$에서 V의 기울기를 구하라.

6-11 전계 $\boldsymbol{E}=3x^2\boldsymbol{i}+2xy^2\boldsymbol{j}+x^2yz\boldsymbol{k}$ 일 때, $\mathrm{div}\boldsymbol{E}$를 구하라.

6-12 $f=xyz,\ \boldsymbol{A}=x\boldsymbol{i}+y\boldsymbol{j}+z\boldsymbol{k}$ 일 때, 점 $(1,\ 1,\ 1)$에서의 $\mathrm{div}(f\boldsymbol{A})$를 구하라.

6-13 $f=x^2+y^2+z^2$ 일 때, $\nabla\times\nabla f$ 를 구하라.

6-14 $\boldsymbol{A}=(axy-z^3)\boldsymbol{i}+(a-2)x^2\boldsymbol{j}+(1-a)xz^2\boldsymbol{k}$ 의 회전이 항상 0 이 되도록 상수 a를 구하라.

힌트 $\mathrm{rot}\boldsymbol{A}=\nabla\times\boldsymbol{A}=0$ 의 관계로부터 상수 a를 구한다.

chapter 7

적 분 법

7.1 부정적분의 정의와 기본 공식

7.1.1 부정적분의 정의

함수 $F(x)$의 도함수가 $f(x)$라 하면, 즉

$$\frac{d}{dx}F(x) = F'(x) = f(x) \tag{7.1}$$

일 때, 함수 $F(x)$를 도함수 $f(x)$의 **원시함수**(primitive function)라 한다.

원시함수 $F(x)$는 x에 관한 $f(x)$의 **부정적분**(indefinite integral)이라 하며, 기호는

$$\int f(x)dx = F(x) \tag{7.2}$$

로 나타낸다. 그러나 임의 상수 C에 대한 $F(x)+C$도 $F(x)$와 마찬가지로 식 (7.1)의

$$\frac{d}{dx}\{F(x)+C\} = \frac{d}{dx}F(x) = f(x) \tag{7.3}$$

가 성립하여 도함수 $f(x)$가 같아진다. 따라서 원시함수는 $F(x)$보다 $F(x)+C$가 정확한 표현이 될 것이고, 식 (7.2)의 부정적분도 $F(x)$ 대신에 $F(x)+C$로 치환하여 다시 표현하면

$$\int f(x)dx = F(x) + C \tag{7.4}$$

여기서 C를 **적분상수**, 함수 $f(x)$를 **피적분 함수**, x를 **적분변수**라 하고, 원시함수 $F(x)+C$를 구하는 것을 $f(x)$를 **적분한다**고 하며, 계산 방법을 **적분법**이라고 한다.

이상으로부터 피적분 함수 $f(x)$를 적분하면 원시함수 $F(x)+C$가 구해지고, 원시함수 $F(x)+C$를 미분하면 피적분 함수 $f(x)$가 구해지므로 미분과 적분은 서로 역연산의 관계가 성립한다.

부정적분의 정의와 계산법를 요약하여 정리하면 다음과 같다.

☞ 부정적분의 정의와 계산법

정 의 : $F'(x)=f(x) \iff \int f(x)dx=F(x)+C$

피적분 함수 $[f(x)]$ —(부정적분)→ **원시함수** $[F(x)+C]$

원시함수 $[F(x)+C]$ —(미 분)→ **피적분 함수** $[f(x)]$

계산법 : $\int 2x\,dx = x^2 + C$ (부정적분: $2x$ → x^2+C, 미 분: x^2+C → $2x$)

$$\begin{cases} 2x : \text{피적분 함수} \\ x^2+C : \text{원시함수} \end{cases}$$

예제 7.1 다음의 등식을 만족하는 피적분 함수를 구하라.

(1) $\int f(x)dx=x^3+2x^2+C$ (2) $\int f(x)dx=x^4-x^2+C$

풀이

부정적분의 정의에 의하여 피적분함수는 원시함수를 미분하면 구해진다.

(1) $\dfrac{d}{dx}(x^3+2x^2+C)=3x^2+4x$

(2) $\dfrac{d}{dx}(x^4-x^2+C)=4x^3-2x$

예제 7.2 다음 주어진 함수의 원시함수를 구하라.

(1) 0　　　(2) k (임의의 상수)　　　(3) x

풀이

부정적분의 정의에 의하여 원시함수는 주어진 함수(피적분 함수)를 적분하면 구해진다.

(1) $\int 0\,dx = C$　　　(2) $\int k\,dx = kx + C$

(3) $\int x\,dx = \frac{x^2}{2} + C$

예제 7.3 다음의 식을 계산하라.

(1) $\frac{d}{dx}\left(\int x^2 dx\right)$　　　(2) $\int \left(\frac{d}{dx}x^2\right)dx$

풀이

(1) $\frac{d}{dx}\left(\int x^2 dx\right) = \frac{d}{dx}\left(\frac{x^3}{3} + C\right) = x^2$

(2) $\int \left(\frac{d}{dx}x^2\right)dx = \int 2x\,dx = x^2 + C$

미분과 적분은 서로 역연산의 관계가 성립하므로 임의의 함수를 미분하고 적분을 하거나 적분하고 미분을 하면 자기 자신의 함수가 된다. 단지 최종적으로 적분을 하면 적분상수 C가 생기는 것에 주의를 해야 한다.

즉, 일반적으로 다음의 관계식이 성립한다.

$$\frac{d}{dx}\left(\int f(x)dx\right) = f(x), \qquad \int \left(\frac{d}{dx}f(x)\right)dx = f(x) + C$$

7.1.2 부정적분의 기본 공식

적분은 미분의 역연산이므로 미분법을 반대로 생각하면 다음의 기본 공식을 얻는다.

☞ 부정적분의 기본 공식

(1) $\int k\,dx = k\int dx = kx + C$ (k는 상수, C는 적분상수)

(2) $\int x^n\,dx = \frac{1}{n+1}x^{n+1} + C$ ($n \neq -1$)

(3) $\int \frac{1}{x}dx = \ln|x| + C$

(4) $\int kf(x)dx = k\int f(x)dx$ (k는 상수)

(5) $\int \{f(x) \pm g(x)\}dx = \int f(x)dx \pm \int g(x)dx$ (복호동순)

위의 공식의 증명은 우변의 함수, 즉 원시함수를 미분하여 좌변의 피적분 함수가 되는 것을 확인하면 된다.

예제 7.4 다음의 부정적분을 구하라.

(1) $\int 4dx$ (2) $\int 6x^5 dx$

(3) $\int \frac{2}{x}dx$ (4) $\int (x^2 + 2x - 3)dx$

(5) $\int \frac{2}{x^3}dx$ (6) $\int 2x\sqrt{x}\,dx$

풀이

(1) $\int 4dx = 4x + C$

(2) $\int 6x^5 dx = 6 \cdot \frac{1}{5+1}x^{5+1} + C = x^6 + C$

(3) $\int \frac{2}{x}dx = 2\ln|x| + C = \ln x^2 + C$

(4) $\int (x^2+2x-3)dx = \frac{1}{3}x^3 + x^2 - 3x + C$

(5) $\int \frac{2}{x^3}dx = 2\int x^{-3}dx = -x^{-2} + C = -\frac{1}{x^2} + C$

(6) $\int 2x\sqrt{x}\,dx = 2\int x^{\frac{3}{2}}dx = 2\cdot\frac{1}{\frac{3}{2}+1}x^{\frac{3}{2}+1} + C = \frac{4}{5}x^2\sqrt{x} + C$

예제 7.5 다음의 부정적분을 구하라.

(1) $\int (x-1)(x-2)dx$

(2) $\int \sqrt{x}(x-3)dx$

(3) $\int \frac{x+1}{x^2}dx$

(4) $\int \left(x+\frac{1}{x}\right)^2 dx$

풀이

(1) (준 식) $= \int (x^2-3x+2)dx = \frac{1}{3}x^3 - \frac{3}{2}x^2 + 2x + C$

(2) (준 식) $= \int \left(x^{\frac{3}{2}} - 3x^{\frac{1}{2}}\right)dx = \frac{2}{5}x^{\frac{5}{2}} - 2x^{\frac{3}{2}} = \frac{2}{5}x^2\sqrt{x} - 2x\sqrt{x} + C$

(3) (준 식) $= \int \left(\frac{1}{x} + x^{-2}\right)dx = \ln|x| - x^{-1} + C = \ln|x| - \frac{1}{x} + C$

(4) (준 식) $= \int \left(x^2 + 2 + \frac{1}{x^2}\right)dx = \frac{1}{3}x^3 + 2x - \frac{1}{x} + C$

7.1.3 초월함수의 부정적분

제 7.1.2절의 부정적분의 기본 공식과 마찬가지로 초월함수의 부정적분도 미분의 역연산이므로 미분법을 역으로 생각한 **표** 7.1의 삼각함수와 **표** 7.2의 지수함수, 역삼각 함수, 쌍곡선 함수의 부정적분 공식을 나타내었다.

이들의 공식의 증명도 우변의 함수를 미분하여 좌변의 피적분 함수가 되는 것을 확인하면 된다.

표 7.1 삼각함수의 부정적분

1	$\int \sin x\,dx = -\cos x + C$	2	$\int \cos x\,dx = \sin x + C$
3	$\int \tan x\,dx = -\ln\lvert\cos x\rvert + C$	4	$\int \cot x\,dx = \ln\lvert\sin x\rvert + C$
5	$\int \sec^2 x\,dx = \tan x + C$	6	$\int \csc^2 x\,dx = -\cot x + C$
7	$\int \sec x \tan x\,dx = \sec x + C$	8	$\int \csc x \cot x\,dx = -\csc x + C$

표 7.2 지수함수 · 역삼각 함수 · 쌍곡선 함수의 부정적분

지 수 함 수			
1	$\int e^{ax}\,dx = \frac{1}{a}e^{ax} + C$	2	$\int a^x\,dx = \frac{a^x}{\ln a} + C$ (단, $a>0$, $a \neq 0$)
역삼각 함수		**쌍곡선 함수**	
1	$\int \frac{1}{\sqrt{1-x^2}}\,dx = \sin^{-1}x + C$	1	$\int \sinh x\,dx = \cosh x + C$
2	$\int \frac{1}{1+x^2}\,dx = \tan^{-1}x + C$	2	$\int \cosh x\,dx = \sinh x + C$

예제 7.6 다음의 부정적분을 구하라.

(1) $\int (\sin x - 3\cos x)dx$ (2) $\int \tan^2 x\, dx$

(3) $\int \frac{1}{1-\sin^2 x}dx$ (4) $\int \frac{\sin x}{\cos^2 x}dx$

풀이

(1) $\int (\sin x - 3\cos x)dx = -\cos x - 3\sin x + C$

(2) $\int \tan^2 x\, dx = \int (\sec^2 x - 1)dx = \tan x - x + C$

(3) $\int \frac{1}{1-\sin^2 x}dx = \int \frac{1}{\cos^2 x}dx = \int \sec^2 x\, dx = \tan x + C$

(4) $\int \frac{\sin x}{\cos^2 x}dx = \int \frac{1}{\cos x} \cdot \frac{\sin x}{\cos x}dx = \int \sec x \cdot \tan x\, dx = \sec x + C$

예제 7.7 다음의 부정적분을 구하라.

(1) $\int 4e^x\, dx$ (2) $\int (e^x - 2x + 3^x)dx$

(3) $\int \sin^2 \frac{x}{2} dx$

풀이

(1) $\int 4e^x\, dx = 4e^x + C$

(2) $\int (e^x - 2x + 3^x)dx = e^x - x^2 + \frac{3^x}{\ln 3} + C$

(3) 삼각함수의 반각 공식을 이용한 **표** 7.1의 형식으로 변환하여 적분한다.

$$\sin^2\frac{x}{2} = \frac{1-\cos x}{2} \text{ 이므로}$$

$$\int \sin^2\frac{x}{2}dx = \frac{1}{2}\int(1-\cos x)dx = \frac{1}{2}(x-\sin x)+C$$

7.2 부정적분의 계산

지금까지 간단한 함수들에 대해 대수 및 초월함수에 관한 부정적분의 기본 공식을 이용한 부정적분의 적분법을 알아보았다.

그러나 주어진 함수가 복잡한 경우의 적분은 다음의 적분법을 이용하고, 이로부터 부정적분의 기본 공식으로 변환하여 간단히 구할 수 있다.

(1) **치환 적분법**(integration by substitution)

(2) **부분 적분법**(integration by parts)

(3) **부분 분수 전개법**(integration by partial fraction)

7.2.1 치환 적분법

치환 적분법(integration by substitution)은 합성함수와 같은 형태의 부정적분에서 적분변수를 다른 변수로 치환하여 피적분 함수를 부정적분의 기본 공식으로 단순화시켜 간단히 적분하는 방법이다.

부정적분 $\int f(x)dx$ 에서 $x=g(t)$라 놓고 양변을 t에 관하여 미분하면

$$\frac{dx}{dt} = g'(t) \qquad \therefore \quad dx = g'(t)dt \tag{7.5}$$

가 된다. 따라서

$$\int f(x)dx = \int f\{g(t)\}g'(t)dt \tag{7.6}$$

의 적분 공식이 얻어지고, 이와 같은 적분법을 **치환 적분법**이라 한다. 특히 치환 적분법에서 치환할 때 적분변수도 치환해야 함을 주의해야 한다.

치환 적분법에서 자주 나오는 **기본 유형**에 대한 대수 치환(algebraic substitution) 방법을 위주로 나타내면 다음과 같다.

【1】 함수 $f(ax+b)$형 : $ax+b=t$ 의 치환

$$ax+b=t \text{ 일 때, } adx=dt \quad \therefore \quad dx=\frac{1}{a}dt$$

$$\int f(ax+b)dx=\frac{1}{a}\int f(t)dt \tag{7.7}$$

【2】 함수 $f\{g(x)\}g'(x)$형 : $g(x)=t$ 의 함수 치환

$$g(x)=t \text{ 일 때, } g'(x)dx=dt \quad \therefore \quad dx=\frac{1}{g'(x)}dt$$

$$\int f\{g(x)\}g'(x)dx=\int f(t)dt \tag{7.8}$$

【3】 함수 $\dfrac{f'(x)}{f(x)}$형 : $f(x)=t$ 의 함수 치환

$$f(x)=t \text{ 일 때, } f'(x)dx=dt \quad \therefore \quad dx=\frac{1}{f'(x)}dt$$

$$\int \frac{f'(x)}{f(x)}dx=\int \frac{1}{t}dt=\ln|t|+C=\ln|f(x)|+C \tag{7.9}$$

치환 적분법의 기본 유형에 관한 부정적분을 구하는 방법은 예제를 통하여 확인해 보기로 한다.

예제 7.8 다음의 부정적분을 구하라.

(1) $\int (2x+1)^3 dx$ (2) $\int \frac{1}{3x-5}dx$

(3) $\int \sin(6x+5)dx$ (4) $\int e^{5x}dx$

풀이

【 함수 $f(ax+b)$형 : $ax+b=t$ 】

(1) $2x+1=t$로 놓고 양변을 t로 미분하면

$$2\frac{dx}{dt}=1 \qquad \therefore\ dx=\frac{1}{2}dt$$

$$\int(2x+1)^3dx=\int t^3\cdot\frac{1}{2}dt=\frac{1}{2}\int t^3dt=\frac{1}{2}\cdot\frac{1}{4}t^4+C$$

$$\therefore\ \int(2x+1)^3dx=\frac{1}{8}(2x+1)^4+C$$

(2) $3x-5=t$로 놓고 양변을 t로 미분하면

$$3\frac{dx}{dt}=1 \qquad \therefore\ dx=\frac{1}{3}dt$$

$$\int\frac{1}{3x-5}dx=\int\frac{1}{t}\cdot\frac{1}{3}dt=\frac{1}{3}\int\frac{1}{t}dt=\frac{1}{3}\ln|t|+C$$

$$\therefore\ \int\frac{1}{3x-5}dx=\frac{1}{3}\ln|3x-5|+C$$ (기본 유형 3의 적용도 가능)

(3) $6x+5=t$로 놓고 양변을 t로 미분하면

$$6\frac{dx}{dt}=1 \qquad \therefore\ dx=\frac{1}{6}dt$$

$$\int\sin(6x+5)dx=\int\sin t\cdot\frac{1}{6}dt=\frac{1}{6}\int\sin t\,dt=-\frac{1}{6}\cos t+C$$

$$\therefore\ \int\sin(6x+5)dx=-\frac{1}{6}\cos(6x+5)+C$$

(4) $5x=t$로 놓고 양변을 t로 미분하면

$$5\frac{dx}{dt}=1 \qquad \therefore\ dx=\frac{1}{5}dt$$

$$\int e^{5x}dx=\int e^t\cdot\frac{1}{5}dt=\frac{1}{5}\int e^t dt=\frac{1}{5}e^t+C$$

$$\therefore\ \int e^{5x}dx=\frac{1}{5}e^{5x}+C$$

예제 7.9 다음의 부정적분을 구하라.

(1) $\int 2x(3x^2+5)^6 dx$ (2) $\int \sin^3\theta \cos\theta \, d\theta$

풀이

【 함수 $f\{g(x)\}g'(x)$형 : $g(x)=t$ 】

(1) $3x^2+5=t$로 놓고 양변을 t로 미분하면

$$6x\frac{dx}{dt}=1 \qquad \therefore \; dx=\frac{1}{6x}dt$$

$$\int 2x(3x^2+5)^6 dx=\int 2xt^6 \cdot \frac{1}{6x}dt=\frac{1}{3}\int t^6 dt=\frac{1}{21}t^7+C$$

$$\therefore \; \int 2x(3x^2+5)^6 dx=\frac{1}{21}(3x^2+5)^7+C$$

(2) $\sin\theta=t$로 놓고 양변을 t로 미분하면

$$\cos\theta\frac{d\theta}{dt}=1 \qquad \therefore \; d\theta=\frac{1}{\cos\theta}dt$$

$$\int \sin^3\theta\cos\theta\, d\theta=\int t^3\cos\theta \cdot \frac{1}{\cos\theta}dt=\int t^3 dt=\frac{1}{4}t^4+C$$

$$\therefore \; \int \sin^3\theta\cos\theta\, d\theta=\frac{1}{4}\sin^4\theta+C$$

단, $\int \cos^3\theta\sin\theta\, d\theta$의 부정적분은 $\cos\theta=t$로 치환하면 $-\sin\theta\, d\theta=dt$이므로

$$\therefore \; \int \cos^3\theta\sin\theta\, d\theta=-\int t^3 dt=-\frac{1}{4}t^4+C$$

$$=-\frac{1}{4}\cos^4\theta+C$$

예제 7.10 다음의 부정적분을 구하라.

(1) $\displaystyle\int \frac{x}{x^2+1}dx$ (2) $\displaystyle\int \frac{2e^x}{e^x+3}dx$

(3) $\displaystyle\int \tan x\, dx$ (4) $\displaystyle\int \frac{1}{\sqrt{2x+1}}dx$

풀이

【 함수 $\dfrac{f'(x)}{f(x)}$ 형 : $f(x)=t$ 】

(1) $x^2+1=t$ 로 놓고 양변을 t 로 미분하면

$$2x\frac{dx}{dt}=1 \qquad \therefore\ dx=\frac{1}{2x}dt$$

$$\int \frac{x}{x^2+1}dx=\int \frac{x}{t}\cdot\frac{1}{2x}dt=\frac{1}{2}\int \frac{1}{t}dt=\frac{1}{2}\ln|t|+C$$

$$\therefore\ \int \frac{x}{x^2+1}dx=\frac{1}{2}\ln(x^2+1)+C$$

(2) $e^x+3=t$ 로 놓고 양변을 t 로 미분하면

$$e^x\frac{dx}{dt}=1 \qquad \therefore\ dx=\frac{1}{e^x}dt$$

$$\int \frac{2e^x}{e^x+3}dx=2\int \frac{1}{t}dt=2\ln|\,t\,|+C=2\ln(e^x+3)+C$$

$$\therefore\ \int \frac{2e^x}{e^x+3}dx=\ln(e^x+3)^2+C$$

(3) $\displaystyle\int \tan x\, dx=\int \frac{\sin x}{\cos x}dx$, $\cos x=t$ 로 놓고 양변을 t 로 미분하면

$$-\sin x\frac{dx}{dt}=1 \qquad \therefore\ dx=-\frac{1}{\sin x}dt$$

$$\int \frac{\sin x}{\cos x}dx=\int \frac{\sin x}{t}\cdot\frac{-1}{\sin x}dt=-\int \frac{1}{t}dt=-\ln|t|+C$$

$$=-\ln|t|+C=-\ln|\cos x|+C=\ln|\cos x|^{-1}+C$$

$$\therefore \quad \int \tan x\, dx = -\ln|\cos x| + C = \ln|\sec x| + C$$

(4) $2x+1=t$로 놓고 양변을 t로 미분하면

$$2\frac{dx}{dt}=1 \qquad \therefore \quad dx = \frac{1}{2}dt$$

$$\int \frac{1}{\sqrt{2x+1}}dx = \int \frac{1}{\sqrt{t}} \cdot \frac{1}{2}dt = \frac{1}{2}\int t^{-1/2}dt = \sqrt{t} + C$$

$$\therefore \quad \int \frac{1}{\sqrt{2x+1}}dx = \sqrt{2x+1} + C \quad \left[\frac{f'(x)}{\{f(x)\}^n}\text{형} : f(x) = t\right]$$

7.2.2 부분 적분법

두 함수의 곱 $f(x)g(x)$에 관한 미분법은

$$\{f(x)g(x)\}' = f'(x)g(x) + f(x)g'(x) \tag{7.10}$$

이다. 이 식을 변형하면

$$f'(x)g(x) = \{f(x)g(x)\}' - f(x)g'(x) \tag{7.11}$$

이고, 양변에 x에 관하여 적분을 취하면

$$\int f'(x)g(x)dx = \int \{f(x)g(x)\}'dx - \int f(x)g'(x)dx \tag{7.12}$$

가 된다. 적분은 미분의 역연산이므로 다음과 같이 구해진다.

$$\int f'(x)g(x)dx = f(x)g(x) - \int f(x)g'(x)dx \tag{7.13}$$

이와 같이 두 함수의 곱에 관한 부정적분을 구하는 적분법의 식 (7.13)을 **부분 적분법의 공식**(integration by parts formula)이라 한다.

부분 적분법은 부정적분의 기본 공식이나 치환 적분법으로도 구할 수 없는 경우에 이용하는 방법이며, 식 (7.13)의 우변의 제2항 $\int f(x)g'(x)dx$를 계산할 수 있는 간단한 함수의 곱으로 구성된 것이어야 한다.

일반적으로 부분 적분법에 적용하는 두 함수의 곱으로 이루어진 부정적분의 예를 나타내면 다음과 같다.

【예】 $\int xe^x dx$, $\int x\cos x dx$, $\int x^2\sin x dx$

$\int e^{ax}\sin bx dx$, $\int x^3\ln x dx$, ……

부분 적분법의 공식과 피적분 함수에 포함된 두 함수 $f'(x)$, $g(x)$의 선정 방법을 **표** 7.3에 정리하였다.

표 7.3 부분 적분법의 공식과 적용

부분 적분법 공 식		$\int f'(x)g(x)dx = f(x)g(x) - \int f(x)g'(x)dx$	
피적분 함수 $f'(x)g(x)dx$		xe^x, $x\sin x$, $x\cos x$, $x^2\cos x$, $x^2\sin x$, x^2e^x	$\ln x$, $x\ln x$, $x^2\ln x$ $e^x\sin x$, $e^x\cos x$
적 용	$f'(x)$	e^x, $\sin x$, $\cos x$	1, x, x^2, e^x
	$g(x)$	x, $x^2, \cdots$, x^n	$\ln x$, $\sin x$, $\cos x$

예제 7.11 다음의 부정적분을 구하라.

(1) $\int xe^x dx$ (2) $\int x\sin x dx$ (3) $\int x^2\cos x dx$

풀이

부분 적분법의 공식 : $\int f'(x)g(x)dx = f(x)g(x) - \int f(x)g'(x)dx$

(1) $f'(x) = e^x$, $g(x) = x$ 로 놓으면 $f(x) = e^x$, $g'(x) = 1$이므로

$$\int xe^x dx = e^x \cdot x - \int e^x \cdot 1 dx = xe^x - e^x + C$$

$$\therefore \int xe^x dx = e^x(x-1) + C$$

가 구해진다. 만약 여기서 $f'(x)=e^x$, $g(x)=x$ 대신에 $f'(x)=x$, $g(x)=e^x$를 적용하면

$$\int x e^x dx = e^x \cdot \frac{x^2}{2} - \int \frac{x^2}{2} \cdot e^x dx$$

가 되어 우변의 적분이 주어진 식보다 복잡해지므로 잘못된 선정이다. 따라서 $g(x)$는 미분한 후 상수가 되는 함수, $f'(x)$는 적분이 쉽게 되는 함수를 선정해야 한다. 즉, 주어진 식의 부정적분보다 부분 적분법 공식에 적용한 우변의 부정적분이 더 간단하도록 $f'(x)$를 놓아야 한다.

두 함수의 곱으로 이루어진 피적분 함수에 대한 두 함수의 $f'(x)$ 또는 $g(x)$의 선정 구분은 **표** 7.3을 참고하기 바란다.

(2) $f'(x)=\sin x$, $g(x)=x$ 로 놓으면 $f(x)=-\cos x$, $g'(x)=1$이므로

$$\int x\sin x\, dx = (-\cos x)\cdot x - \int (-\cos x)\cdot 1\, dx$$

$$= -x\cos x + \int \cos x\, dx$$

$$\therefore \int x\sin x\, dx = -x\cos x + \sin x + C$$

(3) $f'(x)=\cos x$, $g(x)=x^2$으로 놓으면 $f(x)=\sin x$, $g'(x)=2x$ 이므로

$$\int x^2\cos x\, dx = \sin x \cdot x^2 - \int \sin x \cdot (2x)dx$$

$$= x^2\sin x - 2\int x\sin x\, dx$$

가 된다. 여기서 우변의 둘째항의 부정적분은 (2)의 결과를 이용하면 다음과 같이 얻어진다.

$$\int x^2\cos x\, dx = x^2\sin x - 2(-x\cos x + \sin x) + C$$

$$= x^2\sin x + 2x\cos x - 2\sin x + C$$

$$\therefore \int x^2\cos x\, dx = (x^2-2)\sin x + 2x\cos x + C$$

예제 7.12 다음의 부정적분을 구하라.

(1) $\int x\ln x\,dx$ (2) $\int \ln x\,dx$ (3) $\int e^x \sin x\,dx$

풀이

(1) $f'(x)=x$, $g(x)=\ln x$ 로 놓으면 $f(x)=\frac{1}{2}x^2$, $g'(x)=\frac{1}{x}$ 이므로

$$\int x\ln x\,dx=\frac{1}{2}x^2\cdot\ln x-\frac{1}{2}\int x\,dx$$

$$\therefore \int x\ln x\,dx=\frac{1}{2}x^2\ln x-\frac{1}{4}x^2+C$$

(2) $f'(x)=1$, $g(x)=\ln x$ 로 놓으면 $f(x)=x$, $g'(x)=\frac{1}{x}$ 이므로

$$\int \ln x\,dx=x\ln x-\int 1\,dx=x\ln x-x+C$$

$$\therefore \int \ln x\,dx=x(\ln x-1)+C$$

(3) $f'(x)=e^x$, $g(x)=\sin x$ 로 놓으면 $f(x)=e^x$, $g'(x)=\cos x$ 이므로

$$\int e^x\sin x\,dx=e^x\sin x-\int e^x\cos x\,dx$$

가 된다. 또 우변의 부정적분에 대해 다시 부분 적분법을 적용하여 $f'(x)=e^x$, $g(x)=\cos x$ 로 놓으면 $f(x)=e^x$, $g'(x)=-\sin x$ 이므로

$$\int e^x\sin x\,dx=e^x\sin x-\left\{e^x\cos x-\int e^x(-\sin x)\right\}dx$$

$$=e^x\sin x-e^x\cos x-\int e^x\sin x\,dx$$

가 된다. 이 식에서 이항하여 정리하면 다음과 같이 구해진다.

$$2\int e^x\sin x\,dx=e^x\sin x-e^x\cos x+C'$$

$$\therefore \int e^x\sin x\,dx=\frac{e^x}{2}(\sin x-\cos x)+C$$

7.2.3 부분 분수 전개법(유리함수)

분모, 분자가 다항함수로 구성되어 있는 분수식을 **유리함수**라고 하며, 유리함수의 부정적분은 **부분 분수**(partial fraction)로 전개하면 간단히 구할 수 있다.

부분 분수 전개법은 제1장의 유리식(분수식), 특히 제1장의 부분 분수 전개법에 관한 심화학습과 제9장의 역 라플라스 변환을 위한 부분 분수 전개법을 이용하면 간편하게 전개할 수 있다.

본 절에서는 부분 분수 전개 형식을 항등식으로 놓고 미정계수를 구하여 적분하는 것을 기본으로 한다.

예제 7.13 다음의 부정적분을 구하라.

(1) $\int \frac{2}{x^2-1}dx$ (2) $\int \frac{x+5}{(x+3)^2}dx$

풀이

(1) 피적분 함수를 부분 분수의 형식으로 나타내면

$$\frac{2}{x^2-1}=\frac{2}{(x-1)(x+1)}=\frac{A}{x-1}+\frac{B}{x+1}$$

$$\frac{A}{x-1}+\frac{B}{x+1}=\frac{A(x+1)+B(x-1)}{(x-1)(x+1)}=\frac{(A+B)x+(A-B)}{(x-1)(x+1)}$$

가 된다. 따라서 미정계수법에 의해 각 계수 A, B는

$$(A+B)x+(A-B)=2$$

$$\begin{cases} A+B=0 \\ A-B=2 \end{cases} \qquad \therefore\ A=1,\quad B=-1$$

이고, 따라서 부분 분수 전개와 부정적분은 다음과 같이 구해진다.

$$\frac{2}{x^2-1}=\frac{1}{x-1}-\frac{1}{x+1}$$

$$\therefore \text{(준 식)} = \int \frac{1}{x-1}dx - \int \frac{1}{x+1}dx$$

$$= \ln|x-1| - \ln|x+1| + C = \ln\left|\frac{x-1}{x+1}\right| + C$$

(2) 피적분 함수의 미정계수법에 의한 부분 분수 전개와 적분 결과는 다음과 같이 구해진다.

$$\frac{x+5}{(x+3)^2} = \frac{1}{(x+3)} + \frac{2}{(x+3)^2}$$

$$\therefore \text{(준 식)} = \int \left\{\frac{1}{(x+3)} + \frac{2}{(x+3)^2}\right\}dx = \ln|x+3| - \frac{2}{x+3} + C$$

예제 7.14 다음의 부정적분을 구하라.

(1) $\int \frac{x+5}{(x+3)^2}dx$

(2) $\int \frac{2+x+6x^2-2x^3}{x^2(x^2+1)}dx$

풀이

(1) 피적분 함수의 미정계수법에 의한 부분 분수 전개식의 결과는 다음과 같다.

$$\frac{x+5}{(x+3)^2} = \frac{1}{(x+3)} + \frac{2}{(x+3)^2}$$

따라서 부정적분은 다음과 같이 구해진다.

$$\therefore \text{(준 식)} = \int \left\{\frac{1}{(x+3)} + \frac{2}{(x+3)^2}\right\}dx$$

$$= \ln|x+3| - \frac{2}{x+3} + C$$

(2) 피적분 함수의 미정계수법에 의한 부분 분수 전개식의 결과는 다음과 같다.

$$\frac{2+x+6x^2-2x^3}{x^2(x^2+1)} = \frac{1}{x} + \frac{2}{x^2} + \frac{4-3x}{x^2+1}$$

따라서 부정적분은 다음과 같이 구해진다.

$$\therefore \ (\text{준 식}) = \int \left(\frac{1}{x} + \frac{2}{x^2} + \frac{4-3x}{x^2+1} \right) dx$$

$$= \int \left(\frac{1}{x} + \frac{2}{x^2} + \frac{4}{x^2+1} - \frac{3x}{x^2+1} \right) dx$$

$$= \ln|x| - \frac{2}{x} + 4\tan^{-1}x - \frac{3}{2}\ln(x^2+1) + C$$

$$= \ln\left\{ \frac{|x|}{(x^2+1)^{3/2}} \right\} - \frac{2}{x} + 4\tan^{-1}x + C$$

7.2.4 삼각함수의 적분

지금까지 삼각함수의 적분은 피적분 함수가 기본 공식에 의한 간단한 적분에 대해서 설명하였다.

본 절에서는 삼각함수의 결합형으로 되어 있는 유형의 피적분 함수들에 관하여 삼각함수의 항등식과 치환을 이용하는 적분법에 대하여 고찰해 본다.

(1) $\cos^2 x$, $\sin^2 x$, $\tan^2 x$, $\cot^2 x$ 의 적분법

표 7.4 삼각함수 제곱 유형의 적분법

	$f(x)$	적분 방법 (method)	$\int f(x)dx$
(1)	$\cos^2 x$	$\cos^2 x = \frac{1}{2}(1+\cos 2x)$	$\frac{1}{2}\left(x + \frac{\sin 2x}{2}\right) + C$
(2)	$\sin^2 x$	$\sin^2 x = \frac{1}{2}(1-\cos 2x)$	$\frac{1}{2}\left(x - \frac{\sin 2x}{2}\right) + C$
(3)	$\tan^2 x$	$\tan^2 x = \sec^2 x - 1$	$\tan x - x + C$
(4)	$\cot^2 x$	$\cot^2 x = \csc^2 x - 1$	$-\cot x - x + C$

【증명】 삼각함수의 제곱의 적분은 삼각함수의 항등식을 이용한다.

$\cos^2 x = \frac{1}{2}(1+\cos 2x)$: 반각 공식

$\sin^2 x = \frac{1}{2}(1-\cos 2x)$: 반각 공식

$\tan^2 x + 1 = \sec^2 x \ \rightarrow \ \tan^2 x = \sec^2 x - 1$

$\cot^2 x + 1 = \csc^2 x \ \rightarrow \ \cot^2 x = \csc^2 x - 1$

(1) $\int \cos^2 x\, dx = \frac{1}{2}\int (1+\cos 2x)dx = \frac{1}{2}\left(x + \frac{\sin 2x}{2}\right) + C$

(2) $\int \sin^2 x\, dx = \frac{1}{2}\int (1-\cos 2x)dx = \frac{1}{2}\left(x - \frac{\sin 2x}{2}\right) + C$

(3) $\int \tan^2 x\, dx = \int (\sec^2 x - 1)dx = \tan x - x + C$

(4) $\int \cot^2 x\, dx = \int (\csc^2 x - 1)dx = -\cot x - x + C$

예제 7.15 다음의 부정적분을 구하라.

(1) $\int \cos^2 5t\, dt$ (2) $\int \tan^2 4\theta\, d\theta$

풀이

(1) $\int \cos^2 5t\, dt = \frac{1}{2}\int (1+\cos 10t)dt = \frac{1}{2}\left(t + \frac{\sin 10t}{10}\right) + C$

(2) $\int \tan^2 4\theta\, d\theta = \int (\sec^2 4\theta - 1)d\theta = \frac{1}{4}\tan 4\theta - \theta + C$

(2) $\int \sin^m x \cos^n x\, dx$ 의 적분법

두 삼각함수의 거듭제곱의 곱 형식의 적분법은 다음의 항등식을 이용하여 최종적으로 삼각함수의 1차항을 포함한 곱 형식으로 변형시키고 나서 그 피적분 함수를 치환 적분법으로 적용하여 구하는 방법이다.

(1) m 또는 n이 홀수$(n=2k+1)$이면 $\cos^2 x + \sin^2 x = 1$의 항등식을 이용한다.

$$\begin{cases} \cos^2 x = 1 - \sin^2 x \\ \sin^2 x = 1 - \cos^2 x \end{cases} \tag{7.14}$$

(2) m과 n이 모두 짝수이면 반각 공식의 항등식을 이용한다.

$$\begin{cases} \cos^2 x = \dfrac{1}{2}(1+\cos 2x) \\ \sin^2 x = \dfrac{1}{2}(1-\cos 2x) \end{cases} \tag{7.15}$$

예제 7.16 다음의 부정적분을 구하라.

(1) $\int \cos^5 x\, dx$ (2) $\int \sin^3 x \cos^2 x\, dx$

풀이

(1) $\int \cos^5 x\, dx = \int \cos x (\cos^2 x)^2 dx = \int \cos x (1-\sin^2 x)^2 dx$

$= \int \cos x (1 - 2\sin^2 x + \sin^4 x) dx$

$= \int (\cos x - 2\sin^2 x \cos x + \sin^4 x \cos x) dx$

피적분 함수의 각 항이 $\cos x$의 1차항을 포함한 곱 형식으로 모두 변형되었으며, 우변의 제 2 항과 제 3 항을 $\sin x = t$ 의 치환 적분법[예제 7.9(2) 참고]으로 각각 풀면 다음과 같이 구할 수 있다.

$$\therefore \int \cos^5 x\, dx = \sin x - \frac{2}{3}\sin^3 x + \frac{1}{5}\sin^5 x + C$$

(2) $\int \sin^3 x \cos^2 x\, dx = \int \sin x (\sin^2 x)(\cos^2 x)\, dx$

$$= \int \sin x (1-\cos^2 x)(\cos^2 x)\, dx = \int (\sin x \cos^2 x - \sin x \cos^4 x)\, dx$$

각 항이 $\sin x$의 1차항을 포함한 곱 형식으로 변형되었고, 우변의 피적분 함수의 제 1, 2 항을 $\cos x = t$의 치환 적분법을 적용하면 다음의 결과가 구해진다.

$$\therefore \quad \int \sin^3 x \cos^2 x\, dx = -\frac{1}{3}\cos^3 x + \frac{1}{5}\cos^5 x + C$$

예제 7.17 다음의 부정적분을 구하라.

(1) $\int \cos^4 x\, dx$ (2) $\int \sin^4 x \cos^2 x\, dx$

풀이

(1) $\int \cos^4 x\, dx = \int (\cos^2 x)^2\, dx = \int \left\{\frac{1}{2}(1+\cos 2x)\right\}^2 dx$

$$= \frac{1}{4}\int (1 + 2\cos 2x + \cos^2 2x)dx$$

$$= \frac{1}{4}\int \left\{1 + 2\cos 2x + \frac{1}{2}(1+\cos 4x)\right\}dx$$

$$= \frac{1}{4}\int \left\{\frac{3}{2} + 2\cos 2x + \frac{1}{2}\cos 4x\right\}dx$$

$$\therefore \quad \int \cos^4 x\, dx = \frac{1}{4}\left(\frac{3}{2}x + \sin 2x + \frac{1}{8}\sin 4x\right) + C$$

(2) $\int \sin^4 x \cos^2 x\, dx = \int (\sin^2 x)^2 (\cos^2 x)\, dx$

$$= \int \left\{\frac{1}{2}(1-\cos 2x)\right\}^2 \left\{\frac{1}{2}(1+\cos 2x)\right\}dx$$

$$= \frac{1}{8}\int (1 - 2\cos 2x + \cos^2 2x)(1+\cos 2x)dx$$

$$= \frac{1}{8}\int (1 - \cos 2x - \cos^2 2x + \cos^3 2x)dx$$

$$= \frac{1}{8}\int \left[1 - \cos 2x - \left\{\frac{1}{2}(1 + \cos 4x)\right\} + \cos 2x(1 - \sin^2 2x)\right]dx$$

$$= \frac{1}{8}\int \left(\frac{1}{2} - \cos 2x - \frac{1}{2}\cos 4x + \cos 2x - \cos 2x \sin^2 2x\right)dx$$

$$= \frac{1}{8}\int \left(\frac{1}{2} - \frac{1}{2}\cos 4x - \cos 2x \sin^2 2x\right)dx$$

$$= \frac{1}{8}\left(\frac{1}{2}x - \frac{1}{8}\sin 4x - \frac{1}{6}\sin^3 2x\right) + C$$

$$\therefore \int \sin^4 x \cos^2 x\, dx = \frac{1}{16}\left(x - \frac{1}{4}\sin 4x - \frac{1}{3}\sin^3 2x\right) + C$$

(3) 삼각함수(sin$x$, cos$x$) 곱의 적분법

푸리에 급수의 전개에 주로 적용하는 **삼각함수의 곱 유형의 적분법**은 삼각함수의 곱을 합 또는 차로 변형하는 공식의 항등식을 이용한다.

표 7.5 삼각함수 곱셈 유형의 적분법

$f(x)$	적분 방법 (method)
$\int \sin mx \cos nx\, dx$	$\sin A \cos B = \frac{1}{2}\{\sin(A+B) + \sin(A-B)\}$
$\int \cos mx \sin nx\, dx$	$\cos A \sin B = \frac{1}{2}\{\sin(A+B) - \sin(A-B)\}$
$\int \cos mx \cos nx\, dx$	$\cos A \cos B = \frac{1}{2}\{\cos(A+B) + \cos(A-B)\}$
$\int \sin mx \sin nx\, dx$	$\sin A \sin B = -\frac{1}{2}\{\cos(A+B) - \cos(A-B)\}$

예제 7.18 다음의 부정적분을 구하라.

(1) $\int \sin 4x \cos 3x \, dx$ (2) $\int \cos 3x \cos x \, dx$

풀이

(1) $$\int \sin 4x \cos 3x \, dx = \int \frac{1}{2}(\sin 7x + \sin x) dx$$

$$= \frac{1}{2}\left(-\frac{\cos 7x}{7} - \cos x\right) + C = -\frac{1}{14}(\cos 7x + 7\cos x) + C$$

(2) $$\int \cos 3x \cos x \, dx = \int \frac{1}{2}(\cos 4x + \cos 2x) dx$$

$$= \frac{1}{2}\left(\frac{\sin 4x}{4} - \frac{\sin 2x}{2}\right) + C = \frac{1}{8}(\sin 4x + 2\sin 2x) + C$$

(4) 삼각함수 및 쌍곡선 함수의 치환에 의한 적분법

표 7.6 삼각함수 및 쌍곡선 함수의 치환 적분법

$f(x)$	적분 방법 (method)	$\int f(x)dx$
$\frac{1}{\sqrt{a^2 - x^2}}$	$x = a\sin\theta$ 치환	$\sin^{-1}\frac{x}{a} + C$
$\sqrt{a^2 - x^2}$		$\frac{a^2}{2}\sin^{-1}\frac{x}{a} + \frac{x}{2}\sqrt{a^2 - x^2} + C$
$\frac{1}{a^2 + x^2}$	$x = a\tan\theta$ 치환	$\frac{1}{a}\tan^{-1}\frac{x}{a} + C$
$\frac{1}{\sqrt{x^2 + a^2}}$	$x = a\sinh\theta$ 치환	$\sinh^{-1}\frac{x}{a} + C$
$\sqrt{x^2 + a^2}$		$\frac{a^2}{2}\sinh^{-1}\frac{x}{a} + \frac{x}{2}\sqrt{x^2 + a^2} + C$
$\frac{1}{\sqrt{x^2 - a^2}}$	$x = a\cosh\theta$ 치환	$\cosh^{-1}\frac{x}{a} + C$
$\sqrt{x^2 - a^2}$		$\frac{x}{2}\sqrt{x^2 - a^2} - \frac{a^2}{2}\cosh^{-1}\frac{x}{a} + C$

연 / 습 / 문 / 제(7-A)

7-1 다음의 부정적분을 구하라.

(1) $\int x(x-1)dx$

(2) $\int \frac{x^2-1}{x-1}dx$

(3) $\int 2x^2\sqrt{x}\,dx$

(4) $\int (x^2+tx+t^2)dx$

(5) $\int \frac{y^3+1}{y+1}dy$

(6) $\int \left(\frac{1}{\sec^2\theta}+\frac{1}{\csc^2\theta}\right)d\theta$

7-2 다음의 부정적분을 치환 적분법을 이용하여 구하라.

(1) $\int \sqrt{3x-2}\,dx$

(2) $\int x\sqrt{x^2+1}\,dx$

(3) $\int \frac{x}{\sqrt{x^2+4}}dx$

(4) $\int \frac{1}{5x+2}dx$

(5) $\int \frac{e^x}{e^x+2}dx$

(6) $\int \frac{x^3}{\sqrt{x^2+1}}dx$

7-3 다음의 부정적분을 부분 적분법을 이용하여 구하라.

(1) $\int xe^{-x}\,dx$

(2) $\int 2xe^{3x}\,dx$

(3) $\int xe^{2x}\,dx$

(4) $\int x^2e^x\,dx$

(5) $\int x\sin 2x\,dx$

(6) $\int 3x\cos 2x\,dx$

(7) $\int x^2\sin x\,dx$

(8) $\int e^x\cos x\,dx$

(9) $\int e^{2x}\cos x\,dx$

(10) $\int (\ln x)^2\,dx$

7-4 다음의 부정적분을 부분 분수 전개법을 이용하여 구하라.

(1) $\int \frac{1}{x^2+3x+2}dx$ (2) $\int \frac{x+5}{x^2+x-2}dx$

(3) $\int \frac{8}{x^2-4}dx$ (4) $\int \frac{x^3+x}{x-1}dx$

(5) $\int \frac{1}{x(x^2+1)}dx$ (6) $\int \frac{1}{x^2(x+2)}dx$

7-5 다음의 부정적분을 구하라.

(1) $\int \sin^2 3x\, dx$ (2) $\int \cos^3 x dx$

(3) $\int \sin^3 2x\, dx$ (4) $\int \sin^4 x dx$

(5) $\int \sin^5 x\, dx$ (6) $\int \sin^5 x \cos^2 x dx$

(7) $\int \cos^3 x \sin^2 x\, dx$ (8) $\int \sin^4 x \cos^3 x dx$

(9) $\int \sin 3x \cos x\, dx$ (10) $\int 2\cos 4x \cos 2x dx$

(11) $\int 3\cos 6x \cos 2x dx$ (12) $\int 4\sin 5x \sin 2x dx$

7.3 정적분의 정의

7.3.1 구분구적법

일반적으로 도형의 면적은 이미 공식으로 알고 있는 **그림** 7.1(a), (b)와 같이 직사각형과 삼각형의 기본도형을 이용하여 구할 수 있다.

그림 7.1(c)와 같이 다각형의 면적은 다각형을 삼각형의 기본도형으로 세분하고, 세분된 기본도형의 면적을 합산하여 구할 수 있다.

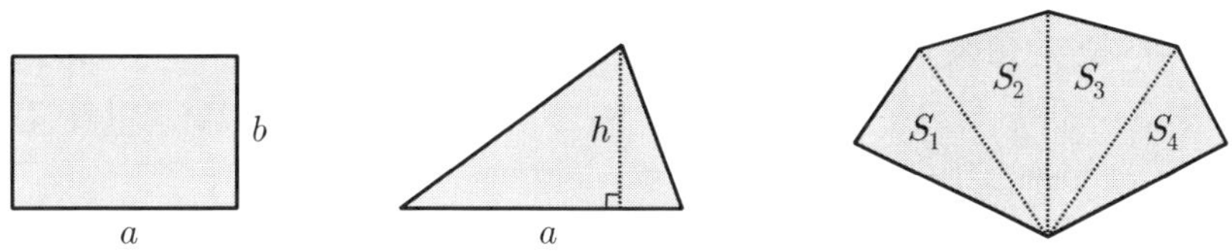

(a) $S=ab$ (b) $S=\frac{1}{2}ah$ (c) $S=S_1+S_2+S_3+S_4$

그림 7.1 다각형의 면적

그림 7.2의 원과 같은 곡선이 포함된 도형은 삼각형이나 직사각형의 기본도형만으로 세분할 수 없고 위의 방법으로 구할 수 없지만, 곡선이 포함된 부분을 기본도형으로 세분하여 근사시키고, 세분된 기본도형을 합한 근사값에 극한을 이용하면 도형의 면적을 구할 수 있다.

곡선만의 도형인 반지름 r인 원의 면적은 $S=\pi r^2$ 이라는 것을 이미 알고 있다. 이 공식을 구분구적법을 이용하여 유도해 본다.

그림 7.2에서 원에 내접하는 정다각형을 생각할 때, 다각형의 값이 클수록 원에 가까워지는 것을 알 수 있다. 이것은 원에 내접하는 정 n각형에서 n의 값이 클수록 원의 면적에 근접하고 있음을 의미한다. 이 개념으로 원의 면적을 구할 수 있다.

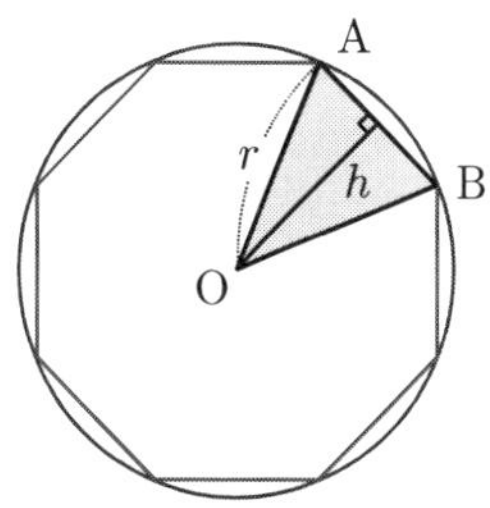

그림 7.2 구분구적법

그림 7.2에서 정 n각형의 면적을 S_n이라 하면

$$S_n=\triangle \mathrm{OAB}\times n=\frac{1}{2}\cdot\overline{\mathrm{AB}}\cdot h\cdot n=\frac{1}{2}h\left(n\cdot\overline{\mathrm{AB}}\right) \tag{7.16}$$

가 된다. 정 n각형의 둘레의 길이를 l_n이라 하면

$$n \cdot \overline{AB} = l_n \qquad \therefore \quad S_n = \frac{1}{2} h \cdot l_n \tag{7.17}$$

여기서 $n \to \infty$이면 $l_n \to 2\pi r$, $h \to r$ 이므로 원의 면적 S는

$$S = \lim_{n\to\infty} S_n = \lim_{n\to\infty} \frac{1}{2} h \cdot l_n = \lim_{n\to\infty} \frac{1}{2} r \cdot 2\pi r = \pi r^2 \tag{7.18}$$

이 되어 원의 면적이 유도된다.

이와 같이 평면도형의 면적이나 입체도형의 체적을 구할 때, 주어진 도형을 충분히 작은 n개의 기본 도형으로 세분하여 그 도형에 근사시키고, 세분된 기본 도형들의 면적을 합한 근사값에 극한을 취하여 면적 또는 체적을 구할 수 있다. 이와 같은 방법을 **구분구적법**이라 한다.

예제 7.19 포물선 $y = x^2$과 $x = 1$ 및 x축으로 둘러싸인 도형의 면적을 구분구적법으로 구하라.

풀이

그림 7.3과 같이 구간 $[0, 1]$을 n등분하면 각 끝점의 x좌표는 왼쪽에서부터

$$\frac{1}{n},\ \frac{2}{n},\ \frac{3}{n},\ \cdots\cdots,\ \frac{n}{n}(=1)$$

이고, 이 때 각 소구간의 오른쪽 끝점을 높이로 하는 함수값은 다음과 같다.

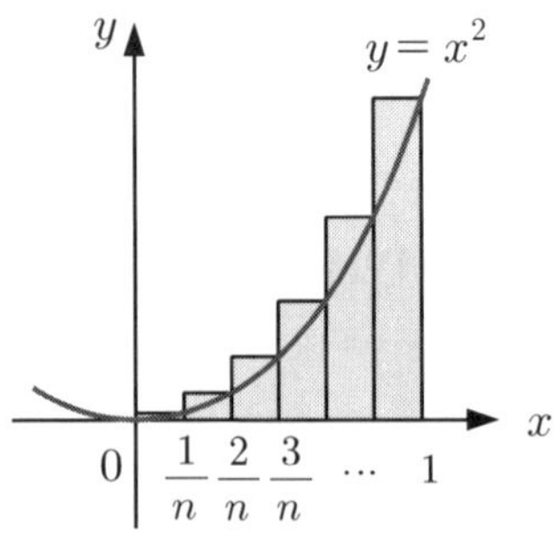

그림 7.3

$$\left(\frac{1}{n}\right)^2,\ \left(\frac{2}{n}\right)^2,\ \left(\frac{3}{n}\right)^2,\ \cdots\cdots,\ \left(\frac{n}{n}\right)^2$$

소구간에서의 기본도형인 직사각형 면적의 합 S_n은

$$S_n = \frac{1}{n}\left(\frac{1}{n}\right)^2 + \frac{1}{n}\left(\frac{2}{n}\right)^2 + \frac{1}{n}\left(\frac{3}{n}\right)^2 + \cdots\cdots + \frac{1}{n}\left(\frac{n}{n}\right)^2$$

$$= \frac{1}{n^3}(1^2 + 2^2 + 3^2 + \cdots\cdots + n^2) = \frac{n(n+1)(2n+1)}{6n^3}$$

$$\therefore\ S = \lim_{n\to\infty} S_n = \lim_{n\to\infty}\frac{n(n+1)(2n+1)}{6n^3} = \frac{2}{6} = \frac{1}{3}$$

7.3.2 정적분의 정의와 기본 정리

앞 절에서 연속함수에 대한 구분구적법을 풀어 보았다.

이제 **그림** 7.4와 같이 연속함수 $y=f(x)$와 구간 $[a,\ b]$에서 x축과 이루는 도형의 면적에 대하여 구분구적법을 적용시켜 본다.

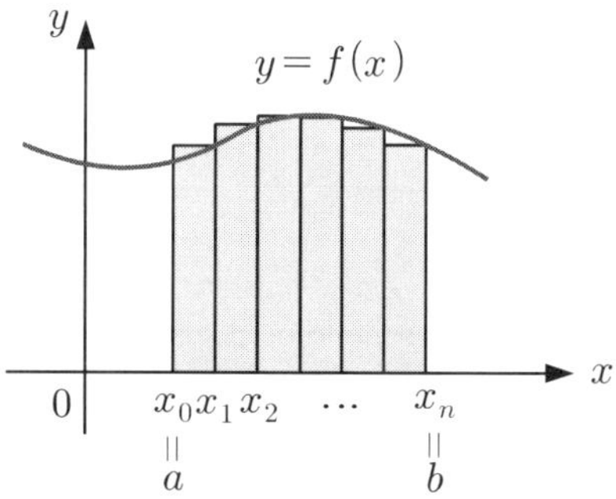

그림 7.4

함수 $f(x)$가 폐구간 $[a,\ b]$에서 연속일 때, 그 구간을 n등분한 각 분점의 x좌표를 차례로

$$x_0(=a),\ x_1,\ x_2,\ \cdots\cdots,\ x_{n-1},\ x_n(=b) \tag{7.19}$$

이라 할 때, 이에 대응하는 함수값, 즉 기본도형의 직사각형 높이는 각각 다음과 같다.

$$f(x_1),\ f(x_2),\ \cdots\cdots,\ f(x_{n-1}),\ f(x_n) \tag{7.20}$$

소구간의 길이를 Δx라 하면 $\Delta x=(b-a)/n$이므로 기본도형의 면적의 합 S_n은 다음과 같다.

$$\begin{aligned} S_n &= f(x_1)\Delta x+f(x_2)\Delta x+\cdots\cdots+f(x_{n-1})\Delta x+f(x_n)\Delta x \\ &= \sum_{k=1}^{n} f(x_k)\Delta x \end{aligned} \tag{7.21}$$

여기서 $n\to\infty$일 때, S_n에 극한을 취하면 도형의 면적 S에 한없이 접근해가며 이것이 구하고자 하는 면적이 된다. 즉,

$$S=\lim_{n\to\infty} S_n=\lim_{n\to\infty}\sum_{k=1}^{n} f(x_k)\Delta x \tag{7.22}$$

이 극한값을 함수 $f(x)$의 a에서 b까지의 **정적분**(definite integral)이라 하고, 기호는 다음과 같이 표시한다.

$$\int_a^b f(x)dx=\lim_{n\to\infty}\sum_{k=1}^{n} f(x_k)\Delta x \tag{7.23}$$

여기서 a와 b를 정적분의 **아래끝**, **위끝**이라 하고, 폐구간 $[a,\ b]$를 **적분 구간**이라 한다. 정적분은 $\lim\sum$는 $\int$로, x_k는 x로, Δx는 dx로 바꾸어 표현한 것이다.

정적분과 부정적분의 관계식을 **정적분의 기본 정리**라고 하며, 정적분의 계산은 부정적분을 구한 다음 아래의 정적분의 기본 정리를 이용하여 구한다.

☞ 정적분의 정의와 기본 정리

(1) 정적분의 정의

함수 $f(x)$가 폐구간 $[a,\ b]$에서 연속일 때

$$\int_a^b f(x)dx=\lim_{n\to\infty}\sum_{k=1}^{n} f(x_k)\Delta x \qquad \left(\Delta x=\frac{b-a}{n}\right) \tag{7.24}$$

(2) 정적분의 기본 정리

부정적분이 $\int f(x)dx=F(x)+C$ 라 할 때, 정적분의 기본 정리는 다음과 같다.

$$\int_a^b f(x)dx=[F(x)]_a^b=F(b)-F(a) \tag{7.25}$$

예제 7.20 정적분 $\int_0^1 x^2 dx$ 의 값을 구하고, 예제 9.18의 구분구적법으로 구한 결과와 비교해 보아라.

풀이

정적분의 기본 정리의 식 (7.25)에 의하여

$$\int_0^1 x^2 dx = \left[\frac{1}{3}x^3\right]_0^1 = \frac{1}{3}\cdot 1^3 - \frac{1}{3}\cdot 0 = \frac{1}{3}$$

이 구해진다. 또 예제 9.18의 구분구적법에 의한 결과와 일치하기 때문에 **정적분**은 함수 x^2과 구간 $[0, 1]$에서 x축과 둘러싸인 도형의 면적을 의미한다.

7.4 정적분의 계산

지금까지 정적분 $\int_a^b f(x)dx$는 $a<b$인 경우만을 고려하였지만, $a=b$, $a>b$에서도 다음과 같은 정의가 기본적으로 성립한다.

정적분의 기본 정의

(1) $\int_a^a f(x)dx = 0$

(2) $\int_a^b f(x)dx = -\int_b^a f(x)dx$

7.4.1 정적분의 기본 공식

함수 $f(x)$, $g(x)$가 연속함수일 때, 부정적분 및 미분, 적분의 기본 정리에 의하여 정적분의 계산에 이용되는 기본 공식은 다음과 같다.

☞ 정적분의 기본 공식

(1) $\int_a^b k\,dx = k\int_a^b dx = k(b-a)$ (k는 상수)

(2) $\int_a^b kf(x)dx = k\int_a^b f(x)dx$ (k는 상수)

(3) $\int_a^b \{f(x) \pm g(x)\}dx = \int_a^b f(x)dx \pm \int_a^b g(x)dx$ (복호동순)

(4) $\int_a^b f(x)dx = \int_a^c f(x)dx + \int_c^b f(x)dx$

예제 7.21 정적분의 기본 정의와 기본 공식에 의하여 계산하라.

(1) $\int_3^1 (2x+3)dx$　　(2) $\int_{-1}^1 (x^2+2x+1)dx$

(3) $\int_1^3 (3x^2+2x+1)dx - \int_1^3 (x^2+4x)dx$

풀이

(1) $\int_3^1 (2x+3)dx = -\int_1^3 (2x+3)dx = -\left[x^2+3x\right]_1^3$

$$= -\{(3^2+3\cdot 3)-(1^2+3\cdot 1)\} = -14$$

(2) $\int_{-1}^1 (x^2+2x+1)dx = \left[\frac{1}{3}x^3 + 2\cdot\frac{1}{2}x^2 + x\right]_{-1}^1 = \frac{7}{3} - \left(-\frac{1}{3}\right) = \frac{8}{3}$

(3) (준 식) $= \int_1^3 \{(3x^2+2x+1)-(x^2+4x)\}dx = \int_1^3 (2x^2-2x+1)dx$

$$= \left[\frac{2}{3}x^3 - x^2 + x\right]_1^3 = \left(\frac{2}{3}\cdot 3^3 - 3^2 + 3\right) - \left(\frac{2}{3} - 1 + 1\right)$$

$$= 12 - \frac{2}{3} = \frac{34}{3}$$

예제 7.22 다음 정적분의 값을 구하라.

(1) $\int_0^2 |x-1|dx$ (2) $\int_0^{2\pi} |\sin x|dx$

풀이

피적분 함수에 절대값 기호가 있으면 먼저 절대값 기호를 제거한다.

(1) **그림** 7.5(a)와 같이 구간 $[0, 2]$에서

$$|x-1| = \begin{cases} -(x-1) & (0 \le x \le 1) \\ x-1 & (1 \le x \le 2) \end{cases}$$

이므로, 구간을 $[0, 1]$과 $[1, 2]$로 나누어 적분한다. 즉,

$$\begin{aligned} \int_0^2 |x-1|dx &= -\int_0^1 (x-1)dx + \int_1^2 (x-1)dx \\ &= -\left[\frac{x^2}{2} - x\right]_0^1 + \left[\frac{x^2}{2} - x\right]_1^2 \\ &= -\left(\frac{1}{2} - 1\right) + \left\{\left(\frac{4}{2} - 2\right) - \left(\frac{1}{2} - 1\right)\right\} \\ &= 1 \end{aligned}$$

(2) **그림** 7.5(b)와 같이 구간 $[0, 2\pi]$에서

$$|\sin x| = \begin{cases} \sin x & (0 \le x \le \pi) \\ -\sin x & (\pi \le x \le 2\pi) \end{cases}$$

이므로, 구간을 $[0, \pi]$와 $[\pi, 2\pi]$로 나누어 적분한다. 즉,

$$\begin{aligned} \int_0^{2\pi} |\sin x|dx &= \int_0^{\pi} \sin x\,dx + \int_{\pi}^{2\pi} (-\sin x)dx \\ &= [-\cos x]_0^{\pi} + [\cos x]_{\pi}^{2\pi} \\ &= (-\cos\pi + \cos 0) + (\cos 2\pi - \cos\pi) \\ &= 4 \end{aligned}$$

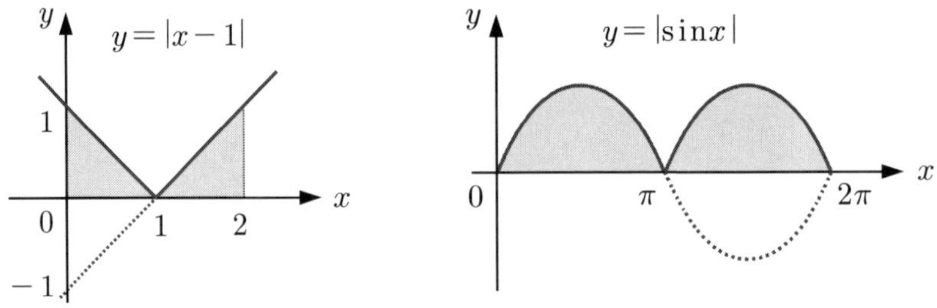

(a) 예제 7.21 (1)　　(b) 예제 7.21 (2)

그림 7.5

7.4.2 우함수와 기함수의 정적분

우함수는 y축 대칭 $f(x)=f(-x)$이고, **기함수**는 원점 대칭 $f(x)=-f(-x)$이므로 이의 관계를 이용하면 다음과 같이 정리할 수 있다.

☞ 우함수와 기함수의 정적분

(1) **우함수** : $\int_{-a}^{a} f(x)dx = 2\int_{0}^{a} f(x)dx$

(2) **기함수** : $\int_{-a}^{a} f(x)dx = 0$

우함수와 기함수의 정적분에 대한 증명은 **그림** 7.6으로부터 각각 다음과 같다.

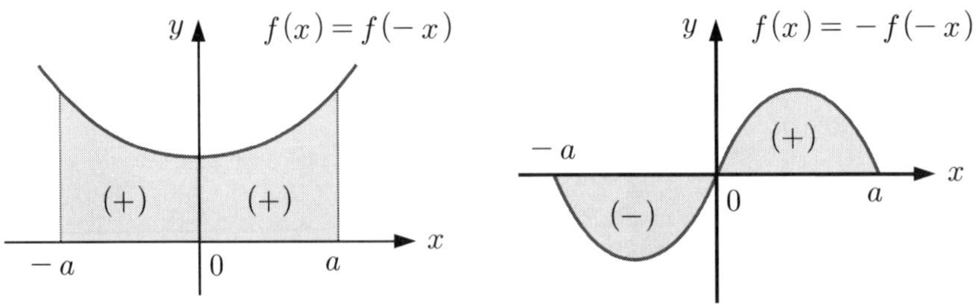

(a) 우함수　　(b) 기함수

그림 7.6 우함수와 기함수의 정적분

(1) $\int_{-a}^{a} f(x)dx = \int_{-a}^{0} f(x)dx + \int_{0}^{a} f(x)dx = \int_{0}^{a} f(x)dx + \int_{0}^{a} f(x)dx$

$= 2\int_{0}^{a} f(x)dx$ (우함수)

(2) $\int_{-a}^{a} f(x)dx = \int_{-a}^{0} f(x)dx + \int_{0}^{a} f(x)dx = -\int_{0}^{a} f(x)dx + \int_{0}^{a} f(x)dx$

$= 0$ (기함수)

예제 7.23 다음 정적분의 값을 구하라.

(1) $\int_{-1}^{1} x^2\,dx$

(2) $\int_{-2}^{2} x^3\,dx$

(3) $\int_{-2}^{2} (2x^3 + 3x^2 + 4x + 1)dx$

(4) $\int_{-\pi}^{\pi} (2\sin x + \cos x)dx$

풀이

(1) 피적분 함수 x^2은 우함수 : $\int_{-1}^{1} x^2\,dx = 2\int_{0}^{1} x^2 dx = 2\left[\frac{x^3}{3}\right]_0^1 = \frac{2}{3}$

(2) 피적분 함수 x^3은 기함수 : $\int_{-2}^{2} x^3\,dx = 0$

(3) (준 식) $= \int_{-2}^{2} 2x^3 dx + \int_{-2}^{2} 3x^2 dx + \int_{-2}^{2} 4x\,dx + \int_{-2}^{2} dx$ (상수는 우함수)

$= \int_{-2}^{2} 3x^2 dx + \int_{-2}^{2} dx = 2\int_{0}^{2} (3x^2 + 1)dx$

$= 2\left[x^3 + x\right]_0^2 = 20$

(4) $\sin x$ 는 기함수, $\cos x$ 는 우함수이므로

$$\int_{-\pi}^{\pi} (2\sin x + \cos x)dx = 0 + 2\int_{0}^{\pi} \cos x\,dx = 2\left[\sin x\right]_0^{\pi} = 0$$

7.4.3 정적분의 치환 적분법

함수 $f(x)$가 구간 $[a,\ b]$에서 연속이고, $g(t)$가 미분 가능한 함수이며, $a=g(\alpha)$, $b=g(\beta)$라고 하면

$$\int_a^b f(x)dx=\int_\alpha^\beta f\{g(t)\}g'(t)dt \tag{7.26}$$

가 성립한다. 이 공식을 **정적분의 치환 적분법**이라 한다.

예제 7.24 다음 정적분의 값을 구하라.

(1) $\int_0^2 (2x-1)^2 dx$ (2) $\int_0^1 \frac{x}{x^2+1}dx$

풀이

(1) $2x-1=t$로 놓고 양변을 t로 미분하면

$$2\frac{dx}{dt}=1 \qquad \therefore\ dx=\frac{1}{2}dt$$

$x=0$일 때 $t=-1$, $x=2$일 때 $t=3$이므로

$$\int_0^2 (2x-1)^2 dx=\int_{-1}^3 t^2\cdot\frac{1}{2}dt=\frac{1}{2}\int_{-1}^3 t^2 dt$$

$$=\frac{1}{2}\left[\frac{1}{3}t^3\right]_{-1}^3=\frac{1}{2}\left[\left\{\frac{1}{3}\cdot 3^3-\frac{1}{3}\cdot(-1)^3\right\}\right]=\frac{1}{2}\left(9+\frac{1}{3}\right)=\frac{14}{3}$$

(2) $x^2+1=t$로 놓고 양변을 t로 미분하면

$$2x\frac{dx}{dt}=1 \qquad \therefore\ dx=\frac{1}{2x}dt$$

$x=0$일 때 $t=1$, $x=1$일 때 $t=2$이므로

$$\int_0^1 \frac{x}{x^2+1}dx=\int_1^2 \frac{1}{t}\cdot\frac{1}{2}dt=\left[\frac{1}{2}\ln|t|\right]_1^2=\frac{1}{2}\ln 2$$

7.4.4 정적분의 부분 적분법

피적분 함수가 두 함수의 곱으로 이루어져 있는 정적분의 적분법은 부정적분의 부분 적분법의 공식으로부터 다음과 같이

$$\int_a^b f'(x)g(x)dx = [f(x)g(x)]_a^b - \int_a^b f(x)g'(x)dx \tag{7.27}$$

의 공식이 얻어진다. 이것을 **정적분의 부분 적분법**이라 한다.

예제 7.25 다음 정적분의 값을 구하라.

(1) $\int_1^e x e^x dx$ (2) $\int_0^\pi x\cos x\, dx$

풀이

(1) $f'(x)=e^x$, $g(x)=x$로 놓으면 $f(x)=e^x$, $g'(x)=1$이므로

$$\int_1^e x e^x dx = [e^x \cdot x]_1^e - \int_1^e e^x \cdot 1\, dx$$

$$= e^e \cdot e - e - [e^x]_1^e = e^e(e-1)$$

(2) $f'(x)=\cos x$, $g(x)=x$로 놓으면 $f(x)=\sin x$, $g'(x)=1$이므로

$$\int_0^\pi x\cos x\, dx = [(\sin x)x]_0^\pi - \int_0^\pi \sin x\, dx$$

$$= 0 - [-\cos x]_0^\pi = -2$$

연 / 습 / 문 / 제(7-B)

7-1 포물선 $y=2x^2$과 $x=3$ 및 x축으로 둘러싸인 도형의 면적을 구분구적법에 의해 구하라.

7-2 다음 정적분의 값을 구하라.

(1) $\int_1^2 4x^3 dx$ (2) $\int_0^2 (6x^3-2x)dx$

(3) $\int_0^\pi \cos x\, dx$ (4) $\int_0^{\pi/2} \sin 2x\, dx$

(5) $\int_0^2 2e^{2x}\, dx$ (6) $\int_0^2 e^{-3x}\, dx$

7-3 다음 정적분의 값을 구하라.

(1) $\int_0^1 (4x^2-2x+3)dx+\int_0^1 (2x^2+2x-6)dx$

(2) $\int_{-1}^2 (4x^2-2x+3)dx-\int_{-1}^2 (x^2+x-1)dx$

7-4 다음 정적분의 값을 우함수와 기함수의 성질을 이용하여 구하라.

(1) $\int_{-1}^1 (10x^4+x^3-3x^2+x+1)dx$

(2) $\int_{-\pi/2}^{\pi/2} (x^3\cos x+x^2\sin x+2\cos x+2\sin x)dx$

7-5 다음 정적분의 값을 구하라.

(1) $\int_0^3 \sqrt{x+1}\, dx$ (2) $\int_0^1 xe^x\, dx$

7.5 정적분의 응용

7.5.1 도형의 면적

(1) x축과 곡선의 면적

제7.3절의 정적분 정의에서 함수의 그래프인 곡선과 x축 위의 구간으로 둘러싸인 면적의 관계를 알아보았으며, 여기서는 이들의 관계를 간단히 정리해 보기로 한다.

그림 7.7(a), (b), (c)와 같이 곡선 $y=f(x)$, 구간 $[a, b]$의 수선과 x축으로 둘러싸인 도형의 면적 S는 다음과 같이 정리할 수 있다.

특히 **그림** 7.7(c)와 같이 임의의 구간에서 함수 $f(x)$의 부호가 바뀌는 경우에는 양수와 음수의 구간으로 나누어 구해야 한다.

☞ 도형의 면적

(1) $f(x) \geq 0$**인 경우 : 그림** 7.7(a)

$$S=\int_a^b f(x)dx$$

(2) $f(x) \leq 0$**인 경우 : 그림** 7.7(b)

$$S=-\int_a^b f(x)dx$$

(3) **일반적인 경우 : 그림** 7.7(c)

$$S=S_1+S_2=\int_a^c f(x)dx-\int_c^b f(x)dx=\int_a^b |f(x)|dx$$

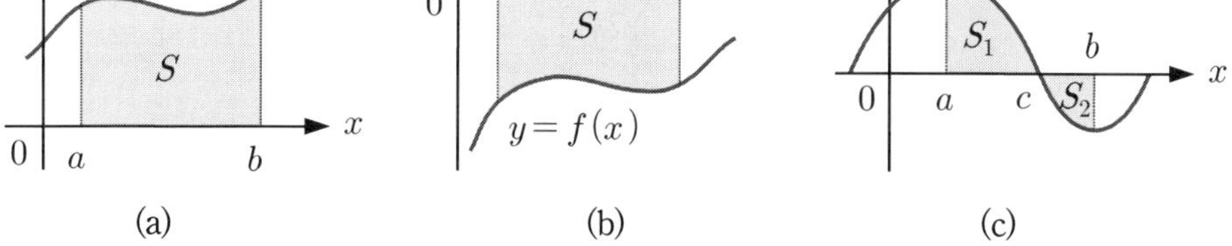

그림 7.7 도형의 면적

예제 7.26 다음의 주어진 구간에서 곡선 $y=x^2-4x+3$과 x축으로 둘러싸인 도형의 면적을 구하라.

(1) $[0,\ 1]$ (2) $[1,\ 3]$ (3) $[0,\ 3]$

풀이

$x^2-4x+3=(x-1)(x-3)=0$에서 $x=1,\ x=3$이므로 주어진 함수의 그래프는 **그림** 7.8과 같다.

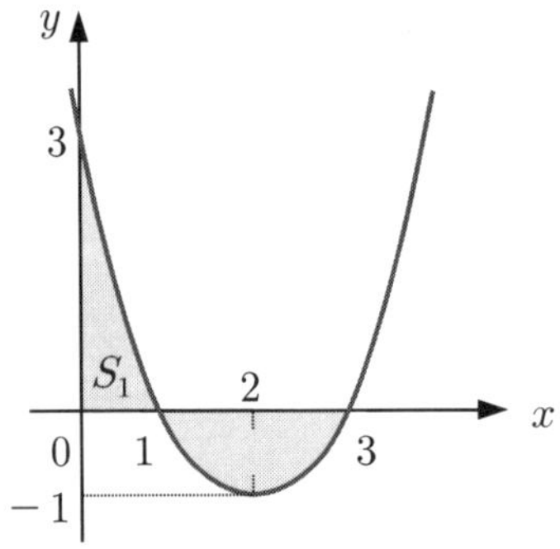

그림 7.8

(1) 구간 $[0,\ 1]$에서 도형의 면적은 S_1이고, 함수 y는 양수이므로

$$S_1=\int_0^1 y\,dx=\int_0^1 (x^2-4x+3)dx=\left[\frac{1}{3}x^3-2x^2+3x\right]_0^1=\frac{4}{3}$$

(2) 구간 $[1,\ 3]$에서 도형의 면적은 S_2이고, 함수 y는 음수이므로

$$S_2=-\int_1^3 y\,dx=-\int_1^3 (x^2-4x+3)dx=-\left[\frac{1}{3}x^3-2x^2+3x\right]_1^3=\frac{4}{3}$$

(3) 구간 $[0,\ 3]$에서 도형의 면적은 $S=S_1+S_2$이고, 함수 y는 구간에서 부호가 바뀌므로 두 구간으로 나누어 구한다. 즉, 위에서 구한 면적의 합이 된다.

$$S=S_1+S_2=\int_0^1 y\,dx-\int_1^3 y\,dx=\frac{4}{3}+\frac{4}{3}=\frac{8}{3}$$

(2) 두 곡선 사이의 면적

그림 7.9의 구간 $[a,\ b]$에서 두 곡선 $y=f(x)$, $y=g(x)$로 둘러싸인 면적 S는 위 그래프에서 아래 그래프를 뺀 $f(x)-g(x)$를 구간 $[a,\ b]$로 적분한 값이 된다.

특히 두 곡선이 모두 x축 위 또는 아래에 있거나, x축을 사이에 두고 있는 경우에도 모두 성립한다.

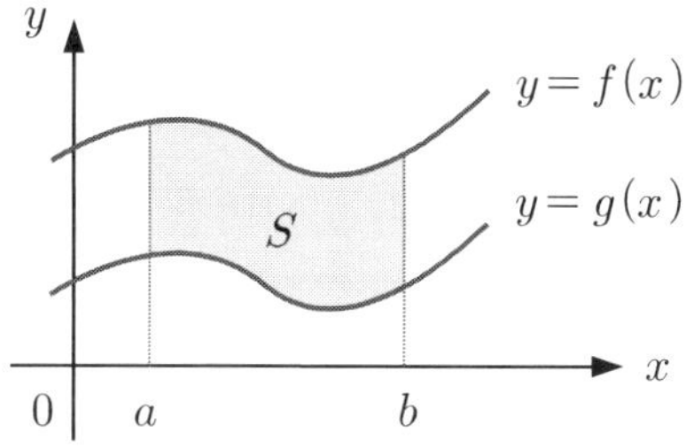

그림 7.9 두 곡선 사이의 면적

☞ 두 곡선 사이의 면적

> **구간** $[a,\ b]$**에서** $f(x) \geq g(x)$**일 때,**
>
> $$S=\int_a^b \{f(x)-g(x)\}dx$$

예제 7.27 다음 두 함수의 그래프로 둘러싸인 도형의 면적을 구하라.

(1) $y=x$, $y=x^2-2$ (2) $y=x^2-2x-3$, $y=-x^2+1$

(3) $y=x^2$, $y=x^3-2x$

풀이

(1) **그림** 7.10과 같이 직선과 곡선의 교점의 x좌표는 $x^2-2=x$로부터

$$x^2-x-2=(x+1)(x-2)=0 \qquad \therefore\ x=-1,\ 2$$

구간 $[-1,\ 2]$에서 $x \geq x^2-2$이므로 도형의 면적은 S는

$$S=\int_{-1}^{2}\{x-(x^2-2)\}dx=\int_{-1}^{2}(-x^2+x+2)dx$$

$$=\left[-\frac{1}{3}x^3+\frac{1}{2}x^2+2x\right]_{-1}^{2}=\frac{9}{2}$$

(2) **그림** 7.11과 같이 두 곡선의 교점의 x 좌표는 $x^2-2x-3=-x^2+1$로부터

$$2x^2-2x-4=2(x+1)(x-2)=0 \quad \therefore \ x=-1,\ 2$$

구간 $[-1,\ 2]$에서 $-x^2+1 \geq x^2-2x-3$이므로 도형의 면적은 S는

$$S=\int_{-1}^{2}\{(-x^2+1)-(x^2-2x-3)\}dx=\int_{-1}^{2}(-2x^2+2x+4)dx$$

$$=\left[-\frac{2}{3}x^3+x^2+4x\right]_{-1}^{2}=9$$

(3) **그림** 7.7과 같이 두 곡선의 교점의 x 좌표는$x^2=x^3-2x$로부터

$$x^3-x^2-2x=x(x+1)(x-2)=0 \quad \therefore \ x=0,\ -1,\ 2$$

구간 $[-1,\ 0]$에서 $x^3-2x \geq x^2$, 구간 $[0,\ 2]$에서 $x^2 \geq x^3-2x$이므로 도형의 면적은 S는

$$S=\int_{-1}^{0}\{(x^3-2x-x^2)\}dx+\int_{0}^{2}\{x^2-(x^3-2x)\}dx$$

$$=\left[\frac{1}{4}x^4-x^2+\frac{1}{3}x^3\right]_{-1}^{0}+\left[\frac{1}{3}x^3-\frac{1}{4}x^4+x^2\right]_{-1}^{0}=\frac{37}{12}$$

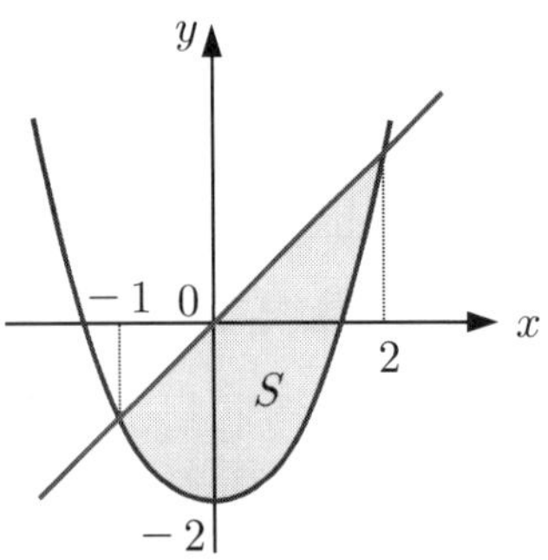

그림 7.10

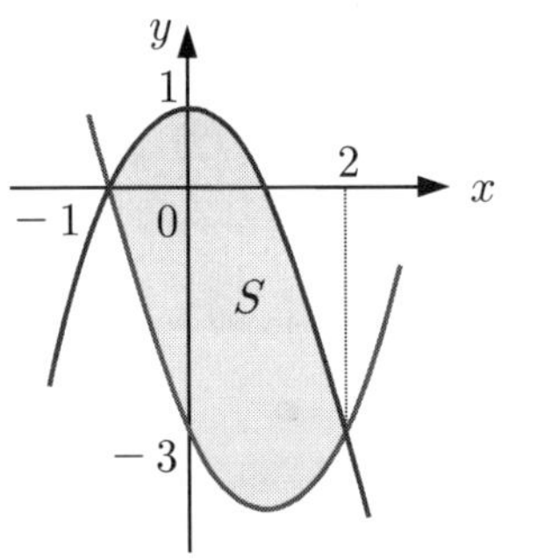

그림 7.11

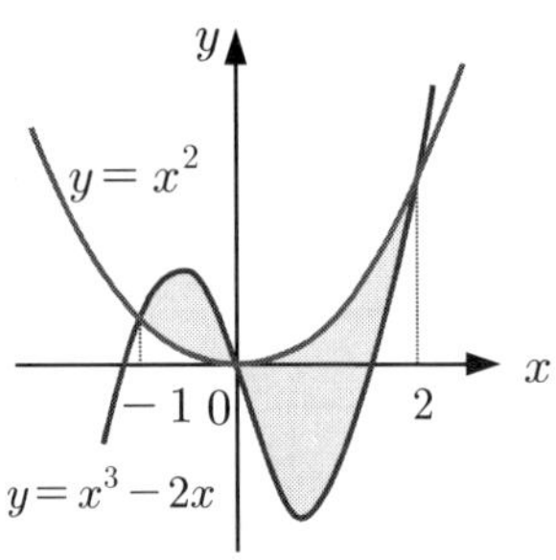

그림 7.12

7.5.2 회전체의 체적

(1) 입체도형의 체적

입체도형의 체적은 제 7.3절의 구분구적법에 의한 면적을 구하는 것과 같은 방법으로 구할 수 있다.

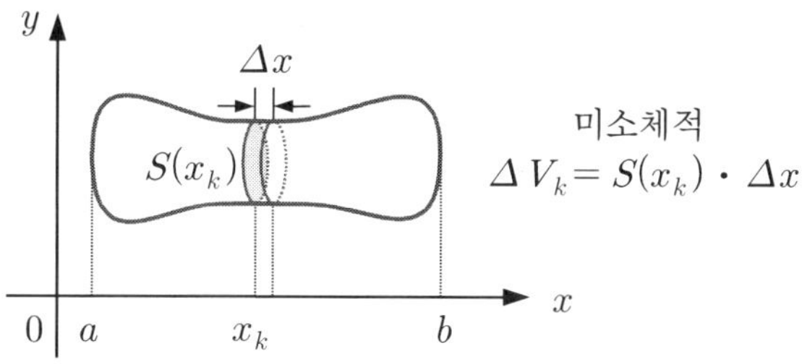

그림 7.13 입체도형의 체적

그림 7.13에서 k번째 절단면의 면적을 $S(x_k)$라 하고, 높이를 Δx가 된다고 하자. 이 부분의 미소체적 ΔV_k는

$$\Delta V_k = S(x_k) \cdot \Delta x \tag{7.28}$$

가 된다. 이 미소체적을 모두 합하면 입체도형의 체적에 대한 근사값

$$V \approx \sum_{k=1}^{n} S(x_k) \cdot \Delta x \tag{7.29}$$

가 얻어지고, 이 근사값에 $n \to \infty$일 때의 극한값을 취해주면 구간 $[a,\ b]$에서의 정적분으로 표시되는 다음과 같은 체적의 정의를 얻을 수 있다.

$$V = \lim_{n \to \infty} \sum_{k=1}^{n} S(x_k) \cdot \Delta x = \int_a^b S(x)dx \tag{7.30}$$

☞ **입체도형의 체적의 정의**

> **구간 $[a,\ b]$에서 x축에 수직인 평면으로 자른 절단면의 면적이 $S(x)$일 때, 입체도형의 체적 V는**
>
> $$V = \int_a^b S(x)dx \quad \text{(단, } S\text{는 연속함수)}$$

예제 7.28 어떤 입체를 x축에 수직인 평면으로 자를 때, 단면적 $S(x)=2x+1$이 성립한다. x축에 수직인 두 평면 $x=0,\ 1$에 의하여 잘린 입체도형의 체적 V를 구하라.

풀이

입체도형의 체적의 정의에 의하여

$$V=\int_0^1 S(x)dx=\int_0^1 (2x+1)dx=\left[x^2+x\right]_0^1=2$$

(2) 회전체의 체적

그림 7.14와 같이 구간 $[a,\ b]$에서 함수 $y=f(x)$와 x축으로 둘러싸인 부분을 x축 둘레로 회전시켰을 때 생기는 입체도형을 **회전체**(solid of revolution)라고 하며, 이 회전체의 체적 V는 이미 설명한 입체도형의 체적의 정의를 이용하여 구할 수 있다.

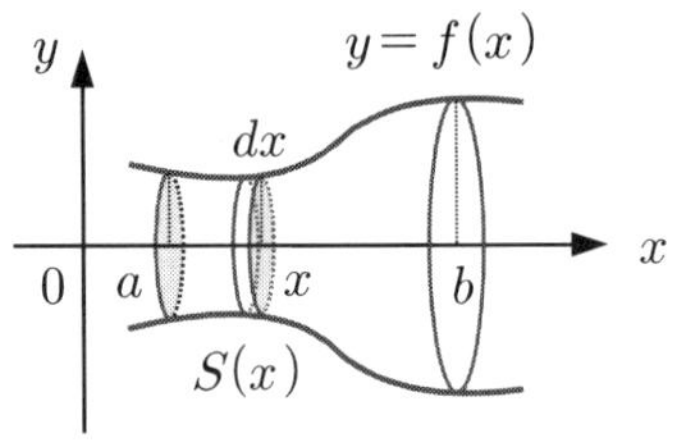

그림 7.14 회전체의 체적

그림 7.14에서 회전체의 절단면은 원판이 되고 이 원판의 면적을 $S(x)$라 할 때,

$$V=\int_a^b S(x)dx \tag{7.31}$$

로 나타낼 수 있다. 이 때 $S(x)$는 반지름이 $y=f(x)$이므로 $S(x)=\pi y^2=\pi\{f(x)\}^2$이 된다. 따라서 회전체의 체적 V는

$$V=\int_a^b S(x)dx=\pi\int_a^b y^2dx=\pi\int_a^b \{f(x)\}^2dx \tag{7.32}$$

로 정의할 수 있다.

☞ 회전체의 체적의 정의

> **구간 $[a,\ b]$에서 곡선 $y=f(x)$를 x축의 둘레로 회전시킬 때, 회전체의 체적 V는 다음과 같이 정의한다.**
>
> $$V=\int_a^b S(x)dx=\pi\int_a^b y^2dx=\pi\int_a^b \{f(x)\}^2dx$$

예제 7.29 다음 질문에서 도형의 면적과 회전체의 체적을 구하라.

(1) 구간 $[0,\ 1]$에서 곡선 $y=\sqrt{x}$를 x축 둘레로 회전시킬 때 생기는 회전체의 체적 V를 구하라.

(2) 구간 $[1,\ 2]$에서 곡선 $y=x^2$과 x축으로 둘러싸인 도형이 있다.

① 도형의 면적 S

② 도형을 축 둘레로 회전시킨 입체도형의 체적 V

풀이

(1) 회전체에서 구하는 입체도형의 체적 V는 $S(x)=\pi(\sqrt{x})^2=\pi x$이므로

$$V=\int_0^1 S(x)dx=\int_0^1 \pi x\,dx=\left[\pi\frac{x^2}{2}\right]_0^1=\frac{\pi}{2}$$

(2) ① $S=\int_1^2 y\,dx=\int_1^2 x^2dx=\left[\frac{x^2}{3}\right]_1^2=\frac{7}{3}$

② $V=\pi\int_1^2 y^2dx=\pi\int_1^2 (x^2)^2dx=\pi\left[\frac{x^5}{5}\right]_1^2=\frac{31}{5}\pi$

7.6 중적분

7.6.1 중적분의 정의

미분법의 역연산으로 적분을 유도하였고, 마찬가지로 다변수 함수에서 편미분법의 역연산으로 **중적분법**을 만들어 낼 수 있다.

함수 $u=f(x, y)$의 2변수 함수에서 x에 관한 편도함수는 x만을 독립변수로 취급하고 다른 변수 y는 상수로 취급하여 미분을 구한다. 즉, 적분변수가 x인 경우에도 중적분은 x만을 변수로 취급하고 다른 변수 y는 상수로 취급하여 적분을 구한다.

이와 같이 다변수 함수의 적분은 적분변수만을 변수로 취급하고, 나머지 변수들은 상수로 취급하여 적분하며 각 변수에 대해 적분을 여러 번 하게 된다.

그 표시법은

$$\int\int_R f(x, y)dS=\int\int_R f(x, y)dx\,dy=\int_c^d\int_a^b f(x, y)dx\,dy \tag{7.33}$$

$$\int\int\int_R f(x, y, z)dV=\int\int\int_R f(x, y, z)dx\,dy\,dz \tag{7.34}$$

$$=\int_e^f\int_c^d\int_a^b f(x, y)dy\,dx$$

가 된다. 식 (7.33)과 같이 함수를 2회 적분하는 것을 **2중적분**(double integral)이라 하고, 식 (7.34)와 같이 3회 적분하면 **3중적분**(triple integral)이라 한다.

2중적분 이상의 적분을 **다중적분** 또는 **중적분**(multiple integral)이라 한다.

7.6.2 2중적분

이중적분은 공간에서 폐영역 내의 체적, 평면에서 폐영역 내의 면적 및 2변수 함수의 평균값의 계산에 적용하고, 계산 방법은 다음의 영역으로 나누어 설명할 수 있다.

(1) 직각좌표 영역인 경우

함수 $z=f(x, y)$가 연속이고, 적분영역 R의 xy평면의 직각좌표 영역이 다음과 같이 주어질 때 체적을 의미하며 계산 방법은 다음과 같다.

R의 폐영역 : $a \le x \le b$, $c \le y \le d$

$$\int\int_R f(x,\,y)dS = \int_c^d \int_a^b f(x,\,y)dx\,dy = \int_a^b \int_c^d f(x,\,y)dy\,dx \tag{7.35}$$

(2) 비직각좌표 영역인 경우

함수 $z = f(x,\,y)$가 연속이고, 적분영역 R의 비직각좌표 영역이 다음과 같이 주어지며 구간 $[a,\,b]$에서 $g_1(x)$, $g_2(x)$는 연속함수로써 정의할 때 체적을 의미하며 계산방법은 다음과 같다.

(1) R의 폐영역 : $a \le x \le b$, $g_1(x) \le y \le g_2(x)$

$$\int\int_R f(x,\,y)dS = \int\int_R f(x,\,y)dx\,dy = \int_a^b \int_{g_1(x)}^{g_2(x)} \{f(x,\,y)dy\}dx \tag{7.36}$$

(2) R의 폐영역 : $a \le x \le b$, $g_1(y) \le x \le g_2(y)$

$$\int\int_R f(x,\,y)dS = \int\int_R f(x,\,y)dx\,dy = \int_a^b \int_{g_1(y)}^{g_2(y)} \{f(x,\,y)dx\}dy \tag{7.37}$$

예제 7.30 다음의 주어진 2 중적분을 구하라.

(1) $\displaystyle\int_0^1 \int_0^2 (x^2 + xy)dx\,dy$ (2) $\displaystyle\int_0^1 \int_0^x (xy + 1)dy\,dx$

풀이

(1) $$\int_0^1 \int_0^2 (x^2 + xy)dx\,dy = \int_0^1 \left[\int_0^2 (x^2 + xy)dx\right]dy = \int_0^1 \left[\frac{x^3}{3} + \frac{x^2 y}{2}\right]_0^2 dy$$

$$= \int_0^1 \left(\frac{8}{3} + 2y\right)dy = \left[\frac{8}{3}y + y^2\right]_0^1 = \frac{11}{3}$$

2중적분은 x에 관한 적분과 y에 관한 적분의 순서를 바꾸어도 동일한 결과가 나온다. 이를 **적분 순서의 변경**이라 하며, 다음의 식으로 각자 확인해 본다.

$$\int_0^1\int_0^2 (x^2+xy)dx\,dy = \int_0^2\int_0^1 (x^2+xy)dy\,dx$$

(2) $\displaystyle\int_0^1\int_0^x (xy+1)dy\,dx = \int_0^1\left[\int_0^x (xy+1)dy\right]dx = \int_0^1\left[\frac{xy^2}{2}+y\right]_0^x dx$

$$= \int_0^1\left(\frac{x^3}{2}+x\right)dx = \left[\frac{1}{2}\cdot\frac{x^4}{4}+\frac{x^2}{2}\right]_0^1 = \frac{5}{8}$$

예제 7.31 다음의 주어진 함수와 영역에서 2중적분을 구하라.

(1) $f(x, y) = 1-6x^2y$ $\quad R: \ 0 \le x \le 2, \ -1 \le y \le 1$ (xy 평면)

(2) $z = 3-x-y$ $\quad R: \ 0 \le x \le 1, \ 0 \le y \le x$ (xy 평면)

풀이

(1) 식 (7.35)에서 $\displaystyle\iint_R f(x, y)dS = \int_{-1}^1\int_0^2 (1-6x^2y)dx\,dy$

$$= \int_{-1}^1 [x-2x^3y]_0^2 dy = \int_{-1}^1 (2-16y)dy$$

$$= [2y-8y^2]_{-1}^1 = 4$$

(2) 식 (7.36)에서 $\displaystyle\int_0^1\int_0^x (3-x-y)dy\,dx = \int_0^1\left[3y-xy-\frac{y^2}{2}\right]_0^x dx$

$$= \int_0^1\left(3x-\frac{3x^2}{2}\right)dx = \left[\frac{3x^2}{2}-\frac{x^3}{2}\right]_0^1 = 1$$

예제 7.32 다음의 3 중적분을 구하라.

(1) $\int_0^1 \int_1^2 \int_2^3 xy\, dx\, dy\, dz$

(2) $\int_0^a \int_0^b \int_0^{2a} xyz\, dx\, dy\, dz$

풀이

(1) $\int_0^1 \int_1^2 \int_2^3 xy\, dx\, dy\, dz = \int_0^1 \int_1^2 \left[\frac{x^2 y}{2} \right]_2^3 dy\, dz = \int_0^1 \int_1^2 \frac{5y}{2} dy\, dz$

$$= \int_0^1 \left[\frac{5y^2}{4} \right]_1^2 dz = \int_0^1 \frac{15}{4} dz = \left[\frac{15}{4} z \right]_0^1 = \frac{15}{4}$$

(2) $\int_0^a \int_0^b \int_0^{2a} xyz\, dx\, dy\, dz = \int_0^a \int_0^b \left[\frac{x^2 yz}{2} \right]_0^{2a} dy\, dz = \int_0^a \int_0^b 2a^2 yz\, dy\, dz$

$$= \int_0^a \left[\frac{2a^2 y^2 z}{2} \right]_0^b dz = \int_0^a a^2 b^2 z\, dz = \left[\frac{a^2 b^2 z^2}{2} \right]_0^a = \frac{a^4 b^2}{2}$$

연 / 습 / 문 / 제(7-C)

7-1 곡선 $y=x^3-x^2-2x$와 x축으로 둘러싸인 도형의 면적을 구하라.

7-2 두 곡선 $y=x^2$과 $y=-x^2+2$로 둘러싸인 도형의 면적을 구하라.

7-3 곡선 $y=x^2-4x+3$과 직선 $y=x-1$로 둘러싸인 도형의 면적을 구하라.

7-4 x축의 구간 $[0,\ 1]$에서 곡선 $y=x^2$을 x축 둘레로 회전시킬 때 생기는 회전체의 체적을 구하라.

7-5 두 곡선 $y=-x^2+3$, $y=x^2+1$로 둘러싸인 부분을 x축 둘레로 회전시킬 때 생기는 회전체의 체적을 구하라.

7-6 다음의 2중적분을 구하라.

(1) $\displaystyle\int_0^3\int_1^2(2+xy)dx\,dy$ (2) $\displaystyle\int_0^1\int_x^{x^2}(4x+30y)dy\,dx$

7-7 다음의 3중적분을 구하라.

(1) $\displaystyle\int_2^3\int_1^2\int_2^5 xy\,dz\,dy\,dx$ (2) $\displaystyle\int_0^a\int_0^b\int_0^c(x+y+z)\,dz\,dy\,dx$

chapter 8

미분방정식

8.1 미분방정식의 기본 개념

8.1.1 미분방정식의 정의

미분방정식(differential equation)은 y', y'', ⋯ 등의 도함수를 포함하는 방정식을 의미하고, 아래에 미분방정식에 관한 여러 가지 종류의 예를 나타내었다.

$$\frac{dy}{dx} = 5x \quad (1)$$

$$\frac{d^2y}{dx^2} + 3\frac{dy}{dx} + 4y = 0 \quad (2)$$

$$\left(\frac{d^2y}{dx^2}\right)^3 + 3\left(\frac{dy}{dx}\right)^2 + 4y = 0 \quad (3) \qquad (8.1)$$

$$\frac{\partial^2 z}{\partial x^2} + \frac{\partial^2 z}{\partial y^2} = xy \quad (4)$$

$$(y+z)dx + (z+x)dy + (x+y)dz = 0 \quad (5)$$

식 (8.1)의 (1), (2), (3)과 같이 한 개의 독립변수 x와 이에 대한 미지함수 y의 도함수만을 포함하는 방정식을 **상미분방정식**(ordinary differential equation)이라 한다.

식 (8.1)의 (4)와 같이 두 개 이상의 독립변수 x, y와 이에 대한 미지함수 z의 편도함수를 포함하는 방정식을 **편미분방정식**(partial differential equation)이라 한다.

식 (8.1)의 (5)와 같이 여러 개의 변수가 있을 때, 독립변수와 종속변수를 구분하지 않고 단지 변수와 그 미분 사이의 관계를 나타내는 방정식을 **완전 미분방정식**(exact differential equation)이라 한다.

미분방정식에 포함된 미지함수의 최고계 도함수의 계수를 그 미분방정식의 **계수**(order)라 하고, 최고계 도함수의 차수를 그 미분방정식의 **차수**(degree)라 한다.

즉, 식 (8.1) 중에서 (1)은 1계 1차 상미분방정식, (2)는 2계 1차 상미분방정식, (3)은 2계 3차 상미분방정식, (4)는 2계 1차 편미분방정식으로 분류한다.

특히 미지함수 y 및 그 도함수 y', y'', $\cdots$ 등에 관하여 1차인 미분방정식을 **선형 미분방정식**(linear differential equation)이라 한다.

8.1.2 미분방정식의 해

미분방정식과 그 해의 관계 및 해의 종류에 대해 알아본다.

주어진 미분방정식에서

$$\frac{dy}{dx}-y=0 \quad 또는 \quad y'-y=0 \tag{8.2}$$

의 해는 $y=Ce^x$이다. 이 해는 y의 도함수도 $y'=Ce^x$이므로 식 (8.2)의 방정식을 만족한다. 여기서 C는 상수이고, 특히 C가 임의의 상수라면 $y=Ce^x$는 미분방정식 $y'-y=0$의 전체의 해를 나타낸다.

이와 같이 미분방정식의 계수와 같은 수를 갖는 임의의 상수를 포함하는 해를 **일반해**(general solution)라 하고, 그 일반해의 임의의 상수에 초기 조건 및 경계 조건 등의 특정한 값을 대입하여 얻어지는 해를 **특수해**(particular solution)라고 한다.

8.2 1계 미분방정식

8.2.1 변수 분리형

1계 미분방정식의 형태가

$$g(y)\frac{dy}{dx}=f(x) \qquad \therefore \ g(y)dy=f(x)dx \tag{8.3}$$

일 때, 이것을 **변수 분리형**이라고 한다. 이것은 윗 식에서 변수 x, y의 함수 $f(x)$와

$g(y)$가 각각 좌, 우변에 분리되어 있기 때문이다.

변수 분리형의 미분방정식에서 일반해는 다음과 같이 양변을 적분하고 상수 C를 붙여 구한다.

$$\int g(y)dy = \int f(x)\,dx + C \quad (C\text{는 상수}) \tag{8.4}$$

☞ 변수 분리형 미분방정식의 해법

> **(1) 변수 분리를 한다.**
>
> $g(y)dy = f(x)dx$
>
> **(2) 양변을 적분하고 상수 C를 붙인다.**
>
> $\int g(y)dy = \int f(x)dx + C \quad (C\text{는 상수})$
>
> **(3) 미분방정식의 일반해를 구한다.**

예제 8.1 $\dfrac{dy}{dx} = -\dfrac{x}{y}$ **의 미분방정식을 풀어라.**

풀이

(1) 변수 분리형 미분방정식의 변수를 분리한다.

$ydy = -xdx$

(2) 양변을 적분한다.(상수 C를 붙이는 것에 주의)

$\int ydy = -\int xdx + C'$

$\frac{1}{2}y^2 = -\frac{1}{2}x^2 + C', \quad x^2 + y^2 = 2C'$

(3) 미분방정식의 일반해를 구한다.

$x^2 + y^2 = C \quad (C = 2C')$

예제 8.2 $(1+x)\frac{dy}{dx}=1+y$ **의 미분방정식을 풀어라.**

풀이

(1) 변수 분리형 미분방정식의 변수를 분리한다.

$$\frac{dy}{1+y}=\frac{dx}{1+x}$$

(2) 양변을 적분한다.(상수 C를 붙이는 것에 주의)

$$\int\frac{dy}{1+y}=\int\frac{dx}{1+x}+C'$$

$$\ln(1+y)=\ln(1+x)+C', \quad \ln(1+y)-\ln(1+x)=C'$$

$$\ln\frac{1+y}{1+x}=C', \quad \frac{1+y}{1+x}=e^{c'}$$

(3) 미분방정식의 일반해를 구한다.

$$\frac{1+y}{1+x}=C \ (C=e^{c'})$$

8.2.2 동차형

1계 미분방정식의 형식이

$$M(x,\ y)dx+N(x,\ y)dy=0 \tag{8.5}$$

이고, M, N이 x, y에 관하여 같은 차수의 동차함수일 때, 이 방정식을 **동차형**(homogeneous) **미분방정식**이라고 한다. 동차형은 직접 변수분리는 할 수 없고, 간단한 변수치환에 의하여 변수 분리형으로 변형시킬 수 있는 방정식이다.

참고로 동차 및 비동차함수의 구분 방법은 다음의 예와 같다.

(1) $f(x,\ y)=x^3+2x^2y+y^3$: 세 항 모두 3차이므로 동차함수

(2) $f(x,\ y)=2x^2+xy^2+y^2$: 제 1, 3항은 2차, 제 2항은 3차이므로 비동차함수

(3) $f(x,\ y)=\dfrac{x+2y}{3x-y}$: 우변의 네 항 모두 1차이므로 동차함수

M, N이 x, y에 관하여 동일한 차수의 동차함수일 때

$$\frac{dy}{dx}=f\left(\frac{y}{x}\right) \tag{8.6}$$

의 형태로 된다. 여기서 $y=vx\,(v=y/x)$라 놓고, 이것을 x에 관해 미분하면

$$\frac{dy}{dx}=v+x\frac{dv}{dx} \quad \text{또는} \quad y'=v+xv' \tag{8.7}$$

이 된다. 따라서 식 (8.6)과 식 (8.7)의 각 우변을 서로 등식으로 놓을 수 있다. 즉,

$$v+x\frac{dv}{dx}=f(v) \qquad \therefore \ \frac{dx}{x}=\frac{dv}{f(v)-v} \tag{8.8}$$

이 식은 변수 분리형의 형태가 되므로 앞 절에서 설명한 변수 분리형의 해법을 적용하여 풀 수 있다. 따라서 양변을 적분하면 다음과 같이 된다.

$$\int\frac{dx}{x}=\int\frac{dv}{f(v)-v}+C$$

$$\therefore \ \ln x=\int\frac{dv}{f(v)-v}+C \tag{8.9}$$

이 결과에 $v=y/x$를 대입하면 변수 x, y에 관한 일반해가 얻어진다.

☞ 동차형 미분방정식의 해법

(1) 동차형 미분방정식을 확인하고, 아래의 형태로 변형한다.

$$\frac{dy}{dx}=f\left(\frac{y}{x}\right)$$

(2) $y=vx$로 놓으면 $\frac{dy}{dx}=v+x\frac{dv}{dx}$이므로 y와 $\frac{dy}{dx}$를 윗 식에 대입한다.

(3) 변수를 분리하고 변수 분리형의 해법으로 푼다.

(4) v와 x에 관한 해로부터 $v=y/x$를 대입하여 원래의 변수 x, y에 관한 일반해를 구한다.

예제 8.3 $(x^2+y^2)dx-2xy\,dy=0$ **의 미분방정식을 풀어라.**

풀이

(1) 동차형 미분방정식이므로 $\dfrac{dy}{dx}=f\left(\dfrac{y}{x}\right)$의 형태로 변형한다.

$$\frac{dy}{dx}=\frac{x^2+y^2}{2xy} \quad (\text{동차형})$$

(2) $y=vx$, $\dfrac{dy}{dx}=v+x\dfrac{dv}{dx}$ 이고, y 와 $\dfrac{dy}{dx}$ 를 윗 식에 대입한다.

$$v+x\frac{dv}{dx}=\frac{x^2+(vx)^2}{2x(vx)}=\frac{x^2+x^2v^2}{2x^2v}=\frac{1+v^2}{2v}$$

(3) 변수를 분리하고 변수 분리형의 해법으로 푼다.

$$x\frac{dv}{dx}=\frac{1+v^2}{2v}-v=\frac{1-v^2}{2v} \qquad \therefore \ \frac{dx}{x}=\frac{2v}{1-v^2}dv \quad (\text{변수 분리형})$$

$$\int\frac{dx}{x}=\int\frac{2v}{1-v^2}dv+C' \ \rightarrow \ \ln x=-\ln(1-v^2)+C'$$

$$\ln x+\ln(1-v^2)=C' \qquad \therefore \ \ln x(1-v^2)=C'$$

(4) $v=y/x$ 를 대입하여 원래의 변수 x, y 에 관한 일반해를 구한다.

$$\ln x\left(1-\frac{y^2}{x^2}\right)=\ln\left(x-\frac{y^2}{x}\right)=C', \quad x-\frac{y^2}{x}=e^{c'}=C$$

$$\therefore \ x^2-y^2=Cx$$

예제 8.4 $(y^2-xy)dx+x^2dy=0$ **의 미분방정식을 풀어라.**

풀이

(1) 동차형 미분방정식이므로 $\dfrac{dy}{dx}=f\left(\dfrac{y}{x}\right)$의 형태로 변형한다.

$$\frac{dy}{dx}=\frac{xy-y^2}{x^2} \quad (동차형)$$

(2) $y=vx$, $\frac{dy}{dx}=v+x\frac{dv}{dx}$이고, y와 $\frac{dy}{dx}$를 윗 식에 대입한다.

$$v+x\frac{dv}{dx}=\frac{x(vx)-(vx)^2}{x^2}=\frac{vx^2-v^2x^2}{x^2}=v-v^2$$

(3) 변수를 분리하고 변수 분리형의 해법으로 푼다.

$$x\frac{dv}{dx}=-v^2 \quad \therefore \quad \frac{dx}{x}=-\frac{dv}{v^2} \quad (변수\ 분리형)$$

$$\int\frac{dx}{x}=-\int\frac{dv}{v^2}+C \rightarrow \ln x=\frac{1}{v}+C$$

(4) $v=y/x$를 대입하여 원래의 변수 x, y에 관한 일반해를 구한다.

$$\ln x=\frac{x}{y}+C \qquad \therefore \quad y=\frac{x}{\ln x-C}$$

8.2.3 완전 미분방정식

1계 미분방정식의 형식이

$$M(x,\ y)dx+N(x,\ y)dy=0 \tag{8.10}$$

이고, 함수 M, N이 다음과 같이 임의의 함수 $u(x,\ y)$의 1계 편도함수와 같을 때,

$$M=\frac{\partial u}{\partial x}, \qquad N=\frac{\partial u}{\partial y} \tag{8.11}$$

식 (8.10)의 미분방정식은 함수 $u(x,\ y)$의 완전 미분(전미분)이 됨 된다. 즉,

$$du(x,\ y)=\frac{\partial u}{\partial x}dx+\frac{\partial u}{\partial y}dy=Mdx+Ndy \tag{8.12}$$

이와 같이 식 (8.10)의 좌변의 함수가 임의의 함수 $u(x,\ y)$의 전미분이 되는 방정식을 **완전 미분방정식**(exact differential equation)이라 한다.

이 때 미분방정식 (8.10)은

$$du(x,\ y) = Mdx + Ndy = 0 \qquad \therefore\ du(x,\ y) = 0 \tag{8.13}$$

이 된다. 식 (8.13)을 적분하면 식 (8.10)의 완전 미분방정식의 일반해는

$$u(x,\ y) = C \tag{8.14}$$

와 같은 형태가 얻어진다. 또 1계 편도함수의 식 (8.11)의 M, N으로부터 2계 편도함수는 같게 되므로 다음의 조건이 성립한다.

$$\frac{\partial M}{\partial y} = \frac{\partial u}{\partial x\,\partial y}, \qquad \frac{\partial N}{\partial x} = \frac{\partial u}{\partial x\,\partial y}$$

$$\therefore\ \frac{\partial M}{\partial y} = \frac{\partial N}{\partial x} \tag{8.15}$$

이 조건은 $Mdx + Ndy$가 완전 미분(전미분)형이 되기 위한 **필요 충분조건**이고, 이것을 만족하는 방정식이어야 **완전 미분방정식**이 되는 것이다.

다음은 이 조건을 만족하는 식 (8.10)의 완전 미분방정식에서 일반해를 구해본다.

식 (8.11)의 M을 x에 관하여 적분하면

$$M = \frac{\partial u}{\partial x} \ \rightarrow\ u = \int Mdx + f(y) \tag{8.16}$$

가 된다. 이 적분에서 y는 상수이고, $f(y)$는 적분상수로 간주한 것이다.

여기서 $f(y)$를 구하기 위하여 식 (8.11)의 N에 식 (8.16)을 대입하면

$$N = \frac{\partial u}{\partial y} = \frac{\partial}{\partial y}\left\{\int Mdx + f(y)\right\} = \frac{\partial}{\partial y}\int Mdx + f'(y)$$

$$\therefore\ f'(y) = N - \frac{\partial}{\partial y}\int Mdx \tag{8.17}$$

이고, $f(y)$는 $f'(y)$로부터 다음과 같이 표시할 수 있다.

$$f(y) = \int\left\{N - \frac{\partial}{\partial y}\int Mdx\right\}dy + C \tag{8.18}$$

따라서 완전 미분방정식의 일반해 u는

$$u = \int Mdx + \int\left\{N - \frac{\partial}{\partial y}\int Mdx\right\}dy = C \tag{8.19}$$

가 되며, 여기에 M, N을 대입하여 구해진다.

일반해를 구하는 다른 방법으로 완전 미분방정식은 임의의 함수 $u(x, y)$에 대해 전미분과 같으므로 전미분의 성질을 이용하면 적분에 의하여 간단히 풀 수 있다.

$$\begin{cases} du = Mdx + Ndy = 0 \\ u = \int Mdx + \int Ndy = C \end{cases} \tag{8.20}$$

이 식에서 일반해는 $\int Mdx$ 와 $\int Ndy$ 의 값에서 동일한 값을 갖는 공통인 항의 한 항과 다른 값을 갖는 항과의 덧셈으로 표현할 수 있다. 예를 들면

완전 미분방정식 $(y+4)dx + xdy = 0$이라면

$$\begin{cases} \text{좌변의 제1항 : } \int (y+4)dx = xy + 4x \\ \text{좌변의 제2항 : } \int xdy = xy \end{cases}$$

이고, 여기서 공통인 항 xy와 다른 항 $4x$의 덧셈(합)으로 일반해를 표현할 수 있다.

즉, 일반해는 다음과 같이 간단히 구해진다.

$$xy + 4x = C \qquad \therefore\ y = -4 + \frac{C}{x} \tag{8.21}$$

☞ 완전 미분방정식의 해법

(1) 완전 미분방정식의 필요 충분 조건을 확인한다.

$$\frac{\partial M}{\partial y} = \frac{\partial N}{\partial x}$$

(2) 일반해 구하는 방법

〔공식 대입법〕 일반해 u의 공식에 M과 N을 대입하여 구한다.

$$u = \int Mdx + \int \left\{ N - \frac{\partial}{\partial y} \int Mdx \right\} dy = C$$

〔간편 방법〕 M과 N의 적분 값에서 공통항과 각 항의 덧셈으로 구한다.

$$\int Mdx \text{ 와 } \int Ndy$$

예제 8.5 $(x^3+2xy+y)dx+(y^3+x^2+x)dy=0$ **의 미분방정식을 풀어라.**

풀이

주어진 방정식을 $Mdx+Ndy=0$이라 하면

$$M=x^3+2xy+y, \quad N=y^3+x^2+x$$

$$\frac{\partial M}{\partial y}=2x+1, \quad \frac{\partial N}{\partial x}=2x+1$$

완전 미분방정식이므로 해법 (2)의 간편 방법에 의해 함수 M, N을 각각 적분하면

$$\int Mdx=\int (x^3+2xy+y)dx=\frac{1}{4}x^4+x^2y+xy$$

$$\int Ndy=\int (y^3+x^2+x)dy=\frac{1}{4}y^4+x^2y+xy$$

이다. 따라서 일반해는 공통인 항 x^2y, xy의 한 항씩과 다른 각 항의 덧셈으로 표현할 수 있다. 즉, 일반해는 다음과 같이 구해진다.

$$\frac{1}{4}x^4+\frac{1}{4}y^4+x^2y+xy=C$$

완전 미분방정식의 해법 (2)의 공식 대입법을 적용하여 동일한 해가 되는지의 확인은 독자에게 맡겨둔다.

예제 8.6 $(7x-3y+2)dx+(4y-3x-5)dy=0$ **의 미분방정식을 풀어라.**

풀이

주어진 방정식을 $Mdx+Ndy=0$이라 하면

$$M=7x-3y+2, \quad N=4y-3x-5$$

$$\frac{\partial M}{\partial y}=-3, \quad \frac{\partial N}{\partial x}=-3$$

완전 미분방정식이므로 해법 (2)의 간편 방법에 의해 함수 M, N을 각각 적분하면

$$\int Mdx = \int (7x-3y+2)dx = \frac{7}{2}x^2 - 3xy + 2x$$

$$\int Ndy = \int (4y-3x-5)dy = 2y^2 - 3xy - 5y$$

이다. 따라서 일반해는 공통인 항 $-3xy$의 한 항과 다른 각 항의 합으로 표현할 수 있다. 즉, 일반해는 다음과 같이 구해진다.

$$\frac{7}{2}x^2 - 3xy + 2x + 2y^2 - 5y = C$$

8.2.4 1계 선형 미분방정식

미지함수 y 및 그 도함수 y', y'', ⋯ 등에 관하여 1차인 미분방정식을 **선형 미분방정식**(linear differential equation)이라 한다.

특히 $P(x)$, $Q(x)$가 x만의 함수로 주어진 미분방정식의 형식이

$$\frac{dy}{dx} + P(x)y = Q(x) \begin{cases} Q(x) = 0 \ (\text{제차}) \\ Q(x) \neq 0 \ (\text{비제차}) \end{cases} \tag{8.22}$$

와 같이 표현될 때, 이것을 **1계 선형 미분방정식**이라 한다. 여기서 우변 $Q(x)=0$인 방정식을 **1계 제차 미분방정식**, $Q(x) \neq 0$인 방정식을 **1계 비제차 미분방정식**이라 한다.

식 (8.22)의 일반해를 구하는 방법에 관하여 설명한다.

(1) $Q(x)=0$ (1계 제차 선형 미분방정식)인 경우

주어진 방정식은 $Q(x)=0$이면 변수 분리형으로써 다음과 같이 일반해가 구해진다.

$$\frac{dy}{dx} + P(x)y = 0, \qquad \frac{dy}{y} = -P(x)dx$$

$$\int \frac{dy}{y} = -\int P(x)dx + A', \qquad \ln y = -\int P(x)dx + A'$$

$$y = e^{-\int P(x)dx + A'} = e^{A'} \cdot e^{-\int P(x)dx}$$

$$\therefore \ y = Ae^{-\int P(x)dx} \quad (A\text{는 임의의 상수}) \tag{8.23}$$

(2) $Q(x) \neq 0$ (1계 비제차 선형 미분방정식)인 경우

1계 제차 선형 미분방정식에서 구한 식 (8.23)의 일반식은 A를 상수로 하므로 비제차에서는 일반해가 되지 않는다. 따라서 A를 x의 함수로 하여 식 (8.23)을 x에 대해 미분하면

$$\frac{dy}{dx} = \frac{dA}{dx}e^{-\int P(x)dx} - AP(x)e^{-\int P(x)dx} = \frac{dA}{dx}e^{-\int P(x)dx} - P(x)y$$

$$\therefore \quad \frac{dA}{dx}e^{-\int P(x)dx} = Q(x) \tag{8.24}$$

가 된다. 윗 식을 아래와 같이 변형하고 양변을 적분하면 x의 함수 A가

$$\frac{dA}{dx} = Q(x)e^{\int P(x)dx}, \qquad A = \int Q(x)e^{\int P(x)dx}dx + C \tag{8.25}$$

로 구해지고, 이 식 (8.25)를 식 (8.23)에 대입하면

$$y = e^{-\int P(x)dx}\left\{\int Q(x)e^{\int P(x)dx}dx + C\right\} \tag{8.26}$$

로 되므로, 이것이 미분방정식의 일반해가 된다.

☞ 1계 선형 미분방정식의 해법

> **(1) 미분방정식을 다음의 형태로 변형한다.**
>
> $$\frac{dy}{dx} + P(x)y = Q(x)$$
>
> **(2) 함수 $P(x)$와 $Q(x)$를 정하고, 일반해는 다음의 공식에 대입하여 구한다.**
>
> $$y = e^{-\int P(x)dx}\left\{\int Q(x)e^{\int P(x)dx}dx + C\right\}$$

예제 8.7 $\frac{dy}{dx} - y = e^{2x}$ 의 미분방정식을 풀어라.

풀이

(1) 방정식은 1계 선형 미분방정식이고, $P(x)$, $Q(x)$를 정한다.

$$P(x) = -1, \quad Q(x) = e^{2x}$$

(2) 일반해는 다음의 공식에 대입하여 구한다.

$$y = e^{\int 1\,dx}\left\{\int e^{2x} e^{-\int 1\,dx} dx + C\right\} = e^{x}\left\{\int e^{2x} e^{-x} dx + C\right\}$$

$$= e^{x}\left\{\int e^{x} dx + C\right\} = e^{x}(e^{x} + C)$$

$$\therefore \quad y = Ce^{x} + e^{2x}$$

예제 8.8 $x\dfrac{dy}{dx} + y = 4$의 미분방정식을 풀어라.

풀이

(1) 준 방정식을 식 (8.22)의 1계 선형 미분방정식의 형태로 변형하고, $P(x)$, $Q(x)$를 정한다.

$$\frac{dy}{dx} + \frac{1}{x}y = \frac{4}{x} \begin{cases} P(x) = \dfrac{1}{x} \\ Q(x) = \dfrac{4}{x} \end{cases}$$

(2) 일반해는 다음의 공식에 대입하여 구한다.

$$y = e^{-\int \frac{1}{x}dx}\left\{\int \frac{4}{x} e^{\int \frac{1}{x}dx} dx + C\right\} = e^{-\ln x}\left\{\int \frac{4}{x} e^{\ln x} dx + C\right\}$$

$$= \frac{1}{x}(4x + C) \qquad \therefore \quad y = 4 + \frac{C}{x}$$

이와 같은 문제는 선형 미분방정식의 해법을 사용하지 않고도 간단히 풀 수 있다. 주어진 방정식은 $xy' + y = 4$이므로 $(xy)' = x'y + xy'$에서 $(xy)' = 4$와 동일한 형태가 된다. 이 미분방정식의 양변을 적분하여 직접 일반해를 구한다.

예제 8.9와 동일한 유형의 문제이므로 풀이를 참고하면서 일반해를 구해본다.

예제 8.9 $x\dfrac{dy}{dx}+y=\sin x$ **의 미분방정식을 풀어라.**

풀이

이 방정식은 선형 미분방정식의 해법을 사용하지 않고 풀 수 있는 간단한 문제로써 다음의 형태로 변형할 수 있다.

$$(xy)'=\sin x \qquad \left[\because\ (xy)'=x\frac{dy}{dx}+\frac{d}{dx}x\cdot y=x\frac{dy}{dx}+y\right]$$

따라서 이 식의 양변을 적분하면 다음과 같이 일반해가 구해진다.

$$xy=-\cos x+C \quad \text{또는} \quad y=\frac{1}{x}(C-\cos x)$$

8.2.5 베르누이 미분방정식

1계 미분방정식의 형식이

$$\frac{dy}{dx}+P(x)y=Q(x)y^n \quad (n\neq 0,\ 1) \tag{8.27}$$

인 경우를 **베르누이(Bernoulli) 미분방정식**이라 한다. $n=0$이면 1계 비제차 선형 미분방정식이고, $n=1$이면 $\dfrac{dy}{dx}+\{P(x)-Q(x)\}y=0$, 즉 제차 선형 미분방정식이므로 이들의 일반해는 제 8.2.4절에 있는 선형 미분방정식의 해법으로 푼다.

그러나 $n\neq 0,\ 1$인 경우의 베르누이 미분방정식은 비선형 미분방정식으로써 다음과 같이 치환하여 선형 미분방정식으로 변형시켜 일반해를 구하는 방법을 취하게 된다.

식 (8.27)의 주어진 방정식을 y^n으로 나누어 변형시키면

$$y^{-n}\frac{dy}{dx}+P(x)y^{1-n}=Q(x) \tag{8.28}$$

이다. 여기서 $z=y^{1-n}$으로 놓고 이를 x로 미분하면

$$z'=\frac{dz}{dx}=(1-n)y^{-n}\frac{dy}{dx}, \quad \left(y^{-n}\frac{dy}{dx}=\frac{1}{(1-n)}\frac{dz}{dx}\right) \tag{8.29}$$

가 된다. z와 식 (8.29)를 변형된 식 (8.28)에 대입하여 정리하면

$$\frac{dz}{dx}+(1-n)P(x)z=(1-n)Q(x) \tag{8.30}$$

가 되므로 비선형에서 선형 미분방정식으로 변형된다. 따라서 이 미분방정식은 앞 절의 선형 미분방정식의 해법으로 풀고 $z=y^{1-n}$을 대입하면 원 미분방정식의 일반해가 얻어지게 된다.

예제 8.10 $x\frac{dy}{dx}-y=y^2\ln x$ **의 미분방정식을 풀어라.**

풀이

준 식을 y^2으로 나누어 변형하면 다음과 같이 된다.

$$y^{-2}\frac{dy}{dx}-\frac{1}{x}y^{-1}=\frac{1}{x}\ln x$$

여기서 $z=y^{-1}$으로 놓고, 이를 x로 미분하면

$$\frac{dz}{dx}=-y^{-2}\frac{dy}{dx} \qquad \therefore\ y^{-2}\frac{dy}{dx}=-\frac{dz}{dx}$$

이다. 이 식과 $z=y^{-1}$을 위의 변형된 식에 대입하면 다음과 같다.

$$-\frac{dz}{dx}-\frac{1}{x}z=\frac{1}{x}\ln x \qquad \therefore\ \frac{dz}{dx}+\frac{1}{x}z=-\frac{1}{x}\ln x$$

이 식의 양변에 x를 곱하면 예제 8.9와 같은 간단한 형태의 선형 미분방정식

$$xz'+z=-\ln x \qquad \therefore\ (xz)'=-\ln x$$

가 되므로 양변을 적분하면 다음과 같이 얻어진다.

$$xz=-(x\ln x-x+C')=-x\ln x+x-C'$$

$$\therefore\ z=1-\ln x+\frac{C}{x}\quad (C=-C')$$

따라서 이 결과에 $z=y^{-1}$을 대입하면 원 미분방정식의 일반해가 구해진다.

$$y^{-1}=1-\ln x+\frac{C}{x} \quad \text{또는} \quad y=\frac{1}{1-\ln x+\frac{C}{x}}$$

8.3 상계수 2계 선형 미분방정식

P, Q, R이 x만의 함수이고, 차수가 1차로 주어진 2계 미분방정식의 형식이

$$\frac{d^2y}{dx^2}+P\frac{dy}{dx}+Qy=R \begin{cases} R=0 \text{ (제차)} \\ R\neq 0 \text{ (비제차)} \end{cases} \tag{8.31}$$

과 같이 표현될 때, 이 방정식을 **2계 선형 미분방정식**이라 한다.

제 8.2.4 절의 1계 선형 미분방정식과 마찬가지로 우변 $R=0$인 방정식을 **제차**(homogeneous) **미분방정식**, $R\neq 0$인 방정식을 **비제차**(non-homogeneous) **미분방정식**이라 한다. 특히 계수 P와 Q를 상수로 하는 방정식을 **상계수 미분방정식**이라 한다.

식 (8.31)의 미분방정식은 미분의 연산 $\frac{d}{dx}$를 의미하는 기호 D를 이용하여 간단히 표현할 수 있다. 즉,

$$D=\frac{d}{dx},\ D^2=\frac{d^2}{dx^2},\ \cdots\cdots,\ D^n=\frac{d^n}{dx^n} \tag{8.32}$$

이고, 기호 D를 **미분 연산자**(operator)라 한다. 따라서 식 (8.31)은

$$(D^2+PD+Q)y=R \tag{8.33}$$

과 같이 쓸 수 있다. 상계수 선형 미분방정식은 역학, 진동계 및 전기회로의 해석에서 응용수학으로 자주 사용되며, 공학에서 주로 표현되는 키르히호프 전압법칙을 이용한 폐로방정식과 뉴튼의 제 2 법칙을 이용한 운동방정식은 각각 다음과 같다.

$$\begin{aligned} &\text{전기계}: L\frac{d^2q}{dt^2}+R\frac{dq}{dt}+\frac{1}{C}q=e \text{ (기전력)} \\ &\text{역 학}: M\frac{d^2y}{dt^2}+B\frac{dy}{dt}+Ky=f \text{ (힘)} \end{aligned} \tag{8.34}$$

단, 전기계는 R: 저항, L: 인덕턴스, C: 정전용량, q: 전하이고, 역학은 M: 질량, B: 점성마찰계수, K: 탄성계수, y: 변위 등을 나타낸다.

식 (8.34)의 2계 선형 미분방정식은 두 개의 1계 선형 미분방정식(상태방정식)으로 분해하여 표현할 수 있고, 이들의 1계 방정식의 해는 2계 미분방정식의 한 항을 포함하는 것은 당연하다.

본 절에서는 이들을 기초로 하여 상계수 미분방정식에 관하여 설명하기로 한다.

8.3.1 상계수 제차 미분방정식

식 (8.31)로부터 상수를 계수로 하고, 2계 제차 선형 미분방정식은

$$\frac{d^2y}{dx^2}+a\frac{dy}{dx}+by=0 \quad (\text{단, } a, b : \text{상수}) \tag{8.35}$$

의 형태로 쓸 수 있다. 윗 식의 2계 미분방정식을 풀기 위하여 우선 2계 도함수를 0으로 한 1계 제차 선형 미분방정식

$$a\frac{dy}{dx}+by=0\,, \quad \text{즉} \quad \frac{dy}{dx}=-\frac{b}{a}y \tag{8.36}$$

를 변수 분리형으로 풀면 그 해는 $y=Ae^{-(b/a)x}$ 이다. 단, A는 임의의 상수이다. 이 해는 다음과 같은 형태의 일반해로 다시 표현할 수 있다.

$$y=Ae^{\lambda x} \tag{8.37}$$

이 1계 미분방정식의 해는 식 (8.35)의 2계 미분방정식의 해가 될 것이다.

따라서 y의 1계 및 2계 도함수는

$$y=Ae^{\lambda x}, \qquad \frac{dy}{dx}=A\lambda e^{\lambda x}, \qquad \frac{d^2y}{dx^2}=A\lambda^2e^{\lambda x} \tag{8.38}$$

이고, 이들을 식 (8.35)에 대입하면

$$A\lambda^2e^{\lambda x}+aA\lambda e^{\lambda x}+bAe^{\lambda x}=0 \quad \therefore \quad Ae^{\lambda x}(\lambda^2+a\lambda+b)=0 \tag{8.39}$$

이 된다. 여기서 $A\neq 0$, $e^{\lambda x}\neq 0$이므로 이 방정식이 성립하려면 λ는 항상

$$\lambda^2+a\lambda+b=0 \tag{8.40}$$

을 만족해야 한다. 그러면 $Ae^{\lambda x}$는 식 (8.35)의 해가 된다. 이 때 방정식 (8.40)을 식 (8.35)의 **특성방정식**(characteristic equation) 또는 **보조방정식**(auxiliary equation)이라고 한다. 공학에서는 시스템, 즉 계 자체의 고유 특성을 나타내는 방정식이 되기 때문에 일반적으로 특성방정식이라는 용어를 자주 사용한다.

특성방정식은 식 (8.33)과 같이 미분방정식을 미분 연산자로 표현한 식에서 D 대신 λ로 치환하면 간단히 만들 수 있다. 특성방정식의 근은 **특성근**(characteristic root)이라 하고, 이차 방정식의 근의 공식에 의하여

$$\lambda = \frac{-a \pm \sqrt{a^2 - 4b}}{2} \quad (\text{단, } a, b\text{는 실수}) \tag{8.41}$$

가 된다. 특성근의 형태는 식 (8.40)에서 판별식 $D = a^2 - 4b$의 부호에 의해 세 종류로 판별할 수 있다.

특성방정식의 특성근 형태

(1) 서로 다른 두 실근	$(a^2 - 4b > 0)$
(2) 중근(실수)	$(a^2 - 4b = 0)$
(3) 두 개의 공액 복소근(허근)	$(a^2 - 4b < 0)$

판별된 특성근의 형태에 따라 식 (8.35)의 미분방정식의 **일반해**는 다음과 같이 결정된다.

(1) 서로 다른 두 실근

특성방정식의 특성근이 서로 다른 두 실근 λ_1, λ_2를 가지면, 식 (8.35)의 미분방정식의 일반해는 $y = A_1 e^{\lambda_1 x}$ 또는 $y = A_2 e^{\lambda_2 x}$의 두 항을 가지며, **일반해**는 다음과 같이 두 개의 합으로 표현된다. 즉,

$$y = A_1 e^{\lambda_1 x} + A_2 e^{\lambda_2 x} \tag{8.42}$$

(2) 중근(실근)

특성방정식의 특성근이 중근 λ를 가지면, 특성방정식으로부터 $\lambda = \lambda_1 = \lambda_2$이므로 일반해는 $y = A_1 e^{\lambda x} + A_2 e^{\lambda x} = (A_1 + A_2) e^{\lambda x} = A e^{\lambda x}$가 되어 임의의 상수 A인 하나의 근만 존재한다. 그러나 2계 미분방정식은 임의의 상수가 두 개인 항을 포함해야 하기 때문에 나머지 하나의 근도 생각해야 한다. 이 경우 나머지의 근은 적분 인수법에 의하여 $y = Bxe^{\lambda x}$가 얻어진다. 따라서 특성근이 중근인 경우의 일반해는

$$y = Ae^{\lambda x} + Bxe^{\lambda x} \tag{8.43}$$

가 되고, 여기서 임의의 상수를 바꾸어 표현하면 다음과 같이 **일반해**가 구해진다.

$$y = A_1 e^{\lambda x} + A_2 x e^{\lambda x} \qquad \therefore \; y = (A_1 + A_2 x) e^{\lambda x} \tag{8.44}$$

(3) 공액 복소근(허근)

특성방정식의 특성근이 공액 복소근 $\lambda = \alpha \pm j\beta$(허근)를 가지면, 서로 다른 두 실근과 마찬가지로 일반해의 두 항은 다음과 같이 표시된다.

$$\begin{cases} y = B_1 e^{\lambda_1 x} = B_1 e^{(\alpha + j\beta)x} \\ \\ y = B_2 e^{\lambda_2 x} = B_2 e^{(\alpha - j\beta)x} \end{cases} \quad (\text{단, } \beta \neq 0) \tag{8.45}$$

따라서 일반해는 두 식의 합으로 표현되므로

$$y = B_1 e^{(\alpha + j\beta)x} + B_2 e^{(\alpha - j\beta)x} = e^{\alpha x}(B_1 e^{j\beta x} + B_2 e^{-j\beta x}) \tag{8.46}$$

이 식에서 오일러의 공식 $(e^{\pm j\theta} = \cos\theta \pm j\sin\theta)$을 적용하면

$$\begin{aligned} y &= e^{\alpha x}\{B_1(\cos\beta x + j\sin\beta x) + B_2(\cos\beta x - j\sin\beta x)\} \\ &= e^{\alpha x}\{(B_1 + B_2)\cos\beta x + j(B_1 - B_2)\sin\beta x\} \end{aligned} \tag{8.47}$$

여기서 $B_1 = \frac{1}{2}(A_1 - jA_2)$, $B_2 = \frac{1}{2}(A_1 + jA_2)$라 하면

$$A_1 = B_1 + B_2, \quad -jA_2 = B_1 - B_2 \tag{8.48}$$

이고, 이것을 식 (8.47)에 대입하면 다음과 같이 **일반해**가 구해진다.

$$y = e^{\alpha x}(A_1 \cos\beta x + A_2 \sin\beta x) \tag{8.49}$$

상계수 2계 제차 선형 미분방정식의 **일반해**는 특성방정식의 특성근의 형태에 따라 **표 8.1**과 같이 정리할 수 있고, **특수해**는 초기조건 및 경계조건이 주어진 경우에 일반해에 이 조건들을 대입하여 임의의 상수 A_1, A_2를 구하여 얻어지는 해이다.

상계수 미분방정식은 공학에 자주 이용되는 부분이므로 반드시 기억하도록 해야 한다.

표 8.1 특성근에 따른 일반해

	특 성 근	일 반 해
1	서로 다른 두 실근 $(\lambda_1,\ \lambda_2)$	$y = A_1 e^{\lambda_1 x} + A_2 e^{\lambda_2 x}$
2	중근(실수) $(\lambda = \lambda_1 = \lambda_2)$	$y = (A_1 + A_2 x)e^{\lambda x}$
3	공액 복소근 $(\lambda_1,\ \lambda_2 = \alpha \pm j\beta)$	$y = e^{\alpha x}(A_1 \cos\beta x + A_2 \sin\beta x)$

☞ 상계수 2계 제차 미분방정식의 해법

(1) 상계수 제차 미분방정식을 미분 연산자 D로 표현하고, 이를 D 대신 λ로 다시 치환하여 특성방정식을 구한다.

$$\frac{d^2y}{dx^2} + a\frac{dy}{dx} + y = 0 \rightarrow (D^2 + aD + b)y = 0$$

(특성방정식) : $\lambda^2 + a\lambda + b = 0$

(2) 일반해는 특성방정식에 의한 특성근의 세 종류에 따라 결정된다.(표 8.1 참고)

(3) 특수해는 주어진 초기조건 및 경계조건 등을 일반해에 대입하여 일반해에 포함된 임의의 상수 A_1, A_2를 구하는 것이다.

예제 8.11 $y'' + y' - 2y = 0$의 미분방정식을 풀어라.

풀이

준 식을 미분 연산자로 표현하면 $(D^2 + D - 2)y = 0$이므로, 특성방정식은

(특성 방정식) : $\lambda^2 + \lambda - 2 = (\lambda - 1)(\lambda + 2) = 0$

(특성근) : $\lambda_1 = 1$, $\lambda_2 = -2$

이 된다. 따라서 특성근은 **서로 다른 두 실근**이므로 일반해는 식 (8.42)에 의하여 다음과 같이 구해진다.

$$y = A_1 e^x + A_2 e^{-2x}$$

예제 8.12 $y'' + 4y' + 4y = 0$의 미분방정식을 풀어라.

풀이

준 식을 미분 연산자로 표현하면 $(D^2 + 4D + 4)y = 0$이므로, 특성방정식은

(특성 방정식) : $\lambda^2+4\lambda+4=(\lambda+2)^2=0$

(특성근) : $\lambda=-2$

가 된다. 따라서 특성근은 **중근**이므로 일반해는 식 (8.44)에 의하여 다음과 같이 구해진다.

$$y=(A_1+A_2x)e^{-2x}$$

예제 8.13 $y''-2y'+10y=0$ **의 미분방정식을 풀어라.**

풀이

준 식을 미분 연산자로 표현하면 $(D^2-2D+10)y=0$이므로, 특성방정식은

(특성 방정식) : $\lambda^2-2\lambda+10=0$

(특성근) : $\lambda=1\pm j3$

가 된다. 따라서 특성근은 **공액 복소근**이므로 일반해는 식 (8.49)에 의하여 다음과 같이 구해진다.

$$y=e^x(A_1\cos 3x+A_2\sin 3x)$$

8.3.2 상계수 비제차 미분방정식

상수를 계수로 하는 2계 선형 미분방정식

$$\frac{d^2y}{dx^2}+a\frac{dy}{dx}+by=Q(x) \quad (\text{단, } a, b \text{ : 상수}) \tag{8.50}$$

에서 $Q(x)\neq 0$인 방정식을 **상계수 비제차 선형 미분방정식**이라 한다.

비제차 미분방정식의 **일반해**(general solution)는 아래와 같이 **보조해**(complimentary solution)와 **특수해**(particular solution)로 이루어져 있고, 이들을 구하는 방법에 대하여 설명한다.

일반해(y) = **보조해**(y_c) + **특수해**(y_p)

보조해는
식 (8.50)의 미분방정식에서 $Q(x)=0$으로 놓고, 제 8.3.1절의 **제차 선형 미분방정식의 해법**과 같은 방법의 특성방정식으로부터 구한다.

특수해는 먼저 $Q(x)$의 함수로부터 미정계수를 포함한 특수해 y_p의 형태를 추정하고 이를 미분한 1계 y_p' 및 2계 도함수 y_p''을 식 (8.50)의 비제차 미분방정식에 대입하여 **미정계수법**으로 구한다. 이것은 $Q(x)$의 함수가 상수, x의 함수, 지수함수, 삼각함수 또는 이들의 합 등으로 표시되어 있는 경우에 특수해 y_p의 형태도 같을 것이라는 것을 가정한 것이다.

일반적으로 주어진 함수 $Q(x)$로부터 선택할 특수해의 형식은 **표** 8.2와 같이 정리할 수 있으며, 단지 추정한 특수해(1안)가 보조해에 포함된 경우에는 대안 특수해(2안)를 적용하여 구해야 한다.

예제를 통하여 보조해 및 특수해를 구하는 방법에 대해 알아보기로 한다.

표 8.2 선택할 특수해(미정계수법)

<table>
<tr><th rowspan="2">$Q(x)$</th><th colspan="2">특 수 해(y_p)</th></tr>
<tr><th>추정 특수해(1 안)</th><th>대안 특수해(2 안)</th></tr>
<tr><td>a (상수)</td><td>$y_p = A$</td><td>$y_p = Ax$</td></tr>
<tr><td>$ae^{\alpha x}$</td><td>$y_p = Ae^{\alpha x}$</td><td>$y_p = Axe^{\alpha x}$, $y_p = Ax^2e^{\alpha x}$</td></tr>
<tr><td>$a\cos px$ or $b\sin px$
$a\cos px + b\sin px$</td><td>$y_p = A_1\cos px + A_2\sin px$</td><td>$y_p = x(A_1\cos px + A_2\sin px)$</td></tr>
<tr><td>kx^3</td><td>$y_p = ax^3 + bx^2 + cx + d$</td><td>—</td></tr>
<tr><td>$x + 1 - e^{-x}$</td><td>$y_p = ax + b + ce^{-x}$</td><td rowspan="3">(비 고)
대안 특수해(2안)의 적용
: 추정 특수해(1안)가 보조해 에 포함되어 있는 경우</td></tr>
<tr><td>$2x^2 + 5\cos 3x$</td><td>$y_p = ax^2 + bx + c$
$+ d\cos 3x + e\sin 3x$</td></tr>
<tr><td>$3e^{2x}\sin 4x$</td><td>$y_p = e^{2x}(A_1\cos 4x + A_2\sin 4x)$</td></tr>
</table>

☞ 상계수 비제차 미분방정식의 해법

(1) 상계수 비제차 미분방정식의 형태를 확인한다. $[\,Q(x) \neq 0\,]$

$$\frac{d^2y}{dx^2} + a\frac{dy}{dx} + by = Q(x) \quad (\text{단},\ a, b\ :\ \text{상수})$$

(2) 보조해(y_c)를 구한다. : 제차 미분방정식으로 변형$[Q(x)=0]$**하고, 특성방정식의 특성근에 의한 방법으로 해를 구한다.**

(3) 특수해(y_p)를 구한다. : 추정 특수해 및 그 해의 1계 도함수, 2계 도함수를 주어진 비제차 미분방정식에 대입하여 미정계수법으로 구한다.(표 8.2 적용)

(4) 일반해(y)를 구한다. : 보조해와 특수해의 합으로 구한다.$(y = y_c + y_p)$

예제 8.14 $\dfrac{d^2y}{dx^2} + 4\dfrac{dy}{dx} + 3y = 6$ **의 미분방정식을 풀어라.**

풀이

(1) 준 식은 상계수 2계 비제차 미분방정식이고, $Q(x) = 6$(상수)이다.

(2) 보조해는 준 식을 $Q(x) = 0$으로 놓고 상계수 제차 미분방정식으로 만든 다음, 특성방정식과 특성근을 이용하여 구한다.

$$(\text{특성 방정식}) : \lambda^2 + 4\lambda + 3 = (\lambda+1)(\lambda+3) = 0$$

$$(\text{특성근}) : \lambda_1 = -1,\ \lambda_2 = -3$$

보조해는 서로 다른 두 실근의 특성근으로부터 다음과 같이 구해진다.

$$y_c = A_1 e^{-x} + A_2 e^{-3x}$$

(3) 추정 특수해는 **표** 8.2에 의해 $y_p = A$로 놓고, 그 해의 1계 도함수와 2계 도함수를 구하면

$$y_p = A,\quad \frac{dy_p}{dx} = 0,\quad \frac{d^2y_p}{dx^2} = 0$$

이 된다. 이들을 주어진 미분방정식에 대입하고 미정계수법으로 구하면 $3A = 6$이고, $A = 2$가 된다. 따라서 특수해는 다음과 같이 구해진다.

$$y_p = A = 2$$

(4) 일반해는 보조해와 특수해의 합으로 나타낸다.

$$y = y_c + y_p = A_1 e^{-x} + A_2 e^{-3x} + 2$$

예제 8.15 $3\dfrac{d^2y}{dx^2} + \dfrac{dy}{dx} - 4y = 2e^{-3x}$ **의 미분방정식을 풀어라.**

풀이

(1) 준 식은 상계수 2계 비제차 미분방정식이고, $Q(x) = 2e^{-3x}$(지수함수)이다.

(2) 보조해는 준 식을 $Q(x) = 0$으로 놓고 상계수 제차 미분방정식으로 만든 다음, 특성방정식과 특성근을 구한다.

$$(\text{특성 방정식}) : 3\lambda^2 + \lambda - 4 = (\lambda - 1)(3\lambda + 4) = 0$$

$$(\text{특성근}) : \lambda_1 = 1,\ \lambda_2 = -\frac{4}{3}$$

보조해는 서로 다른 두 실근의 특성근으로부터 다음과 같이 구해진다.

$$y_c = A_1 e^{x} + A_2 e^{-\frac{4}{3}x}$$

(3) 추정 특수해는 **표** 8.2에 의해 $y_p = Ae^{-3x}$로 놓고, 그 해의 1계 도함수와 2계 도함수를 구하면

$$y_p = Ae^{-3x},\quad \frac{dy_p}{dx} = -3Ae^{-3x},\quad \frac{d^2y_p}{dx^2} = 9Ae^{-3x}$$

가 된다. 이들을 주어진 미분방정식에 대입하고, 미정계수법을 적용하면

$$27Ae^{-3x} - 3Ae^{-3x} - 4Ae^{-3x} = 2e^{-3x}$$

$$20Ae^{-3x} = 2e^{-3x} \qquad \therefore\ A = \frac{1}{10}$$

따라서 특수해는 다음과 같이 얻어진다.

$$y_p = Ae^{-3x} = \frac{1}{10}e^{-3x}$$

(4) 일반해는 보조해와 특수해의 합으로 나타낸다.

$$y = y_c + y_p = A_1 e^{x} + A_2 e^{-\frac{4}{3}x} + \frac{1}{10} e^{-3x}$$

예제 8.16 $\frac{d^2y}{dx^2} - \frac{dy}{dx} - 2y = 6e^{-x}$ **의 미분방정식을 풀어라.**

풀이

(1) 준 식은 상계수 2계 비제차 미분방정식이고, $Q(x) = 6e^{-x}$(지수함수)이다.

(2) 보조해는 준 식을 $Q(x) = 0$으로 놓고 상계수 제차 미분방정식으로 만든 다음, 특성방정식과 특성근을 구한다.

$$(\text{특성 방정식}) : \lambda^2 - \lambda - 2 = (\lambda - 2)(\lambda + 1) = 0$$

$$(\text{특성근}) : \lambda_1 = 2, \ \lambda_2 = -1$$

보조해는 서로 다른 두 실근의 특성근으로부터 다음과 같이 구해진다.

$$y_c = A_1 e^{2x} + A_2 e^{-x}$$

(3) 선택할 특수해로써 추정 특수해(1안)는 **표 8.2**에 의해 $y_p = Ae^{-x}$가 되지만 보조해에 포함되어 있으므로 이를 적용하지 못하고, 대안 특수해(2안)를 적용해야 한다. 즉, $y_p = Axe^{-x}$로 놓고, 이 해의 1계 도함수와 2계 도함수를 구하면

$$y_p = Axe^{-x}, \quad \frac{dy_p}{dx} = Ae^{-x}(1-x), \quad \frac{d^2y_p}{dx^2} = -Ae^{-x}(2-x)$$

가 된다. 이들을 주어진 미분방정식에 대입하고, 미정계수법을 적용하면

$$-Ae^{-x}(2-x) - \{Ae^{-x}(1-x)\} - 2Axe^{-x} = 6e^{-x}$$

$$-3Ae^{-x} = 6e^{-x} \qquad \therefore \ A = -2$$

따라서 특수해는 다음과 같이 얻어진다.

$$y_p = Axe^{-x} = -2xe^{-x}$$

(4) 일반해는 보조해와 특수해의 합으로 나타낸다.

$$y = y_c + y_p = A_1 e^{2x} + A_2 e^{-x} - 2xe^{-x}$$

【참고】 $\frac{d^2y}{dx^2} - 2\frac{dy}{dx} + y = 5e^x$ 의 미분방정식을 풀어라.

(특성 방정식) : $\lambda^2 - 2\lambda + 1 = (\lambda - 1)^2 = 0$

(특성근) : $\lambda = 1$ (중근)

$\therefore\ y_p = (A_1 + A_2 x)e^x$

선택할 특수해는 **표 8.2**에 의해 $y_p = Ae^x$ 또는 $y_p = Axe^x$ 가 되지만 보조해에 포함되어 있으므로 $y_p = Ax^2e^x$ 를 적용해야 한다. 즉, $y_p = Ax^2e^x$ 로 놓고, 그 해의 1계 도함수와 2계 도함수를 구하고 이를 준 식에 대입하여 미정계수법으로 풀어야 한다. 즉, 일반해는 다음과 같이 구해진다.

$$y = y_c + y_p = \left(A_1 + A_2 x + \frac{5}{2}x^2\right)e^x$$

예제 8.17 $2\frac{d^2y}{dx^2} + 5\frac{dy}{dx} - 3y = 4\sin 2x$ **의 미분방정식을 풀어라.**

풀이

(1) 준 식은 상계수 2계 비제차 미분방정식이고, $Q(x) = 4\sin 2x$(삼각함수)이다.

(2) 보조해는 준 식을 $Q(x) = 0$으로 놓고 상계수 제차 미분방정식으로 만든 다음, 특성방정식과 특성근을 구한다.

(특성 방정식) : $2\lambda^2 + 5\lambda - 3 = (2\lambda - 1)(\lambda + 3) = 0$

(특성근) : $\lambda_1 = \frac{1}{2},\ \lambda_2 = -3$

보조해는 서로 다른 두 실근의 특성근으로부터 다음과 같이 구해진다.

$$y_c = A_1 e^{\frac{1}{2}x} + A_2 e^{-3x}$$

(3) 선택할 특수해로써 추정 특수해(1안)는 **표 8.2**에 의해 $y_p = A_1\cos 2x + A_2\sin 2x$ 로 놓고, 그 해의 1계 도함수와 2계 도함수를 구하면

$$\begin{cases} y_p = A_1\cos 2x + A_2\sin 2x \\ y_p' = -2A_1\sin 2x + 2A_2\cos 2x \\ y_p'' = -4A_1\cos 2x - 4A_2\sin 2x \end{cases}$$

가 된다. 이들을 주어진 미분방정식에 대입하고, 미정계수법을 적용하면

$$(-11A_1 + 10A_2)\cos 2x - (10A_1 + 11A_2)\sin 2x = 4\sin 2x \ \text{(미정계수법)}$$

$$-11A_1 + 10A_2 = 0, \quad -(10A_1 + 11A_2) = 4 \ \text{(연립 방정식)}$$

$$\therefore\ A_1 = -\frac{40}{221}, \quad A_2 = -\frac{44}{221}$$

따라서 특수해는 다음과 같이 얻어진다.

$$y_p = -\frac{40}{221}\cos 2x - \frac{44}{221}\sin 2x = -\frac{4}{221}(10\cos 2x + 11\sin 2x)$$

(4) 일반해는 보조해와 특수해의 합으로 나타낸다.

$$y = y_c + y_p = A_1 e^{\frac{1}{2}x} + A_2 e^{-3x} - \frac{4}{221}(10\cos 2x + 11\sin 2x)$$

이 예제는 역학의 운동방정식과 교류회로 해석의 전압에 관한 폐로방정식에 자주 적용되는 형식이다.

예제 8.18 $\dfrac{d^2y}{dx^2} - 3\dfrac{dy}{dx} + 2y = 4x + e^{3x}$ **의 미분방정식을 풀어라.**

풀이

(1) 준 식은 상계수 2계 비제차 미분방정식이고, $Q(x) = 4x + e^{3x}$(함수의 합)이다.

(2) 보조해를 구하기 위하여 준 식에서 $Q(x) = 0$으로 놓고, 특성방정식과 특성근을 구한다.

(특성 방정식) : $\lambda^2 - 3\lambda + 2 = (\lambda - 1)(\lambda - 2) = 0$

(특성근) : $\lambda_1 = 1,\ \lambda_2 = 2$

따라서 보조해는 다음과 같이 구해진다.

$$y_c = A_1 e^x + A_2 e^{2x}$$

(3) 추정 특수해 y_p를 아래와 같이 놓고, 이 해의 1계 도함수와 2계 도함수를 구하면

$$y_p = ax + b + ce^{3x},\quad y_p{}' = a + 3ce^{3x},\quad y_p{}'' = 9ce^{3x}$$

가 된다. 이들을 준 식에 대입하고, 미정계수법을 적용하면 특수해는 다음과 같다.

$$9ce^{3x} - 3(a + 3ce^{3x}) + 2(ax + b + ce^{3x}) = -3a + 2(ax + b + ce^{3x})$$
$$= -3a + 2b + 2ax + 2ce^{3x}$$

$$-3a + 2b + 2ax + 2ce^{3x} = 4x + e^{3x} \quad \text{(미정계수법)}$$

$$\therefore\ a = 2,\ b = 3,\ c = \frac{1}{2} \qquad \therefore\ y_p = 2x + 3 + \frac{1}{2}e^{3x}$$

(4) 일반해는 보조해와 특수해의 합으로 나타낸다.

$$y = y_c + y_p = A_1 e^x + A_2 e^{2x} + 2x + 3 + \frac{1}{2}e^{3x}$$

예제 8.19 $\dfrac{d^2y}{dx^2} + 2\dfrac{dy}{dx} + 2y = 6e^x \cos 2x$ **의 미분방정식을 풀어라.**

풀이

(1) 준 식은 상계수 비제차 미분방정식이고, $Q(x) = 6e^x \cos 2x$(함수의 곱)이다.

(2) 보조해를 구하기 위하여 준 식에서 $Q(x) = 0$으로 놓고, 특성방정식과 특성근을 구한다.

(특성 방정식) : $\lambda^2 + 2\lambda + 2 = 0$

(특성근) : $\lambda_1,\ \lambda_2 = \dfrac{-2 \pm \sqrt{2^2 - 4(1)(2)}}{2} = -1 \pm j$

따라서 보조해는 다음과 같이 구해진다.

$$y_c = e^{-x}(A\cos x + B\sin x)$$

(3) 추정 특수해 y_p를 아래와 같이 놓고, 그 해의 1계 도함수와 2계 도함수를 각각 구하여 준 식에 대입하고, 미정계수법을 적용하면 특수해는 다음과 같다.

$$y_p = e^x(A_1\cos 2x + A_2\sin 2x) \quad \therefore\ y_p = e^x\left(\frac{6}{65}\cos 2x + \frac{48}{65}\sin 2x\right)$$

(4) 일반해는 보조해와 특수해의 합으로 나타낸다.

$$y = y_c + y_p = e^{-x}(A\cos x + B\sin x) + \frac{2e^x}{65}(3\cos 2x + 24\sin 2x)$$

8.4 미분방정식의 응용

실제적으로 전기회로에서는 도함수의 1차로 표시되는 선형계를 주 대상으로 하기 때문에 이들의 방정식도 1계 및 2계 선형 미분방정식으로 표현된다.

2계 비제차 선형 미분방정식의 일반해는 보조해와 특수해의 합으로 나타낼 수 있다는 것도 이미 배웠다.

전기회로에서는 **보조해**가 **과도해**(transient solution, $i_t(t)$)와 같고, **특수해**는 **정상해**(steady-state solution, $i_s(t)$)와 같게 된다. 여기서 과도해는 신호 인가 후 정상 상태에 도달하기 전까지의 해로써 회로의 **자연응답**(natural response)이 되고, 정상해는 시간이 경과된 후 정상 상태의 해로써 전원에 의해 형성되는 **강제응답**(forced response)이 된다.

본 절에서는 1계 및 2계 선형 미분방정식으로 표현되는 전기회로의 해석 방법을 예제를 통하여 알아보기로 한다.

예제 8.20 전계의 세기 $E = \frac{3x}{x^2+y^2}i + \frac{3y}{x^2+y^2}j$ [V/m]일 때, 점 (4, 3, 0)을 지나는 전기력선 방정식을 구하라. 단, 전기력선 방정식은 $\frac{dx}{E_x} = \frac{dy}{E_y}$이다.

풀이

전계의 세기 $\boldsymbol{E}=E_x\boldsymbol{i}+E_y\boldsymbol{j}$ 이므로 x축과 y축의 성분 E_x와 E_y는

$$E_x=\frac{3x}{x^2+y^2}, \qquad E_y=\frac{3y}{x^2+y^2}$$

이다. 각 성분을 전기력선 방정식 $\dfrac{dx}{E_x}=\dfrac{dy}{E_y}$에 대입하면

$$\frac{dx}{3x/(x^2+y^2)}=\frac{dy}{3y/(x^2+y^2)} \qquad \therefore \ \frac{dx}{x}=\frac{dy}{y}$$

변수 분리형이 되므로 양변을 적분하면(임의의 상수 C'을 붙이는 것에 주의)

$$\int\frac{dx}{x}=\int\frac{dy}{y}+C' \ \rightarrow \ \ln x=\ln y+C'$$

$$\ln x-\ln y=C' \ \rightarrow \ \ln\frac{x}{y}=C'$$

이 된다. 즉 일반해는 다음과 같다.

$$\frac{x}{y}=e^{c'}=C$$

여기서 $e^{c'}$도 새로운 임의의 상수가 되므로 C로 놓을 수 있다. 일반해의 식에 $x=4$, $y=3$을 대입하면 임의의 상수 $C=4/3$가 결정된다.

즉, 전기력선 방정식은 다음과 같이 일차함수의 직선 그래프가 된다.

$$\frac{x}{y}=\frac{4}{3} \qquad \therefore \ y=\frac{3}{4}x$$

제 8.21 그림 8.1의 R, L 회로에서 $t=0$에서 스위치를 닫았을 때, 이 회로에 흐르는 전류 $i(t)$를 미분방정식으로 풀어라.{단, 초기 조건 $i(0)=0$}

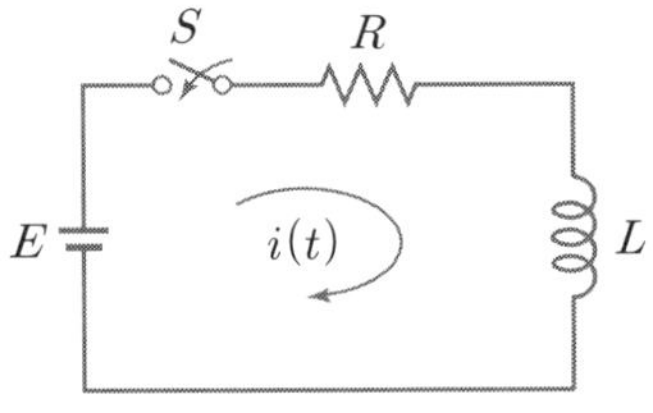

그림 8.1

풀이

그림 8.1은 키르히호프 제 2 법칙(전압법칙)의 폐로 방정식에 의해

$$L\frac{di}{dt}+Ri=E, \qquad \frac{di}{dt}+\frac{R}{L}i=\frac{E}{L}$$

가 된다. 이 미분방정식은 일반적으로 변수 분리형으로 풀지만, 1계 비제차 선형 방정식의 공식인 식 (8.26)으로도 풀 수 있다.

$$\begin{aligned} i(t) &= e^{-\int P(t)dt}\left\{\int Q(t)e^{\int P(t)dt}dt+C\right\} \\ &= e^{-\int (R/L)dt}\left\{\int \frac{E}{L}e^{\int (R/L)dt}dt+C\right\} \\ &= e^{-\frac{R}{L}t}\left\{\int \frac{E}{L}e^{\frac{R}{L}t}dt+C\right\}=\frac{E}{R}e^{-\frac{R}{L}t}\left\{e^{\frac{R}{L}t}+C\right\} \\ &= \frac{E}{R}+\frac{E}{R}Ce^{-\frac{R}{L}t}\;(=i_s(t)\,\text{정상해}+i_t(t)\,\text{과도해}) \end{aligned}$$

초기 조건에 의하여 $t\to 0$일 때 $i(0)\to 0$이므로 $C=-1$이 된다. 따라서 전류는 다음과 같이 구해진다.

$$i(t)=\frac{E}{R}\left(1-e^{-\frac{R}{L}t}\right)$$

이와 같이 1계 비제차 선형의 일반해인 식 (8.26)도 상계수 2계 비제차와 마찬가지로 보조해(과도해)와 특수해(정상해)의 합으로 표현되어 있는 것을 확인할 수 있으며, 상계수 2계 비제차 미분방정식의 해법을 이용할 수 있는 가장 간단한 방법임을 알 수 있다. 즉 보조해(과도해)는 특성방정식에 의한 방법, 특수해(정상해)는 미정계수법을 이용하여 풀 수 있다. 이 방법에 의하여 다시 풀어보기로 한다.

과도해는 미분 연산자에 의한 특성방정식과 특성근에 의하여 다음과 같다.

$$\begin{cases} (\text{특성 방정식}) : \lambda+\dfrac{R}{L}=0 \\ (\text{특성근}) : \lambda=-\dfrac{R}{L} \end{cases} \qquad \therefore\; i_t(t)=A_1e^{-\frac{R}{L}t}$$

정상해는 추정 특수해 $i_s(t)=A_2$라 놓고, 이것과 1계 도함수 $i_s'(t)=0$을 주어진 미분방정식에 대입하면

$$A_2\frac{R}{L}=\frac{E}{L} \qquad \therefore\; i_s(t)=A_2=\frac{E}{R}$$

가 된다. 따라서 일반해는 정상해와 과도해의 합으로 나타내고, 여기에 초기 조건을 대입하면 $A=-E/R$이므로 다음과 같이 간단히 구해진다.

$$i(t)=i_s(t)+i_t(t)=\frac{E}{R}+Ae^{-\frac{R}{L}t}=\frac{E}{R}\left(1-e^{-\frac{R}{L}t}\right)$$

예제 8.22 **그림** 8.2의 $R,\ L,\ C$ **회로에서** $t=0$**에서 스위치를 닫았을 때, 이 회로에 흐르는 전류** $i(t)$**를 미분방정식으로 풀어라.{단, 초기 조건** $i(0)=0$}

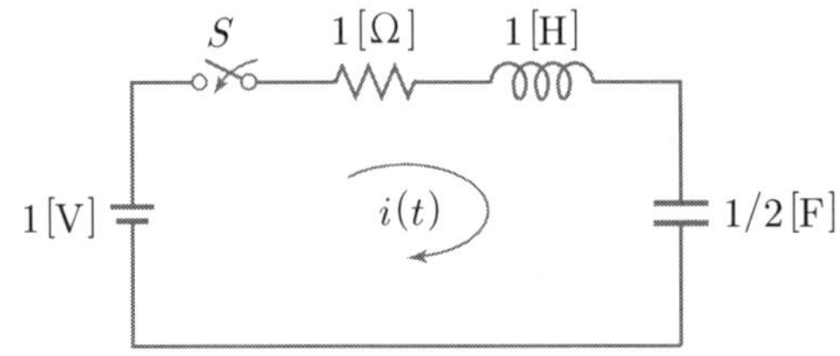

그림 8.2

풀이

그림 8.2에서 키르히호프 제 2 법칙(전압법칙)의 폐로 방정식에 의해 다음의 미분방정식이 성립한다.

$$L\frac{di}{dt}+Ri+\frac{1}{C}\int i\,dt=E$$

양변을 미분하고 회로에서 주어진 $R,\ L,\ C$의 값을 대입하면 다음과 같이 상계수 제차 선형 미분방정식이 된다.

$$\frac{d^2i}{dt^2}+3\frac{di}{dt}+2i=0$$

따라서 특성방정식과 특성근은

$$(\text{특성 방정식}):\ \lambda^2+3\lambda+2=(\lambda+1)(\lambda+2)=0$$

$$(\text{특성근}):\ \lambda_1=-1,\quad \lambda_2=-2$$

이므로 일반해는 다음과 같이 된다.

$$i(t) = A_1 e^{-t} + A_2 e^{-2t}$$

임의의 상수 A_1, A_2는 초기 조건에 의하여 구할 수 있으며, $t = 0$에서

$$i(0^+) = 0, \quad q(0^+) = 0$$

이 된다. 따라서 원 방정식에 $t = 0^+$를 대입하면

$$L\frac{di(0_+)}{dt} + Ri(0^+) + \frac{1}{C}q(0^+) = E$$

$$\therefore \quad \frac{di(0^+)}{dt} = \frac{E}{L} = 1$$

이 구해지고, 세 개의 초기 조건을 일반해에 대입하면 다음의 관계식을 얻는다.

$$i(0^+) = 0 \rightarrow i(0^+) = A_1 + A_2 = 0$$

$$\frac{di}{dt} = -A_1 e^{-t} - 2A_2 e^{-2t} \text{ (일반해의 미분)}$$

$$\therefore \quad \frac{di(0^+)}{dt} = -A_1 - 2A_2 = 1$$

따라서 임의의 상수는 위의 두 관계식으로부터 다음과 같이 얻어진다.

$$A_1 = 1, \quad A_2 = -1$$

전류 $i(t)$는 특수해로 다음과 같이 구해진다.

$$i(t) = e^{-t} - e^{-2t}$$

연 / 습 / 문 / 제

8-1 다음 변수 분리형 미분방정식의 일반해를 구하라.

(1) $9y\dfrac{dy}{dx}+4x=0$

(2) $\dfrac{dy}{dx}=-2xy$

(3) $3\dfrac{dy}{dx}+x=6$

(4) $\dfrac{dy}{dx}=2+y$

(5) $\dfrac{dy}{dx}=\dfrac{3x^2-2}{2y-1}$

(6) $2xy\dfrac{dy}{dx}=1+y^2$

힌트 제 8.2.1절의 변수 분리형 미분방정식 해법 참고

8-2 다음 동차형 미분방정식의 일반해를 구하라.

(1) $x\dfrac{dy}{dx}=x+y$

(2) $x\dfrac{dy}{dx}=2x+2y$

(3) $y^2=x^2\dfrac{dy}{dx}$

(4) $x\dfrac{dy}{dx}+\dfrac{y^2}{x}=y$

(5) $xy\dfrac{dy}{dx}=\dfrac{x^2+y^2}{2}$

(6) $xy\dfrac{dy}{dx}=x^2+y^2$

힌트 제 8.2.2절의 동차형 미분방정식 해법 참고

8-3 다음 완전 미분방정식의 일반해를 구하라.

(1) $(y+4)dx+xdy=0$

(2) $(4x^3y^3-2xy)dx+(3x^4y^2-x^2)dy=0$

(3) $(2x+y-3)dx+(x-4y+1)dy=0$

(4) $(3x^2+8xy)dx+(4x^2+3y^2)dy=0$

(5) $(2x+e^y)dx+xe^y dy=0$

힌트 제 8.2.3절의 완전 미분방정식 해법 참고

8-4 다음 1계 선형 미분방정식의 일반해를 구하라.

(1) $x\frac{dy}{dx}+y+4=0$ (2) $\frac{dy}{dx}-y=3$

(3) $\frac{dy}{dx}+2xy=0$ (4) $\frac{dy}{dx}+x=y$

(5) $x\frac{dy}{dx}+y=2$ (6) $y=x\left(3-\frac{dy}{dx}\right)$

힌트 제 8.2.4절의 1계 선형 미분방정식 해법 참고

8-5 다음 상계수 2계 제차 선형 미분방정식의 일반해를 구하라.

(1) $y''-4y'+3y=0$ (2) $y''-y'-6y=0$

(3) $y''-3y'+2y=0$ (4) $y''+y'-2y=0$

(5) $y''-4y=0$ (6) $y''+4y=0$

(7) $y''-8y'+16y=0$ (8) $y''+6y'+9y=0$

(9) $y''-y'-2y=0$ (10) $y''+4y'+5y=0$

(11) $y''+25y=0$ (12) $y''+2y'=0$

힌트 제 8.3.1절의 상계수 제차 미분방정식 해법 참고

(1) 특성방정식 : $\lambda^2-4\lambda+3=(\lambda-1)(\lambda-3)=0 \quad \therefore \lambda_1=1,\ \lambda_2=3$
일반해 : $y=A_1e^x+A_2e^{3x}$

8-6 다음 상계수 2계 비제차 선형 미분방정식의 일반해를 구하라.

(1) $y''-5y'+6y=3$ (2) $y''+2y'+2y=5$

(3) $y''+3y'-4y=2x+3$ (4) $y''+3y'-10y=2e^{3x}$

(5) $2\frac{d^2y}{dx^2}-\frac{dy}{dx}-3y=5e^{-x}$ (6) $\frac{d^2y}{dx^2}+4\frac{dy}{dx}+4y=4e^{-2x}$

(7) $2\frac{d^2i}{dt^2}+5\frac{di}{dt}-3i=2\sin 3t$ (8) $\frac{d^2y}{dx^2}-3\frac{dy}{dx}+2y=x^2+e^x$

힌트 제 8.3.2절의 상계수 비제차 미분방정식 해법 참고

(1) 보조해 : $\lambda^2-5\lambda+6=(\lambda-2)(\lambda-3)=0 \quad \therefore\ \lambda_1=2,\ \lambda_2=3$

$\therefore\ y_c=A_1e^{2x}+A_2e^{3x}$

특수해 : 추정 특수해(1안) $y_p=A$(상수), 준 식에 대입하여 미정계수법으로 풀면

$y_p=1/2$

일반해 : $y=y_c+y_p=A_1e^{2x}+A_2e^{3x}+1/2$

(3) 보조해 : $\lambda^2+3\lambda-4=(\lambda-1)(\lambda+4)=0 \quad \therefore\ \lambda_1=1,\ \lambda_2=-4$

$y_c=A_1e^{x}+A_2e^{-4x}$

특수해 : 추정 특수해(1안) $y_p=Ax+B$, 1계 및 2계 도함수를 준 식에 대입하여 미정계수법으로 풀면

$$y_p=-\frac{1}{2}x-\frac{9}{8}$$

일반해 : $y=y_c+y_p=A_1e^{x}+A_2e^{-4x}-\dfrac{1}{8}(4x+9)$

(5) 특수해 : $y_p=Axe^{-x}$ (6) 특수해 : $y_p=Ax^2e^{-2x}$

(7) 특수해 : $y_p=A_1\cos 3t+A_2\sin 3t$ (8) 특수해 : $y_p=ax^2+bx+c+Axe^{x}$

8-7 **그림** 8.3의 R, C 회로에서 $t=0$에서 스위치를 닫았을 때, 이 회로에 흐르는 전류 $i(t)$를 미분방정식을 이용하여 구하라.

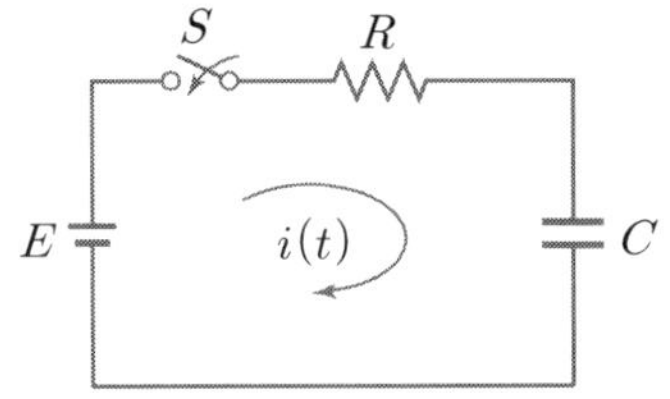

그림 8.3

힌트 미분방정식 : $Ri(t)+\dfrac{1}{C}\displaystyle\int i(t)dt=E$(양변 미분) $\rightarrow \dfrac{di}{dt}+\dfrac{1}{RC}i=0$

특성방정식 : $\lambda+\dfrac{1}{RC}=0 \quad \therefore\ \lambda=-\dfrac{1}{RC}$

일반해 : $i(t)=Ae^{-\frac{1}{RC}t}$

초기 조건 $t=0$에서 $i(0)=E/R$이므로 일반해에 대입하면 $A=E/R$

전류 : $i(t)=\dfrac{E}{R}e^{-\frac{1}{RC}t}$

chapter 9

라플라스 변환

9.1 라플라스 변환의 개요

라플라스 변환(Laplace transform)은 제어시스템, 4단자망의 각종 전기계와 기계적 진동계 및 서보기구(servo—mechanism) 등의 응용수학에 널리 사용되고 있다.

일반적으로 회로해석은 키르히호프 법칙에 의한 직류회로 해석, 미분방정식에 의한 인덕터, 커패시터 소자회로의 해석, 교류의 정현함수에 대한 페이저 해석 및 비정현 주기함수의 푸리에 변환 등의 기법을 이용한다.

본 장은 푸리에 변환보다도 더욱 다양한 응용 범위와 회로 해석에서 선형 미분방정식의 강력한 해법 수단을 가지고 있는 라플라스 변환에 대하여 공부하며, 이는 다음과 같은 특징이 있다.

(1) 구동전원이 지수함수 또는 삼각함수 등의 초월함수와 같은 복잡한 경우에도 간단히 대수함수로 변환시킬 수 있고, 비주기 함수나 불연속 함수를 간단한 식으로 표현할 수 있다.

(2) 구동전원이 복잡한 함수의 선형 미분방정식을 간단한 대수방정식으로 변환하여 응답의 해를 쉽게 구할 수 있고 그 역변환으로 시간응답을 구할 수 있다.

(3) 임펄스함수나 계단함수를 효과적으로 이용하여 선형회로에 대해 시간영역의 해를 얻게 된다.

(4) 미분방정식의 일반해는 과도해(자연응답)와 정상해(강제응답)를 각각 구하지만, 라플라스 변환에 의한 방법은 초기조건이 자동적으로 포함되어 있기 때문에 완전응답(일반해)이 한 번에 구해진다.

참고로 **대수방정식**은 지수, 로그 또는 삼각함수 등이 아닌 대수식(유리수나 무리수)으로만 이루어진 방정식을 의미한다.

라플라스 변환에 의한 선형 미분방정식의 해를 구하는 기본적인 공식적 절차는 **그림** 9.1과 같은 흐름도로 설명할 수 있다.

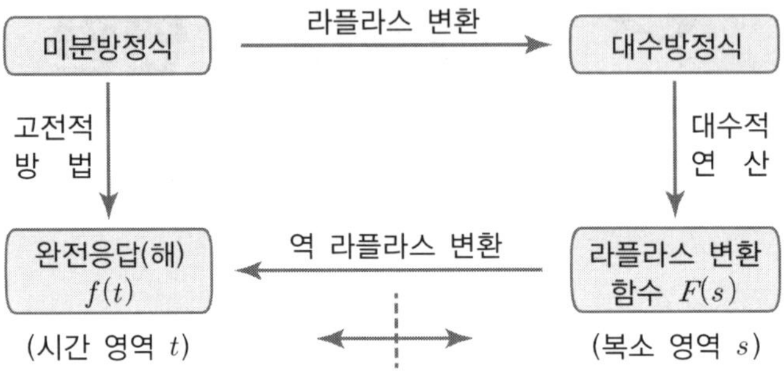

그림 9.1 라플라스 변환의 흐름도

9.2 라플라스 변환의 정의

시간함수 $f(t)$를 $0 \leq t < \infty$에서 정의된 함수라 할 때, $f(t)$에 감쇠정수 e^{-st}를 곱한 함수 $f(t)e^{-st}$를 시간 t에 대해 적분하면

$$F(s) = \mathcal{L}[f(t)] = \int_0^\infty f(t)e^{-st}dt \tag{9.1}$$

가 된다. 함수 $F(s)$를 원함수 $f(t)$의 **라플라스 변환**(Laplace transformation)이라 하고, $\mathcal{L}[f(t)]$로 표기한다. 여기서 s는 $s = \sigma + j\omega$의 복소함수를 의미한다.

또 라플라스 변환 함수 $F(s)$로부터 시간함수 $f(t)$를 구하는 연산을 **역 라플라스 변환**(inverse Laplace transform)이라 하고, $F(s)$의 역 라플라스 변환은 다음과 같이 정의하며, $\mathcal{L}^{-1}[F(s)]$로 표기한다.

$$f(t) = \mathcal{L}^{-1}[F(s)] = \frac{1}{2\pi j}\int_{\sigma - j\omega}^{\sigma + j\omega} F(s)e^{st}ds \tag{9.2}$$

함수 $f(t)$와 $F(s)$를 **라플라스 변환쌍**이라 하고, 역 라플라스 변환은 일반적으로 중요한 시간함수에 대한 라플라스 변환쌍이 주어지므로 이를 적용하여 간단히 구한다.

9.3 라플라스 변환과 정리

9.3.1 기본 입력신호 함수

(1) 단위 충격(임펄스) 함수

그림 9.2(a)와 같이 구형 펄스가 폭 ϵ, 높이 $1/\epsilon$, 면적 1인 파형을 $f(t)$라 할 때, 이 함수가 면적 1을 유지하면서 $\epsilon \to 0$으로 극한을 취할 때 ∞가 되는 파형을 **단위 충격 함수**(unit impulse function)라고 정의하며, 기호는 $\delta(t)$로 표시한다.

위의 정의에 의해 함수 $\delta(t)$는 $f(t)$의 $\epsilon \to 0$인 극한이므로 수학적으로 다음과 같고, 식 (9.1)의 정의 식에 대입하면 라플라스 변환 $\mathcal{L}[\delta(t)]$는 다음과 같이 구해진다.

$$\delta(t) = \lim_{\epsilon \to 0} f(t) = \begin{cases} \infty & (t=0) \\ 0 & (t \neq 0) \end{cases}, \quad \int_{-\infty}^{\infty} \delta(t)dt = \int_{0}^{\epsilon} \delta(t)dt = 1 \text{ (면적)} \tag{9.3}$$

$$\therefore \quad \mathcal{L}[\delta(t)] - \int_{0}^{\infty} \delta(t)e^{-st}dt = \int_{0}^{\infty} \delta(t) \cdot 1\, dt = 1 \tag{9.4}$$

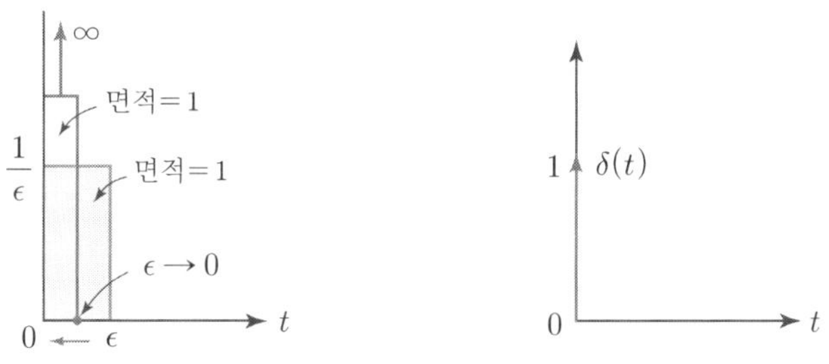

그림 9.2 단위 충격(임펄스) 함수 $\delta(t)$

(2) 단위 계단 함수

단위 계단 함수(unit step function)는 **그림** 9.3과 같이 $t<0$의 구간에서 0이고 $t \geq 0$의 구간에서 크기가 1인 계단 형태의 함수를 나타낸다.

단위 계단 함수의 수학적 정의는 다음과 같고, 기호는 $u(t)$로 표시한다. 즉,

$$f(t) = u(t) = \begin{cases} 0 & (t<0) \\ 1 & (t \geq 0) \end{cases} \tag{9.5}$$

단위 계단 함수 $u(t)$의 라플라스 변환은 $u(t)$를 생략한 계수 1을 식 (9.1)의 정의 식에 대입하면 다음과 같이 구해진다.

$$\mathcal{L}[u(t)] = \int_0^{\infty} 1 \cdot e^{-st} dt = \left[-\frac{1}{s} e^{-st} \right]_0^{\infty} = -\frac{1}{s}(e^{-\infty} - 1) = \frac{1}{s}$$

$$\therefore \quad \mathcal{L}[u(t)] = \frac{1}{s} \tag{9.6}$$

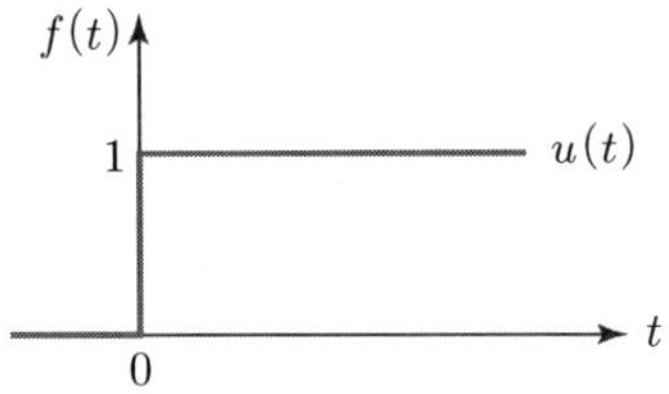

그림 9.3 단위 계단함수

(3) 단위 경사 함수

단위 경사 함수는 **그림** 9.4(a)에서 실수 전 범위에서 연속인 직선함수 t에 단위 계단 함수 $u(t)$를 곱하면 $t<0$의 구간에서 0, $t \geq 0$의 구간에서 기울기가 1인 직선을 의미한다. 이 함수를 **단위 램프 함수**(unit lamp function)라고도 하며, **그림** 9.4(b)에 나타낸다.

단위 램프 함수의 기호는 $tu(t)$로 표시하고, 수학적 정의는 다음과 같다.

$$f(t) = tu(t) = \begin{cases} 0 & (t<0) \\ t & (t \geq 0) \end{cases} \tag{9.7}$$

단위 경사 함수의 라플라스 변환도 $t \geq 0$의 범위에서 정의하기 때문에 $u(t)$를 생략하여 식 (9.1)에 대입하면

$$\mathcal{L}[f(t)] = \mathcal{L}[tu(t)] = \int_0^{\infty} t \cdot e^{-st} dt \tag{9.8}$$

이다. 이 식을 부분 적분법의 공식

$$\int f'(x)g(x)dx = f(x)g(x) - \int f(x)g'(x)dx \tag{9.9}$$

에서 $f'(x) = e^{-st}$, $g(x) = t$, $f(x) = -\frac{1}{s}e^{-st}$, $g'(x) = 1$를 적용하면 다음과 같이

구해진다.

$$\mathcal{L}[tu(t)] = \int_0^\infty t \cdot e^{-st} dt = \left[t \cdot -\frac{e^{-st}}{s} \right]_0^\infty - \int_0^\infty -\frac{e^{-st}}{s} dt$$

$$= \left[-\frac{1}{s^2} e^{-st} \right]_0^\infty = \frac{1}{s^2}$$

$$\therefore \quad \mathcal{L}[tu(t)] = \frac{1}{s^2} \qquad (9.10)$$

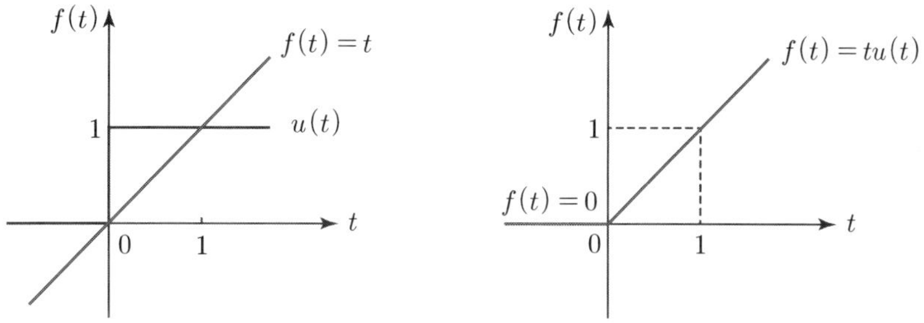

(a) t(연속함수)와 $u(t)$의 곱　　(b) $f(t) = tu(t)$

그림 9.4 단위 경사 함수

이 된다. $\delta(t)$는 **그림** 9.4(b)와 같이 $\delta(0)$가 무한히 크다는 의미에서 화살표로 표현하고 $\delta(t)$의 면적이 1이라는 의미에서 화살표의 길이를 1로 하며 화살표 옆에 표시한다.

단위 임펄스 함수의 라플라스 변환은 $t \neq 0$에서 $\delta(t) = 0$이므로 다음과 같다.

$$\mathcal{L}[\delta(t)] = \int_0^\infty \delta(t) e^{-st} dt = \int_0^\infty \delta(t) \cdot 1 dt = 1$$

$$\therefore \quad \mathcal{L}[\delta(t)] = 1 \qquad (9.11)$$

(4) 지수함수

지수함수 $f(t) = e^{-at}u(t)$를 식 (9.1)의 정의 식에 대입하면 라플라스 변환은 다음과 같고, **그림** 9.5(a)에서 e^{-at}와 $u(t)$의 곱에 의해 **그림** 9.5(b)의 지수함수 곡선을 나타낸다. 특히 지수함수의 라플라스 변환은 지수부의 부호가 반대로 적용되는 것을 주의해야 한다.

$$\mathcal{L}[e^{-at}u(t)] = \int_0^\infty e^{-at} e^{-st} dt = \int_0^\infty e^{-(s+a)t} dt$$

$$= \left[-\frac{1}{s+a} e^{-(s+a)t} \right]_0^{\infty} = \frac{1}{s+a}$$

$$\therefore \quad \mathcal{L}[e^{-at}] = \frac{1}{s+a}, \quad \mathcal{L}[e^{at}] = \frac{1}{s-a} \tag{9.12}$$

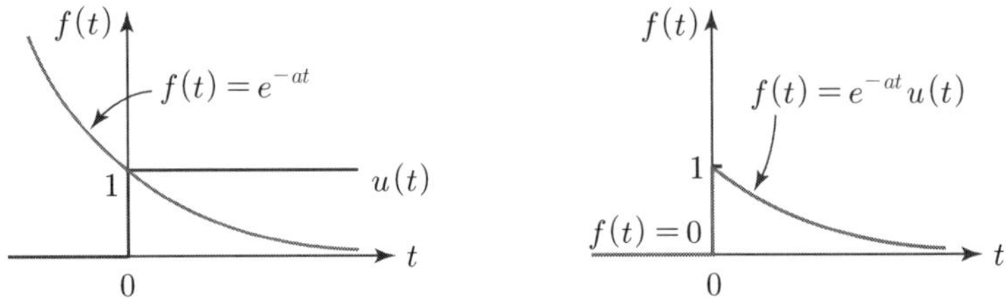

(a) e^{-at}(연속함수)와 $u(t)$의 곱 (b) $f(t)=e^{-at}u(t)$

그림 9.5 지수함수

지금까지 자동제어계의 응답 특성을 알기 위하여 자주 사용하는 입력신호로써 단위 계단함수, 단위 경사(램프)함수, 단위 충격(임펄스)함수 등을 포함한 기본적인 함수에 대하여 라플라스 변환 과정을 나타내었다.

시스템 해석에 중요한 시간함수의 라플라스 변환을 **표** 9.1에 정리하였으며, 나머지 함수의 라플라스 변환은 다음 절의 정리를 활용하여 구하는 방법을 배울 것이다.

표 9.1 라플라스 변환표

번호	함 수 명	$f(t)$	$F(s)$	번호	함 수 명	$f(t)$	$F(s)$
1	단위 임펄스 함수	$\delta(t)$	1	8	지수 n차 램프 함수	$t^n e^{-at}$	$\frac{n!}{(s+a)^{n+1}}$
2	단위 계단 함수	$u(t)=1$	$\frac{1}{s}$	9	cos함수	$\cos\omega t$	$\frac{s}{s^2+\omega^2}$
3	단위 램프 함수	t	$\frac{1}{s^2}$	10	sin함수	$\sin\omega t$	$\frac{\omega}{s^2+\omega^2}$
4	포물선 함수	t^2	$\frac{2}{s^3}$	11	지수 cos함수	$e^{-at}\cos\omega t$	$\frac{s+a}{(s+a)^2+\omega^2}$
5	n차 램프 함수	t^n	$\frac{n!}{s^{n+1}}$	12	지수 sin함수	$e^{-at}\sin\omega t$	$\frac{\omega}{(s+a)^2+\omega^2}$
6	지수함수	e^{-at}	$\frac{1}{s+a}$	13	쌍곡선 함수	$\cosh\omega t$	$\frac{s}{s^2-\omega^2}$
7	지수램프함수	te^{-at}	$\frac{1}{(s+a)^2}$	14	쌍곡선 함수	$\sinh\omega t$	$\frac{\omega}{s^2-\omega^2}$

9.3.2 라플라스 변환의 정리

라플라스 변환의 여러 가지 성질과 **표** 9.1의 변환표를 이용하면 주어진 함수의 라플라스 변환을 간단히 해결할 수 있다.

라플라스 변환은 여러 가지 성질을 가지고 있으며, 여기서는 자주 이용되는 성질만 개념을 설명하고 나머지는 이 절의 마지막에 **표** 9.2로 정리하여 나타낸다.

(1) 선형 정리

시간함수의 합 또는 차의 라플라스 변환은 각 시간함수의 라플라스 변환의 합 또는 차와 같다.

$$\begin{aligned}\mathcal{L}\,[af_1(t)\pm bf_2(t)] &= \int_0^\infty [af_1(t)\pm bf_2(t)]e^{-st}\,dt \\ &= a\int_0^\infty f_1(t)e^{-st}\,dt \pm b\int_0^\infty f_2(t)e^{-st}\,dt \\ &= aF_1(s)\pm bF_2(s)\end{aligned}$$

$$\therefore\quad \mathcal{L}\,[af_1(t)\pm bf_2(t)] = aF_1(s)\pm bF_2(s) \tag{9.13}$$

예제 9.1 $f(t) = 6+3t+4e^{-3t}+2\cos 5t$ 의 라플라스 변환을 구하라.

풀이

선형 정리에 의하여

$$\begin{aligned}\mathcal{L}\,[f(t)] &= \mathcal{L}\,[6+3t+4e^{-3t}+2\cos 5t] \\ &= \mathcal{L}\,[6]+\mathcal{L}\,[3t]+\mathcal{L}\,[4e^{-3t}]+\mathcal{L}\,[2\cos 5t]\end{aligned}$$

$$\therefore\quad F(s) = \frac{6}{s}+\frac{3}{s^2}+\frac{4}{s+3}+\frac{2s}{s^2+25}$$

(2) 미분 정리

함수 $f(t)$의 라플라스 변환 함수가 $F(s)$일 때, $f(t)$의 1차 미분 $f'(t)$의 라플라스 변환은 부분 적분법을 적용하면 다음과 같이 구해진다.

$$\begin{aligned}\mathcal{L}[f'(t)] &= \int_0^\infty f'(t)e^{-st}dt = \left[f(t)e^{-st}\right]_0^\infty - \int_0^\infty f(t)(-se^{-st})dt \\ &= -f(0^+) + s\int_0^\infty f(t)e^{-st}dt = sF(s) - f(0^+)\end{aligned}$$

$$\therefore\ \mathcal{L}[f'(t)] = sF(s) - f(0^+) \tag{9.14}$$

단, $f(0)$은 $f(t)$의 초기값 $f(0) = \lim_{t \to 0} f(t)$으로 초기 조건에 의해 결정된다.

2차 미분 함수 $f''(t)$의 라플라스 변환은 식 (9.14)를 이용하면

$$\begin{aligned}\mathcal{L}[f''(t)] &= \mathcal{L}[(f'(t))'] = s\mathcal{L}[f'(t)] - f'(0^+) \\ &= s\{sF(s) - f(0^+)\} - f'(0^+)\end{aligned} \tag{9.15}$$

$$\therefore\ \mathcal{L}[f''(t)] = s^2F(s) - sf(0^+) - f'(0^+) \tag{9.16}$$

이므로 고차의 미분에 대한 라플라스 변환도 확장하여 구할 수 있다.

그러나 회로 해석은 대부분이 2차 미분 방정식이므로 1차 및 2차 미분의 라플라스 변환 식을 반드시 기억해 두어야 한다.

☞ 1, 2**차 미분의 라플라스 변환**

(1) 1**차 미분** : $\mathcal{L}[f'(t)] = sF(s) - f(0^+)$

(2) 2**차 미분** : $\mathcal{L}[f''(t)] = s^2F(s) - sf(0^+) - f'(0^+)$

예제 9.2 $\frac{d}{dt}x(t) + x(t) = 2$ 의 라플라스 변환을 구하라. 단, 초기값은 0 이다.

풀이

미분 정리에 의해 $sX(s) - x(0) + X(s) = \frac{2}{s}$, $sX(s) + X(s) = \frac{2}{s}$

$$\therefore\ X(s) = \frac{2}{s(s+1)}$$

(3) 적분 정리

시간함수 $f(t)$의 1차 적분의 라플라스 변환도 도함수의 라플라스 변환과 같은 방법으로

$$\mathcal{L}\left[\int f(t)dt\right]=\int_0^{\infty}\left\{\int f(t)dt\right\}e^{-st}dt$$

$$=\left[\left\{\int f(t)dt\right\}\left\{-\frac{1}{s}e^{-st}\right\}\right]_0^{\infty}-\int_0^{\infty}f(t)\left(-\frac{1}{s}e^{-st}\right)dt$$

$$=\frac{1}{s}F(s)+\frac{1}{s}f^{(-1)}(0^+)$$

$$\therefore\quad \mathcal{L}\left[\int f(t)dt\right]=\frac{1}{s}F(s)+\frac{1}{s}f^{(-1)}(0^+) \tag{9.17}$$

가 된다. 여기서 $f^{(-1)}(0^+)$는 $t\rightarrow 0$일 때 계산한 적분값의 초기값으로

$$f^{(-1)}(0^+)=\lim_{t\rightarrow 0}\int f(t)dt \tag{9.18}$$

이고, 초기조건에 의해 결정된다.

동일한 방법으로 2차 적분 및 n차 적분의 라플라스 변환은 다음과 같다.

$$\mathcal{L}\left[\int\int f(t)dt^2\right]=\frac{1}{s^2}F(s)+\frac{1}{s^2}f^{(-1)}(0^+)+\frac{1}{s}f^{(-2)}(0^+)$$

$$\begin{cases}\mathcal{L}\left[\int\int\cdots\int f(t)dt^n\right]=\frac{1}{s^n}F(s)+\frac{1}{s^n}f^{(-1)}(0^+)+\cdots+\frac{1}{s}f^{(-n)}(0^+)\\ \mathcal{L}\left[\int\int\cdots\int f(t)dt^n\right]=\frac{1}{s^n}F(s)\quad (\text{단, 모든 초기값은 }0)\end{cases} \tag{9.19}$$

예제 9.3 $e(t)=Ri(t)+L\frac{d}{dt}i(t)+\frac{1}{C}\int i(t)dt$ **에서 모든 초기값을** 0 **으로 하고 라플라스 변환을 구하라.**

풀이

적분 정리를 적용하면

$$E(s) = RI(s) + LsI(s) + \frac{1}{Cs}I(s)$$

$$I(s) = \frac{1}{R + Ls + \frac{1}{Cs}}E(s) \quad \therefore \; I(s) = \frac{Cs}{LCs^2 + RCs + 1}E(s)$$

(4) 복소 미분 정리

앞의 미분 정리에서 시간 영역의 함수 $f(t)$의 미분에 대한 라플라스 변환을 배웠다. 이와 반대로 복소 영역에서 복소 함수(s 함수) $F(s)$의 미분에 대응되는 시간 영역의 함수를 구하는 복소 미분 정리에 대해 설명한다.

시간 영역 함수 $f(t)$의 라플라스 변환인 복소 함수 $F(s)$는

$$F(s) = \int_0^\infty f(t)\, e^{-st}\, dt \tag{9.20}$$

이고, 이 식을 복소함수 s로 양변 미분하면

$$\begin{aligned}\frac{d}{ds}F(s) &= \frac{d}{ds}\int_0^\infty f(t)e^{-st}\,dt = \int_0^\infty f(t)\frac{d}{ds}e^{-st}\,dt \\ &= \int_0^\infty f(t)(-te^{-st})\,dt = -\mathcal{L}[tf(t)]\end{aligned}$$

가 된다. $\mathcal{L}[tf(t)]$와 동일한 방법으로 $\mathcal{L}[t^n f(t)]$의 라플라스 변환도 다음과 같다.

$$\mathcal{L}[tf(t)] = -\frac{d}{ds}F(s), \quad \mathcal{L}[t^n f(t)] = (-1)^n\frac{d^n}{ds^n}F(s) \tag{9.21}$$

예제 9.4 $f(t) = t\sin\omega t$의 라플라스 변환을 구하라.

풀이

$$\mathcal{L}[t\sin\omega t] = -\frac{d}{ds}\{\mathcal{L}[\sin\omega t]\} = -\frac{d}{ds}\left(\frac{\omega}{s^2+\omega^2}\right) = \frac{2\omega s}{(s^2+\omega^2)^2}$$

(5) 시간 이동 정리(시간 추이 정리)

그림 9.6과 같이 $f(t-a)$는 $f(t)$와 동일한 파형을 가지며, a 만큼 이동한 파형이 된다. 즉, $f(t-a)$는 $f(t)$보다 시간적으로 a 만큼 뒤진 함수이다.

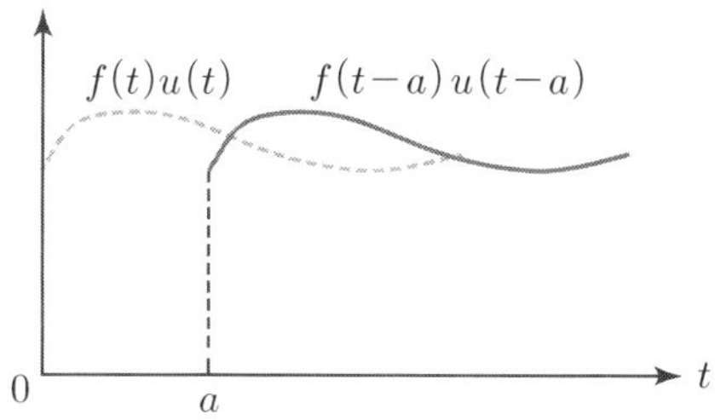

그림 9.6 $f(t-a)$**의 파형**

앞의 복소 이동 정리는 시간 영역에서 함수 $f(t)$에 지수함수를 곱하면 복소 영역에서 $F(s)$를 평행 이동한 함수가 된다는 것을 배웠다. 이와 반대로 시간 영역에서 함수 $f(t)$를 평행 이동하면 복소 영역에서 $F(s)$에 지수함수를 곱한 것으로 나타낼 수 있다.

$f(t)$의 라플라스 변환 함수가 $F(s)$일 때, **그림** 9.6과 같이 시간 영역에서 함수 $f(t)$를 t축을 따라 a 만큼 평행 이동한 함수 $f(t-a)u(t-a)$의 라플라스 변환은 다음과 같다.

$$\mathcal{L}[f(t)u(t)] = F(s)$$

$$\mathcal{L}[f(t-a)u(t-a)] = e^{-as}F(s) \tag{9.22}$$

$f(t)$의 라플라스 변환 함수가 $F(s)$일 때, **그림** 9.6과 같이 시간 영역에서 함수 $f(t)$를 t축을 따라 a 만큼 평행 이동한 함수 $f(t-a)u(t-a)$의 라플라스 변환은 다음과 같다.

식 (9.22)는 시간 영역에서 함수 $f(t)$를 a 만큼 평행 이동한 것은 복소 영역에서 $F(s)$에 지수함수 e^{-as}를 곱한 것이 되는 것을 의미한다. 즉 시간함수 $f(t)$의 평행 이동에 의한 것이기 때문에 라플라스 변환의 **시간 이동 정리** 또는 **시간 추이 정리**하고 한다.

결과적으로 시간 이동 함수 $f(t-a)u(t-a)$의 라플라스 변환은 복소 영역에서 $F(s)$에 이동한 시간 $(-a)$ 만큼의 지수함수 e^{-as}를 곱하여 구할 수 있다.

예제 9.5 $f(t)=(t-4)^2$ 의 라플라스 변환을 구하라.

풀이

$f(t)=(t-4)^2u(t-4)$는 $t^2u(t)$에서 t를 양의 방향으로 4 만큼 평행 이동한 함수이므로 시간 이동 정리를 적용한다.

즉, $t^2u(t)$의 라플라스 변환 $\mathcal{L}\left[t^2u(t)\right]=2/s^3$에 e^{-4s}를 곱한 결과는 다음과 같다.

$$\mathcal{L}\left[(t-4)^2\right]=e^{-4s}\cdot\frac{2}{s^3}=\frac{2e^{-4s}}{s^3}$$

(6) 초기값 정리

식 (9.14)의 미분정리 $\mathcal{L}[f'(t)]=sF(s)-f(0^+)$에서 s가 $s\to\infty$로 극한을 취하면

$$\lim_{s\to\infty}\left[\int_0^\infty f'(t)e^{-st}dt\right]=\lim_{s\to\infty}\left[sF(s)-f(0^+)\right] \tag{9.23}$$

가 된다. 또 $\lim\limits_{s\to\infty}e^{-st}=0$이므로 윗 식의 좌변은 0이다. 즉, 우변도

$$\lim_{s\to\infty}\left[sF(s)-f(0^+)\right]=0 \tag{9.24}$$

이므로 **초기값 정리**는 다음과 같다.

$$\therefore\ f(0_+)=\lim_{t\to 0}f(t)=\lim_{s\to\infty}sF(s) \tag{9.25}$$

초기값 정리는 미분방정식의 해를 구할 때 초기값을 파악할 수 있는 매우 유용한 정리이다.

(7) 최종값 정리

식 (9.14)의 미분정리 $\mathcal{L}[f'(t)]=sF(s)-f(0^+)$에서 $s\to 0$으로 극한을 취하면

$$\lim_{s\to 0}\left[\int_0^\infty f'(t)e^{-st}dt\right]=\lim_{s\to 0}\left[sF(s)-f(0^+)\right] \tag{9.26}$$

가 된다. 또 $\lim\limits_{s\to 0}e^{-st}=1$이므로 윗 식의 좌변은

$$\lim_{s\to 0}\left[\int_0^{\infty} f'(t)e^{-st}\,dt\right]=\int_0^{\infty} f'(t)dt=\lim_{t\to\infty}\int_0^{t} f'(t)dt$$

$$=\lim_{t\to\infty}[f(t)]_0^{\infty}=\lim_{t\to\infty}\{f(t)-f(0^+)\} \tag{9.27}$$

이고, 식 (9.26)과 식 (9.27)의 우변을 등식으로 놓으면

$$\lim_{t\to\infty}\{f(t)-f(0_+)\}=\lim_{s\to 0}\left[sF(s)-f(0_+)\right] \tag{9.28}$$

이다. 따라서 **최종값 정리**는 다음과 같다.

$$\therefore\ \ f(\infty)=\lim_{t\to\infty}f(t)=\lim_{s\to 0}sF(s) \tag{9.29}$$

예제 9.6 다음의 주어진 함수에서 $f(t)$의 초기값과 최종값을 각각 구하라.

$$F(s)=\frac{2s+10}{s^3+6s^2+5s}$$

풀이

(1) 초기값 정리에 의하여

$$\lim_{t\to 0}f(t)=\lim_{s\to\infty}sF(s)=\lim_{s\to\infty}\frac{2s+10}{s^2+6s+5}$$

이고, 여기서 s^2의 최고차 항으로 나누면 $f(t)$의 초기값은 다음과 같다.

$$\lim_{t\to 0}f(t)=\lim_{s\to\infty}sF(s)=\lim_{s\to\infty}\frac{\frac{2}{s}+\frac{10}{s^2}}{1+\frac{6}{s}+\frac{5}{s^2}}=0$$

(2) 최종값 정리에 의하여 $f(t)$의 최종값은 다음과 같다.

$$\lim_{t\to\infty}f(t)=\lim_{s\to 0}sF(s)=\lim_{s\to 0}\frac{2s+10}{s^2+6s+5}=\frac{10}{5}=2$$

이상에서 설명한 라플라스 변환 정리를 **표** 9.2에 나타낸다.

표 9.2 라플라스 변환 정리

번호	정 리	공 식
1	선형 정리	$\mathcal{L}[af_1(t)+bf_2(t)]=aF_1(s)+bF_2(s)$
2	시간 이동 정리	$\mathcal{L}[f(t-a)]=e^{-as}F(s)$
3	복소 이동 정리	$\mathcal{L}[e^{-at}f(t)]=F(s+a)$, $\mathcal{L}[e^{at}f(t)]=F(s-a)$
4	미분 정리	$\mathcal{L}[f'(t)]=sF(s)-f(0)$ $\mathcal{L}[f''(t)]=s^2F(s)-sf(0)-f'(0)$ $\mathcal{L}[f^n(t)]=s^nF(s)$(단, 초기값은 0)
5	적분 정리	$\mathcal{L}\left[\int f(t)dt\right]=\frac{1}{s}F(s)+\frac{1}{s}f^{(-1)}(0^+)$ $\left(f^{(-1)}(0^+)=\lim_{t\to 0^+}\int_{-\infty}^{0} f(t)dt\right)$ (초기조건 결정) $\mathcal{L}\left[\int\int f(t)dt^2\right]=\frac{1}{s^2}F(s)$
6	복소 미분 정리	$\mathcal{L}[(-t)f(t)]=\frac{dF(s)}{ds} \to \mathcal{L}[tf(t)]=-\frac{dF(s)}{ds}$ $\mathcal{L}[(-t)^2f(t)]=\frac{d^2F(s)}{ds^2} \to \mathcal{L}[t^2f(t)]=(-1)^2\frac{d^2F(s)}{ds^2}$ $\mathcal{L}[(-t)^nf(t)]=\frac{d^nF(s)}{ds^n} \to \mathcal{L}[t^nf(t)]=(-1)^n\frac{d^nF(s)}{ds^n}$
7	복소 적분 정리	$\mathcal{L}\left[\frac{f(t)}{t}\right]=\int_0^{\infty}F(s)ds$
8	스케일 변경 (상사 정리)	$\mathcal{L}[f(at)]=\frac{1}{a}F\left(\frac{s}{a}\right)$ 또는 $\mathcal{L}\left[f\left(\frac{t}{a}\right)\right]=aF(as)$
9	초기값 정리	$\lim_{t\to 0}f(t)=\lim_{s\to\infty}sF(s)$
10	최종값 정리	$\lim_{t\to\infty}f(t)=\lim_{s\to 0}sF(s)$

9.4 파형의 라플라스 변환

주기함수는 신호가 $t>0$에서 지속적으로 반복하여 존재하는 파형을 나타내고, **비주기 함수**는 임의의 시간 구간에서만 신호가 존재하고, 그 외의 시간에서는 0인 파형을 나타낸다.

이 함수들의 파형은 제 9.3.1절에서 설명한 기본 함수들의 파형을 응용하여 합성 파형으로 나타낼 수 있고, 합성 파형 함수는 라플라스 변환의 정리를 적용하면 원함수의 파형에 대한 라플라스 변환을 구할 수 있다.

예제 9.7 그림 9.7과 같은 구형 펄스 함수의 라플라스 변환을 구하라.

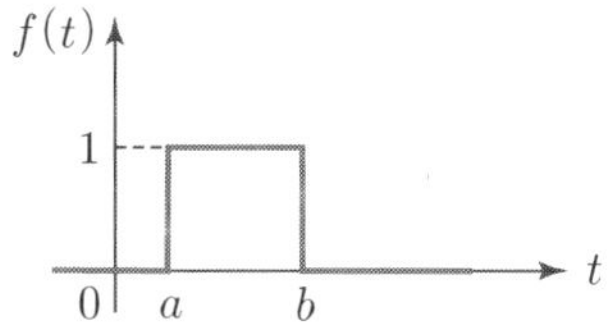

그림 9.7 구형 펄스 파형

풀이

그림 9.7의 구형 펄스 함수는 **그림** 9.8(a)에서 두 단위 계단함수 ①과 ②의 합성에 의해 나타낼 수 있다.($f(t)=$ ① + ②)

펄스함수 $f(t)$는 $u(t-a)$와 $-u(t-b)$의 합으로 표시할 수 있다. 즉,

$$f(t)=u(t-a)-u(t-b)$$

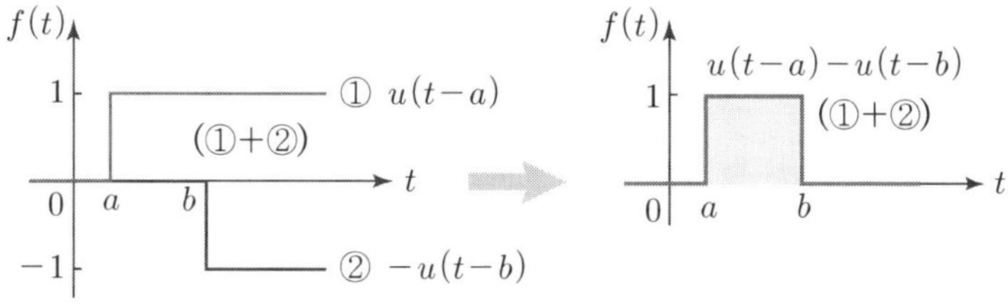

(a) 두 계단함수의 합 (b) 합성($f(t)=$ ①+②)

그림 9.8 두 단위 계단함수의 합성(구형 펄스 파형)

이다. 따라서 $f(t)$의 라플라스 변환식 $F(s)$는 다음과 같다.

$$F(s) = \mathcal{L}[f(t)] = \mathcal{L}[u(t-a)] - \mathcal{L}[u(t-b)]$$

$$= \frac{e^{-as}}{s} - \frac{e^{-bs}}{s} = \frac{1}{s}(e^{-as} - e^{-bs})$$

예제 9.8 그림 9.9(a)의 톱니파에 대한 라플라스 변환을 구하라.

풀이

그림 9.9(a)의 톱니파 $f(t)$는 **그림** 9.9(b)와 같이 일차직선(①)과 $a=0$인 구형 펄스파(②)를 곱한 파형으로 나타낼 수 있다.($f(t) =$ ①×②)

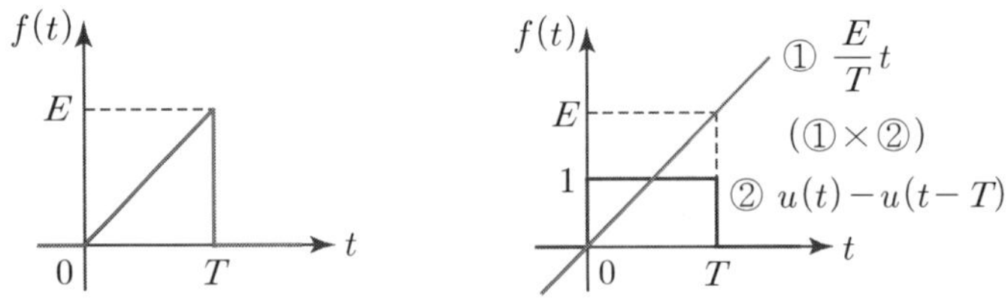

(a) 톱니파　　(b) 두 파형의 곱($f(t) =$ ①×②)

그림 9.9 톱니파

두 파형의 시간함수 $f_1(t)$, $f_2(t)$는

$$f_1(t) = \frac{E}{T}t, \quad f_2(t) = u(t) - u(t-T)$$

이 된다. 두 파형을 곱(①×②)한 톱니파형의 시간함수 $f(t)$는

$$f(t) = \frac{E}{T}t[u(t) - u(t-T)] = \frac{E}{T}tu(t) - \frac{E}{T}tu(t-T)$$

$$= \frac{E}{T}tu(t) - \frac{E}{T}(t-T)u(t-T) - Eu(t-T)$$

이다. 톱니파 $f(t)$의 라플라스 변환식 $F(s)$는 다음과 같이 구해진다.

$$F(s) = \mathcal{L}[f(t)] = \frac{E}{T} \cdot \frac{1}{s^2} - \frac{E}{T} \cdot \frac{1}{s^2}e^{-Ts} - \frac{E}{s}e^{-Ts}$$

$$= \frac{E}{Ts^2}(1 - e^{-Ts} - Ts\,e^{-Ts}) \quad \therefore\ F(s) = \frac{E}{Ts^2}\left[1 - (1 + Ts)e^{-Ts}\right]$$

예제 9.9 **그림** 9.10과 같은 주기함수인 톱니파형의 라플라스 변환을 구하라.

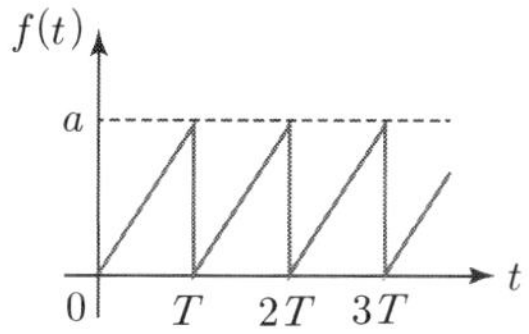

그림 9.10 톱니파(주기 파형)

풀이

TIP 주기함수의 라플라스 변환

(1) 첫 주기의 함수 $f_1(t)$를 구한다.
(2) 함수 $f_1(t)$로부터 첫 주기의 라플라스 변환 $F_1(s) = \mathcal{L}[f_1(t)]$를 구한다.
(3) 주기함수의 라플라스 변환 $F(s)$를 다음의 식에 대입하여 구한다.

$$F(s) = \frac{F_1(s)}{1 - e^{-Ts}}$$

주기함수인 톱니파의 라플라스 변환은 TIP의 순서에 의해 첫 주기$(0 < t < T)$의 함수 $f_1(t)$를 구한 후, 이 함수를 라플라스 변환하여 $F_1(s)$를 구한다. 즉 **예제 9.8**에서 구한 결과를 적용하면 다음과 같다.

$$F_1(s) = \frac{a}{Ts^2}(1 - e^{-Ts} - Ts\,e^{-Ts})$$

주기함수 $f(t)$의 라플라스 변환 $F(s)$는 TIP의 단계 (3)에 $F_1(s)$대입하여 구한다.

$$F(s) = \frac{F_1(s)}{1 - e^{-Ts}} = \frac{a}{Ts^2} \cdot \frac{1 - e^{-Ts} - Ts\,e^{-Ts}}{1 - e^{-Ts}}$$

$$\therefore\ F(s) = \frac{a}{s} \cdot \left(\frac{1}{Ts} - \frac{e^{-Ts}}{1 - e^{-Ts}}\right)$$

9.5 역 라플라스 변환

지금까지 시간함수 $f(t)$를 복소함수 $F(s)$로 변환하는 **라플라스 변환**에 대하여 공부하였다. 이제 역으로 복소함수 $F(s)$로부터 시간함수 $f(t)$를 구하는 **역 라플라스 변환**에 대하여 공부하기로 한다.

9.5.1 간단한 함수의 역 라플라스 변환

역 라플라스 변환은 식 (9.2)와 같이 계산이 매우 복잡하기 때문에 간단한 함수는 **표** 9.1의 라플라스 변환표와 **표** 9.2의 라플라스 변환 정리들을 이용하여 구할 수 있다.

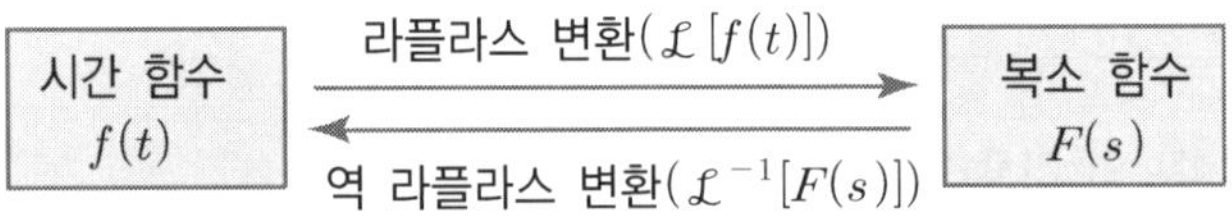

예제 9.10 다음 함수의 역 라플라스 변환을 구하라.

(1) $F(s)=\dfrac{1}{s^3}$ (2) $F(s)=\dfrac{1}{s+2}$

(3) $F(s)=\dfrac{4}{s^2+4}$ (4) $F(s)=\dfrac{s+5}{s^2+2s+5}$

풀이

(1) $\mathcal{L}[t^n]=\dfrac{n!}{s^{n+1}}$ 이므로 $f(t)=\mathcal{L}^{-1}\left[\dfrac{1}{s^n}\right]=\dfrac{t^{n-1}}{(n-1)!}$

$$\therefore\ f(t)=\mathcal{L}^{-1}\left[\frac{1}{s^3}\right]=\frac{t^{(3-1)}}{(3-1)!}=\frac{t^2}{2}$$

(2) $\mathcal{L}[e^{-at}]=\dfrac{1}{s+a}$ 이므로 $f(t)=\mathcal{L}^{-1}\left[\dfrac{1}{s+a}\right]=e^{-at}$

$$\therefore\ f(t)=\mathcal{L}^{-1}\left[\frac{1}{s+2}\right]=e^{-2t}$$

(3) $\mathcal{L}[\sin\omega t] = \dfrac{\omega}{s^2+\omega^2}$ 이므로 $f(t) = \mathcal{L}^{-1}\left[\dfrac{\omega}{s^2+\omega^2}\right] = \sin\omega t$

$$\therefore\ f(t) = \mathcal{L}^{-1}\left[\frac{2\cdot 2}{s^2+2^2}\right] = 2\sin 2t$$

(4) $f(t) = \mathcal{L}^{-1}\left[\dfrac{s+5}{s^2+2s+5}\right] = \mathcal{L}^{-1}\left[\dfrac{(s+1)+4}{(s+1)^2+4}\right]$

$$= \mathcal{L}^{-1}\left[\frac{s+1}{(s+1)^2+2^2} + \frac{2\cdot 2}{(s+1)^2+2^2}\right]$$

$$= e^{-t}\cos 2t + 2e^{-t}\sin 2t = e^{-t}(\cos 2t + 2\sin 2t)$$

9.5.2 부분 분수 전개법에 의한 역 라플라스 변환

라플라스 변환 함수 $F(s)$가 s의 다항식인

$$F(s) = \frac{P(s)}{Q(s)} = \frac{b_m s^m + b_{m-1}s^{m-1} + \cdots\cdots + b_1 s + b_0}{a_n s^n + a_{n-1}s^{n-1} + \cdots\cdots + a_1 s + a_0} \tag{9.30}$$

로 표시될 때, a_i, b_i는 실수이고 m, n은 양의 정수$(m \le n)$이다. 역 라플라스 변환을 하기 위해서 함수 $F(s)$는 다음의 조건에 따라 정리해 주어야 한다.

(1) $m = n$(분자, 분모의 차수가 같은 경우) : 분자를 분모로 나누어 분자는 분모의 차수보다 낮게 한다.(분모의 식이 분자에 포함되도록 하여 변형하도록 한다.)

예 $F(s) = \dfrac{s^2+3s+10}{s^2+2s+5} = \dfrac{(s^2+2s+5)+s+5}{s^2+2s+5} = 1 + \dfrac{s+5}{s^2+2s+5}$

$$= 1 + \frac{(s+1)+2\cdot 2}{(s+1)^2+2^2} \qquad \therefore\ f(t) = \delta(t) + e^{-t}(\cos 2t + 2\sin 2t)$$

(2) $m < n$(분자가 분모보다 차수가 낮은 경우) : 부분 분수 전개법 적용

역 라플라스 변환에 가장 많이 활용되는 **부분 분수 전개법**은 $m < n$인 경우에 복잡한 유리함수 $F(s)$를 **표** 9.1과 같은 함수(라플라스 변환쌍)가 포함된 간단한 1차 또는 2차 식의 합으로 표현하는 방법이고, 다음과 같이 기준을 세워두고 학습하면 많은 도움이

된다.

(1) **분자는 분모의 차수보다 한 차수 낮게 한다. 분모가 1차식이면 분자는 상수, 분모가 2차식이면 분자는 1차식으로 한다.**

(2) **분모 최고차항의 계수가 1이 되도록 한다.**

식 (9.30)의 유리함수 $F(s)$에서 분자가 분모의 차수보다 낮고 분모 $Q(s)=0$이라 놓았을 때 그 근 s는 $F(s)$의 극(pole)이다. 이 극을 p_1, p_2, $\cdots$ p_n이라 하면 $F(s)$는

$$F(s)=\frac{P(s)}{Q(s)}=\frac{P(s)}{(s-p_1)(s-p_2)\cdots(s-p_n)} \tag{9.31}$$

와 같이 인수분해가 된다. 이 때 극의 형태에 따라 **실수 단근**(단순극, simple pole), **중복근**(다중극, multiple pole) 및 **공액 복소근**(허수극)으로 나누어진다.

식 (9.31)을 부분 분수로 전개하면

$$F(s)=\frac{K_1}{s-p_1}+\frac{K_2}{s-p_2}+\cdots+\frac{K_n}{s-p_n} \tag{9.32}$$

의 항이 된다. 이 때 K_1, K_2, $\cdots$, K_n을 미정계수라고 한다.

본 절에서 특성근의 형태(실수 단극, 중복극)에 따른 부분 분수 전개법과 미정계수를 구하는 방법에 대해 실례를 들면서 설명한다.

(1) 실수 단근(단순근)인 경우

예

$$F(s)=\frac{s+2}{s(s+1)} \tag{9.33}$$

(1) 분모의 인수가 두 개이므로 부분 분수의 항도 두 개인 전개식을 만든다. (미정계수 K_1, K_2)

$$F(s)=\frac{s+2}{s(s+1)}=\frac{K_1}{s}+\frac{K_2}{s+1} \tag{9.34}$$

(2) 미정계수 K_1을 구하기 위해 준 식 $F(s)$에 s를 곱하고 $s=0$을 대입한다. K_2는 $F(s)$에 $s+1$을 곱하고 $s=-1$을 대입한다. 이와 같은 방법을 **실수 단근법**이라 한다.

$$K_1 = s \cdot F(s)\big|_{s=0} = \frac{s+2}{s+1}\bigg|_{s=0} = 2$$

$$K_2 = (s+1) \cdot F(s)\big|_{s=-1} = \frac{s+2}{s}\bigg|_{s=-1} = -1 \tag{9.35}$$

(3) 위에서 구한 K_1, K_2를 식 (9.34)에 대입하여 부분 분수 전개를 마친다.

$$F(s) = \frac{s+2}{s(s+1)} = \frac{2}{s} - \frac{1}{s+1} \tag{9.36}$$

(4) 역 라플라스 변환 $f(t) = \mathcal{L}^{-1}[F(s)]$를 구한다.

$$f(t) = \mathcal{L}^{-1}[F(s)] = 2 - e^{-t} \tag{9.37}$$

예제 9.11 다음 함수의 역 라플라스 변환을 구하라.

(1) $F(s) = \dfrac{2s+3}{s^2+3s+2}$ (2) $F(s) = \dfrac{5s^2-2s-4}{s(s+1)(s-2)}$

풀이

(1) $F(s)$의 부분 분수 전개는

$$F(s) = \frac{2s+3}{s^2+3s+2} = \frac{2s+3}{(s+1)(s+2)} = \frac{K_1}{s+1} + \frac{K_2}{s+2}$$

이고, 식 (9.35)에 의하여 계수를 구하면

$$K_1 = (s+1) \cdot F(s)\big|_{s=-1} = \frac{2s+3}{s+2}\bigg|_{s=-1} = 1$$

$$K_2 = (s+2) \cdot F(s)\big|_{s=-2} = \frac{2s+3}{s+1}\bigg|_{s=-2} = 1$$

$$\therefore \quad F(s) = \frac{1}{s+1} + \frac{1}{s+2}$$

따라서 $F(s)$의 역 라플라스 변환 $f(t)$는 다음과 같다.

$$f(t) = \mathcal{L}^{-1}[F(s)] = e^{-t} + e^{-2t}$$

(2) $F(s)$를 부분 분수로 전개하면

$$F(s)=\frac{5s^2-2s-4}{s(s+1)(s-2)}=\frac{K_1}{s}+\frac{K_2}{s+1}+\frac{K_3}{s-2}$$

$$K_1=s\cdot F(s)\big|_{s=0}=\left.\frac{5s^2-2s-4}{(s+1)(s-2)}\right|_{s=0}=2$$

$$K_2=(s+1)\cdot F(s)\big|_{s=-1}=\left.\frac{5s^2-2s-4}{s(s-2)}\right|_{s=-1}=1$$

$$K_3=(s-2)\cdot F(s)\big|_{s=2}=\left.\frac{5s^2-2s-4}{s(s+1)}\right|_{s=2}=2$$

$$\therefore\ F(s)=\frac{2}{s}+\frac{1}{s+1}+\frac{2}{s-2}$$

따라서 $F(s)$의 역 라플라스 변환 $f(t)$는 다음과 같다.

$$f(t)=\mathcal{L}^{-1}[F(s)]=2+e^{-t}+2e^{2t}$$

(2) 중복근(다중근)인 경우

예 $$F(s)=\frac{1}{(s+2)(s+1)^2} \tag{9.38}$$

(1) 분모의 인수가 세 개이므로 부분 분수의 항도 세 개인 전개식을 만든다. (미정계수 K_1, K_2, K_3)

$$F(s)=\frac{1}{(s+2)(s+1)^2}=\frac{K_1}{s+2}+\frac{K_2}{(s+1)^2}+\frac{K_3}{s+1} \tag{9.39}$$

(2) 미정계수 K_1을 구하기 위해 준 식 $F(s)$에 $s+2$를 곱하고 $s=-2$ 대입, K_2는$F(s)$에 $(s+1)^2$을 곱하고 $s=-1$을 대입, K_3는 $F(s)$에 $(s+1)^2$을 곱한 결과에 미분하고 $s=-1$을 대입한다.(실수 단근법)

$$K_1=(s+2)\cdot F(s)\big|_{s=-2}=\left.\frac{1}{(s+1)^2}\right|_{s=-2}=1$$

$$K_2=(s+1)^2\cdot F(s)\Big|_{s=-1}=\frac{1}{s+2}\Big|_{s=-1}=1$$

$$K_3=\frac{d}{ds}\{(s+1)^2\cdot F(s)\}\Big|_{s=-1}=\frac{d}{ds}\frac{1}{s+2}\Big|_{s=-1}$$

$$=\frac{-1}{(s+2)^2}\Big|_{s=-1}=-1 \tag{9.40}$$

(3) 위에서 구한 K_1, K_2, K_3를 식 (9.39)에 대입하여 부분 분수 전개를 마친다.

$$F(s)=\frac{1}{s+2}+\frac{1}{(s+1)^2}-\frac{1}{s+1} \tag{9.41}$$

(4) 역 라플라스 변환 $f(t)=\mathcal{L}^{-1}[F(s)]$를 구한다.

$$f(t)=\mathcal{L}^{-1}[F(s)]=e^{-2t}+te^{-t}-e^{-t} \tag{9.42}$$

만일 $F(s)$의 분모에 인수가 $s^2(s+1)$이라면 부분 분수의 전개 항은 3개가 되고, 전개 항의 분모는 각각 s^2, s, $s+1$이 된다.

예제 9.12 다음 함수의 역 라플라스 변환을 구하라.

(1) $F(s)=\dfrac{s}{(s+5)^4}$ (2) $F(s)=\dfrac{s+2}{(s+1)^2(s+3)}$

풀이

(1) $F(s)$의 부분 분수 전개는 다음과 같다.

$$F(s)=\frac{s}{(s+5)^4}=\frac{K_1}{(s+5)^4}+\frac{K_2}{(s+5)^3}+\frac{K_3}{(s+5)^2}+\frac{K_4}{s+5}$$

계수 K는 식 (9.40)에 의하여

$$K_1=(s+5)^4F(s)\Big|_{s=-5}=\left\{(s+5)^4\cdot\frac{s}{(s+5)^4}\right\}\Big|_{s=-5}=-5$$

$$K_2=\frac{d}{ds}(s+5)^4F(s)\Big|_{s=-5}=\frac{d}{ds}\left[(s+5)^4\cdot\frac{s}{(s+5)^4}\right]\Big|_{s=-5}=1$$

$$K_3 = \frac{1}{2!}\left\{\frac{d^2}{ds^2}(s+5)^4 F(s)\right\}\bigg|_{s=-5}$$

$$= \frac{1}{2!}\left[\frac{d^2}{ds^2}\left\{(s+5)^4 \cdot \frac{s}{(s+5)^4}\right\}\right]\bigg|_{s=-5} = 0$$

$$K_4 = \frac{1}{3!}\left\{\frac{d^3}{ds^3}(s+5)^4 F(s)\right\}\bigg|_{s=-5}$$

$$= \frac{1}{3!}\left[\frac{d^3}{ds^3}\left\{(s+5)^4 \cdot \frac{s}{(s+5)^4}\right\}\right]\bigg|_{s=-5} = 0$$

이고, 각 계수를 위의 부분 분수 전개식에 대입하면

$$F(s) = \frac{s}{(s+5)^4} = -\frac{5}{(s+5)^4} + \frac{1}{(s+5)^3}$$

이다. 따라서 $F(s)$의 역 라플라스 변환 $f(t)$는 다음과 같다.

$$f(t) = \mathcal{L}^{-1}[F(s)] = -5e^{-5t}\frac{t^3}{3!} + e^{-5t}\frac{t^2}{2!}$$

$$\therefore\ f(t) = \frac{1}{6}e^{-5t}(3t^2 - 5t^3) = \frac{1}{6}t^2 e^{-5t}(3-5t)$$

(2) $F(s)$의 부분 분수 전개는 다음과 같다.

$$F(s) = \frac{s+2}{(s+1)^2(s+3)} = \frac{K_1}{s+3} + \frac{K_2}{(s+1)^2} + \frac{K_3}{s+1}$$

계수 K는 식 (9.40)에 의하여

$$K_1 = (s+3)F(s)\big|_{s=-3} = \frac{s+2}{(s+1)^2}\bigg|_{s=-3} = -\frac{1}{4}$$

$$K_2 = (s+1)^2 F(s)\big|_{s=-1} = \frac{s+2}{s+3}\bigg|_{s=-1} = \frac{1}{2}$$

$$K_3 = \frac{d}{ds}(s+1)^2 F(s)\bigg|_{s=-1} = \left[\frac{d}{ds}\left(\frac{s+2}{s+3}\right)\right]\bigg|_{s=-1}$$

$$= \frac{1}{(s+3)^2}\bigg|_{s=-1} = \frac{1}{4}$$

이고, 각 계수를 위의 부분 분수 전개식에 대입하면

$$F(s) = -\frac{1}{4(s+3)} + \frac{1}{2(s+1)^2} + \frac{1}{4(s+1)}$$

이다. 따라서 $F(s)$의 역 라플라스 변환 $f(t)$는 다음과 같다.

$$f(t) = -\frac{1}{4}e^{-3t} + \frac{1}{2}te^{-t} + \frac{1}{4}e^{-t} = -\frac{1}{4}e^{-3t} + \frac{1}{4}e^{-t}(2t+1)$$

(3) 공액 복소근을 포함한 경우

예

$$F(s) = \frac{1}{s(s^2+2s+2)} \tag{9.43}$$

(1) 분모의 이차식은 완전 제곱꼴의 형태로 변형하고, 인수가 두 개인 부분 분수 전개식을 만든다.(미정계수 K, A, B)

$$F(s) = \frac{1}{s(s^2+2s+2)} = \frac{K}{s} + \frac{As+B}{(s+1)^2+1} \tag{9.44}$$

(2) 미정계수 K는 식 (9.35)의 실수 단근법으로 구하고, 계수 A, B는 다음의 관계식으로 구한다.

① K(실수 단근법) : $K = sF(s)\big|_{s=0} = \left.\frac{2}{s^2+2s+2}\right|_{s=0} = 1$

② A, B : $\{(s-\alpha)^2+\omega^2\}F(s)\big|_{s=\alpha+j\omega} = As+B\big|_{s=\alpha+j\omega}$ 적용

$$\{(s+1)^2+1\} \cdot \left.\frac{2}{s\{(s+1)^2+1\}}\right|_{s=-1+j} = As+B\Big|_{s=-1+j}$$

$$\therefore \left.\frac{2}{s}\right|_{s=-1+j} = As+B\Big|_{s=-1+j}$$

좌변 : $\frac{2}{-1+j} = -1-j$, 우변 : $A(-1+j)+B = (-A+B)+jA$

좌변과 우변을 등식으로 놓으면 계수 A, B는 다음과 같이 구해진다.

$-A+B = -1$, $A = -1$, $B = -2$

(3) 위에서 구한 K, A, B를 식 (9.44)에 대입하여 부분 분수 전개를 마친다.

$$F(s)=\frac{1}{s}+\frac{-s-2}{(s+1)^2+1}=\frac{1}{s}+\frac{-(s+1)-1}{(s+1)^2+1}$$

$$=\frac{1}{s}-\frac{s+1}{(s+1)^2+1}-\frac{1}{(s+1)^2+1} \tag{9.45}$$

(4) 역 라플라스 변환 $f(t)=\mathcal{L}^{-1}[F(s)]$를 구한다.

$$f(t)=\mathcal{L}^{-1}[F(s)]=1-e^{-t}\cos t-e^{-t}\sin t \tag{9.46}$$

예제 9.13 다음 함수의 역 라플라스 변환을 구하라.

$$F(s)=\frac{3s+10}{s(s^2+2s+10)}$$

풀이

(1) $F(s)$의 부분 분수 전개는 다음과 같다.

$$F(s)=\frac{3s+10}{s(s^2+2s+10)}=\frac{K}{s}+\frac{As+B}{(s+1)^2+9}$$

(2) ① K(실수 단근법) : $K=sF(s)|_{s=0}=\left.\frac{3s+10}{s^2+2s+10}\right|_{s=0}=1$

② A, B : $\{(s-\alpha)^2+\omega^2\}F(s)|_{s=\alpha+j\omega}=As+B|_{s=\alpha+j\omega}$ 적용

$$\left.\frac{3s+10}{s}\right|_{s=-1+j3}=As+B\Big|_{s=-1+j3}$$

좌변 : $\frac{3(-1+j3)+10}{-1+j3}=2-j3$

우변 : $A(-1+j3)+B=(-A+B)+j3A$

좌변과 우변을 등식으로 놓으면 계수 A, B는 다음과 같이 구해진다.

$-A+B=2,\ 3A=-3 \quad \therefore\ A=-1,\ B=1$

(3) 위에서 구한 K, A, B를 부분 분수 전개식에 대입한다.

$$F(s)=\frac{3s+10}{s(s^2+2s+10)}=\frac{1}{s}+\frac{-s+1}{(s+1)^2+9}$$
$$=\frac{1}{s}-\frac{s-1}{s^2+2s+10}=\frac{1}{s}-\frac{(s+1)-2}{(s+1)^2+9}$$
$$=\frac{1}{s}-\frac{s+1}{(s+1)^2+3^2}+\frac{2}{(s+1)^2+3^2}$$

따라서 $F(s)$의 역 라플라스 변환 $f(t)$는 다음과 같다.

$$f(t)=\mathcal{L}^{-1}[F(s)]=1-e^{-t}\cos 3t+\frac{2}{3}e^{-t}\sin 3t$$

9.6 라플라스 변환의 응용

9.6.1 미분방정식의 해석

선형 미분방정식의 해는 일반해를 구하고 여기에 초기조건을 대입하여 상수를 포함한 완전해를 구하는 방법을 취한다. 차수가 높아지면 일반해를 구하는 것이 매우 어려워질 뿐만 아니라 초기조건이 많게 되므로 상당히 복잡한 계산 과정을 거쳐야 한다.

그러나 미분방정식을 라플라스 변환하면 초기조건이 자동적으로 들어가게 되어 대수연산에 의해 해가 쉽게 구해지고, 이를 부분 분수 전개법을 이용하여 역변환하면 완전해가 용이하게 구해진다.

예제 9.14 다음의 미분방정식을 라플라스 변환을 이용하여 풀어라.

$$\frac{d^2y}{dt^2}+3\frac{dy}{dt}+2y=4,\quad y(0^+)=0,\ y'(0^+)=0$$

풀이

주어진 미분방정식을 라플라스 변환하면

$$\{s^2Y(s)-sy(0^+)-y'(0^+)\}+3\{sY(s)-y(0^+)\}+2Y(s)=\frac{4}{s}$$
$$(s^2+3s+2)Y(s)=\frac{4}{s}+sy(0^+)+y'(0^+)+3y(0^+)=\frac{4}{s}$$

초기 조건을 대입하여 정리하면 $Y(s)$는

$$Y(s) = \frac{4}{s(s^2+3s+2)} = \frac{4}{s(s+1)(s+2)}$$

가 된다. $Y(s)$를 부분 분수로 전개하면

$$Y(s) = \frac{K_1}{s} + \frac{K_2}{s+1} + \frac{K_3}{s+2}$$

$$\begin{cases} K_1 = sY(s)\big|_{s=0} = \left.\dfrac{4}{(s+1)(s+2)}\right|_{s=0} = 2 \\ K_2 = (s+1)Y(s)\big|_{s=-1} = \left.\dfrac{4}{s(s+2)}\right|_{s=-1} = -4 \\ K_3 = (s+2)Y(s)\big|_{s=-2} = \left.\dfrac{4}{s(s+1)}\right|_{s=-2} = 2 \end{cases}$$

$$\therefore \ Y(s) = \frac{2}{s} - \frac{4}{s+1} + \frac{2}{s+2}$$

이다. 따라서 $Y(s)$의 역 라플라스 변환 $y(t)$는 다음과 같다.

$$y(t) = \mathcal{L}^{-1}[Y(s)] = 2 - 4e^{-t} + 2e^{-2t}$$

9.6.2 회로망의 해석

선형소자로 이루어진 회로망의 해석은 선형 미분방정식이 도출되고, 미분방정식을 라플라스 변환에 의하여 풀면 간단히 회로특성을 구할 수 있다.

예제 9.15 그림 9.11의 R, L 회로에서 $t=0$에서 스위치를 닫았을 때, 이 회로에 흐르는 전류 $i(t)$를 라플라스 변환을 이용하여 구하라.(단, 초기 조건 : 0)

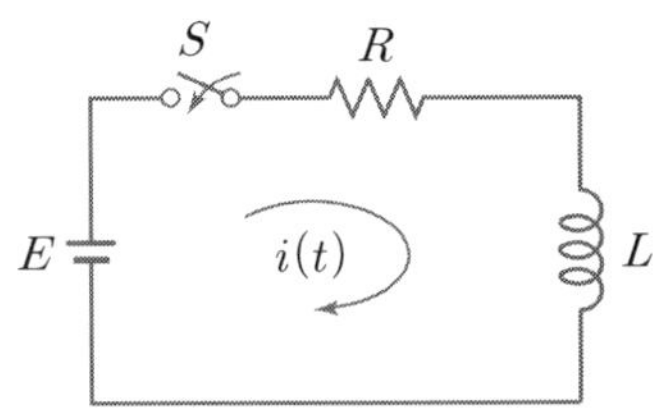

그림 9.11

풀이

키르히호프의 전압방정식에 의해 미분방정식은

$$Ri(t) + L\frac{di(t)}{dt} = E$$

이 식의 양변을 라플라스 변환하고 초기값 0을 대입하면 다음과 같다.

$$RI(s) + L\{sI(s) - i(0)\} = \frac{E}{s},\ (R + Ls)I(s) = \frac{E}{s}$$

$$\therefore\ I(s) = \frac{E}{s(Ls+R)} = \frac{E/L}{s(s+R/L)}$$

이것을 부분 분수로 전개하면

$$I(s) = \frac{E/L}{s(s+R/L)} = \frac{K_1}{s} + \frac{K_2}{s+R/L}$$

$$\begin{cases} K_1 = sI(s)\big|_{s=0} = \left.\dfrac{E/L}{s+R/L}\right|_{s=0} = \dfrac{E}{R} \\ K_2 = (s+R/L)I(s)\big|_{s=-(R/L)} = \left.\dfrac{E/L}{s}\right|_{s=-(R/L)} = -\dfrac{E}{R} \end{cases}$$

$$\therefore\ I(s) = \frac{E}{R}\left(\frac{1}{s} - \frac{1}{s+R/L}\right)$$

이다. 따라서 $I(s)$의 역 라플라스 변환에 의한 전류 $i(t)$는 다음과 같다.

$$i(t) = \mathcal{L}^{-1}[I(s)] = \frac{E}{R}\left(1 - e^{-\frac{R}{L}t}\right)$$

연 / 습 / 문 / 제

9-1 다음 함수의 라플라스 변환을 구하라.

(1) $f(t) = t^2$

(2) $f(t) = 10t^3$

(3) $f(t) = 5e^{-2t}$

(4) $f(t) = 3 + 2e^{-t}$

(5) $f(t) = \delta(t) - be^{-bt}$

(6) $f(t) = 5\sin 2t$

(7) $f(t) = \sin^2 t$

(8) $f(t) = \sin t \cos t$

(9) $f(t) = 2\sin 4t - 3\cos 2t$

(10) $f(t) = 4t^2 + 2e^{-3t} + \cos 2t$

9-2 다음 지수함수 형식이 포함된 함수의 라플라스 변환을 구하라.

(1) $f(t) = te^t$

(2) $f(t) = t^2 e^{3t}$

(3) $f(t) = 2t^3 e^{-2t}$

(4) $f(t) = e^t \sin t$

(5) $f(t) = 3e^{2t}\cos 3t$

(6) $f(t) = e^{-2t}\sin 2t$

(7) $f(t) = t\sin\omega t + e^{-2t}\cos 3t$

(8) $f(t) = e^{-3t}\cosh 2t$

9-3 $I(s) = \dfrac{2(s+1)}{s^2+2s+5}$의 초기값 $i(0^+)$를 구하라.

힌트 초기값 정리 : $i(0^+) = \lim_{t \to 0} i(t) = \lim_{s \to \infty} sI(s) = \lim_{s \to \infty}\left\{s \cdot \dfrac{2(s+1)}{s^2+2s+5}\right\}$

9-4 $I(s) = \dfrac{2s+15}{s^3+s^2+3s}$의 최종값 $i(\infty)$를 구하라.

힌트 최종값 정리 : $i(\infty) = \lim_{t \to \infty} i(t) = \lim_{s \to 0} sI(s) = \lim_{s \to 0}\left\{\dfrac{2s+15}{s^2+s+3}\right\}$

9-5 $I(s) = \dfrac{2s+5}{s(s+1)(s+2)}$의 최종값 $i(\infty)$를 구하라.

힌트 최종값 정리 : $i(\infty) = \lim\limits_{t \to \infty} i(t) = \lim\limits_{s \to 0} sI(s) = \lim\limits_{s \to 0} \left\{ \dfrac{2s+5}{(s+1)(s+2)} \right\}$

9-6 다음 주어진 함수의 역 라플라스 변환을 구하라.

(1) $F(s) = \dfrac{2}{s+3}$

(2) $F(s) = \dfrac{2}{s^2+9}$

(3) $F(s) = \dfrac{3s}{s^2+9}$

(4) $F(s) = \dfrac{2s+4}{s^2+4}$

(5) $F(s) = \dfrac{1}{s(s+1)}$

(6) $F(s) = \dfrac{5s+3}{s(s+1)}$

(7) $F(s) = \dfrac{2s+3}{(s+1)(s+2)}$

(8) $F(s) = \dfrac{2}{s^2+2s+5}$

(9) $F(s) = \dfrac{s+4}{2s^2+5s+3}$

(10) $F(s) = \dfrac{s+2}{(s+1)^2}$

(11) $F(s) = \dfrac{1}{(s+1)^2(s+2)}$

(12) $F(s) = \dfrac{s+2}{s^2(s-1)^2}$

9-7 다음 미분방정식을 라플라스 변환을 이용하여 풀어라.

(1) $\dfrac{d}{dt}x(t) + x(t) = 1$ (초기값 0)

(2) $\dfrac{d^2}{dt^2}x(t) + 2\dfrac{d}{dt}x(t) + x(t) = 1$ $\{x(0) = x'(0) = 0\}$

(3) $\dfrac{d}{dt}i(t) + 4i(t) + 4\int i(t)dt = 30$ (모든 초기값 0)

(4) $\dfrac{d^2y}{dt^2} + 9y = 3$ (초기값 0)

9-8 다음 그림과 같은 주어진 파형의 라플라스 변환을 구하라.

(1)

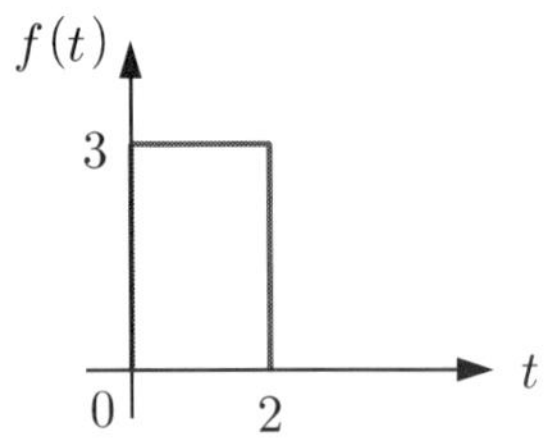

그림 9.12 펄스파

(2)

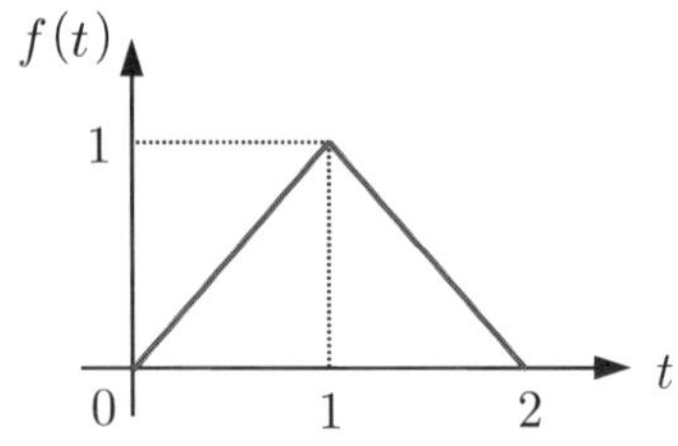

그림 9.13 삼각파

힌트 (1) $f(t)=3\{u(t)-u(t-2)\}$

(2) $f(t)=t\{u(t)-u(t-1)\}-(t-2)\{u(t-1)-u(t-2)\}$
$=tu(t)-2(t-1)u(t-1)+(t-2)u(t-2)$

9-9 **그림** 9.14의 R, C 회로에서 $t=0$ 에서 스위치를 닫았을 때, 이 회로에 흐르는 전류 $i(t)$ 를 라플라스 변환을 이용하여 구하라.(단, 초기 조건은 0 이다.)

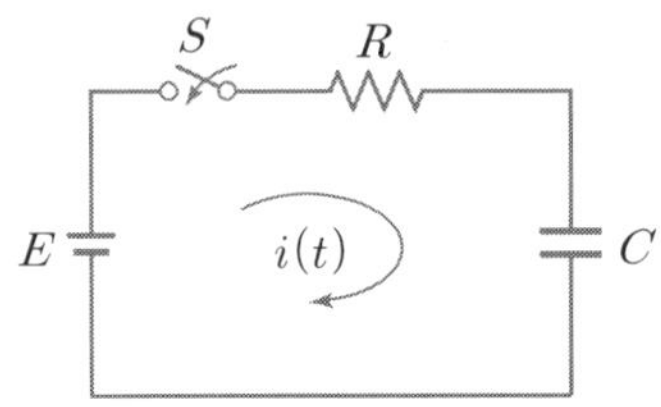

그림 9.14

힌트 미분방정식 : $Ri(t)+\frac{1}{C}\int i(t)dt=E$

라플라스 변환식 : $RI(s)+\frac{1}{sC}\{I(s)+i^{-1}(0^+)\}=\frac{E}{s}$

$\therefore\ I(s)=\frac{E}{s(R+1/sC)}=\frac{sCE}{s(sRC+1)}=\frac{E/R}{s+1/RC}$

역 라플라스 변환 : $i(t)=\frac{E}{R}e^{-\frac{1}{RC}t}$

chapter 10

푸리에 급수

10.1 푸리에 급수의 개요

푸리에 급수(Fourier series)는 전기적 · 기계적 진동계, 음파, 파동, 교류 전압과 전류의 파형 등 주기함수로 표현되는 주기적 현상을 연구하는 물리학, 공학에 주로 적용된다. 이러한 주기함수는 수학적으로 sin 또는 cos 함수로 표현되며, 이의 해석은 푸리에 급수를 이용한다.

푸리에 급수는 미분 가능한 연속함수에만 적용되는 테일러 급수(Taylor's series), 맥로린 급수(Maclaurin's series)보다 이론은 복잡하지만, 불연속 주기함수도 포함하는 폭넓은 함수까지 적용할 수 있으며 실제 응용에서 매우 간단한 장점이 있다.

푸리에 급수는 주기함수, 삼각함수에 대한 적분 및 부분 적분법의 이해가 필수적으로 따르기 때문에 먼저 이들부터 설명하기로 한다.

10.1.1 주기함수의 정의

임의의 함수 $f(x)$가 모든 실수 x에 대하여 정의되고, 양수 T가 존재할 때

$$f(x) = f(x+T) \tag{10.1}$$

의 관계가 성립하는 함수 $f(x)$를 **주기함수**(periodic function)라 하고, 이 함수의 주기는 T가 된다.

그림 10.1은 식 (10.1)을 만족하는 주기함수의 예를 나타낸 것이다.

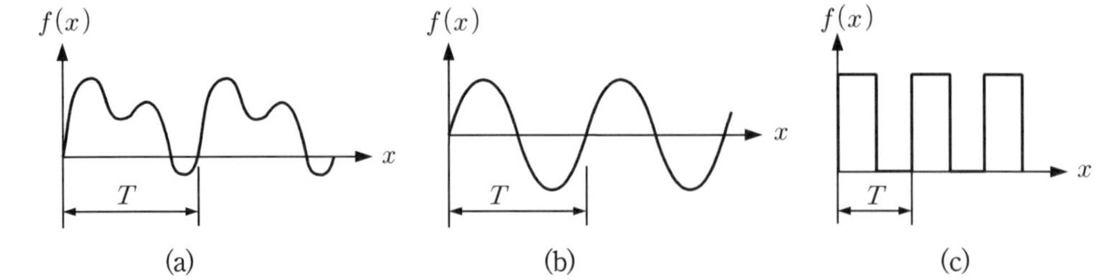

그림 10.1 주기함수의 예

식 (10.1)에서 n이 정수라면 모든 x에 대해

$$f(x)=f(x+nT) \tag{10.2}$$

가 되므로 T의 정수배 $nT(n \neq 0)$도 역시 주기가 된다.

만약 $f(x)$와 $g(x)$가 주기 T인 함수라 하고, 두 함수의 관계가 다음과 같을 때

$$h(x)=af(x)+bg(x) \tag{10.3}$$

함수 $h(x)$도 주기 T를 갖는다.

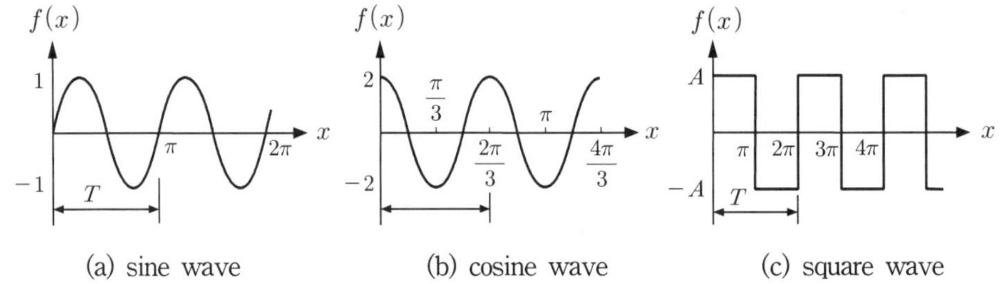

그림 10.2 주기함수

그림 10.2(a)는 $f(x)=\sin 2x$의 그래프이며 주기가 $T=\frac{2\pi}{2}=\pi$인 주기함수가 되고, **그림** 10.2(b)는 $f(x)=2\cos 3x$의 그래프이며, 주기가 $T=\frac{2\pi}{3}$인 주기함수이다.

즉, 기하각(전기각)으로 표현되는 함수 $f(x)=\sin\omega t$, $f(x)=\cos\omega t$ 및 삼각함수의 합성함수 $f(x)=\sin\omega t+\cos 3\omega t$의 주기는 모두 $T=\frac{2\pi}{\omega}$가 된다.

만약 함수가 $f(x)=3$과 같은 상수라면, 주기가 ∞(infinite)인 주기함수 및 우함수로 생각할 수 있다.

그림 10.2(a), (b)의 삼각함수는 연속이지만, **그림** 10.2(c)와 같이 $x=\pi,\ 2\pi,\ \cdots$에서 유한개의 불연속점을 갖는 **사각파**(square wave) **함수**도 주기가 $T=2\pi$이고,

$$f(x)=\begin{cases}+A, & 0<x<\pi \\ -A, & \pi<x<2\pi\end{cases} \tag{10.4}$$

로 정의되는 주기함수이다.

지금까지는 주기함수의 정의 및 종류에 대하여 설명하였고, 이제부터 주기함수의 성질과 수학적 표현 방법에 대해 논하기로 한다.

10.1.2 주기함수의 성질

그림 10.3은 주기와 진폭이 다른 **정현파**(sine wave, 사인파)를 합(합성)하면 **비정현 주기파**(non-sinusoidal periodic wave)가 발생되는 것을 보여주고 있다. 비정현 주기파는 **왜형파**(distorted wave)라고도 한다. 이것은 역으로 비정현 주기파 $f(x)$를 분해하면 진폭과 주기가 다른 여러 개의 정현파로 나타낼 수 있음을 알 수 있다.

그림 10.3에서 주기가 다른 정현파의 합에 의한 비정현 주기파의 주기는 T가 됨을 알 수 있다.

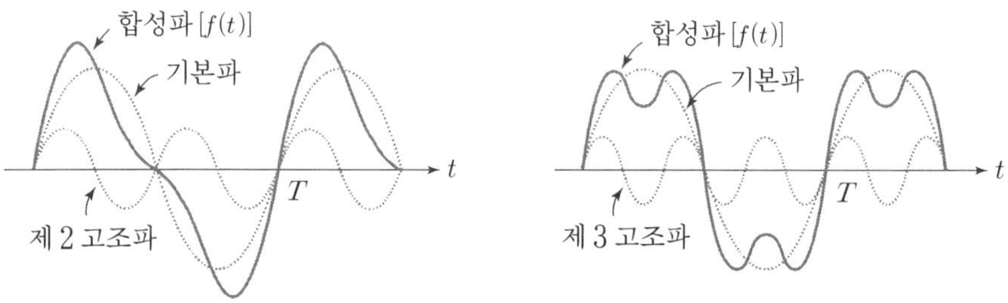

$f(t)=a_1\sin\omega t+a_2\sin 2\omega t$ $f(t)=a_1\sin\omega t+a_3\sin 3\omega t$

(a) 기본파+제 2 고조파 (b) 기본파+제 3 고조파

그림 10.3 비정현파(기본파와 고조파의 합성)

프랑스의 수학자이며 물리학자인 푸리에(J. Fourier)에 의해 연구된 **그림** 10.3과 같은 비정현 주기함수는 주기와 진폭이 다른 여러 개의 **사인**과 **코사인 함수**의 합으로 표시할 수 있으며, 이를 **푸리에 급수**(Fourier series)**에 의한 전개**라고 한다.

10.2 푸리에 급수 전개

10.2.1 푸리에 급수의 전개

주기 T인 비정현파 주기함수 $f(t)$는 주기함수의 성질에 따라

$$f(t) = f(t \pm T) \tag{10.5}$$

로 표현된다. 식 (10.5)의 주기함수는 푸리에 급수의 전개에 의해 sin항(정현항)과 cos 항(여현항)의 합의 무한급수로 다음과 같이 표시할 수 있다.

$$f(t) = a_0 + a_1\cos\omega t + a_2\cos 2\omega t + \cdots + a_n\cos n\omega t + \cdots$$

$$+ b_1\sin\omega t + b_2\sin 2\omega t + \cdots + b_n\sin n\omega t + \cdots$$

$$\therefore \quad f(t) = a_0 + \sum_{n=1}^{\infty} a_n\cos n\omega t + \sum_{n=1}^{\infty} b_n\sin n\omega t \tag{10.6}$$

단, $\omega = 2\pi f = 2\pi / T$ 또는 $\omega T = 2\pi$이다. 비정현 주기함수를 식 (10.6)의 무한급수로 표현한 $f(t)$를 **푸리에 급수**라 하고, 계수 a_n, b_n를 **푸리에 계수**라고 한다.

식 (10.6)에서 동일한 주기를 갖는 sin항과 cos항을 합성하면 다음과 같이 간단히 표현할 수 있다.

$$f(t) = a_0 + (a_1\cos\omega t + b_1\sin\omega t) + (a_2\cos 2\omega t + b_2\sin 2\omega t) + \cdots$$

$$= a_0 + A_1\sin(\omega t + \theta_1) + A_2\sin(2\omega t + \theta_2) + A_3\sin(3\omega t + \theta_3) + \cdots \tag{10.7}$$

$$\therefore \quad f(t) = a_0 + \sum_{n=1}^{\infty} A_n\sin(n\omega t + \theta_n) \tag{10.8}$$

$$단, \; A_n = \sqrt{a_n^2 + b_n^2}, \quad \theta_n = \tan^{-1}\frac{a_n}{b_n} \; (n = 1, 2, 3, \cdots)$$

식 (10.6)과 식 (10.8)에서 **상수항** a_0는 시간 t와 각주파수 ω에 무관한 일정값의 **직류 성분**을 의미하고, **나머지 항**은 각종의 진폭과 주파수를 갖는 **정현파 성분**을 의미한다.

특히 정현파 성분 중 $n=1$인 $A_1\sin(\omega t + \theta_1)$은 비정현 주기파 $f(t)$와 동일한 주파수를 갖는 기본이 되는 파로써 이를 **기본파**(fundamental wave)라 한다.

주파수가 기본파의 $n = 2, 3, \cdots, n$배가 되는 항의 파를 각각 제 2 고조파, 제 3 고조파,

…, 제 n 고조파라 부르며, 이들을 총칭하여 **고조파**(higher harmonic wave)라고 한다.

비정현파 주기함수는

비정현파 = (직류분) + (기본파) + (고조파)

로 분해할 수 있고, 이러한 분해를 **푸리에 분석**(Fourier analysis)이라고 한다.

결론적으로 실제 발생하는 주기함수는 매우 복잡하게 나타나지만 $\sin$항과 $\cos$항의 합으로 표현한 푸리에 급수로 나타낼 수 있으며, 사각파의 주기함수와 같은 유한개의 불연속점을 갖는 함수까지 적용할 수 있는 매우 큰 장점이 있다.

일반적으로 주기함수로 된 비정현파의 구성은 다음과 같이 정리할 수 있다.

☞ 비정현파의 분해(성분)

(1) 직류분 : 실제의 직류 성분으로 파형의 1 주기간의 평균값(상수항 a_0)

(2) 기본파 : 비정현파와 수기(주파수)가 같은 $n=1$ 인 파($a_1\cos\omega t$, $b_1\sin\omega t$)

(3) 고조파 : 기본파 주파수의 정수배의 주기(주파수)를 갖는 파($a_2\cos 2\omega t$, $b_2\sin 2\omega t, \cdots\cdots$)

제 n 고조파(기본파 기준) : 주파수 n 배

※ 푸리에 급수의 전개

: 비정현 주기함수를 $\sin$항과 $\cos$항의 합으로 표현되는 무한급수

10.2.2 푸리에 계수

식 (10.6)의 푸리에 급수의 전개는 푸리에 계수 a_0, a_n, b_n을 구하는 것이 필수적이며, 본 절에서 푸리에 계수를 구하는 방법에 대해 학습하기로 한다.

푸리에 계수는 먼저 공학에서 자주 이용되는 삼각함수 정적분의 성질과 삼각함수의 공식을 사전 지식으로 알고 적용하면 유도되는 식을 쉽게 이해할 수 있을 뿐만 아니라 간편하게 구할 수 있다.

푸리에 계수의 계산에 기본적인 삼각함수의 정적분의 성질과 삼각함수의 공식을 TIP(팁)과 **참고**에 수록하였다.

TIP **삼각함수의 정적분 성질(증명은 본 절의 참고 확인)**

두 삼각함수의 곱에 대한 1주기의 적분(범위 $0 \sim 2\pi[T]$)

(두 함수의 위상이 동일한 경우)

(1) 삼각함수의 정적분

$$\int_0^{2\pi} \cos nx\,dx = 0, \qquad \int_0^{2\pi} \sin nx\,dx = 0$$

(2) 동일 종류의 삼각함수 곱의 정적분

피적분 함수 : $\cos mx \cdot \cos nx$, $\sin mx \cdot \sin nx$, $\cos^2 nx$, $\sin^2 nx$

$m = n$일 때 π 또는 $T/2$, $m \neq n$일 때 0

(3) 다른 종류의 삼각함수 곱의 정적분

피적분 함수 : $\cos mx \cdot \sin nx$, $\sin mx \cdot \cos nx$

m, n에 관계없이 모두 0

(1) a_0의 결정

식 (10.6)의 푸리에 급수 전개식에서 ωt 대신에 x로 대체하여 수식을 간소화시켜 다시 나타내면 다음과 같다.

$$f(x) = a_0 + \sum_{n=1}^{\infty} a_n \cos nx + \sum_{n=1}^{\infty} b_n \sin nx \quad (x = \omega t) \tag{10.9}$$

식의 양변을 x에 관하여 0에서 2π(1주기)까지 적분하면

$$\int_0^{2\pi} f(x)dx = a_0 \int_0^{2\pi} dx + \sum_{n=1}^{\infty} a_n \int_0^{2\pi} \cos nx\,dx + \sum_{n=1}^{\infty} b_n \int_0^{2\pi} \sin nx\,dx \tag{10.10}$$

가 된다. 우변의 제 2, 3 항은 삼각함수의 정적분 성질에 의해 0이고, 우변의 제 1 항만 $a_0 \cdot 2\pi$이므로 계수 a_0는 다음과 같이 구해진다.

$$\int_0^{2\pi} f(x)dx = a_0 \cdot 2\pi \tag{10.11}$$

$$\therefore \quad a_0 = \frac{1}{2\pi}\int_0^{2\pi} f(x)\,dx \quad \left[= \frac{1}{T}\int_0^{T} f(t)\,dt\right] \tag{10.12}$$

식 (10.12)에서 **상수항** a_0는 비정현파 $f(x)$의 1 **주기의 평균값**이고, 실제 직류 성분임을 알 수 있다. 즉, a_0의 적분 계산은 1주기의 면적으로 대신할 수 있으므로 파형의 형태에 따라 직관적으로 구하는 경우가 많다.

(2) a_n의 결정

식 (10.9)의 양변에 $\cos mx$를 곱하여 1주기를 적분하면

$$\int_0^{2\pi} f(x)\cos mx\, dx = a_0\int_0^{2\pi} \cos mx\, dx$$
$$+ \sum_{n=1}^{\infty} a_n \int_0^{2\pi} \cos nx \cdot \cos mx\, dx + \sum_{n=1}^{\infty} b_n \int_0^{2\pi} \sin nx \cdot \cos mx\, dx \tag{10.13}$$

가 된다. 삼각함수의 정적분 성질에 의해 우변의 제 1 항과 제 3 항은 0이고, 제 2 항은 $m=n$인 경우에만 $a_n\pi$이다. $a_n\pi$를 좌변과 등식으로 놓으면 계수 a_n은 다음과 같고, 괄호는 임의의 주기 T인 경우이다.

$$a_n = \frac{1}{\pi}\int_0^{2\pi} f(x)\cos nx\, dx \quad \left[= \frac{2}{T}\int_0^{T} f(t)\cos n\omega t\, dt\right] \tag{10.14}$$

식 (10.14)에서 cos 항의 계수 a_n은 피적분 함수 $f(x)\cos nx$의 1주기의 평균값에 2배를 한 결과와 같음을 알 수 있다.

(3) b_n의 결정

식 (10.9)의 양변에 $\sin mx$를 곱하여 1주기를 적분하면

$$\int_0^{2\pi} f(x)\sin mx\, dx = a_0\int_0^{2\pi} \sin mx\, dx$$
$$+ \sum_{n=1}^{\infty} a_n \int_0^{2\pi} \cos nx \cdot \sin mx\, dx + \sum_{n=1}^{\infty} b_n \int_0^{2\pi} \sin nx \cdot \sin mx\, dx \tag{10.15}$$

가 된다. 삼각함수의 정적분 성질에 의해 우변의 제 1 항과 제 2 항은 0이고, 제 3 항은 $m=n$인 경우에만 $b_n\pi$이다. $b_n\pi$를 좌변과 등식으로 놓으면 계수 b_n은 다음과 같고,

괄호는 임의의 주기 T인 경우이다.

$$b_n = \frac{1}{\pi}\int_0^{2\pi} f(x)\sin nx\,dx \left[= \frac{2}{T}\int_0^{T} f(t)\sin n\omega t\,dt\right] \tag{10.16}$$

식 (10.16)에서 sin항의 계수 b_n은 피적분 함수 $f(x)\sin nx$의 1주기의 평균값에 2배를 한 결과와 같음을 알 수 있다.

이상에서 적분 구간은 $0 \sim 2\pi$를 적용하였지만 $-\pi \sim \pi$의 범위를 적용해도 관계없으며, 두 구간 중 함수의 연속성을 보이는 구간을 선택하는 것이 계산에서 편리하다.

이상에서 배운 비대칭성 파형의 **푸리에 급수와 푸리에 계수**의 정의를 요약하면 다음과 같이 나타낼 수 있다.

표 10.1 푸리에 급수와 푸리에 계수

구 분		공 식
푸리에 급수		$f(x) = a_0 + \sum_{n=1}^{\infty} a_n \cos nx + \sum_{n=1}^{\infty} b_n \sin nx$ $f(t) = a_0 + \sum_{n=1}^{\infty} a_n \cos n\omega t + \sum_{n=1}^{\infty} b_n \sin n\omega t \quad \left(x = \omega t,\ \omega = \frac{2\pi}{T},\ \omega T = 2\pi\right)$
푸리에 계수	a_0	$a_0 = \frac{1}{2\pi}\int_0^{2\pi} f(x)dx = \frac{1}{T}\int_0^{T} f(t)dt$
		a_0 : 피적분 함수 $f(x)[= f(t)]$의 1주기의 평균값(직류 성분)
	a_n	$a_n = \frac{1}{\pi}\int_0^{2\pi} f(x)\cos nx\,dx = \frac{2}{T}\int_0^{T} f(t)\cos n\omega t\,dt \quad (n = 1, 2, 3, \cdots)$
		a_n : 피적분 함수 $f(x)\cos nx[= f(t)\cos n\omega t]$의 1주기의 평균값에 2배
	b_n	$b_n = \frac{1}{\pi}\int_0^{2\pi} f(x)\sin nx\,dx = \frac{2}{T}\int_0^{T} f(t)\sin n\omega t\,dt \quad (n = 1, 2, 3, \cdots)$
		b_n : 피적분 함수 $f(x)\sin nx[= f(t)\sin n\omega t]$의 1주기의 평균값에 2배

참고 삼각함수의 정적분의 성질과 삼각함수 공식

(1) 삼각함수의 정적분의 성질

푸리에 계수 a_0, a_n, b_n의 공식을 유도하기 위하여 다음의 정적분(definite integral)이 사용된다. m, $n(\neq 0)$이 임의의 양의 정수라면 다음의 결과가 구해진다.

(a) $$\int_0^{2\pi} \cos nx\, dx = \left[\frac{1}{n}\sin nx\right]_0^{2\pi} = 0,\ \int_0^{2\pi} \sin nx\, dx = \left[-\frac{1}{n}\cos nx\right]_0^{2\pi} = 0$$

sin과 cos 함수의 1주기의 적분은 위의 수학적 계산 결과와 마찬가지로 (+)반파와 (−)반파의 면적이 같으므로 직관적으로 0이 됨을 알 수 있다.

(b) $$\int_0^{2\pi} \cos^2 nx\, dx = \int_0^{2\pi} \frac{1}{2}(1+\cos 2nx)\, dx$$
$$= \frac{1}{2}\left[x + \frac{\sin 2nx}{2n}\right]_0^{2\pi} = \pi \quad (n \neq 0) \tag{10.17}$$

(c) $$\int_0^{2\pi} \sin^2 nx\, dx = \int_0^{2\pi} \frac{1}{2}(1-\cos 2nx)\, dx$$
$$= \frac{1}{2}\left[x - \frac{\sin 2nx}{2n}\right]_0^{2\pi} = \pi \quad (n \neq 0) \tag{10.18}$$

(d) $$\int_0^{2\pi} \cos mx \cdot \cos nx\, dx = \int_0^{2\pi} \frac{1}{2}[\cos(m+n)x + \cos(m-n)x]\, dx$$
$$= \frac{1}{2}\left[\frac{\sin(m+n)x}{(m+n)} + \frac{\sin(m-n)x}{(m-n)}\right]_0^{2\pi}$$
$$= \begin{cases} 0 : m \neq n\text{인 경우} \\ \pi : m = n\text{인 경우} \end{cases} \tag{10.19}$$

적분식 (d)는 $m=n$인 경우 적분식 (b)와 동일한 식이 되므로 그 결과는 π가 된다.

(e) $$\int_0^{2\pi} \sin mx \cdot \sin nx\, dx = \int_0^{2\pi} -\frac{1}{2}[\cos(m+n)x - \cos(m-n)x]\, dx$$
$$= -\frac{1}{2}\left[\frac{\sin(m+n)x}{(m+n)} - \frac{\sin(m-n)x}{(m-n)}\right]_0^{2\pi}$$
$$= \begin{cases} 0 : m \neq n\text{인 경우} \\ \pi : m = n\text{인 경우} \end{cases} \tag{10.20}$$

적분식 (e)는 $m=n$인 경우 적분식 (c)와 동일한 식이 되므로 그 결과는 π가 된다.

(f) $$\int_0^{2\pi} \sin mx \cdot \cos nx \, dx = \int_0^{2\pi} \frac{1}{2}[\sin(m+n)x + \sin(m-n)x]\, dx$$

$$= -\frac{1}{2}\left[\frac{\cos(m+n)x}{(m+n)} + \frac{\cos(m-n)x}{(m-n)}\right]_0^{2\pi} = 0 \qquad (10.21)$$

(2) 부분 적분법(integration by parts) 공식(삼각파 및 톱니파의 푸리에 급수 전개에 적용)

$$\int f'(x)g(x)dx = f(x)g(x) - \int f(x)g'(x)dx \qquad (10.22)$$

【예】 $\int x\cos x\, dx$의 적분

$f'(x) = \cos x$, $g(x) = x$라 놓으면 $f(x) = \sin x$, $g'(x) = 1$이 되므로

$$\therefore \int x\cos x dx = x\sin x - \int \sin x dx = x\sin x + \cos x$$

【예】 $\int x\sin x\, dx$의 적분

$f'(x) = \sin x$, $g(x) = x$라 놓으면 $f(x) = -\cos x$, $g'(x) = 1$이 되므로

$$\therefore \int x\sin x\, dx = -x\cos x - \int(-\cos x)dx = -x\cos x + \sin x$$

(3) 삼각함수의 곱을 합 또는 차의 꼴로 변환하는 공식

① $\sin m \cos n = \frac{1}{2}\{\sin(m+n) + \sin(m-n)\}$ (10.23)

② $\cos m \sin n = \frac{1}{2}\{\sin(m+n) - \sin(m-n)\}$ (10.24)

③ $\cos m \cos n = \frac{1}{2}\{\cos(m+n) + \cos(m-n)\}$ (10.25)

④ $\sin m \sin n = -\frac{1}{2}\{\cos(m+n) - \cos(m-n)\}$ (10.26)

(4) 삼각함수의 일반값(n = 양의 정수)

$\sin n\pi = 0$, $\sin 2n\pi = 0$

$\cos n\pi = (-1)^n$, $\cos 2n\pi = 1$

$\cos(n+1)\pi = (-1)^{n+1}$

$\cos(n-1)\pi = (-1)^{n-1}$

예제 10.1 그림 10.4와 같은 반파 사각파(반파 구형파)를 푸리에 급수로 전개하라.

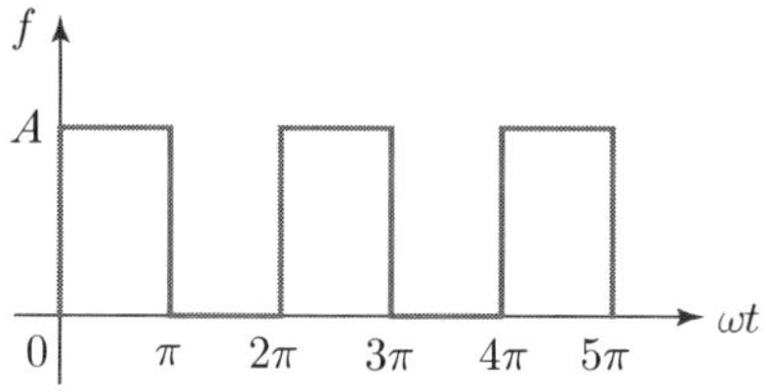

그림 10.4 반파 사각파

풀이

그림 10.4의 반파 사각파에서 $\omega t = x$로 놓으면 함수 $f(x)$의 1주기 표시식은

$$f(x) = \begin{cases} A & (0 < x < \pi) \\ 0 & (\pi < x < 2\pi) \end{cases}$$

이고, 푸리에 급수로 전개할 때 푸리에 계수 a_0, a_n, b_n은 다음과 같이 구해진다.

(1) a_0는 식 (10.12)에 대입하여 적분하여 구하거나 파형의 면적으로 구할 수 있다.

$$(\text{정의})\ a_0 = \frac{1}{2\pi}\int_0^{2\pi} f(x)\,dx = \frac{1}{2\pi}\int_0^{\pi} A\,dx = \frac{A}{2\pi}[x]_0^{\pi} = \frac{A}{2}$$

$$(\text{면적})\ a_0 = \frac{1}{2\pi} \times A \cdot \pi = \frac{A}{2}$$

(2) $a_n = \dfrac{1}{\pi}\displaystyle\int_0^{2\pi} f(x)\cos nx\,dx = \dfrac{1}{\pi}\int_0^{\pi} A\cos nx\,dx = \dfrac{A}{n\pi}[\sin nx]_0^{\pi} = 0$

(3) $b_n = \dfrac{1}{\pi}\displaystyle\int_0^{2\pi} f(x)\sin nx\,dx = \dfrac{1}{\pi}\int_0^{\pi} A\sin nx\,dx$

$$= \frac{A}{n\pi}[-\cos nx]_0^{\pi} = \frac{A}{n\pi}(1 - \cos n\pi) = \frac{A}{n\pi}\{1 - (-1)^n\}$$

$$\therefore \begin{cases} b_n = \dfrac{2A}{n\pi} & (n : \text{홀수}) \\ b_n = 0 & (n : \text{짝수}) \end{cases}$$

그러므로 푸리에 급수는 계수 a_0와 b_n이 존재하므로 다음과 같이 구해진다.

$$f(x) = a_0 + \sum_{n=1}^{\infty} b_n \sin n\omega t$$

$$\therefore\ f(x) = \frac{A}{2} + \frac{2A}{\pi}\left(\sin\omega t + \frac{1}{3}\sin 3\omega t + \frac{1}{5}\sin 5\omega t + \cdots\right)$$

예제 10.2 **그림** 10.5와 같은 사각파(구형파)를 푸리에 급수로 전개하라.

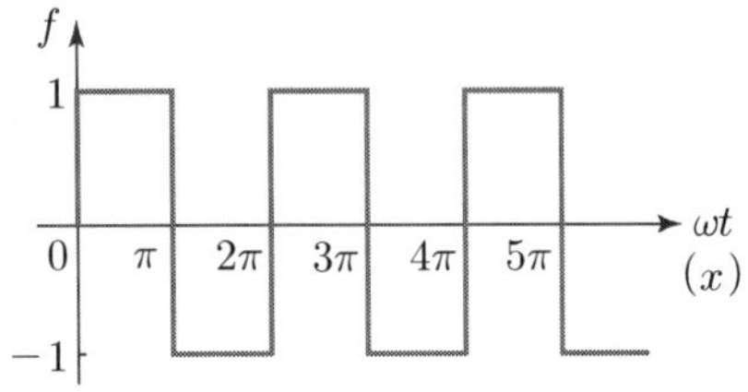

그림 10.5 **사각파**(square wave)

풀이

그림 10.5의 사각파(square wave)에서 $\omega t = x$로 놓으면 함수 $f(x)$의 1주기 표시식은 다음과 같고, 푸리에 계수 a_0, a_n, b_n은 다음과 같이 구해진다.

$$f(x) = \begin{cases} 1 & (0 < x < \pi) \\ -1 & (\pi < x < 2\pi) \end{cases}$$

(1) a_0는 1주기의 평균값(직류분)을 의미하고 (+)반파와 (−)반파의 면적이 같기 때문에 직관적으로 0임을 알 수 있다.

(2) $$a_n = \frac{1}{\pi}\int_0^{2\pi} f(x)\cos nx\,dx = \frac{1}{\pi}\left\{\int_0^{\pi}\cos nx\,dx + \int_{\pi}^{2\pi}(-\cos nx)\,dx\right\}$$

$$= \frac{1}{\pi}\left\{\left[\frac{\sin nx}{n}\right]_0^{\pi} + \left[\frac{-\sin nx}{n}\right]_{\pi}^{2\pi}\right\} = \frac{1}{n\pi}(2\sin n\pi - \sin 2n\pi) = 0$$

(3) $$b_n = \frac{1}{\pi}\int_0^{2\pi} f(x)\sin nx\,dx = \frac{1}{\pi}\left\{\int_0^{\pi}\sin nx\,dx + \int_{\pi}^{2\pi}(-\sin nx)\,dx\right\}$$

$$= \frac{1}{\pi}\left\{\left[\frac{-\cos nx}{n}\right]_0^{\pi} + \left[\frac{\cos nx}{n}\right]_{\pi}^{2\pi}\right\} = \frac{2}{n\pi}(1 - \cos n\pi) = \frac{2}{n\pi}\{1 - (-1)^n\}$$

$$\therefore \begin{cases} b_n = \dfrac{4}{n\pi} & (n : \text{홀수}) \\ b_n = 0 & (n : \text{짝수}) \end{cases}$$

그러므로 푸리에 급수는 계수 a_0, a_n, b_n이 존재하므로 다음과 같이 구해진다.

$$\therefore\ f(x) = \sum_{n=1}^{\infty} b_n \sin n\omega t = \frac{4}{\pi}\left(\sin\omega t + \frac{1}{3}\sin 3\omega t + \frac{1}{5}\sin 5\omega t + \cdots\right)$$

사각파는 제9.3절 대칭파의 성질에 의해 반파 대칭 기함수파이고, 대칭파의 성질에 의한 방법을 배우고 이를 적용하면 간단히 구할 수 있다.

예제 10.3 예제 10.2의 사각파에 대한 푸리에 급수의 전개로부터 제3항까지의 부분합을 곡선으로 나타내고, 푸리에 급수의 부분합이 많아질수록 원 함수 $f(x)$의 사각파로 근접함을 설명하라.

풀이

예제 10.2의 사각파에 대한 푸리에 급수의 전개로부터 제1항의 기본파를 P_1, 제1, 2항의 합을 P_2, 제1, 2, 3항의 합을 P_3라 하자.

$$P_1 = \frac{4}{\pi}\sin x \text{ (기본파)}$$

$$P_2 = \frac{4}{\pi}\left(\sin x + \frac{1}{3}\sin 3x\right)$$

(기본파+제 3 고조파)

$$P_3 = \frac{4}{\pi}\left(\sin x + \frac{1}{3}\sin 3x + \frac{1}{5}\sin 5x\right)$$

(기본파+제 3 고조파+제 5 고조파)

푸리에 급수의 부분 합 P_1, P_2, P_3의 곡선은 **그림** 10.6과 같이 나타내어지고, 부분 합이 많아질수록 원 함수 $f(x)$의 사각파에 근접함을 알 수 있다. 즉, **그림** 10.6으로부터 푸리에 급수는 크기 1로 수렴하고, 그 합은 주기가 기본파와 같은 2π의 주어진 사각파 $f(x)$가 됨을 알 수 있다.

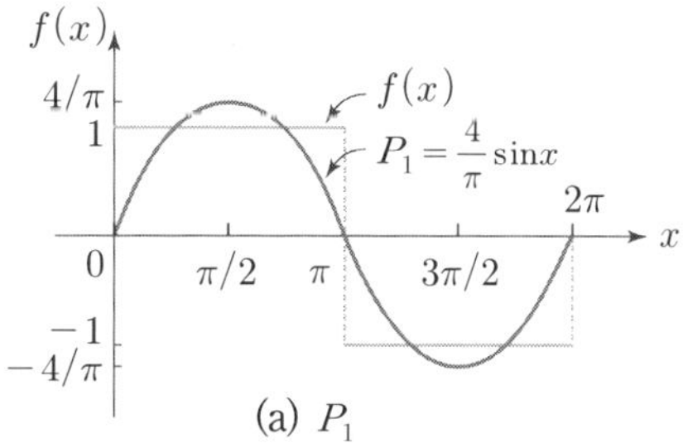

(a) P_1

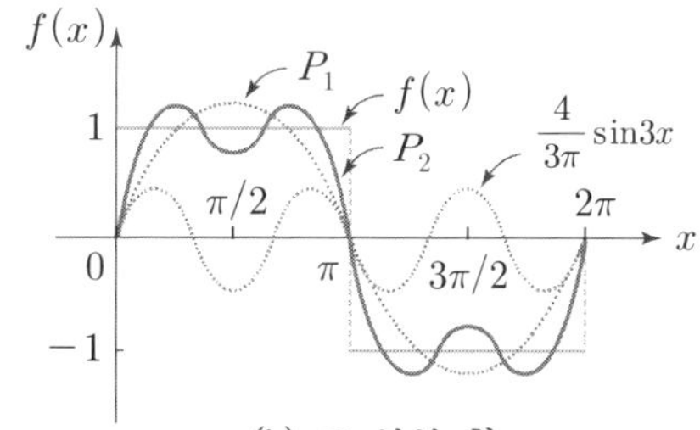

(b) P_2 부분 합

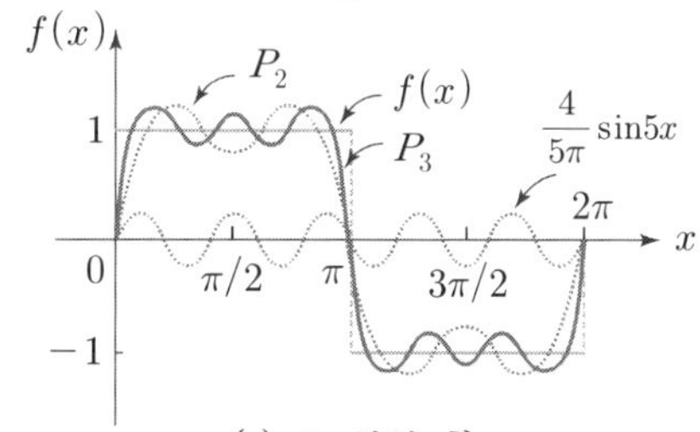

(c) P_3 부분 합

그림 10.6 사각파의 부분 합

$f(x)$의 불연속점 $x=0,\ \pi,\ 2\pi,\ \cdots$ 에서 모든 부분 합은 0이 됨을 알 수 있으며, 이것은 $f(x)$의 두 좌·우 극한값의 산술평균이 된다.

$$\frac{(-1)+1}{2}=0$$

이와 같이 $f(x)$의 불연속점에서 급수의 합은 $f(x)$의 좌·우 극한값의 산술평균이고, 이 점을 제외한 점의 합은 $f(x)$가 된다. 이 정의는 대부분 공학 응용에서 적용되는 충분조건이다.

따라서 **그림** 10.4의 반파 사각파에서 불연속점 $x=0,\ x=\pi$ 등에서의 급수의 합은 $A/2$가 된다.

최근 반도체 제어 기술의 발달로 반도체 소자를 응용한 비선형 부하인 OA 및 FA 기기, 인버터(inverter), 컨버터(converter), UPS(무정전 전원공급 장치) 등의 사용이 증가함에 따라 이들이 고조파의 발생원으로 작용하여 정현파를 왜곡시키고 있다. 이는 전력용 기기의 열화 및 소손, 수명 감소뿐만 아니라 계전기의 오동작 및 통신선의 유도 장해 등을 일으킨다.

따라서 비정현파의 영향을 줄이기 위하여 푸리에 분석으로 진단하고 이에 따른 고조파를 제거하기 위한 수동필터, 능동필터 및 전력 변환장치의 다펄스화 등의 여러 가지 방식을 채택하고 있다.

예제 10.4 그림 10.7과 같은 반파 정류파를 푸리에 급수로 전개하라.

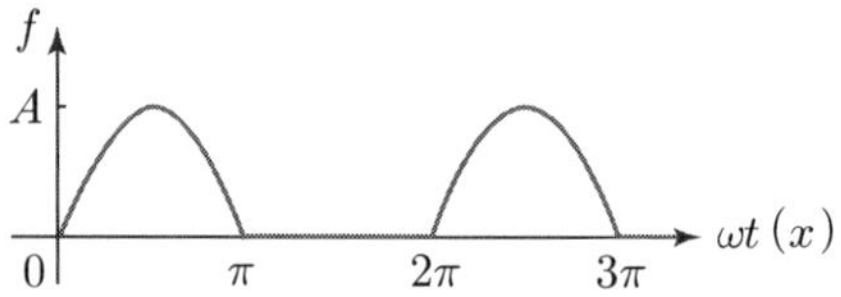

그림 10.7 반파 정류파

풀이

그림 10.7의 반파 정류파에서 $\omega t=x$로 놓고 1주기의 표시 식은 다음과 같으며, 푸리에 계수 $a_0,\ a_n,\ b_n$은 다음과 같이 구해진다.

$$f(x)=\begin{cases} A\sin x & (0\le x<\pi) \\ 0 & (\pi\le x<2\pi) \end{cases}$$

(1) $a_0 = \frac{1}{2\pi}\int_0^{2\pi} f(x)\,dx = \frac{1}{2\pi}\int_0^{\pi} A\sin x\,dx$

$= \frac{A}{2\pi}[-\cos x]_0^{\pi} = \frac{A}{2\pi}(1-\cos\pi) = \frac{A}{\pi}$

(2) $a_n = \frac{1}{\pi}\int_0^{2\pi} f(x)\cos nx\,dx = \frac{1}{\pi}\int_0^{\pi} A\sin x \cdot \cos nx\,dx$

$= \frac{A}{\pi}\int_0^{\pi}\frac{1}{2}[\sin(n+1)x - \sin(n-1)x]\,dx$

$= \frac{A}{2\pi}\left\{\left[\frac{-\cos(n+1)x}{n+1} + \frac{\cos(n-1)x}{n-1}\right]_0^{\pi}\right\}$

$= \frac{A}{2\pi}\left\{-\frac{(-1)^{(n+1)}-1}{n+1} + \frac{(-1)^{(n-1)}-1}{n-1}\right\}$

$\therefore \begin{cases} a_n = 0 \ \ (n : \text{홀수}) \\ a_n = \dfrac{-2A}{(n-1)(n+1)\pi} \ \ (n : \text{짝수}) \end{cases}$

(3) $b_n = \frac{1}{\pi}\int_0^{2\pi} f(x)\sin nx\,dx = \frac{1}{\pi}\int_0^{\pi} A\sin x \cdot \sin nx\,dx$

$= -\frac{A}{2\pi}\int_0^{\pi}[\cos(n+1)x - \cos(n-1)x]\,dx$

$= \frac{A}{2\pi}\left\{\left[\frac{\sin(n+1)x}{n+1} - \frac{\sin(n-1)x}{n-1}\right]_0^{\pi}\right\} = 0 \ \ (n \neq 1)$

$(n=1)$인 경우에는 윗 식에 대입하여 구한다.

$b_n = \frac{1}{\pi}\int_0^{\pi} A\sin^2 x\,dx = \frac{A}{\pi}\int_0^{\pi}\frac{1}{2}(1-\cos 2x)\,dx$

$= \frac{A}{2\pi}\left[x - \frac{1}{2}\sin 2x\right]_0^{\pi} = \frac{A}{2\pi}\times\pi = \frac{A}{2} \quad \therefore\ b_n = \frac{A}{2}(n=1),\ b_n = 0(n \neq 1)$

그러므로 푸리에 급수는 계수 a_0, a_n, b_n이 존재하므로 다음과 같이 구해진다.

$$f(t) = a_0 + \sum_{n=1}^{\infty} a_n\cos n\omega t + \sum_{n=1}^{\infty} b_n \sin n\omega t$$

$$\therefore\ f(t) = \frac{A}{\pi} - \frac{2A}{\pi}\left(\frac{\cos 2\omega t}{3} + \frac{\cos 4\omega t}{3\cdot 5} + \frac{\cos 6\omega t}{5\cdot 7} + \cdots\right) + \frac{A}{2}\sin\omega t$$

10.3 대칭성 주기함수의 푸리에 급수

지금까지 비대칭성 주기함수에 대한 푸리에 급수를 배웠지만 푸리에 계수를 구하는 것은 매우 복잡한 적분 과정을 거치는 작업이다. 그러나 (+) 반파와 (−) 반파의 파형이 같은 **대칭성을 갖는 주기함수(대칭파)**의 푸리에 계수 a_0, a_n, b_n은 0이 되는 계수를 반드시 포함하게 된다. 그러므로 대칭성의 성질을 이용하면 앞 절에서 배운 푸리에 급수의 전개에서 모든 계수를 구할 필요가 없어지므로 급수의 전개는 한결 수월해진다.

일반적으로 대칭성은 우함수 대칭(여현 대칭), 기함수 대칭(정현 대칭) 및 반파 대칭이 있고, 대칭성의 종류에 따라 푸리에 계수 a_0, a_n, b_n에서 0인 항목을 미리 예측할 수 있다.

본 절에서 주기함수의 대칭성의 성질에 따라 푸리에 계수에 미치는 영향에 대해 알아본다.

(1) 우함수파 (여현 대칭)

그림 10.8과 같이 세로축에 대해 좌우 대칭이고, 모든 x 또는 t에 대하여

$$f(x)=f(-x) \text{ 또는 } f(t)=f(-t) \tag{10.27}$$

의 조건을 만족하는 함수 $f(x)$ 또는 $f(t)$를 **우함수**(even function)라고 하며, 대표적으로 지수부가 짝수(우수, even number)인 x^2, x^4과 삼각함수 $\cos x$ 등이 포함된다. 식 (10.27)의 우함수의 조건을 만족하는 파형을 **우함수파** 또는 **여현 대칭파**라고 하며, **그림** 10.8과 같이 세로축에 관한 좌우 대칭인 파형이므로 **세로축을 중심으로 포개서 일치하는 파형**이다.

우함수의 푸리에 급수의 전개식에서 $f(x)$와 $f(-x)$는 각각

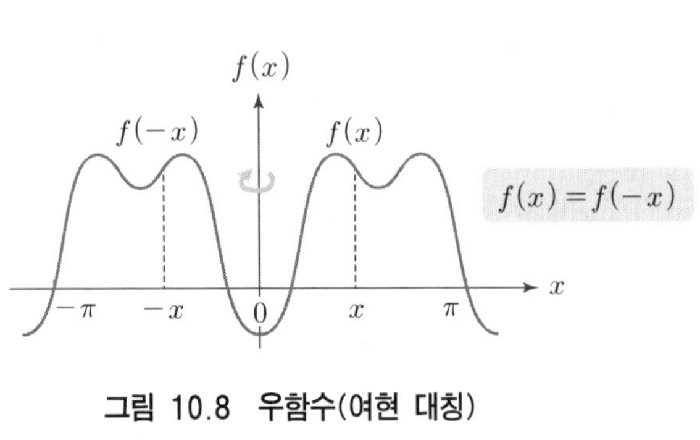

그림 10.8 우함수(여현 대칭)

$$f(x)=a_0+\sum_{n=1}^{\infty}a_n\cos nx+\sum_{n=1}^{\infty}b_n\sin nx \tag{10.28}$$

$$f(-x)=a_0+\sum_{n=1}^{\infty}a_n\cos n(-x)+\sum_{n=1}^{\infty}b_n\sin n(-x)$$

$$=a_0+\sum_{n=1}^{\infty}a_n\cos nx-\sum_{n=1}^{\infty}b_n\sin nx \tag{10.29}$$

$$[\because\ \cos n(-x)=\cos nx,\ \sin n(-x)=-\sin nx]$$

가 된다. 위의 두 식은 우함수의 조건 식 (10.27)로부터 서로 항상 같아야 하므로 sin 항은 없어지고 상수항 a_0와 cos 항 a_n만 존재해야 한다.

이것은 기하학적으로 함수 $f(x)=k$(상수)는 일종의 우함수로 볼 수 있으므로 상수항 a_0와 $\cos nx$ 항은 우함수가 되고 $\sin nx$는 기함수이기 때문에 식 (10.28) 중에서 a_0와 a_n만 존재하는 것으로도 해석할 수 있다.

따라서 우함수파에 대한 푸리에 급수의 전개 $f(x)$와 계수 a_0, a_n은 적분 구간을 $-\pi$에서 π까지 취해도 되므로 다음과 같이 구할 수 있다.

$$f(x)=a_0+\sum_{n=1}^{\infty}a_n\cos nx \tag{10.30}$$

$$\begin{cases} a_0=\dfrac{1}{2\pi}\displaystyle\int_{-\pi}^{\pi}f(x)\,dx=\dfrac{1}{\pi}\displaystyle\int_{0}^{\pi}f(x)dx \\[2ex] a_n=\dfrac{1}{\pi}\displaystyle\int_{-\pi}^{\pi}f(x)\cos nx\,dx=\dfrac{2}{\pi}\displaystyle\int_{0}^{\pi}f(x)\cos nx\,dx \end{cases}$$

우함수 파형은 **그림** 10.8에서 알 수 있듯이 평균값은 기하학적으로 1주기를 적분하는 대신에 반주기만을 적분해도 같기 때문에 상수항 a_0는 1주기를 적분하는 대신에 반주기만을 적분하여 구할 수 있다.

a_n도 피적분 함수 $f(x)\cdot\cos x$가 (우함수)·(우함수)의 결과로 (우함수)이기 때문에 반주기만을 적분하여 구한 평균값에 2배를 취함으로써 간단히 구할 수 있다.

푸리에 급수는 함수 $f(x)$ 또는 $f(t)$ 및 계수를 x 또는 t로 정리하면 다음과 같다.

$$f(x) = a_0 + \sum_{n=1}^{\infty} a_n \cos nx \quad \left[f(t) = a_0 + \sum_{n=1}^{\infty} a_n \cos n\omega t \right]$$

$$\begin{cases} a_0 = \dfrac{1}{\pi}\displaystyle\int_0^{\pi} f(x)dx & \left[= \dfrac{2}{T}\displaystyle\int_0^{T/2} f(t)\,dt \right] \\ a_n = \dfrac{2}{\pi}\displaystyle\int_0^{\pi} f(x)\cos nx\,dx & \left[= \dfrac{4}{T}\displaystyle\int_0^{T/2} f(t)\cos n\omega t\,dt \right] \end{cases} \tag{10.31}$$

(2) 기함수파 (정현 대칭)

그림 10.9와 같이 원점 대칭이고, 모든 x 또는 t에 대하여

$$f(x) = -f(-x) \ \text{또는}\ f(t) = -f(-t) \tag{10.32}$$

의 조건을 만족하는 함수 $f(x)$ 또는 $f(t)$를 **기함수**(odd function)라고 하며, 대표적으로 지수부가 홀수(기수, odd number)인 x, x^3과 삼각함수 $\sin x$ 등이 포함된다.

식 (10.32)와 같은 기함수의 조건을 만족하는 파형을 **기함수파** 또는 **정현 대칭파**라 하며, **그림** 10.9과 같이 원점 대칭인 파형, 즉 원점을 중심으로 180° 회전하였을 때 일치되는 파형을 나타낸다.

원점 대칭은 **세로축을 중심으로 접고 또 가로축으로 접어서 포개지는 파형**이므로 독자들은 이 방법으로 기함수 파형을 확인하는 것이 수월해진다.

그림 10.9에서 기함수파는 (+)반파와 (−)반파의 면적이 같기 때문에 1주기의 평균값(직류분)을 의미하는 상수항 a_0는 0이다.

기함수인 정현 대칭파를 푸리에 급수의 전개식에서 $f(x)$와 $-f(-x)$는 각각

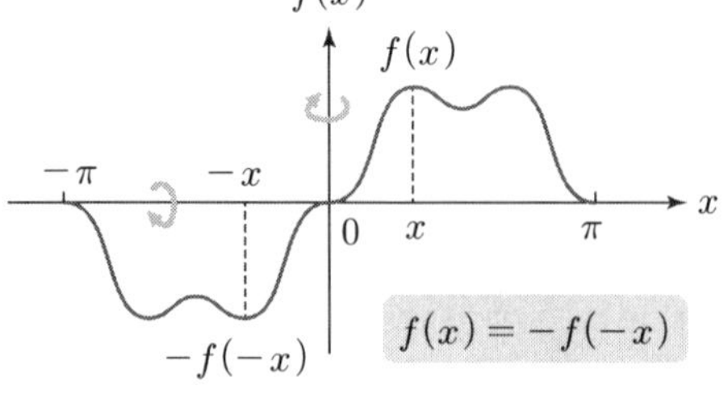

그림 10.9 기함수(정현 대칭)

$$f(x) = a_0 + \sum_{n=1}^{\infty} a_n \cos nx + \sum_{n=1}^{\infty} b_n \sin nx \tag{10.33}$$

$$-f(-x) = -\left\{ a_0 + \sum_{n=1}^{\infty} a_n \cos n(-x) + \sum_{n=1}^{\infty} b_n \sin n(-x) \right\}$$

$$= -a_0 - \sum_{n=1}^{\infty} a_n \cos nx + \sum_{n=1}^{\infty} b_n \sin nx \tag{10.34}$$

$$[\because \ \cos n(-x) = \cos nx, \ \sin n(-x) = -\sin nx]$$

가 되고, 위의 두 식은 기함수의 조건 식 (10.32)로부터 서로 항상 같아야 하므로 상수항a_0와 cos 항은 존재하지 않고 sin항인 b_n만 존재하여야 한다. 즉 기함수파에 대한 푸리에 급수의 전개 $f(x)$와 계수 b_n은

$$f(x) = \sum_{n=1}^{\infty} b_n \sin nx$$

$$\left(b_n = \frac{1}{\pi} \int_{-\pi}^{\pi} f(x) \sin nx \, dx = \frac{2}{\pi} \int_0^{\pi} f(x) \sin nx \, dx \right) \tag{10.35}$$

가 된다. 특히 계수 b_n도 피적분 함수 $f(x) \cdot \sin x$가 (기함수)·(기함수)의 결과로 (우함수)이기 때문에 우함수의 a_n과 마찬가지로 $f(x) \cdot \sin x$의 반주기만을 적분하여 구한 평균값에 2배를 취함으로써 간단히 구할 수 있다.

푸리에 급수는 함수 $f(x)$ 또는 $f(t)$ 및 계수 b_n을 x 또는 t로 정리하면 다음과 같다.

$$f(x) = \sum_{n=1}^{\infty} b_n \sin nx \quad \left[f(t) = \sum_{n=1}^{\infty} b_n \sin n\omega t \right]$$

$$\left(b_n = \frac{2}{\pi} \int_0^{\pi} f(x) \sin nx \, dx \quad \left[f(t) = \frac{4}{T} \int_0^{T/2} f(t) \sin n\omega t \, dt \right] \right) \tag{10.36}$$

(3) 반파 대칭

그림 10.10과 같이 반주기마다 크기가 같고 부호가 반대인 파형이고, 모든 x 또는 t에 대하여

$$f(x) = -f(x \pm \pi) \text{ 또는 } f(t) = -f\left(t \pm \frac{T}{2}\right) \tag{10.37}$$

의 조건을 만족하는 함수 $f(x)$ 또는 $f(t)$를 **반파 대칭**이라 하고, 반주기만큼 평행 이동한 후 가로축에 대해 대칭인 파형을 **반파 대칭파**라 한다.

반파 대칭파는 **그림** 10.10과 같이 **파형을 양의 방향으로 반주기**(π)**만큼 이동시킨 후 또 다시 가로축에 대해 접어서 포개지는 파형**이고, 이때 조건식은 $f(x) = -f(x-\pi)$를 만족한다.

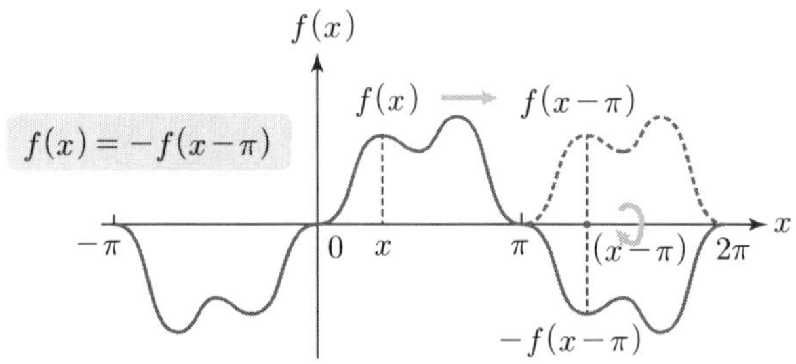

그림 10.10 반파 대칭

반파 대칭 파형도 우함수 및 기함수파와 마찬가지로 (+)반파와 (−)반파의 면적이 같으므로 1주기의 평균값을 의미하는 상수항 a_0는 0이 된다.

반파 대칭 파형의 푸리에 급수의 전개식에서 $f(x)$와 $-f(x-\pi)$는 각각

$$f(x) = \sum_{n=1}^{\infty} a_n \cos nx + \sum_{n=1}^{\infty} b_n \sin nx \tag{10.38}$$

$$\begin{aligned} -f(x-\pi) &= -\left\{\sum_{n=1}^{\infty} a_n \cos n(x-\pi) + \sum_{n=1}^{\infty} b_n \sin n(x-\pi)\right\} \\ &= -\sum_{n=1}^{\infty} (-1)^n a_n \cos nx - \sum_{n=1}^{\infty} (-1)^n b_n \sin nx \end{aligned} \tag{10.39}$$

$$\left[\because \cos n(x \pm \pi) = (-1)^n \cos nx, \ \sin n(x \pm \pi) = (-1)^n \sin nx\right]$$

가 된다. 위의 두 식은 반파 대칭의 조건 식 (10.38)로부터 성립하려면 n은 반드시 홀수(기수)이어야 하고, 상수항 a_0는 없어지면서 cos항과 sin항이 존재하여야 한다.

즉, 반파 대칭 파형에 대한 푸리에 급수의 전개 $f(x)$와 계수 a_n, b_n은

$$f(x)=\sum_{n=1}^{\infty}a_n\cos nx+\sum_{n=1}^{\infty}b_n\sin nx \tag{10.40}$$

$$\begin{cases} a_n=\dfrac{1}{\pi}\displaystyle\int_{-\pi}^{\pi}f(x)\cos nx\,dx=\dfrac{2}{\pi}\int_{0}^{\pi}f(x)\cos nx\,dx \\ b_n=\dfrac{1}{\pi}\displaystyle\int_{-\pi}^{\pi}f(x)\sin nx\,dx=\dfrac{2}{\pi}\int_{0}^{\pi}f(x)\sin nx\,dx \end{cases} \quad \text{단, } (n=1,\,3,\,5,\cdots)$$

가 된다. 특히 계수 a_n, b_n은 피적분 함수 $f(x)\cdot\sin x$와 $f(x)\cdot\cos x$에 대해 우함수의 a_n과 기함수 b_n과 마찬가지로 각각 반주기만을 적분하여 구한 평균값에 2배를 취함으로써 간단히 구할 수 있다.

푸리에 급수를 함수 $f(x)$ 또는 $f(t)$ 및 계수 a_n, b_n을 x 또는 t로 정리하면 다음과 같다.

$$f(x)=\sum_{n=1}^{\infty}a_n\cos nx+\sum_{n=1}^{\infty}b_n\sin nx \quad \left[f(t)=\sum_{n=1}^{\infty}a_n\cos n\omega t+\sum_{n=1}^{\infty}b_n\sin n\omega t\right]$$

$$\begin{cases} a_n=\dfrac{2}{\pi}\displaystyle\int_{0}^{\pi}f(x)\cos nx\,dx & \left[=\dfrac{4}{T}\displaystyle\int_{0}^{T/2}f(t)\cos n\omega t\,dt\right] \\ b_n=\dfrac{2}{\pi}\displaystyle\int_{0}^{\pi}f(x)\sin nx\,dx & \left[=\dfrac{4}{T}\displaystyle\int_{0}^{T/2}f(t)\sin n\omega t\,dt\right] \end{cases} \quad (n\ :\ \text{홀수}) \tag{10.41}$$

지금까지 설명한 비대칭성 및 대칭성 주기함수에 관한 푸리에 급수 및 푸리에 계수를 구하는 공식과 성질을 참고 및 암기할 수 있도록 요약하여 정리하였다.

특히 본문에서는 반파 대칭이면서 동시에 우함수파 또는 기함수파에 대하여 설명하지 않았지만, **표 10.3**의 대칭성 주기함수에 결과를 수록하여 놓았으니 반드시 푸리에 계수를 구하는 공식을 익히고 예제를 통하여 간단한 해법을 배우기 바란다.

☞ 주기함수에 따른 푸리에 급수와 계수의 선정법

(1) 주기함수의 푸리에 급수

③ 반파 대칭[n : 홀수]

④ ⑤

$$f(t) = a_0 + \boxed{\sum_{n=1}^{\infty} a_n \cos n\omega t} + \boxed{\sum_{n=1}^{\infty} b_n \sin n\omega t}$$

① 우함수(n : 양수) ② 기함수(n : 양수)

① 우함수 : 상수항과 cos 항(a_0, a_n)(n = 양의 정수)

② 기함수 : sin 항(b_n)(n = 양의 정수)

③ 반파 대칭 : cos 항과 sin 항(a_n, b_n)[n = 홀수(기수)]

④ 반파 대칭+우함수 : cos 항(a_n)(n = 홀수(기수)) (④=③∩①)

⑤ 반파 대칭+기함수 : sin 항(b_n)(n = 홀수(기수)) (⑤=③∩②)

※ 기본 각주파수 : $\omega = \dfrac{2\pi}{T}$ (T : 기본 주기)

(2) 비대칭 주기함수(비대칭파)의 푸리에 급수 및 푸리에 계수

표 10.2 비대칭성 주기함수(비대칭파)의 푸리에 급수와 계수

주기함수	푸리에 급수	푸리에 계수 공식
비대칭성 함수 (비대칭파)	$f(t) = a_0 + \sum_{n=1}^{\infty} a_n \cos n\omega t + \sum_{n=1}^{\infty} b_n \sin n\omega t$ (n = 양의 정수)	$a_0 = \frac{1}{T}\int_0^T f(t)dt$ $a_n = \frac{2}{T}\int_0^T f(t)\cos n\omega t dt$ $b_n = \frac{2}{T}\int_0^T f(t)\sin n\omega t dt$
a_0 : 피적분 함수 $f(t)$의 1주기의 평균값(직류성분)(n = 양의 정수) a_n : 피적분 함수 $f(t)\cos n\omega t$의 1주기의 평균값에 2배(n = 양의 정수) b_n : 피적분 함수 $f(t)\sin n\omega t$의 1주기의 평균값에 2배(n = 양의 정수)		

(3) 대칭성 주기함수(대칭파)의 푸리에 급수 및 푸리에 계수

표 10.3 대칭성 주기함수(대칭파)의 성질

주기함수		a_0	a_n	b_n	함수 조건	푸리에 계수 공식
대칭성 함수	우 함 수	○	○	×	$f(t)=f(-t)$ ($n=$ 양의 정수)	$a_0=\frac{2}{T}\int_0^{T/2}f(t)dt$ $a_n=\frac{4}{T}\int_0^{T/2}f(t)\cos n\omega t\,dt$
	기 함 수	×	×	○	$f(t)=-f(-t)$ ($n=$ 양의 정수)	$b_n=\frac{4}{T}\int_0^{T/2}f(t)\sin n\omega t\,dt$
	반파 대칭	×	○	○	$f(t)=-f(t\pm\pi)$ $f(t)=-f\left(t\pm\frac{T}{2}\right)$ ($n=$ 홀수)	$a_n=\frac{4}{T}\int_0^{T/2}f(t)\cos n\omega t\,dt$ $b_n=\frac{4}{T}\int_0^{T/2}f(t)\sin n\omega t\,dt$
	우함수 반파 대칭	×	○	×	($n=$ 홀수)	$a_n=\frac{8}{T}\int_0^{T/4}f(t)\cos n\omega t\,dt$
	기함수 반파 대칭	×	×	○	($n=$ 홀수)	$b_n=\frac{8}{T}\int_0^{T/4}f(t)\sin n\omega t\,dt$

(1) 대칭파(우함수, 기함수, 반파 대칭)

a_0 : 피적분 함수 $f(t)$의 반주기의 평균값(직류성분)($n=$ 양의 정수)

a_n, b_n : ① 피적분 함수의 반주기의 평균값에 2배($n=$ 양의 정수)

② 반파 대칭인 경우에 n은 홀수(기수)만 해당

(2) 대칭파(우함수 + 반파 대칭, 기함수 + 반파 대칭)

a_n, b_n : 피적분 함수의 (1/4)주기의 평균값에 2배($n=$ 홀수(기수))

※ 피적분 함수 (a_0 : $f(t)$, a_n : $f(t)\cos n\omega t$, b_n : $f(t)\sin n\omega t$)

예제 10.5 **그림** 10.11과 **같은 전파 정류파를 푸리에 급수로 전개하라.**

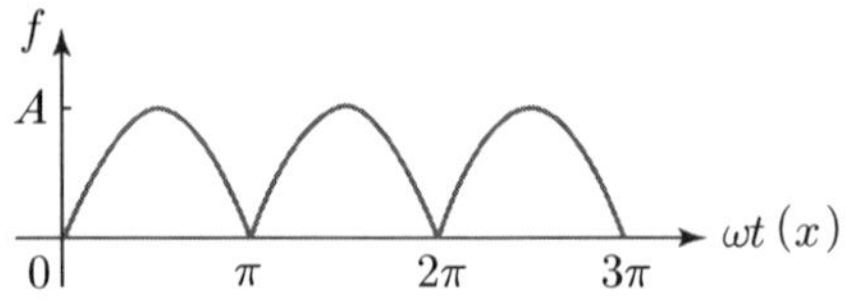

그림 10.11 전파 정류파

풀이

그림 10.11의 전파 정류파는 **우함수의 여현 대칭**이다. 대칭파 요약에서 푸리에 계수는 상수항 a_0와 cos 항 a_n이 존재한다.

$$a_0 = \frac{1}{\pi}\int_0^{\pi} f(x)\,dx = \frac{1}{\pi}\int_0^{\pi} A\sin x\,dx$$

$$= \frac{A}{\pi}[-\cos x]_0^{\pi} = \frac{A}{\pi}(1-\cos\pi) = \frac{2A}{\pi}$$

$$a_n = \frac{2}{\pi}\int_0^{\pi} f(x)\cos nx\,dx = \frac{2}{\pi}\int_0^{\pi} A\sin x \cdot \cos nx\,dx$$

$$= \frac{2A}{\pi}\int_0^{\pi}\frac{1}{2}\{\sin(n+1)x - \sin(n-1)x\}\,dx$$

$$= \frac{A}{\pi}\left\{\left[\frac{-\cos(n+1)x}{n+1} + \frac{\cos(n-1)x}{n-1}\right]_0^{\pi}\right\}$$

$$= \frac{A}{\pi}\left\{\frac{-(-1)^{(n+1)}+1}{n+1} + \frac{(-1)^{(n-1)}-1}{n-1}\right\}$$

$$= \frac{2A}{\pi}\left\{\frac{(-1)^{(n+1)}-1}{n^2-1}\right\} = \begin{cases} 0 & (n=1,\ 3,\ 5,\cdots) \\ \dfrac{-4A}{(n^2-1)\pi} & (n=2,\ 4,\ 6,\cdots) \end{cases}$$

그러므로 푸리에 급수는 다음과 같이 구해진다.

$$f(t) = a_0 + \sum_{n=1}^{\infty} a_n \cos n\omega t$$

$$\therefore\ f(t) = \frac{2A}{\pi} - \frac{4A}{\pi}\left(\frac{\cos 2\omega t}{3} + \frac{\cos 4\omega t}{15} + \frac{\cos 6\omega t}{35} + \cdots\right)$$

예제 10.6 그림 10.12와 **같은 톱니파를 푸리에 급수로 전개하라.**

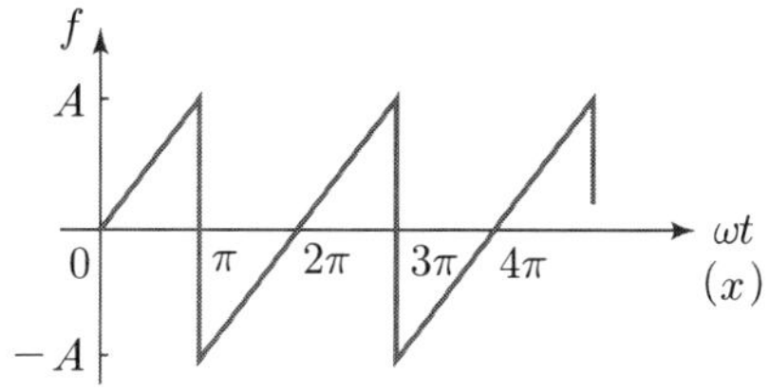

그림 10.12 톱니파(saw wave)

풀이

그림 10.12의 톱니 파형은 **기함수의 정현 대칭**이다.

대칭파 요약에서 푸리에 계수는 상수항 a_0와 cos항 a_n은 0이고, sin항 b_n(n : 양의 정수)만 존재한다.

$$0 \le \omega t < \pi \text{ 에서 } f(x) = \frac{A}{\pi}x$$

$$b_n = \frac{2}{\pi}\int_0^\pi f(x)\sin nx\,dx = \frac{2}{\pi}\int_0^\pi \frac{A}{\pi}x \cdot \sin nx\,dx$$

$$= \frac{2A}{\pi^2}\int_0^\pi x \cdot \sin nx\,dx \text{ (부분 적분법 공식 (10.22) 참고)}$$

$$= \frac{2A}{\pi^2}\left[\frac{-x\cos nx}{n} - \int\left(\frac{-\cos nx}{n}\right)dx\right]_0^\pi$$

$$= \frac{2A}{\pi^2}\left[\frac{-x\cos nx}{n} + \frac{\sin nx}{n^2}\right]_0^\pi = \frac{2A}{\pi^2}\left(\frac{-\pi\cos n\pi}{n} + \frac{\sin n\pi}{n^2}\right)$$

$$= \frac{2A}{\pi^2}\left(\frac{-\pi\cos n\pi}{n}\right) = -\frac{2A}{n\pi}(-1)^n = \frac{2A}{n\pi}(-1)^{n+1}$$

그러므로 푸리에 급수는 다음과 같이 구해진다.

$$f(t) = \sum_{n=1}^{\infty} b_n \sin n\omega t$$

$$\therefore\ f(t) = \frac{2A}{\pi}\left(\sin\omega t - \frac{1}{2}\sin 2\omega t + \frac{1}{3}\sin 3\omega t - \frac{1}{4}\sin 4\omega t + \cdots\right)$$

예제 10.7 그림 10.13과 같은 사각파(구형파)를 푸리에 급수로 전개하라.

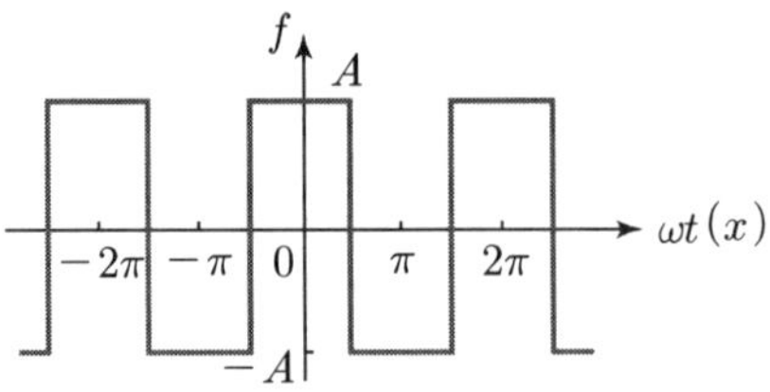

그림 10.13 사각파(square wave)

풀이

그림 10.13의 사각파는 **반파 대칭이면서 우함수의 여현 대칭**이다.

대칭파 요약에서 푸리에 계수는 n이 홀수이면서 cos항 a_n만 존재한다. a_n은 피적분 함수 $f(x)\cos nx$의 1/4 주기를 적분하여 구한 평균값에 2배를 취하면 된다.

$0 < x < \pi/2$에서 $f(x) = A$이므로

$$a_n = \frac{4}{\pi}\int_0^{\pi/2} f(x)\cos nx\,dx$$

$$a_n = \frac{4A}{\pi}\int_0^{\pi/2} 1 \cdot \cos nx\,dx = \frac{4A}{\pi}\left[\frac{\sin nx}{n}\right]_0^{\pi/2}$$

$$= \frac{4A}{n\pi}\left(\sin\frac{n\pi}{2}\right) = \begin{cases} \dfrac{4A}{n\pi} & (n = 1,\ 5,\ 9, \cdots) \\ -\dfrac{4A}{n\pi} & (n = 3,\ 7,\ 11, \cdots) \end{cases}$$

$$f(t) = \sum_{n=1}^{\infty} a_n \cos n\omega t$$

$$\therefore\ f(t) = \frac{4A}{\pi}\left(\cos\omega t - \frac{1}{3}\cos 3\omega t + \frac{1}{5}\cos 5\omega t - \frac{1}{7}\cos 7\omega t + \cdots\right)$$

10.4 푸리에 급수의 응용

10.4.1 비정현파의 실효값

주기적으로 변하는 전류 및 전압의 실효값($r.m.s$)은 파형에 관계없이 다음과 같이 정의한다.

$$I_{rms} = I = \sqrt{\frac{1}{T}\int_0^T i^2\,dt} = \sqrt{\frac{1}{2\pi}\int_0^{2\pi} i^2\,dt} \tag{10.42}$$

주기함수의 비정현파 전류 i는 sin항과 cos항을 합성한 푸리에 급수의 식 (10.8)의 형태에서

$$i = I_0 + \sum_{n=1}^{\infty} I_{mn}\sin(n\omega t + \theta_n) \tag{10.43}$$

으로 표현된다. 여기서 I_0는 직류분, I_{mn}은 제 n차 고조파 전류의 최대값이고, 제 n차 고조파 전류의 실효값을 I_n이라 하면 $I_{mn} = \sqrt{2}\,I_n$의 관계가 된다.

비정현파 전류의 실효값은 식 (10.43)을 식 (10.42)에 대입하여 구할 수 있다. 따라서 먼저 i^2을 계산하고 이것의 1주기의 평균값을 구한 후 최종적으로 제곱근을 취하는 단계로 구할 수 있다.

(1) 전류의 제곱 i^2

식 (10.43)의 푸리에 급수 식인 전류의 제곱 i^2은 다음과 같이 네 종류의 항목으로 분류된다.

(1) 직류 성분의 곱 : ${I_0}^2$

(2) I_0와 각 정현파의 곱 : $I_0 I_{mn}\sin(n\omega t + \theta_n)$

(3) 주파수가 같은 두 정현파의 곱 : ${I_{mn}}^2\sin^2(n\omega t + \theta_n)$

(4) 주파수가 다른 두 정현파의 곱 :

$$I_{mn} I_{ml}\sin(n\omega t + \theta_n)\cdot\sin(l\omega t + \theta_l) \quad (n \neq l)$$

(2) 평균값

전류의 제곱 i^2의 네 항목에 대한 1주기의 평균값은 각각 적분을 취하고 구하면 다음과 같다.

$$(1)\ \frac{1}{T}\int_0^T I_0^{\,2}\,dt = I_0^{\,2}$$

$$(2)\ \frac{1}{T}\int_0^T I_0 I_{mn}\sin(n\omega t+\theta_n)\,dt = 0$$

$$(3)\ \frac{1}{T}\int_0^T I_{mn}^{\,2}\sin^2(n\omega t+\theta_n)\,dt = \frac{I_{mn}^{\,2}}{T}\int_0^T \sin^2(n\omega t+\theta_n)\,dt$$

$$= \frac{I_{mn}^{\,2}}{T}\cdot\left(\frac{T}{2}\right) = \frac{I_{mn}^{\,2}}{2} = \frac{(\sqrt{2}\,I_n)^2}{2} = I_n^{\,2}\ \left[I_n : \text{실효값}(I_{mn} = \sqrt{2}\,I_n)\right]$$

$$(4)\ \frac{1}{T}\int_0^T \left[I_{mn}I_{ml}\sin(n\omega t+\theta_n)\sin(l\omega t+\theta_l)\right]dt = 0\ \ (n \neq l)$$

제 10.2 .2 절의 TIP(팁) 삼각함수의 정적분의 정리를 참고하면 삼각함수 공식으로 전개하고 적분할 필요 없이 다음과 같이 간단히 구할 수 있다.

① 제 (2) 항은 sin함수의 정적분이고 1주기에서 (+) 반파와 (−) 반파의 면적이 같으므로 결과는 0 이 된다.

② 제 (3) 항은 삼각함수 제곱에 대한 1주기의 정적분이고 결과는 $T/2$(또는 π)가 된다.

③ 제 (4) 항은 동일한 삼각함수의 곱에서 $n \neq l$에 대한 1주기의 정적분이므로 0이 된다.

(3) 실효값

각 항목의 평균값은 제 (2) 항과 제 (4) 항에서 0 이고, 제 (1) 항과 제 (3) 항에서 유도된 값을 갖는다. 유도된 평균값에 제곱근을 취하면 비정현파 전류와 전압의 실효값 I_{rms}, V_{rms}는 각각 다음과 같이 구해진다.

$$I_{rms} = \sqrt{I_0^{\,2} + \sum I_n^{\,2}}\ \ (I_{rms} = I) \tag{10.44}$$

$$V_{rms} = \sqrt{V_0^{\,2} + \sum V_n^{\,2}}\ \ (V_{rms} = V) \tag{10.45}$$

$$I = \sqrt{I_0^{\,2} + I_1^{\,2} + I_2^{\,2} + \cdots} \tag{10.46}$$

$$V = \sqrt{V_0^{\,2} + V_1^{\,2} + V_2^{\,2} + \cdots} \tag{10.47}$$

이와 같이 비정현 주기파의 실효값은 직류분(I_0)과 각 고조파 실효값(I_n)의 제곱의 총합에 대한 제곱근으로 주어짐을 알 수 있다.

비정현파에서 기본파(정현파)에 대한 고조파 성분이 포함된 정도, 즉 정현파에 대한 일그러짐의 정도를 **왜형률**(distortion factor)로 나타낸다. 왜형률은 정현파에 가까운 파형일수록 작다.

$$\text{왜형률} = \frac{\text{전 고조파의 실효값}}{\text{기본파의 실효값}} = \frac{\sqrt{I_2^{\,2} + I_3^{\,2} + I_4^{\,2} + \cdots}}{I_1}$$

예제 10.8 비정현파 전류 $i = 3 + 10\sqrt{2}\sin\omega t + 5\sqrt{2}\sin(3\omega t + 30°)$ [A]일 때, 전류의 실효값을 구하라.

풀이

비정현파 전류의 실효값 I는 식 (10.46)에 의하여

$$I = \sqrt{I_0^{\,2} + I_1^{\,2} + I_3^{\,2}} = \sqrt{3^2 + 10^2 + 5^2} = \sqrt{134} \fallingdotseq 11.58 \text{ [A]}$$

예제 10.9 비정현파 전압 $v = 30\sin\omega t + 10\cos3\omega t + 5\sin5\omega t$ [V]일 때, 전압의 실효값과 왜형률을 구하라.

풀이

(1) 비정현파 전압의 실효값 V는 식 (10.47)에 의하여

$$V = \sqrt{V_1^{\,2} + V_3^{\,2} + V_5^{\,2}} = \sqrt{\left(\frac{30}{\sqrt{2}}\right)^2 + \left(\frac{10}{\sqrt{2}}\right)^2 + \left(\frac{5}{\sqrt{2}}\right)^2}$$

$$= \sqrt{\frac{1}{2}(30^2+10^2+5^2)} = \sqrt{\frac{1025}{2}} \fallingdotseq 22.64 \text{ [V]}$$

(2) 왜형률 $= \dfrac{\text{전 고조파의 실효값}}{\text{기본파의 실효값}} = \dfrac{\sqrt{{V_3}^2+{V_5}^2}}{V_1}$

$$= \frac{\sqrt{(10/\sqrt{2})^2+(5/\sqrt{2})^2}}{30/\sqrt{2}} \fallingdotseq 0.373$$

10.4.2 비정현파의 전력

임의의 회로에서 비정현파 전압 v와 전류 i가 각각

$$\begin{cases} v(t) = V_0 + V_{m1}\sin(\omega t+\alpha_1) + V_{m2}\sin(2\omega t+\alpha_2) + \cdots \\ i(t) = I_0 + I_{m1}\sin(\omega t+\beta_1) + I_{m2}\sin(2\omega t+\beta_2) + \cdots \end{cases}$$

$$\therefore \begin{cases} i(t) = I_0 + \sum_{n=1}^{\infty} I_{mn}\sin(n\omega t+\beta_n) \\ i(t) = I_0 + \sum_{n=1}^{\infty} I_{mn}\sin(n\omega t+\beta_n) \end{cases} \tag{10.48}$$

으로 표현될 때, 회로에 공급되는 순시전력은 $p = vi$ 이고, 평균전력 P 는

$$P = \frac{1}{T}\int_0^T p\,dt = \frac{1}{T}\int_0^T vi\,dt \tag{10.49}$$

로 정의된다. 평균전력을 구하기 위한 식 (10.49)의 전압 v와 전류 i의 곱은 다음과 같이 네 종류의 항목으로 분류할 수 있다.

(1) 직류분의 곱 : $V_0 I_0$

(2) (직류분)·(교류분) : $V_0 I_{mn}\sin(n\omega t+\beta_n)$ 또는 $I_0 V_{mn}\sin(n\omega t+\alpha_n)$

(3) 주파수가 같은 두 정현항의 곱 : $V_{mn} I_{mn}\sin(n\omega t+\alpha_n)\cdot\sin(n\omega t+\beta_n)$

(4) 주파수가 다른 두 정현항의 곱 : $V_{mn} I_{ml}\sin(n\omega t+\alpha_n)\cdot\sin(l\omega t+\beta_l)$ $(n \neq l)$

각 항목별로 1주기간의 평균값은 제 (1) 항의 평균값은 $V_0 I_0$ 이고, 제 (2) 항과 제 (4) 항은 앞 절의 비정현파 전류의 실효값과 마찬가지로 평균값은 0 이다. 제 (3) 항의 평균값은 다음의 삼각함수 공식을 이용하여 구하면

삼각함수 공식 : $\sin\theta_1 \cdot \sin\theta_2 = -\dfrac{1}{2}\{\cos(\theta_1+\theta_2)-\cos(\theta_1-\theta_2)\}$

$$\begin{aligned}
&\frac{1}{T}\int_0^T \{V_{mn} I_{mn} \sin(n\omega t+\alpha_n)\cdot\sin(n\omega t+\beta_n)\}\,dt \\
&= \frac{V_{mn} I_{mn}}{T}\int_0^T \{\sin(n\omega t+\alpha_n)\cdot\sin(n\omega t+\alpha_n-\theta_n)\}\,dt \\
&= \frac{V_{mn} I_{mn}}{T}\int_0^T \frac{1}{2}\{\cos\theta_n-\cos(2n\omega t+2\alpha_n-\theta_n)\}\,dt \\
&= \frac{V_{mn} I_{mn}}{2T}\left[t\cos\theta_n-\frac{\sin(2n\omega t+2\alpha_n-\theta_n)}{2n\omega}\right]_0^T \\
&= \frac{V_{mn} I_{mn}}{2T}(T\cos\theta_n) = \frac{1}{2}V_{mn} I_{mn}\cos\theta_n
\end{aligned} \tag{10.50}$$

이 된다. 단, $\theta_n = \alpha_n - \beta_n$ 이고 제 n차 고조파의 전압과 전류의 위상차이다. 이 결과를 실효값으로 표현하면 다음과 같다

$$\therefore\ \frac{1}{2}V_{mn} I_{mn}\cos\theta_n = V_n I_n \cos\theta_n \tag{10.51}$$

(단, V_n, I_n 은 각 고조파의 전압과 전류의 실효값)

이들로부터 평균전력(유효전력) P 는 제 (1) 항과 제 (3) 항의 합에 의하여

$$\begin{aligned}
P &= V_0 I_0 + \sum_{n=1}^{\infty} V_n I_n \cos\theta_n \\
&= V_0 I_0 + V_1 I_1 \cos\theta_1 + V_2 I_2 \cos\theta_2 + \cdots \\
&= P_0 + P_1 + P_2 + \cdots
\end{aligned} \tag{10.52}$$

이 구해진다. P_0, P_1, P_2, ⋯ 는 평균전력의 직류 성분과 각 고주파 성분이다.

결론적으로 비정현파의 평균전력(유효전력)은 직류분과 각 고조파가 단독적으로 공급하는 평균전력의 합과 같음을 알 수 있다.

비정현파 회로에 대한 무효전력 Q, 피상전력 P_a, 역률 $\cos\theta$ 도 정현파일 때와 마찬가지로 다음과 같이 정의된다.

$$(1)\ Q = \sum_{n=1}^{\infty} V_n I_n \sin\theta_n = V_1 I_1 \sin\theta_1 + V_2 I_2 \sin\theta_2 + \cdots \tag{10.53}$$

$$(2)\ P_a = V_0 I_0 + \sum_{n=1}^{\infty} V_n I_n = V_0 I_0 + V_1 I_1 + V_2 I_2 + \cdots$$

$$= VI = \sqrt{V_0^{\ 2} + V_1^{\ 2} + V_2^{\ 2} + \cdots} \cdot \sqrt{I_0^{\ 2} + I_1^{\ 2} + I_2^{\ 2} + \cdots} \tag{10.54}$$

$$(3)\ \cos\theta = \frac{P}{P_a} = \frac{P}{VI}$$

$$\therefore\ \cos\theta = \frac{V_0 I_0 + V_1 I_1 \cos\theta_1 + V_2 I_2 \cos\theta_2 + \cdots}{\sqrt{V_0^{\ 2} + V_1^{\ 2} + V_2^{\ 2} + \cdots} \cdot \sqrt{I_0^{\ 2} + I_1^{\ 2} + I_2^{\ 2} + \cdots}} \tag{10.55}$$

예제 10.10 다음과 같은 비정현파 전압 및 전류에 의한 평균전력, 피상전력, 역률을 구하라.

$$v = 100\sin(\omega t + 30°) - 50\sin(3\omega t + 60°) + 25\sin 5\omega t\ [\text{V}]$$

$$i = 20\sin(\omega t - 30°) + 15\sin(3\omega t + 30°) + 10\cos(5\omega t - 60°)\ [\text{A}]$$

풀이

삼각함수 $\cos\theta = \sin(\theta + 90°)$의 관계에서 제5고조파 전류는

$$10\cos(5\omega t - 60°) = 10\sin(5\omega t - 60° + 90°) = 10\sin(5\omega t + 30°)$$

$$\therefore\ 10\cos(5\omega t - 60°) = 10\sin(5\omega t + 30°)$$

전압, 전류의 실효치

$$V = \sqrt{V_1^{\ 2} + V_3^{\ 2} + V_5^{\ 2}} = \sqrt{\left(\frac{100}{\sqrt{2}}\right)^2 + \left(\frac{50}{\sqrt{2}}\right)^2 + \left(\frac{25}{\sqrt{2}}\right)^2} \fallingdotseq 81.01\ [\text{V}]$$

$$I = \sqrt{I_1{}^2 + I_3{}^2 + I_5{}^2} = \sqrt{\left(\frac{20}{\sqrt{2}}\right)^2 + \left(\frac{15}{\sqrt{2}}\right)^2 + \left(\frac{10}{\sqrt{2}}\right)^2} \fallingdotseq 19.04\,[\mathrm{A}]$$

(1) 평균전력 P는 식 (10.52)에 의하여

$$P = V_1 I_1 \cos\theta_1 + V_3 I_3 \cos\theta_3 + V_5 I_5 \cos\theta_5$$

$$= \frac{100}{\sqrt{2}} \cdot \frac{20}{\sqrt{2}} \cos 60° - \frac{50}{\sqrt{2}} \cdot \frac{15}{\sqrt{2}} \cos 30° + \frac{25}{\sqrt{2}} \cdot \frac{10}{\sqrt{2}} \cos 30°$$

$$= 500 - 324.8 + 108.3 \fallingdotseq 283.5\,[\mathrm{W}]$$

(2) 피상전력 P_a는 식 (10.54)에 의하여

$$P_a = VI = 81.01 \times 19.04 \fallingdotseq 1542\,[\mathrm{VA}]$$

(3) 역률 $\cos\theta$는 식 (10.55)에 의하여

$$\cos\theta = \frac{P}{P_a} = \frac{283.5}{1542} = 0.184$$

제 10.11 $R = 4\,[\Omega]$, $\omega L = 3\,[\Omega]$**의 직렬회로에 다음의 전압을 인가할 때, 저항에서 소비되는 전력**[W]**을 구하라.**

$$v = 100\sqrt{2}\,\sin\omega t + 50\sqrt{2}\,\sin 3\omega t\,[\mathrm{V}]$$

풀이

(1) 기본파 전류 : $I_1 = \dfrac{V_1}{Z_1} = \dfrac{V_1}{\sqrt{R^2 + (\omega L)^2}} = \dfrac{100}{\sqrt{4^2 + 3^2}} = 20\,[\mathrm{A}]$

(2) 제 3 고조파 전류 : $I_3 = \dfrac{V_3}{Z_3} = \dfrac{V_3}{\sqrt{R^2 + (3\omega L)^2}} = \dfrac{50}{\sqrt{4^2 + 9^2}} = 5.08\,[\mathrm{A}]$

(3) 소비전력

$$P = I_1{}^2 R + I_3{}^2 R = 20^2 \times 4 + 5.08^2 \times 4 \fallingdotseq 1703\,[\mathrm{W}]$$

연 / 습 / 문 / 제

10-1 그림 10.14의 사각파(구형파)를 푸리에 급수로 전개하라.
(대칭성 주기파의 성질을 이용하여 풀고, 예제 10.2와 비교해 볼 것)

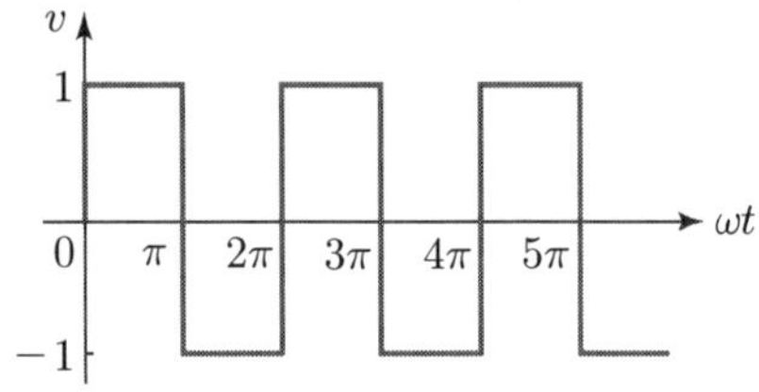

그림 10.14 사각파(구형파)

힌트 반파 대칭 기함수파 : sin항 b_n만 존재 ($n=$홀수), $v(t)=\sum_{n=1}^{\infty} b_n \sin n\omega t$

$$b_n=\frac{8}{T}\int_0^{T/4} v(t)\sin n\omega t d(\omega t)=\frac{4}{\pi}\int_0^{\pi/2} 1\cdot \sin n\omega t d(\omega t)=\frac{4}{n\pi}\cdots (n=1,\ 3,\ 5,\ \cdots)$$

10-2 그림 10.15의 삼각파를 푸리에 급수로 전개하라.

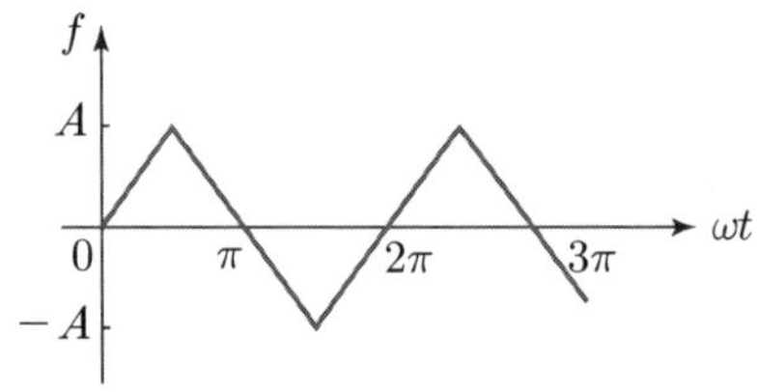

그림 10.15 삼각파

힌트 반파 대칭 기함수파 : sin항 b_n만 존재 ($n=$홀수), $f(t)=\sum_{n=1}^{\infty} b_n \sin n\omega t$

$$b_n=\frac{8}{T}\int_0^{T/4} f(t)\sin n\omega t dt=\frac{8}{T}\int_0^{T/4}\left(\frac{4A}{T}t\right)\sin n\omega t dt$$

$$=\begin{cases} \dfrac{8A}{n^2\pi^2}\ (n=1,\ 5,\ 9,\ \cdots) \\ -\dfrac{8A}{n^2\pi^2}\ (n=3,\ 7,\ 11,\ \cdots) \end{cases}$$

10-3 **그림** 10.16의 전파 정류파에서 평균값과 실효값을 구하라.

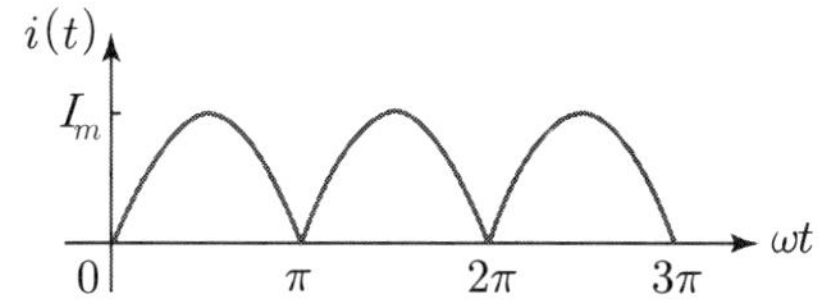

그림 10.16 전파 정류파

힌트 평균값 : $I_{av}=\dfrac{2}{T}\displaystyle\int_0^{T/2} i(\omega t)dt=\dfrac{1}{\pi}\int_0^{\pi} I_m \sin\omega t d(\omega t)=\dfrac{2}{\pi}I_m$

실효값 : $I=\sqrt{\dfrac{2}{T}\displaystyle\int_0^{T/2} i^2(\omega t)d(\omega t)}=\sqrt{\dfrac{1}{\pi}\int_0^{\pi}(I_m \sin\omega t)^2 d(\omega t)}$

$=\sqrt{\dfrac{{I_m}^2}{\pi}\displaystyle\int_0^{\pi}\dfrac{1}{2}(1-\cos 2\omega t)d(\omega t)}=\dfrac{1}{\sqrt{2}}I_m$

10-4 **그림** 10.17의 삼각파에서 평균값과 실효값을 구하라.

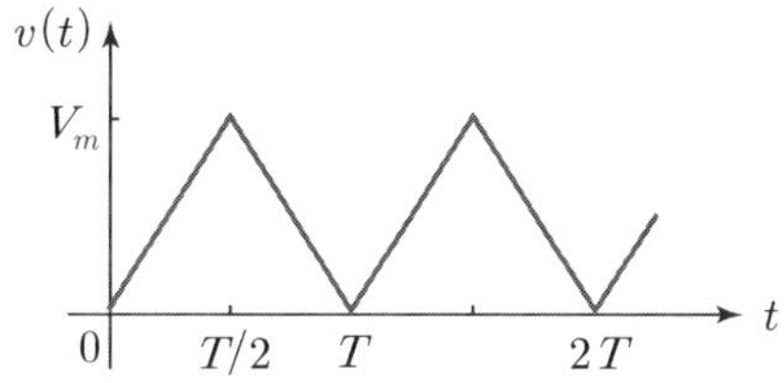

그림 10.17 삼각파

힌트 평균값 : $V_{av}=\dfrac{2}{T}\displaystyle\int_0^{T/2} v(t)dt=\dfrac{2}{T}\int_0^{T/2}\dfrac{2V_m}{T}tdt=\dfrac{4V_m}{T^2}\int_0^{T/2}tdt=\dfrac{1}{2}V_m$

실효값 : $V=\sqrt{\dfrac{2}{T}\displaystyle\int_0^{T/2} v^2(t)dt}=\sqrt{\dfrac{2}{T}\int_0^{T/2}\left(\dfrac{2V_m}{T}t\right)^2 dt}=\sqrt{\dfrac{8{V_m}^2}{T^3}\left[\dfrac{t^3}{3}\right]_0^{T/2}}$

$\therefore\ V=\dfrac{1}{\sqrt{3}}V_m$

10-5 비정현파 전류 $i=30\sqrt{2}\sin\omega t+40\sqrt{2}\sin(3\omega t+45°)$ [A]의 실효값을 구하라.

10-6 비정현파 전압 $v=50+30\sin\omega t$ [V]의 실효값을 구하라.

10-7 전류 $i = 30\sin\omega t + 10\cos 3\omega t + 5\sin 5\omega t$ [A]인 왜형파의 왜형률을 구하라.

힌트 왜형률 $= \dfrac{\text{전 고조파의 실효치}}{\text{기본파의 실효치}}$ $\quad\therefore$ 왜형률 $= \dfrac{\sqrt{V_3^{\,2} + V_5^{\,2}}}{V_1}$

10-8 $R = 8[\Omega]$, $\omega L = 2[\Omega]$의 직렬회로에서 다음의 비정현파 전압을 인가하였을 때, 제 3 고조파 전류의 실효값[A]을 구하라.

$$v = 10 + 100\sqrt{2}\sin\omega t + 50\sqrt{2}\sin(3\omega t + 45°) + 60\sqrt{2}\sin(5\omega t + 30°)\ [\mathrm{V}]$$

힌트 $Z_3 = \sqrt{R^2 + (3\omega L)^2}$ $\quad\therefore I_3 = \dfrac{V_3}{Z_3} = \dfrac{V_3}{\sqrt{R^2 + (3\omega L)^2}}$

10-9 $R = 3[\Omega]$, $X_L = 4[\Omega]$의 직렬회로에 전압 $v = 60 + 100\sqrt{2}\sin(\omega t - 30°)$ [V]를 인가할 때, 전류의 실효값[A]을 구하라.

힌트 직류분 : $I_0 = \dfrac{V_0}{R}$, 기본파 전류 : $I_1 = \dfrac{V_1}{Z_1} = \dfrac{V_1}{\sqrt{R^2 + (X_L)^2}}$ $\quad\therefore I = \sqrt{I_0^{\,2} + I_1^{\,2}}$

10-10 다음과 같은 비정현파 전압 및 전류에 의한 전력을 구하라.

$$\begin{cases} v = 100\sqrt{2}\sin\omega t + 50\sqrt{2}\sin\left(3\omega t + \dfrac{\pi}{6}\right)\ [\mathrm{V}] \\ i = 40\sqrt{2}\sin\left(3\omega t - \dfrac{\pi}{6}\right) + 100\sqrt{2}\sin 5\omega t\ [\mathrm{A}] \end{cases}$$

힌트 전력 $P = V_1 I_1 \cos\theta_1 + V_3 I_3 \cos\theta_3 + V_5 I_5 \cos\theta_5$ $\quad\therefore P = V_3 I_3 \cos\theta_3 = 50 \times 40 \times \cos\dfrac{\pi}{3}$

10-11 저항 $R = 5[\Omega]$에 흐르는 전류가 $i = 5 + 14.14\sin 100t + 7.07\sin 200t$ [A]일 때, 저항에서 소비되는 평균전력[W]을 구하라.

힌트 저항에서 소비되는 전력 : $P = I_0^{\,2}R + I_1^{\,2}R + I_2^{\,2}R$

10-12 단자전압 $v = 20\sin\omega t + 10\sin 3\omega t$ [V]이고, 전류 $i = 10\sin\omega t + 20\sin 3\omega t$ [A]인 임의의 회로에서의 역률을 구하라.

힌트 $\cos\theta = \dfrac{P}{P_a} = \dfrac{P}{VI} = \dfrac{V_1 I_1 \cos\theta_1 + V_3 I_3 \cos\theta_3}{\sqrt{V_1^{\,2} + V_3^{\,2}} \cdot \sqrt{I_1^{\,2} + I_3^{\,2}}}$

부록

- 부록 (1) 그리스 문자
  단위의 거듭제곱
  물리상수
- 부록 (2) 수학 공식
- 연습문제 해답
- 찾아보기

부 록 (1)

1. 그리스 문자

대문자	소문자	명 칭	대문자	소문자	명 칭
A	α	alpha(알파)	N	ν	nu(뉴)
B	β	beta(베타)	Ξ	ξ	xi(크사이)
Γ	γ	gamma(감마)	O	o	omicron(오미크론)
Δ	δ	delta(델타)	Π	π	pi(파이)
E	ϵ	epsilon(입실론)	P	ρ	rho(로)
Z	ζ	zeta(제타)	Σ	σ	sigma(시그마)
H	η	eta(에타)	T	τ	tau(타우)
Θ	θ	theta(세타)	Y	υ	upsilon(입실론)
I	ι	iota(요타)	Φ	ϕ	phi(파이)
K	κ	kappa(카파)	X	χ	chi(카이)
Λ	λ	lambda(람다)	Ψ	ψ	psi(프사이)
M	μ	mu(뮤)	Ω	ω	omega(오메가)

2. 단위의 거듭제곱

명 칭	기 호	값	명 칭	기 호	값
tera	T	10^{12}	centi	c	10^{-2}
giga	G	10^{9}	milli	m	10^{-3}
mega	M	10^{6}	micro	μ	10^{-6}
kilo	k	10^{3}	nano	n	10^{-9}
hecto	h	10^{2}	pico	p	10^{-12}
deca	da	10	femto	f	10^{-15}
deci	d	10^{-1}	atto	a	10^{-18}

3. 물리상수

주요 물리 상수	
전자파(광)의 속도	$c = 2.997925 \times 10^{8}$ [m/s]
전자의 전하	$e = -1.60219 \times 10^{-19}$ [C]
전자의 정지질량	$m = 9.10955 \times 10^{-31}$ [kg]
전자의 비전하	$e/m = 1.758802 \times 10^{11}$ [C/kg]
양자의 질량	$m_p = 1.67252 \times 10^{-27}$ [kg]
1kg 분자의 분자수	$N = 6.064 \times 10^{26}$
아보가드로수	$N_a = 6.02216 \times 10^{23}$ [mol^{-1}]
플랑크 상수	$h = 6.62619 \times 10^{-23}$ [J · sec]
볼츠만 상수	$k = 1.38062 \times 10^{-23}$ [J · deg^{-1}]
중력의 가속도	$g = 9.80665$ [m/sec^{2}]
진공의 유전율	$\epsilon_0 = 8.85419 \times 10^{-12}$ [F/m]
진공의 투자율	$\mu_0 = 4\pi \times 10^{-7}$ [H/m]

부 록 (2)

(수학 공식)

1. 2차방정식

$$ax^2 + bx + c = 0$$

$$x = \frac{-b \pm \sqrt{b^2 - 4ac}}{2a}$$

i) $b^2 - 4ac > 0$ 두 근은 실수이고 같지 않음(서로 다른 두 실근)

ii) $b^2 - 4ac = 0$ 두 근은 실수이고 서로 같음(중근)

iii) $b^2 - 4ac < 0$ 두 근은 허수(허근)

2. 로그함수(대수함수)

$$y = \log_a x \ (x = a^y), \ \log_a a = 1, \ \log_a 1 = 0 \ (a > 1, \ a \neq 1)$$

$$\log_a (xy) = \log_a x + \log_a y, \ \log_a \left(\frac{x}{y} \right) = \log_a x - \log_a y$$

$$\log_a x^n = n \log_a x, \ \log_a \sqrt[n]{x} = \frac{1}{n} \log_a x$$

$$\ln x = \log_e x = \frac{\log_{10} x}{\log_{10} e}, \ \log_a b = \frac{\log_e b}{\log_e a} = \frac{\ln b}{\ln a}$$

3. 삼각함수

(1) 삼각함수 사이의 관계

$$\sin\theta \,\mathrm{cosec}\theta = 1, \ \tan\theta \cot\theta = 1, \ \cos\theta \sec\theta = 1, \ \tan\theta = \frac{\sin\theta}{\cos\theta}$$

$$\sin^2\theta + \cos^2\theta = 1, \ \sec^2\theta = 1 + \tan^2\theta, \ \mathrm{cosec}^2\theta = 1 + \cot^2\theta$$

(2) 두 각의 합과 차

$$\begin{cases} \sin(\theta_1 \pm \theta_2) = \sin\theta_1 \cos\theta_2 \pm \cos\theta_1 \sin\theta_2 \\ \cos(\theta_1 \pm \theta_2) = \cos\theta_1 \cos\theta_2 \mp \sin\theta_1 \sin\theta_2 \end{cases}$$

(3) 합과 곱의 관계

$$\begin{cases} \sin\theta_1 + \sin\theta_2 = 2\sin\frac{1}{2}(\theta_1+\theta_2)\cdot\cos\frac{1}{2}(\theta_1-\theta_2) \\ \sin\theta_1 - \sin\theta_2 = 2\cos\frac{1}{2}(\theta_1+\theta_2)\cdot\sin\frac{1}{2}(\theta_1-\theta_2) \\ \cos\theta_1 + \cos\theta_2 = 2\cos\frac{1}{2}(\theta_1+\theta_2)\cdot\cos\frac{1}{2}(\theta_1-\theta_2) \\ \cos\theta_1 - \cos\theta_2 = -2\sin\frac{1}{2}(\theta_1+\theta_2)\cdot\sin\frac{1}{2}(\theta_1-\theta_2) \end{cases}$$

$$\begin{cases} \sin\theta_1\cos\theta_2 = \frac{1}{2}\{\sin(\theta_1+\theta_2)+\sin(\theta_1-\theta_2)\} \\ \cos\theta_1\sin\theta_2 = \frac{1}{2}\{\sin(\theta_1+\theta_2)-\sin(\theta_1-\theta_2)\} \\ \cos\theta_1\cos\theta_2 = \frac{1}{2}\{\cos(\theta_1+\theta_2)+\cos(\theta_1-\theta_2)\} \\ \sin\theta_1\sin\theta_2 = -\frac{1}{2}\{\cos(\theta_1+\theta_2)-\cos(\theta_1-\theta_2)\} \end{cases}$$

$$\tan\theta_1\tan\theta_2 = \frac{\tan\theta_1+\tan\theta_2}{\cot\theta_1+\cot\theta_2}$$

(4) 2배각 및 반각 공식

$$\begin{cases} \sin 2\theta = 2\sin\theta\cos\theta \\ \cos 2\theta = 2\cos^2\theta - 1 = 1 - 2\sin^2\theta \\ \tan 2\theta = \frac{2\tan\theta}{1-\tan^2\theta} \end{cases}$$

$$\begin{cases} \sin\frac{\theta}{2} = \frac{1-\cos\theta}{2} \\ \cos\frac{\theta}{2} = \frac{1+\cos\theta}{2} \\ \tan\frac{\theta}{2} = \frac{1-\cos\theta}{1+\cos\theta} \end{cases}$$

4. 미분 공식

(1) $y = x^n \qquad y' = nx^{n-1}$

(2) $y = e^x \qquad y' = e^x$

(3) $y = \sin x \qquad y' = \cos x$

(4) $y = \cos x \qquad y' = -\sin x$

(5) $y = \tan x \qquad y' = \sec^2 x$

(6) $y = \cot x \qquad y' = -\csc^2 x$

(7) $y = \frac{1}{x} \qquad y' = -\frac{1}{x^2}$

(8) $y = a^x \qquad y' = a^x \ln a$

(9) $y = \ln x \qquad y' = \frac{1}{x}$

(10) $y = \ln x^2 \qquad y' = \frac{2}{x}$

(11) $\frac{df(u)}{dx} = \frac{df(u)}{du}\frac{du}{dx}$

(12) $\frac{d}{dx}\ln f(x) = \frac{1}{f(x)}\frac{df(x)}{dx} = \frac{f'(x)}{f(x)}$

(13) $\frac{d}{dx}\{f x)\}^n = n\{f(x)\}^{n-1}\frac{df(x)}{dx} = n\{f(x)\}^{n-1}\cdot f'(x)$

(14) $\frac{d}{dx}\{f(x) \pm g(x)\} = \frac{df(x)}{dx} \pm \frac{dg(x)}{dx} = f'(x) \pm g'(x)$

(15) $\frac{d}{dx}\{f(x)\cdot g(x)\} = \frac{df(x)}{dx}g(x) + f(x)\frac{dg(x)}{dx} = f'(x)\cdot g(x) + f(x)\cdot g'(x)$

(16) $\frac{d}{dx}\left\{\frac{f(x)}{g(x)}\right\} = \frac{\frac{df(x)}{dx}g(x) - f(x)\frac{dg(x)}{dx}}{\{g(x)\}^2} = \frac{f'(x)\cdot g(x) - f(x)\cdot g'(x)}{\{g(x)\}^2}$

5. 적분 공식 (적분상수 생략)

(1) $\int dx = x$

(2) $\int x^n dx = \frac{x^{n+1}}{n+1}$

(3) $\int e^x dx = e^x$

(4) $\int \frac{dx}{x} = \ln x$

(5) $\int \sin x\, dx = -\cos x$

(6) $\int \cos x\, dx = \sin x$

(7) $\int \sin x^2\, dx = \frac{1}{2}\left(x - \frac{1}{2}\sin 2x\right)$

(8) $\int \cos x^2\, dx = \frac{1}{2}\left(x + \frac{1}{2}\sin 2x\right)$

(9) $\int \sin ax\, dx = -\frac{1}{a}\cos ax$

(10) $\int \cos ax\, dx = \frac{1}{a}\sin ax$

(11) $\int e^{ax} dx = \frac{1}{a}e^{ax}$

(12) $\int \ln x\, dx = x\ln x - x$

(13) $\int a^x dx = \frac{a^x}{\ln a}$

(14) $\int xe^x dx = e^x(x-1)$

(15) $\int \frac{dx}{x^2 - a^2} = \frac{1}{2a}\ln\left|\frac{x-a}{x+a}\right|$

(16) $\int \frac{dx}{\sqrt{a^2 - x^2}} = \sin^{-1}\frac{x}{a}$

(17) $\int \frac{dx}{x^2 + a^2} = \frac{1}{a}\tan^{-1}\frac{x}{a}$

(18) $\int \frac{dx}{\sqrt{x^2 \pm a^2}} = \ln\left|x + \sqrt{x^2 \pm a^2}\right|$

6. 원운동

(1) 등속 원운동 공식

[1] 속도 $v = \dfrac{2\pi r}{T} = r\omega$

[2] 각속도 $\omega = \dfrac{v}{r} = \dfrac{2\pi}{T} = 2\pi f$

[3] 주기 $T = \dfrac{2\pi}{\omega} = \dfrac{2\pi r}{v} = \dfrac{1}{f}$

[4] 진동수(주파수) $f = \dfrac{1}{T} = \dfrac{\omega}{2\pi}$

[5] 구심가속도 $a = \dfrac{v^2}{r} = r\omega^2$

[6] 구심력 $F = ma = m\dfrac{v^2}{r} = mr\omega^2$

(2) 원과 원호관계

[1] 원호 길이와 각의 관계 $l = r\theta$

[2] 원호 면적 $S = \dfrac{1}{2}rl = \dfrac{1}{2}r^2\theta$

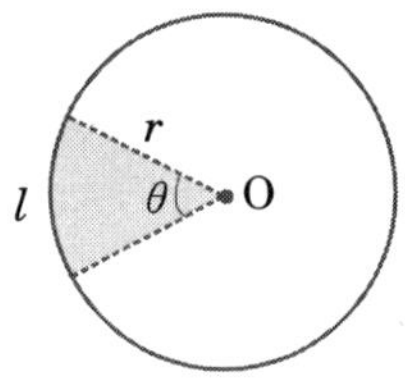

그림 1 ▶ 원과 원호

연습문제 해답

제 1 장

1-1 (1) $4x^4+4x^2y+y^2$

(2) x^3-8

(3) $8x^3-36x^2y+54xy^2-27y^3$

(4) $x^3-x^2-24x-36$

1-2 (1) $(x+3)^2$

(2) $(x+1)(x+3)$

(3) $(x+2)(x-4)$

(4) $(x+3)(3x+2)$

(5) $(2x-1)(3x+2)$

(6) $(x+2y)(x^2-2xy+4y^2)$

1-3 6

1-4 (1) $\frac{2}{x^2-1}$ (2) $\frac{x-y}{x+y}$

(3) $\frac{x+1}{x(x-3)}$ (4) $\frac{5}{11}$

1-5 (1) $D=25-16=9>0$

$x=1,\ 4$(서로 다른 두 실근)

(2) $D/4=9-9=0$

$x=3$(서로 같은 두 실근, 중근)

(3) $D=49-24=25>0$

$x=1/3,\ 2$(서로 다른 두 실근)

(4) $D=0-144=-144<0$

$x=\pm\frac{2}{3}i$ (서로 다른 두 허근)

1-6 (1) $f^{-1}(x)=\frac{1}{2}(x-1)$

(2) $f^{-1}(x)=\pm\sqrt{x+1}$

(3) $f^{-1}(x)=x^2-1$

(4) $f^{-1}(x)=\sqrt[3]{x}$

1-7 $y=-5x+7$

1-8 $y=-\frac{3}{2}x+\frac{7}{2}$

1-9 대칭축 : $x=1$, 꼭지점 : $(1,\ 2)$

1-10 (1) $\frac{7}{8}$ (2) 4

(3) a (4) $\frac{1}{ab}$

1-11 (1) a^3 (2) a^{-6} (3) a^8

(4) 2 (5) -3 (6) 2

(7) 9 (8) 8 (9) 8

1-12 (1) 5 (2) -3 (3) -3

1-13 (1) 2 (2) 2

(3) $\frac{3}{2}$ (4) $\frac{7}{4}$

1-14 (1) 5 (2) $\sqrt{2}$

(3) 16 (4) $\frac{1}{9}$

1-15 (1) $y=\log_2 x$ (2) $y=5^{\frac{x}{3}}$

1-16 (1) $\frac{2}{x-2}-\frac{2}{x+2}$

(2) $\frac{2}{x-1}+\frac{1}{x+3}$

(3) $\frac{3}{x-4}-\frac{2}{x+1}+\frac{4}{2x-3}$

(4) $1-\frac{3}{x+4}+\frac{1}{x-2}$

(5) $\frac{3}{2x+1}-\frac{2}{(2x+1)^2}$

(6) $\frac{1}{2x^2}-\frac{1}{4x}+\frac{1}{4(x+2)}$

(7) $\frac{1-x}{2(x^2+3)}+\frac{1}{2(x+3)}$

(8) $\frac{2x+5}{x^2+x+1}-\frac{3}{3-x}$

제 2 장

2-1 (1) $\frac{7}{36}\pi$ (2) $\frac{2}{3}\pi$

(3) 60° (4) 135°

2-2 (1) $-\sin 60°$ (2) $\cos 60°$

(3) $\tan 30°$ (4) $-\sin\frac{\pi}{4}$

(5) $\cos\frac{\pi}{3}$ (6) $\tan\frac{\pi}{6}$

2-3 (1) $\frac{\sqrt{3}}{2}$ (2) $-\frac{1}{\sqrt{2}}$

(3) $-\sqrt{3}$ (4) $-\frac{1}{2}$

(5) $-\frac{1}{2}$ (6) $\sqrt{3}$

2-4 (1) $-\sin\theta$ (2) 0

2-5 $\cos\theta=-\frac{2}{\sqrt{5}}$, $\sin\theta=\frac{1}{\sqrt{5}}$

2-6 $c=\frac{3\sqrt{6}}{2}$, $R=\frac{3\sqrt{2}}{2}$

2-7 (1) $a=\sqrt{21}$, $S=5\sqrt{3}$

(2) $b=\sqrt{85+42\sqrt{2}}$, $S=\frac{21\sqrt{2}}{2}$

2-8 최대값 : 2, 최소값 : −2
주기 : π (그래프 참고)

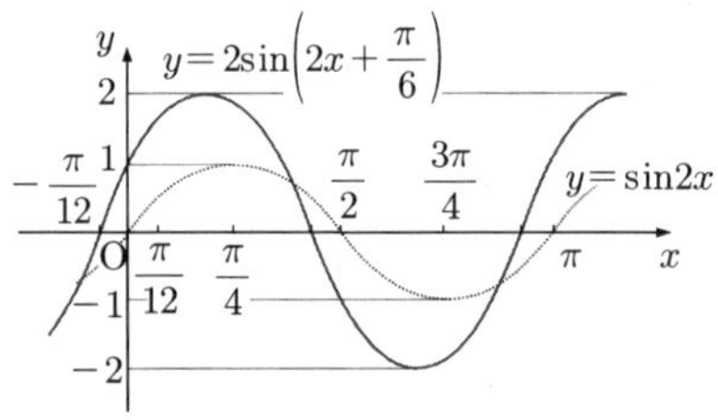

문제 2.8 그래프

2-9 $\cos 2\theta=\frac{7}{25}$, $\sin 2\theta=-\frac{24}{25}$

$\tan\frac{\theta}{2}=3$

2-10 (1) $\frac{2+\sqrt{3}}{4}$ (2) $\frac{1+\sqrt{3}}{4}$

(3) $\frac{1+\sqrt{3}}{4}$ (4) $\frac{-1+\sqrt{3}}{4}$

2-11 (1) $\sqrt{2}\sin\left(\theta+\frac{\pi}{4}\right)$, $\sqrt{2}\cos\left(\theta-\frac{\pi}{4}\right)$

최대값 : $\sqrt{2}$, 최소값 : $-\sqrt{2}$

(2) $\sqrt{2}\sin\left(\theta-\frac{\pi}{4}\right)$, $\sqrt{2}\cos\left(\theta-\frac{3\pi}{4}\right)$

최대값 : $\sqrt{2}$, 최소값 : $-\sqrt{2}$

(3) $2\sin\left(\omega t+\frac{\pi}{3}\right)$, $2\cos\left(\omega t-\frac{\pi}{6}\right)$

최대값 : 2, 최소값 : −2

(4) $2\sin\left(\omega t-\frac{\pi}{3}\right)$, $2\cos\left(\omega t-\frac{5\pi}{6}\right)$

최대값 : 2, 최소값 : −2

제 3 장

3-1 (1) $A+B=\begin{pmatrix}7 & 9\\ 8 & 1\end{pmatrix}$

$A-B=\begin{pmatrix}1 & -3\\ 4 & 7\end{pmatrix}$

(2) $A+B=\begin{pmatrix}10 & -5 & 3\\ 3 & 3 & 4\end{pmatrix}$

$A-B=\begin{pmatrix}2 & -3 & 3\\ -3 & 1 & 4\end{pmatrix}$

(3) $A+B=\begin{pmatrix}5 & 10 & 0\\ 5 & 5 & 11\\ 9 & 7 & 7\end{pmatrix}$

$A-B=\begin{pmatrix}1 & 6 & 2\\ 3 & -1 & 7\\ 3 & 3 & -1\end{pmatrix}$

3-2 (1) $\begin{pmatrix}8\\ 9\end{pmatrix}$ (2) $(11 \quad 7)$

(3) $\begin{pmatrix}4 & -1 & 3\\ 19 & -7 & 15\\ 16 & -2 & 10\end{pmatrix}$

3-3 (1) $\begin{pmatrix}7 & 8\\ 4 & 1\end{pmatrix}$ (2) $\begin{pmatrix}5 & 10 & -6\\ 4 & 10 & 5\\ 9 & -5 & 4\end{pmatrix}$

3-4 (1) $x=6,\ y=-2$

(2) $x=2,\ y=2$

(3) $x=-4,\ y=1$

(4) $x=1,\ y=2,\ z=4$

3-5 (1) $A^T=\begin{pmatrix}2\\ 3\end{pmatrix}$ (2) $A^T=\begin{pmatrix}1 & 3\\ 2 & 4\end{pmatrix}$

(3) $A^T=\begin{pmatrix}1 & 4\\ 0 & 3\\ 2 & 5\end{pmatrix}$

(4) $A^T=\begin{pmatrix}9 & 6 & 3\\ 8 & 5 & 2\\ 7 & 4 & 1\end{pmatrix}$

3-6 (1) 7 (2) 10

3-7 $M_{11}=10$, $A_{11}=10$

$M_{12}=-5$, $A_{12}=5$

$M_{13}=-5$, $A_{13}=-5$

3-8 10

3-9 (1) 1 (2) 75

3-10 (1) −12 (2) 42

(3) 36 (4) −2

3-11 (1) $x=3,\ y=1$

(2) $x=1,\ y=1$

(3) $x=3,\ y=-3,\ z=1$

(4) $x=1,\ y=2,\ z=2$

(5) $x=3,\ y=0,\ z=4$

(6) $x=2,\ y=0,\ z=-1$

3-12 (1) $A^{-1}=\frac{1}{1}\begin{pmatrix}1 & 2\\ 0 & 1\end{pmatrix}=\begin{pmatrix}1 & 2\\ 0 & 1\end{pmatrix}$

(2) $A^{-1}=-\frac{1}{5}\begin{pmatrix} 4 & -2 & -3 \\ -6 & 3 & 2 \\ -3 & 4 & 1 \end{pmatrix}$

3-13 L형 회로 : $\begin{pmatrix} A & B \\ C & D \end{pmatrix}=\begin{pmatrix} 10 & 3 \\ 3 & 1 \end{pmatrix}$

π형 회로 : $\begin{pmatrix} A & B \\ C & D \end{pmatrix}=\begin{pmatrix} 9 & 2 \\ 40 & 9 \end{pmatrix}$

3-14 $I_3=\frac{3}{4}$[A]

제 4 장

4-1 (1) $7+j2$ (2) $-4+j2$

(3) $24+j18$ (4) $\frac{10}{13}+j\frac{24}{13}$

(5) $60\angle 45°$ (6) $5\angle 60°$

4-2 (1) $5\angle 0°$ (2) $5\angle -90°$

(3) $8\angle 60°$ (4) $6.71\angle -116.57°$

4-3 (1) $-j20$

(2) $50(\sqrt{3}+j)=86.6+j50$

(3) $-86.6+j50$

(4) $-3.46-j2$

4-4 $-3.65+j1.05$

4-5 (1) $1.04\angle 15°=1+j0.27$

(2) $3.54\angle -165°=-3.42-j0.92$

4-6 (1) $10\angle\frac{2}{3}\pi=10\angle 120°$

(2) $10\left(\cos\frac{2}{3}\pi+j\sin\frac{2}{3}\pi\right)$

$=10(\cos 120°+j\sin 120°)$

(3) $-5+j5\sqrt{3}=-5+j8.66$

4-7 (1) $11.18\angle -100.3°$ 절대값 : 11.18

편각 : −100.3°

(2) $2.24\angle 206.56°$ 절대값 : 2.24

편각 : 206.56°

4-8 $A\cdot B=\left(5\angle\frac{\pi}{3}\right)\cdot\left(20\angle\frac{\pi}{6}\right)$

$=100\angle\frac{\pi}{2}=j100$

4-9 $jA=(5\angle 60°)(1\angle 90°)$

$\therefore\ jA=5\angle 150°=-4.33+j2.5$

4-10 (1) -4

(2) $-117+j44$

(3) $1\angle 300°=0.5-j0.866$

(4) $32\angle 150°=-27.71+j16$

$=\frac{1}{2}-j\frac{\sqrt{3}}{2}$

4-11 $\pm 1,\ \pm j$ (주근 : 1)

4-12 $\frac{1}{\sqrt{2}}\pm j\frac{1}{\sqrt{2}},\ -\frac{1}{\sqrt{2}}\pm j\frac{1}{\sqrt{2}}$

주근 : $\frac{1}{\sqrt{2}}+j\frac{1}{\sqrt{2}}$

4-13 (1) $I=5\angle -60°$

(2) $V=40\angle 90°$

(3) $i=5\sqrt{2}\sin(\omega t-135°)$

(4) $v=40\sqrt{2}\sin(\omega t+90°)$

4-14 (1) $V=5\angle 0°$

$\therefore\ v=5\sqrt{2}\sin 120\pi t$

(2) $V=20\angle 60°$

$\therefore\ v=20\sqrt{2}\sin(120\pi t+60°)$

4-14 (3) $I = 2\angle 90°$

$\therefore\ i = 2\sqrt{2}\sin(120\pi t + 90°)$

(4) $I = 7.07\angle -45°$

$\therefore\ i = 7.07\sqrt{2}\sin(120\pi t - 45°)$
$= 10\sin(120\pi t - 45°)$

4-15 $Z = 22\angle 60° = 11 + j19.05\ [\Omega]$

$Z = 22\ [\Omega],\ \ \theta = 60°$

4-16 $i = 10\sqrt{2}\sin(\omega t - 60°)\ [\text{A}]$

4-17 (1) $Z = 10 - j25.55\ [\Omega]$
$= 27.44\angle -68.83°\ [\Omega]$

(2) $i = 3.64\sqrt{2}\sin(100\pi t + 68.63°)[\text{A}]$

제 5 장

5-1 $A = |A| = \sqrt{3^2 + 4^2 + 5^2} = 5\sqrt{2}$

$\therefore\ a = \dfrac{A}{A} = \dfrac{3}{5\sqrt{2}}i + \dfrac{4}{5\sqrt{2}}j + \dfrac{1}{\sqrt{2}}k$

5-2 (1) $\sqrt{38}$ (2) $\sqrt{137}$

(3) -2 (4) $6i - 16j - 9k$

5-3 $k \times A = \begin{vmatrix} i & j & k \\ 0 & 0 & 1 \\ 2 & -5 & 3 \end{vmatrix} = 5i + 2j$

5-4 $F_3 = -3i - 7j + 7k$

5-5 $F_3 = -(F_1 + F_2)$

$F_3 = -5i - 8j + 4k$

$|F_3| = \sqrt{(-5)^2 + (-8)^2 + 4^2} = \sqrt{105}$

5-6 $A \cdot B = AB\cos\theta \quad \therefore\ \cos\theta = \dfrac{A \cdot B}{AB}$

$\cos\theta = \dfrac{A \cdot B}{AB} = \dfrac{25}{\sqrt{50}\sqrt{25}} = \dfrac{1}{\sqrt{2}}$

$\therefore\ \theta = \cos^{-1}\dfrac{1}{\sqrt{2}} = 45°$

5-7 $A_x = 2$

5-8 $A \cdot B = AB\cos 90° = 0$

$(\because\ \cos 90° = 0)$

$A \cdot B = 1 + 3a = 0 \quad \therefore\ a = -\dfrac{1}{3}$

5-9 $\overrightarrow{\text{AB}} = -6i + 3j + 3k,\ 3\sqrt{6}$

5-10 $W = F \cdot l$

$= (5i + 10j - 5k) \cdot (2i - 3j - 7k)$

$= 10 - 30 + 35 = 15\ [\text{J}]$

5-11 $n = \pm\dfrac{1}{\sqrt{42}}(-i + 5j + 4k)$

5-12 $A \times B = \begin{vmatrix} i & j & k \\ 10 & -10 & 5 \\ 4 & -2 & 5 \end{vmatrix}$

$= -40i - 30j + 20k$

평행사변형 면적 $S = |A \times B|$

$S = \sqrt{(-40)^2 + (-30)^2 + 20^2}$

$\therefore\ S = 10\sqrt{29}$

5-13 $T = 1.5k\ [\text{N} \cdot \text{m}]$, 반시계 방향

5-14 $F = 30i + 40j\ [\text{N/m}]$

$\therefore\ F = \sqrt{30^2 + 40^2} = 50\ [\text{N/m}]$

제 6-A 장

6-1 (1) 7 (2) 1 (3) 12

(4) $-\frac{2}{3}$ (5) 6 (6) 1

(7) -1 (8) 0 (9) ∞

(10) 2 (11) $\frac{1}{3}$ (12) $\frac{1}{2}$

6-2 (1) 1 (2) 1 (3) $\frac{1}{2}$

(4) 2 (5) e^3 (6) e^6

6-3 e

제 6-B 장

6-1 (1) $y'=12x^3$ (2) $y'=4x-3$

(3) $y'=\frac{6}{x^4}$ (4) $v'=15t^2(1-t^2)$

(5) $y'=\frac{2x^3-7}{x^2}$

(6) $y'=\frac{1}{2\sqrt{x}}+\frac{5}{x^2}$

6-2 (1) $y'=5x^4+8x^3$

(2) $y'=2x(4x^2-5)$

(3) $y'=3x^2-12x+11$

(4) $y'=\frac{-2(x+1)}{x^3}$

(5) $y'=\frac{1-x^2}{(x^2+1)^2}$

(6) $y'=\frac{-2}{1+t^2}$

6-3 (1) $y'=4(2x+1)$

(2) $y'=4x^3+3x^2=x^2(4x+3)$

(3) $y'=(x-1)(3x-5)$

(4) $y'=\frac{x}{\sqrt{x^2+1}}$

(5) $y'=\frac{-1}{\sqrt{(2x+3)^3}}$

(6) $y'=\frac{4t}{(t^2+1)^2}$

6-4 (1) $y'=2x$

(2) $y'=\frac{1}{2y}$

(3) $y'=-\frac{x}{2y}$

(4) $\frac{dy}{dx}=-\frac{\sqrt{1-y^2}}{y}$

(5) $\frac{dy}{dx}=(y+1)^2$

(6) $\frac{dy}{dx}=\frac{-(y^2-1)^2}{y^2+1}$

6-5 (1) $y'=2(x-\cos 2x)$

(2) $y'=\frac{x\cos x-\sin x}{x^2}$

(3) $y'=2(\cos^2 x-\sin^2 x)$

(4) $y'=\cos^2 x-\sin^2 x$

(5) $y'=\sin 3x+3x\cos 3x$

(6) $y'=\frac{1}{1-\sin x}$

(7) $y'=(x^2+2)\cos x$

(8) $y'=-\sin(\sin x)\cdot\cos x$

(9) $v'(t)=1200\pi\cos\left(120\pi t+\frac{\pi}{4}\right)$

(10) $i'(t)=-10\sin\left(5t-\frac{\pi}{6}\right)$

6-6 (1) $y'=5e^{5x}$

(2) $y' = -2xe^{-x^2}$

(3) $y' = \dfrac{1}{x}$

(4) $y' = \dfrac{4x}{2x^2+1}$

(5) $y' = e^{-2x}(\cos x - 2\sin x)$

(6) $y' = xe^x(2+x)$

6-7 (1) $y'' = 2$

(2) $y'' = -\cos x$

(3) $y'' = e^{-x}$

(4) $y'' = (x^2-4x+2)e^{-x}$

(5) $y'' = 2e^x \cos x$

(6) $y'' = 2\cos x - x\sin x$

6-8 $v(t) = -100e^{-2t}$ [V]

6-9 (1) 0~2초 : $v=25$ [V]

(2) 2~6초 : $v=0$ [V]

(3) 6~7초 : $v=-50$ [V]

6-10 (1) $v(5)=36$, $a(5)=24$

(2) $t=3$

제 6-C 장

6-1 (1) 3 (2) 0 (3) 2

(4) 1 (5) 1 (6) 3

6-2 $y=2x+6$

6-3 접선 방정식 : $y=2x-4$

법선 방정식 : $y=-\dfrac{1}{2}x-\dfrac{3}{2}$

6-4 $a=-4$, $b=4$

6-5 (1) 극소값 : $x=1$, $f(1)=-1$

극대값 : $x=3$, $f(3)=3$

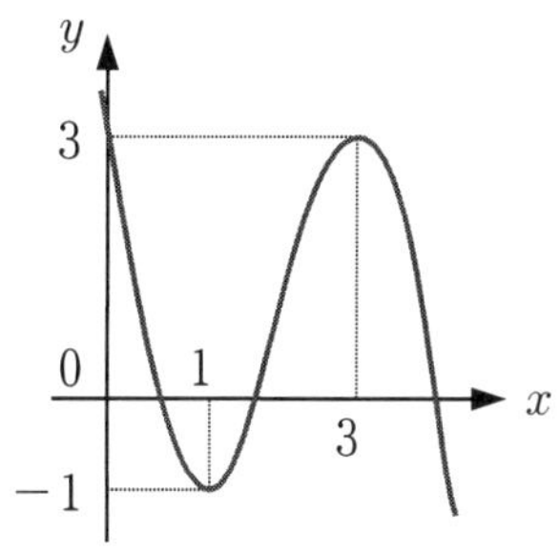

문제 6.5 (1) 정답

(2) 극소값(2개) :

$x=2$, $f(2)=11$

$x=-1$, $f(-1)=-16$

극대값 : $x=1$, $f(1)=16$

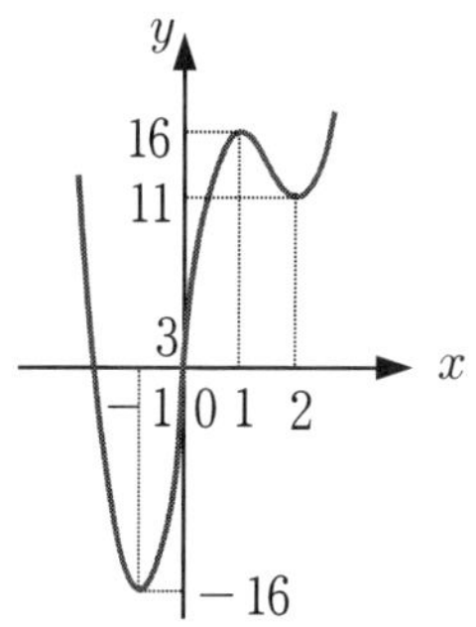

문제 6.5 (2) 정답

6-6 (1) $f'(x)=6(x-1)(x-2)$

x	1	…	2	…	3
$f'(x)$		−		+	
$f(x)$	−1	↘	−2	↗	3

최대값 : $3(x=3)$

최소값 : $-2(x=2)$

6-6 (2) $f'(x)=8x(x+1)(x-1)$

x	-2	$\cdots$	-1	$\cdots$	0	$\cdots$	1
$f'(x)$		$-$		$+$		$-$	
$f(x)$	22	↘	4	↗	6	↘	4

최대값 : $22(x=-2)$
최소값 : $4(x=1, -1)$

6-7 $f(x)=1-\dfrac{x^2}{2!}+\dfrac{x^4}{4!}-\dfrac{x^6}{6!}\cdots\cdots$

6-8 $f(x)=17+32(x-2)$
$+21(x-2)^2+7(x-2)^3+(x-2)^4$

6-9 (1) 편도함수

$$\frac{\partial u}{\partial x}=\frac{x}{\sqrt{x^2+y^2}},\quad \frac{\partial u}{\partial y}=\frac{y}{\sqrt{x^2+y^2}}$$

(2) 전미분

$$du=\frac{\partial u}{\partial x}dx+\frac{\partial u}{\partial y}dy$$

$$\therefore\ du=\frac{x}{\sqrt{x^2+y^2}}dx+\frac{y}{\sqrt{x^2+y^2}}dy$$

6-10 $\mathrm{grad}\,V=\nabla V$

$$=\frac{\partial V}{\partial x}\boldsymbol{i}+\frac{\partial V}{\partial y}\boldsymbol{j}+\frac{\partial V}{\partial z}\boldsymbol{k}$$
$$=\frac{\partial}{\partial x}(3x^2yz)\boldsymbol{i}+\frac{\partial}{\partial y}(3x^2yz)\boldsymbol{j}+\frac{\partial}{\partial z}(3x^2yz)\boldsymbol{k}$$
$$=6xyz\boldsymbol{i}+3x^2z\boldsymbol{j}+3x^2y\boldsymbol{k}\quad \text{점 }(1,\ 3,\ 0)$$
$$=9\boldsymbol{k}\quad \therefore\ \mathrm{grad}\,V=9\boldsymbol{k}$$

6-11 $\mathrm{div}\boldsymbol{E}=\nabla\cdot\boldsymbol{E}$

$$=\left(\frac{\partial}{\partial x}\boldsymbol{i}+\frac{\partial}{\partial y}\boldsymbol{j}+\frac{\partial}{\partial z}\boldsymbol{k}\right)\cdot(E_x\boldsymbol{i}+E_y\boldsymbol{j}+E_z\boldsymbol{k})$$
$$=\frac{\partial E_x}{\partial x}+\frac{\partial E_y}{\partial y}+\frac{\partial E_z}{\partial z}$$
$$=\frac{\partial}{\partial x}(3x^2)+\frac{\partial}{\partial y}(2xy^2)+\frac{\partial}{\partial z}(x^2yz)$$
$$=6x+4xy+x^2y$$
$$\therefore\ \mathrm{div}\boldsymbol{E}=6x+4xy+x^2y$$

6-12 $f\boldsymbol{A}=x^2yz\boldsymbol{i}+xy^2z\boldsymbol{j}+xyz^2\boldsymbol{k}$

$$\mathrm{div}(f\boldsymbol{A})=\left(\frac{\partial}{\partial x}\boldsymbol{i}+\frac{\partial}{\partial y}\boldsymbol{j}+\frac{\partial}{\partial z}\boldsymbol{k}\right)\cdot(f\boldsymbol{A})$$
$$=\frac{\partial}{\partial x}(x^2yz)+\frac{\partial}{\partial y}(xy^2z)+\frac{\partial}{\partial z}(xyz^2)$$
$$=2xyz+2xyz+2xyz=6xyz\quad \text{점 }(1,\ 1,\ 1)$$
$$=6\quad \therefore\ \mathrm{div}(f\boldsymbol{A})=6$$

6-13 $\nabla f=\dfrac{\partial f}{\partial x}\boldsymbol{i}+\dfrac{\partial f}{\partial y}\boldsymbol{j}+\dfrac{\partial f}{\partial z}\boldsymbol{k}=2x\boldsymbol{i}+2y\boldsymbol{j}+2z\boldsymbol{k}$

$$\nabla\times\nabla f=\begin{vmatrix}\boldsymbol{i} & \boldsymbol{j} & \boldsymbol{k}\\ \dfrac{\partial}{\partial x} & \dfrac{\partial}{\partial y} & \dfrac{\partial}{\partial z}\\ 2x & 2y & 2z\end{vmatrix}=0$$

$$\therefore\ \nabla\times\nabla f=0$$

6-14 $\mathrm{rot}\boldsymbol{A}=\nabla\times\boldsymbol{A}=0$을 만족해야 하므로 다음의 관계식을 풀면 a가 구해짐

$$\begin{vmatrix}\boldsymbol{i} & \boldsymbol{j} & \boldsymbol{k}\\ \dfrac{\partial}{\partial x} & \dfrac{\partial}{\partial y} & \dfrac{\partial}{\partial z}\\ (axy-z^3) & (a-2)x^2 & (1-a)xz^2\end{vmatrix}=0$$

$$\therefore\ a=4$$

제 7-A 장

7-1 (1) $\dfrac{1}{3}x^3-\dfrac{1}{2}x^2+C$

(2) $\dfrac{1}{2}x^2+x+C$

(3) $\dfrac{4}{7}x^3\sqrt{x}+C$

(4) $\dfrac{1}{3}x^3+\dfrac{t}{2}x^2+t^2x+C$

(5) $\dfrac{1}{3}y^3-\dfrac{1}{2}y^2+y+C$

(6) $\theta+C$

7-2 (1) $\frac{2}{9}(3x-2)^{3/2}+C$

$=\frac{2}{9}(3x-2)\sqrt{3x-2}+C$

(2) $\frac{1}{3}(x^2+1)^{3/2}+C$

$=\frac{1}{3}(x^2+1)\sqrt{x^2+1}+C$

(3) $\sqrt{x^2+4}+C$

(4) $\frac{1}{5}\ln|5x+2|+C$

(5) $\ln(e^x+2)+C$

(6) $\frac{1}{3}\sqrt{(x^2+1)^3}-\sqrt{x^2+1}+C$

$=\frac{(x^2-2)\sqrt{x^2+1}}{3}+C$

7-3 (1) $-e^{-x}(x+1)+C$

(2) $\frac{2}{3}xe^{3x}-\frac{2}{9}e^{3x}+C$

(3) $\frac{1}{2}xe^{2x}-\frac{1}{4}e^{2x}+C$

(4) $e^x(x^2-2x+2)+C$

(5) $-\frac{1}{2}x\cos 2x+\frac{1}{4}\sin 2x+C$

(6) $\frac{3}{2}x\sin 2x+\frac{3}{4}\cos 2x+C$

(7) $(2-x^2)\cos x+2x\sin x+C$

(8) $\frac{1}{2}e^x(\sin x+\cos x)+C$

(9) $\frac{1}{5}e^{2x}(\sin x+2\cos x)+C$

(10) $x(\ln x)^2-2x(\ln x-1)+C$

7-4 (1) $\ln\left|\frac{x+1}{x+2}\right|+C$

(2) $\ln\left|\frac{(x-1)^2}{x+2}\right|+C$

(3) $\ln\left(\frac{x-2}{x+2}\right)^2+C$

(4) $\frac{x^3}{3}+\frac{x^2}{2}+2x+2\ln|x-1|+C$

(5) $\ln|x|-\frac{1}{2}\ln(x^2+1)+C$

(6) $\frac{1}{4}\ln\left|\frac{x+2}{x}\right|-\frac{1}{2x}+C$

7-5 (1) $\frac{1}{2}\left(x-\frac{\sin 6x}{6}\right)+C$

(2) $\sin x-\frac{\sin^3 x}{3}+C$

(3) $\frac{1}{6}\cos^3 2x-\frac{1}{2}\cos 2x+C$

(4) $\frac{1}{4}\left(\frac{3}{2}x-\sin 2x+\frac{1}{8}\sin 4x\right)+C$

(5) $-\cos x+\frac{2}{3}\cos^3 x$

$-\frac{1}{5}\cos^5 x+C$

(6) $-\frac{1}{3}\cos^3 x+\frac{2}{5}\cos^5 x$

$-\frac{1}{7}\cos^7 x+C$

(7) $\frac{1}{3}\sin^3 x-\frac{1}{5}\sin^5 x+C$

(8) $\frac{1}{5}\sin^5 x-\frac{1}{7}\sin^7 x+C$

(9) $-\frac{1}{8}(\cos 4x+2\cos 2x)+C$

(10) $\frac{1}{6}(\sin 6x+3\sin 2x)+C$

(11) $\frac{3}{16}(\sin 8x+2\sin 4x)+C$

(12) $2\left(\frac{1}{3}\sin 3x-\frac{1}{7}\sin 7x\right)+C$

제 7-B 장

7-1 18

7-2 (1) 15 (2) 20

(3) 0 (4) 1

(5) e^4-1 (6) $\frac{1}{3}\left(1-\frac{1}{e^6}\right)$

7-3 (1) -1 (2) $\frac{33}{2}$

7-4 (1) 4 (2) 4

7-5 (1) $\frac{14}{3}$ (2) 1

제 7-C 장

7-1 $\frac{37}{12}$

7-2 $\frac{8}{3}$

7-3 $\frac{9}{2}$

7-4 $\frac{1}{5}\pi$

7-5 $\frac{32}{3}\pi$

7-6 (1) $\frac{51}{4}$ (2) $-\frac{7}{3}$

7-7 (1) $\frac{45}{4}$

(2) $\frac{abc}{2}(a+b+c)$

제 8 장

8-1 (1) $4x^2+9y^2=C\left(\frac{x^2}{9}+\frac{y^2}{4}=C\right)$

(2) $y=Ce^{-x^2}$

(3) $y=2x-\frac{x^2}{6}+C$

(4) $y=Ce^x-2$

(5) $y^2-y=x^3-2x+C$

(6) $y^2=Cx-1$

8-2 (1) $y=x\ln x+Cx$

(2) $y=Cx^2-2x$

(3) $y=x(1+Cy)$

(4) $\frac{x}{y}=\ln x+C$

(5) $x^2-y^2=Cx$

(6) $y^2=2x^2(\ln x+C)$

8-3 (1) $y=\frac{C}{x}-4$

(2) $x^4y^3-x^2y=C$

(3) $x^2+xy-3x+y-2y^2=C$

(4) $x^3+4x^2y+y^3=C$

(5) $x(x+e^y)=C$

8-4 (1) $y=\frac{C}{x}-4$

(2) $y=Ce^x-3$

(3) $y=Ce^{-x^2}$

(4) $y=x+1+Ce^x$

(5) $xy=2x+C$

(6) $xy=\frac{3}{2}x^2+C$

8-5 (1) $y=A_1e^{x}+A_2e^{3x}$

(2) $y=A_1e^{-2x}+A_2e^{3x}$

(3) $y=A_1e^{x}+A_2e^{2x}$

(4) $y=A_1e^{x}+A_2e^{-2x}$

(5) $y=A_1e^{2x}+A_2e^{-2x}$

(6) $y=A_1\cos 2x+A_2\sin 2x$

(7) $y=(A_1+A_2x)e^{4x}$

(8) $y=(A_1+A_2x)e^{-3x}$

(9) $y=A_1e^{-x}+A_2e^{2x}$

(10) $y=e^{-2x}(A_1\cos x+A_2\sin x)$

(11) $y=A_1\cos 5x+A_2\sin 5x$

(12) $y=A_1+A_2e^{-2x}$

8-6 (1) $y=A_1e^{2x}+A_2e^{3x}+\dfrac{1}{2}$

(2) $y=e^{-x}(A_1\cos x+A_2\sin x)+\dfrac{5}{2}$

(3) $y=A_1e^{x}+A_2e^{-4x}-\dfrac{1}{8}(4x+9)$

(4) $y=A_1e^{2x}+A_2e^{-5x}+\dfrac{1}{4}e^{3x}$

(5) $y=A_1e^{-x}+A_2e^{\frac{3}{2}x}-xe^{-x}$

(6) $y=(A_1+A_2x)e^{-2x}+2x^2e^{-2x}$

(7) $i(t)=A_1e^{-3t}+A_2e^{\frac{1}{2}t}$

$-\dfrac{1}{111}(5\cos 3t+7\sin 3t)$

(8) $y=A_1e^{x}+A_2e^{2x}$

$+\dfrac{1}{2}x^2+\dfrac{3}{2}x+\dfrac{7}{4}-xe^{x}$

8-7 $i(t)=\dfrac{E}{R}e^{-\frac{1}{RC}t}$

제 9 장

9-1 (1) $\dfrac{2}{s^3}$

(2) $\dfrac{60}{s^4}$

(3) $\dfrac{5}{s+2}$

(4) $\dfrac{3}{s}+\dfrac{2}{s+1}=\dfrac{5s+3}{s(s+1)}$

(5) $1-\dfrac{b}{s+b}=\dfrac{s}{s+b}$

(6) $\dfrac{10}{s^2+4}$

(7) $\dfrac{1}{2}\left\{\dfrac{1}{s}-\dfrac{s}{(s^2+4)}\right\}=\dfrac{2}{s(s^2+4)}$

(8) $\dfrac{1}{s^2+4}$

(9) $\dfrac{8}{(s^2+16)}-\dfrac{3s}{(s^2+4)}$

(10) $\dfrac{8}{s^3}+\dfrac{2}{(s+3)}+\dfrac{s}{s^2+4}$

9-2 (1) $\dfrac{1}{(s-1)^2}$

(2) $\dfrac{2}{(s-3)^3}$

(3) $\dfrac{12}{(s+2)^4}$

(4) $\dfrac{1}{(s-1)^2+1}$

(5) $\dfrac{3(s-2)}{(s-2)^2+9}$

(6) $\dfrac{2}{(s+2)^2+4}$

(7) $\dfrac{2\omega s}{(s^2+\omega^2)^2}+\dfrac{(s+2)}{(s+2)^2+9}$

(8) $\frac{(s+3)}{(s+3)^2-4}$

9-3 $i(0^+)=2$

9-4 $i(\infty)=5$

9-5 $i(\infty)=2.5$

9-6 (1) $2e^{-3t}$

(2) $\frac{2}{3}\sin 3t$

(3) $3\cos 3t$

(4) $2(\cos 2t+\sin 2t)$

(5) $1-e^{-t}$

(6) $3+2e^{-t}$

(7) $e^{-t}+e^{-2t}$

(8) $e^{-t}\sin 2t$

(9) $3e^{-t}-\frac{5}{2}e^{-\frac{3}{2}t}$

(10) $e^{-t}(t+1)$

(11) $te^{-t}-e^{-t}+e^{-2t}$

$=e^{-t}(t-1)+e^{-2t}$

(12) $(3t-5)e^{t}+2t+5$

9-7 (1) $x(t)=1-e^{-t}$

(2) $x(t)=1-te^{-t}-e^{-t}$

(3) $i(t)=30te^{-2t}$

(4) $y=\frac{1}{3}(1-\cos 3t)$

9-8 (1) $F(s)=\frac{3}{s}(1-e^{-2s})$

(2) $F(s)=\frac{1}{s^2}(1-2e^{-s}+e^{-2s})$

9-9 $i(t)=\frac{E}{R}e^{-\frac{1}{RC}t}$

제 10 장

10-1 $v(t)=\frac{4}{\pi}\left(\sin\omega t+\frac{1}{3}\sin 3\omega t+\frac{1}{5}\sin 5\omega t+\cdots\right)$

10-2 $f(t)=\frac{8A}{\pi^2}\left(\sin\omega t-\frac{1}{3^2}\sin 3\omega t+\frac{1}{5^2}\sin 5\omega t-\frac{1}{7^2}\sin 7\omega t+\cdots\right)$

10-3 $I_{av}=\frac{2}{\pi}I_m$, $I=\frac{1}{\sqrt{2}}I_m$

10-4 $V_{av}=\frac{1}{2}V_m$, $V=\frac{1}{\sqrt{3}}V_m$

10-5 $I=50$ [A]

10-6 $V=54.3$ [V]

10-7 왜형률 $=0.37$

10-8 $I_3=5$ [A]

10-9 $I=28.28$ [A]

10-10 $P=1$ [kW]

10-11 $P=750$ [W]

10-12 $\cos\theta=0.8$

찾 아 보 기

(ㄱ)

강제응답 ········ 315
개구간 ········ 213
거듭제곱 ········ 36
거듭제곱근 ········ 36, 134
경사함수 ········ 325
계단함수 ········ 325
계수 ········ 16
계수비교법 ········ 44
고계 도함수 ········ 209
고조파 ········ 359
공간벡터 ········ 115
공액 복소수 ········ 116
공역 ········ 29
과도해 ········ 315
구분구적법 ········ 264
극값 ········ 220
극대값 ········ 220
극소값 ········ 220
극좌표 ········ 121
극한값 ········ 178
극형식 ········ 118
근의 공식 ········ 27
기본벡터 ········ 158
기본파 ········ 358
기울기(gradient) ········ 230
기준 페이저 ········ 143
기함수 ········ 31, 65, 372

(ㄴ)

나블라(nabla) ········ 230
내림차순 ········ 17
내적 ········ 167

(ㄷ)

다중적분 ········ 282
다항식 ········ 16
단위벡터 ········ 157
단위행렬 ········ 83
단항식 ········ 16
대각행렬 ········ 83
대수방정식 ········ 324
대수함수 ········ 30, 196
대칭파 ········ 370

대칭행렬 ········ 84
델(del) ········ 230
도함수 ········ 192
동경 ········ 52
동류항 ········ 17
동차식 ········ 17
동차형 미분방정식 ········ 230
드 므와브르 정리 ········ 133
등식 ········ 17

(ㄹ)

라플라스 변환 ········ 324
램프 함수 ········ 325
로그 ········ 39
로그함수 ········ 42, 185
로피탈의 정리 ········ 215
롤의 정리 ········ 213

(ㅁ)

맥로린 급수 ········ 186, 224
멱급수 ········ 186, 223
멱급수 전개 ········ 224
면벡터 ········ 174
무리수 ········ 15, 23
무리식 ········ 23
무한소수 ········ 15
미분 연산자 ········ 230, 302
미분 정리 ········ 330
미분계수 ········ 192
미분방정식 ········ 287
미분법 ········ 192
밑 ········ 36, 38, 39

(ㅂ)

반각 공식 ········ 72
반파대칭파 ········ 374
발산(divergence) ········ 231
방정식 ········ 26
방향 코사인 ········ 159
배각 공식 ········ 71
번분수식 ········ 21
법선벡터 ········ 174, 232
법선의 직선 방정식 ········ 217
베르누이 미분방정식 ········ 230
벡터 ········ 151
벡터 해석 ········ 159
벡터(vector) ········ 151
벡터의 상등 ········ 152
벡터의 연산 ········ 162
벡터적 ········ 170
변수 분리형 ········ 288
변위방향 ········ 168
변위벡터 ········ 152, 164
변화율 ········ 192
보각 공식 ········ 59
보조방정식 ········ 303
복소 미분 정리 ········ 332
복소 평면 ········ 114

복소수 ············ 113
부근 ············ 135
부분 분수 ············ 22, 44, 253
부분 분수 전개법 ············ 341
부분 적분법 ············ 249, 273
부정 ············ 181
부정적분 ············ 237
부정형 ············ 214
불능형 ············ 181
비선형 미분방정식 ············ 300
비제차 선형 미분방정식 ············ 298
비주기 함수 ············ 337

(ㅅ)

사러스 방법 ············ 90
사인 법칙 ············ 67
사인 함수 ············ 55, 62
삼각비 ············ 54
삼각함수 ············ 54
삼각함수의 합성 ············ 74
삼각행렬 ············ 83
삼각형법 ············ 154
상계수 미분방정식 ············ 302
상미분방정식 ············ 287
상수항 ············ 16
상용로그 ············ 41
선형 미분방정식 ············ 297
성분 ············ 157, 158
성분벡터 ············ 165
수치대입법 ············ 44
순간 변화율 ············ 192
스칼라(scalar) ············ 151
스칼라적 ············ 167
시초선 ············ 52
실수 ············ 15, 113

(ㅇ)

양의 각 ············ 52
양함수 ············ 30
여각 공식 ············ 60
여인수 ············ 91
여현대칭파 ············ 370
역 라플라스 변환 ············ 324, 340
역벡터 ············ 152
역삼각함수 ············ 205
역함수 ············ 31, 42, 201
연속 함수 ············ 227
열(column) ············ 81
오름차순 ············ 17
오일러의 공식 ············ 122
완전 미분방정식 ············ 288, 293
외적 ············ 170
우극한값 ············ 178
우함수 ············ 30, 65, 370
원시함수 ············ 237
위치벡터 ············ 152, 158, 164
유리수 ············ 15
유리식 ············ 20

유리함수 ··· 253
음의 각 ··· 52
음함수 ··· 30, 200
인수분해 ··· 27
일반각 ··· 52
임펄스 함수 ··· 327
입체도형 ··· 279

(ㅈ)

자연로그 ··· 41
자연응답 ··· 315
적분 정리 ··· 331
적분법 ··· 238
전미분 ··· 228
전치행렬 ··· 84
접선의 기울기 ··· 217
접선의 직선 방정식 ··· 217
정사각행렬(정방행렬) ··· 83
정상해 ··· 315
정수 ··· 15
정의역 ··· 29
정적분 ··· 268
정지벡터 ··· 143
정현대칭파 ··· 372
제곱 ··· 36
제곱근 ··· 23, 36, 134
제차 미분방정식 ··· 297
좌극한값 ··· 178
주근 ··· 135
주기함수 ··· 65, 337
중적분 ··· 282
지수 ··· 36
지수법칙 ··· 36
지수함수 ··· 38, 120, 185
직각좌표 형식 ··· 120
직선 방정식 ··· 34
진수 ··· 39

(ㅊ)

차수 ··· 17
초기값 정리 ··· 334
초월함수 ··· 30, 203, 242
최종값 정리 ··· 335
충격함수 ··· 327
치역 ··· 29
치환 적분법 ··· 244, 272

(ㅋ)

켤레 복소수 ··· 116
코사인 법칙 ··· 67
코사인 함수 ··· 55, 62
코시의 정리 ··· 215
크라머의 공식 ··· 100

(ㅌ)

탄젠트 함수 ······ 55
테일러 급수 ······ 225
특성근 ······ 303
특성방정식 ······ 303
특수각 ······ 54
특수해 ······ 315

(ㅍ)

판별식 ······ 28
페이저 ······ 143
편각 ······ 118
편도함수 ······ 228
편미분방정식 ······ 287
편미분법 ······ 228
평균 변화율 ······ 191
평균값의 정리 ······ 214
평면벡터 ······ 115
평행사변형법 ······ 154
푸리에 급수 ······ 225, 357
푸리에 분석 ······ 359

(ㅎ)

함수 ······ 29
함수의 증감 ······ 219
합성함수 ······ 198
항 ······ 16
행(row) ······ 81
행렬(matrix) ······ 81
행렬식 ······ 88
행렬의 상등 ······ 82
허수 ······ 113
헤론의 공식 ······ 69
호도법 ······ 51
회전 연산자 ······ 132
회전(rotation) ······ 233
회전벡터 ······ 142
회전체 ······ 281

전기·전자·컴퓨터 공학도를 위한

공업수학

발　　행 / 2026년 2월 12일

•

저　　자 / 임 헌 찬

펴 낸 이 / 정 창 희

펴 낸 곳 / 동일출판사

주　　소 / 서울시 강서구 곰달래로31길7 (2층)

전　　화 / (02) 2608-8250

팩　　스 / (02) 2608-8265

등록번호 / 제109-90-92166호

ISBN 978-89-381-1503-4 93560

값 / 25,000원